T0100678

Laserspektroskopie 1

Wolfgang Demtröder

Laserspektroskopie 1

Grundlagen

6., aktualisierte Auflage

Prof. Dr. Wolfgang Demtröder
Universität Kaiserslautern
FB Physik
Erwin-Schrödinger-Straße 46
67663 Kaiserslautern, Deutschland
E-Mail: demtroed@physik.uni-kl.de

ISBN 978-3-642-21305-2 e-ISBN 978-3-642-21306-9
DOI 10.1007/978-3-642-21306-9
Springer Heidelberg Dordrecht London New York

Die Deutsche Nationalbibliothek verzeichnet diese Publikation in der Deutschen Nationalbibliografie; detaillierte bibliografische Daten sind im Internet über http://dnb.d-nb.de abrufbar.

Einbandentwurf: WMXDesign GmbH, Heidelberg

Gedruckt auf säurefreiem Papier

Springer ist Teil der Fachverlagsgruppe Springer Science+Business Media (www.springer.com)

Vorwort zur 6. Auflage

Die Weiterentwicklung der Laserspektroskopie setzt sich mit unvermindertem Tempo fort. Neue Techniken sind entwickelt worden, deren Ergebnisse zeigen, welche Möglichkeiten sich der Laserspektroskopie für die Grundlagen und Anwendungen eröffnen. Daher erschien eine neue Auflage sinnvoll. Um den Umfang eines Bandes nicht zu groß werden zu lassen, haben Autor und Verlag sich entschlossen, ähnlich wie in der englischen Ausgabe, den Stoff auf zwei Bände zu verteilen.

Im ersten Band werden die Grundlagen der Spektroskopie (Emission und Absorption von Licht sowie die Linienbreiten von Spektrallinien und ihre Ursachen) behandelt und die Hilfsmittel des Spektroskopikers (Spektralapparate wie Spektrometer und Interferometer als auch die Detektoren für Strahlung der verschiedenen Wellenlängenbereiche vorgestellt. Vor allem das zentrale Gerät des Laserspektroskopikers, der Laser in seinen verschiedenen Ausführungsformen und seine für die Spektroskopie wichtigen Eigenschaften werden eingehend diskutiert.

Im zweiten Band werden dann die verschiedenen Techniken der Laserspektroskopie und ihre Anwendungen ausführlich behandelt, wobei gegenüber der vorigen Auflage vor allem neueren Techniken diskutiert werden.

Der Autor dankt allen Lesern für hilfreiche Hinweise auf Fehler und Verbesserungsmöglichkeiten. Er hofft, daß auch diese neue Auflage weiterhin Zustimmung findet und das interessante und lebendige Gebiet der Laserspektroskopie vielen Studenten nahebringt.

Kaiserslautern
im Sommer 2011

W. Demtröder

Vorwort zur 2. Auflage

Seit dem Erscheinen der 1. deutschen Auflage dieses Buches im Jahre 1977 hat sich die Laserspektroskopie in eindrucksvoller Weise weiterentwickelt und ist inzwischen in vielen Bereichen der Grundlagenforschung und ihren Anwendungen zu einer unentbehrlichen Untersuchungsmethode geworden. In dieser Zeit wurden eine Reihe neuer Lasertypen entwickelt und die Technik der Frequenzmischung und nichtlinearen Optik auf einen größeren Spektralbereich vom Vakuum-Ultravioletten bis ins ferne Infrarot ausgedehnt. Auch eine Vielzahl neuer empfindlicher Nachweistechniken wurden verbessert oder erfunden. Insbesondere auf dem Gebiet der Untersuchungen einzelner Atome und Ionen, die optisch gekühlt und in Fallen gespeichert werden können, sind aufsehenerregende Erfolge erzielt worden.

Deshalb erschien es notwendig, dieses als Lehrbuch der Laserspektroskopie konzipierte Buch, das schon in seiner 1. Auflage eine sehr freundliche Aufnahme gefunden hatte, völlig neu zu überarbeiten. Dabei haben viele Leser der deutschen und englischen Ausgabe durch ihre Zuschriften, Hinweise auf Fehler und Verbesserungsvorschläge geholfen. Ihnen allen sei dafür herzlich gedankt. Auch wenn in dieser 2. Auflage viele solcher Hinweise zur sachlichen und didaktischen Verbesserung der Darstellung genutzt wurden, lebt ein Lehrbuch immer von der Mitarbeit kritischer Leser. Der Autor möchte deshalb auch weiterhin um Kommentare und Verbesserungsvorschläge seiner Leser bitten. Er würde sich sehr freuen, wenn dieses Buch dazu mithilft, das interessante Gebiet der Laserspektroskopie einem größeren Kreis von Studenten und jungen Wissenschaftlern leichter zugänglich zu machen. Die Laserspektroskopie hat den Verfasser während der 25 Jahre, die er auf diesem Gebiet gearbeitet hat, immer sehr fasziniert. Dieses Buch möchte etwas von dieser Faszination auf den Leser übertragen.

Viele Leute haben bei diesem Buch mitgeholfen. Allen Kollegen, die Abbildungen aus ihren Forschungsarbeiten zur Verfügung gestellt oder ihre Erlaubnis zur Nachzeichnung gegeben haben, sei herzlich gedankt. Viele Beispiele sind aus Arbeiten meiner Mitarbeiter in Kaiserslautern entnommen, denen dafür ebenfalls Dank gebührt. Mein Dank gilt Frau Weyland, die einen Teil des Manuskriptes geschrieben hat und Frau Wollscheid, die viele Bilder gezeichnet hat. Besonderer Dank gebührt Dr. H. Lotsch, Frau Ilona Kaiser und den anderen Mitarbeitern des Springer Verlages für ihre aktive Mitarbeit bei der Fertigstellung des Buches und ihre Geduld, wenn Termine vom Autor nicht eingehalten wurden.

Zum Schluss möchte ich meiner Frau ganz besonders danken, die viel Geduld und Verständnis aufgebracht hat für die vielen Arbeitswochenenden, welche für das Schreiben eines solchen Buches gebraucht wurden.

Kaiserslautern
Januar 1991

W. Demtröder

Inhaltsverzeichnis

1 Einleitung

Den überwiegenden Teil unserer heutigen Kenntnis über die Struktur der Atome und Moleküle verdanken wir spektroskopischen Untersuchungen. Die Absorptions- oder Emissionsspektren, die man bei der Wechselwirkung von elektromagnetischer Strahlung mit Materie beobachten kann, liefern dabei in vielerlei Hinsicht Informationen über die Molekularstruktur und die Wechselwirkung der Moleküle mit ihrer Umgebung.

Die Messung der *Wellenlängen* der Spektrallinien erlaubt die Bestimmung der möglichen Energiezustände des atomaren oder molekularen Systems. Die *Intensität* der Linien gibt Hinweise auf die Kopplung (d. h. die Übergangswahrscheinlichkeiten) zwischen verschiedenen Niveaus. Da die Übergangswahrscheinlichkeiten von den Wellenfunktionen der am Übergang beteiligten Atomzustände abhängen, können aus Intensitätsmessungen Rückschlüsse auf die räumliche Aufenthaltswahrscheinlichkeit der äußeren Elektronen, d. h. auf die Struktur der Atomhülle gezogen werden. Durch Absorption von polarisiertem Licht lässt sich die räumliche Orientierung von Atomen und Molekülen beeinflussen, während der Polarisationsgrad der von angeregten Molekülen emittierten Fluoreszenz Information über die Orientierung angeregter Atome gibt.

Die *natürliche Linienbreite* kann mit geeigneten Methoden aufgelöst werden und gestattet die Messung der Lebensdauer angeregter Zustände. Die Doppler-Verbreiterung erlaubt die Bestimmung von Gastemperaturen in der Lichtquelle. *Druckverbreiterung* und *Verschiebung* von Spektrallinien sind wichtige spektroskopische Hilfsmittel, um Stoßprozesse und Wechselwirkungspotenziale zwischen Atomen bzw. Molekülen zu ermitteln. Die *Aufspaltung* von Spektrallinien in elektrischen oder magnetischen Feldern (Stark-Effekt und Zeeman-Effekt) dient zur Bestimmung von elektrischen und magnetischen Momenten; sie gibt damit ebenfalls Hinweise auf die Struktur der Elektronenhülle. Aus der Messung der Hyperfeinstrukturaufspaltung kann man Informationen über die Wechselwirkung zwischen Atomkern und -hülle sowie über magnetische Dipolmomente oder elektrische Quadrupolmomente der Atomkerne erhalten.

Die Menge an Information, die man solchen Spektren entnehmen kann, hängt nun ganz entscheidend davon ab, welche *spektrale Auflösung* man erzielt und welche *Nachweisempfindlichkeit* man bei der Messung erreichen kann. Die Anwendung neuer Geräte und Technologien in der Optik, wie z. B. bessere und größere Beugungsgitter in Monochromatoren, hochreflektierende dielektrische Spiegel in Inter-

W. Demtröder, *Laserspektroskopie 1*
DOI 10.1007/978-3-642-21306-9, © Springer 2011

ferometern, Fourier-Spektrometer, empfindlichere Nachweisgeräte wie Photomultiplier, CCD-Detektoren und Bildverstärker, haben dazu beigetragen, die Grenzen des Auflösungsvermögens und der Empfindlichkeit immer weiter herabzudrücken. Einen bedeutenden Forschritt brachte die Entwicklung neuer physikalischer Techniken zur Erweiterung der klassischen Spektroskopie, wie optisches Pumpen, „Level-Crossing"-Verfahren, Doppelresonanz-Methoden oder Spektroskopie in Molekularstrahlen.

Der entscheidende Aufschwung wurde der Spektroskopie und damit der gesamten Atom- und Molekülphysik allerdings erst durch den Einsatz von durchstimmbaren Lasern beschert. Diese neue Lichtquelle des Spektroskopikers ermöglicht in vielen Anwendungen eine um mehrere Größenordnungen verbesserte Auflösung und Empfindlichkeit. Sie ist ideal geeignet, die oben erwähnten spektroskopischen Techniken zu verwenden und kann dadurch in manchen Fällen die der klassischen Spektroskopie prinzipiell gesetzten Grenzen unterlaufen. Solche Verfahren, sowie ihre physikalischen und technischen Grundlagen sollen in diesem Buch u. a. behandelt werden.

Zu Anfang müssen einige Grundbegriffe der klassischen Spektroskopie und der Atomphysik geklärt werden, wie z. B. die thermische Strahlung, die induzierte und spontane Emission, die Übergangswahrscheinlichkeiten und Oszillatorenstärken, die Absorption und Dispersion, die kohärente Strahlung sowie die kohärente Anregung atomarer Zustände. Um die prinzipiellen Grenzen des spektralen Auflösungsvermögens in der klassischen Spektroskopie diskutieren zu können, werden im nächsten Kapitel sowohl die Grundlagen der Frequenzbreiten von Spektrallinien als auch die verschiedenen Ursachen für die Linienverbreiterung behandelt.

Linienbreiten werden in der klassischen Spektroskopie mit Spektralapparaten, wie z. B. Gitterspektrographen oder Interferometern, gemessen. Auch in der Laserspektroskopie werden Prismen, Gitter und Interferometer in den verschiedensten Modifikationen benützt – sowohl für die Messung von Laserlinienbreiten als auch zur Wellenlängenselektion im Laserresonator. Deshalb sollen im Kapitel 4 die wichtigsten Grundlagen der experimentellen Hilfsmittel des Spektroskopikers behandelt werden. Dazu gehören neben Spektrographen und Interferometern auch Lichtdetektoren und empfindliche Nachweistechniken, wie Photonenzählverfahren oder elektronische Bildverstärker sowie moderne Geräte zur Wellenlängenmessung.

Das 5. Kapitel ist den für den Spektroskopiker wichtigsten Eigenschaften des Laser gewidmet. Es beginnt mit einem kurzen Exkurs über Laserresonatoren, Schwellwertbedingung und Lasermoden. Etwas ausführlicher werden dann das Frequenzspektrum von Vielmoden- und Einmodenlaser sowie die wichtige Eigenschaft der Wellenlängen-Durchstimmbarkeit behandelt. Techniken zur Frequenz- und Intensitätsstabilisierung sowie zur kontinuierlichen Wellenlängendurchstimmung eines stabilisierten Lasers werden diskutiert, weil sie für den Einsatz des Lasers in der hochauflösenden Spektroskopie notwendig sind. Laser haben das Gebiet der nichtlinearen Optik für die praktische Anwendung erschlossen. Optische Frequenzverdopplung, Summen- und Differenzfrequenz-Erzeugung sind heutzutage gängige Techniken, um kohärente Strahlungsquellen in erweiterten Spektralbereichen zu realisieren. Deshalb wird dieses Gebiet ausführlicher diskutiert. Konkrete Beispiele für durchstimmbare kohärente Lichtquellen in den verschiedenen Spektralgebieten beschließen dieses Kapitel und den ersten Band dieser Einführung in die Laserspektroskopie.

Der zweite und ausführlichere Band enthält in den Kapiteln 1–10 den eigentlichen Schwerpunkt dieses Lehrbuches: die verschiedenen Verfahren der Laserspektroskopie. Die Darstellung beginnt im 1. Kapitel mit einer Gegenüberstellung von klassischer und Laserspektroskopie. Sodann werden eine Reihe empfindlicher Nachweistechniken erläutert, die sowohl in der linearen „Doppler-limitierten" Absorptionsspektroskopie, bei der die Doppler-Breite der Absorptionslinien der begrenzende Faktor für die spektrale Auflösung ist, als auch für die Doppler-freie Spektroskopie von großer Bedeutung sind. In den nächsten zwei Kapiteln werden dann ausführlich die verschiedenen Techniken der Doppler-freien Laserspektroskopie behandelt, die eigentlich erst den revolutionierenden Forschritt in der hochauflösenden Spektroskopie ermöglicht haben. Von besonderer Bedeutung für die Molekülphysik ist dabei die Kombination der Laserspektroskopie mit Methoden zur Erzeugung extrem kalter kollimierter Überschallstrahlen, die in Kapitel 4 diskutiert werden.

Eine Reihe interessanter spektroskopischer Methoden basiert auf optischem Pumpen. Hier hat der Laser eine Fülle von Anwendungsmöglichkeiten, die von verschiedenen Doppelresonanz-Verfahren bis zur Mehrstufenanregung von Atomen und Molekülen reichen und z. B. die detaillierte Untersuchung von hohen Rydberg-Zuständen erlauben. Dieser Problemkreis wird in Kapitel 5 behandelt.

Auch in der Zeitauflösung bescherte die Anwendung von Lasern Rekorde, die zur Zeit im Attosekundenbereich (Auflösung 10^{-16} s) liegen und eine große Zahl bisher nicht zugänglicher, extrem schneller Relaxationsphänomene in Flüssigkeiten und Festkörpern sowie Innenschalen-Prozesse in schweren Atomen messbar machte. Kapitel 6 führt in einige Techniken zur Erzeugung, Messung und Anwendung kurzer Laserpulse ein.

Besonders reizvolle Gebiete sind die im Kapitel 7 vorgestellte kohärente Spektroskopie sowie die Korrelationsspektroskopie, die es erlaubt, optische Linienverbreiterungen und Linienverschiebungen im Bereich von einigen Megahertz bis zu wenigen Hertz zu messen. Man kann mit der Korrelations-Spektroskopie Doppler-Verschiebungen noch messen, die durch Teilchengeschwindigkeiten von wenigen μm/s verursacht werden und kann damit z. B. die Bewegungung von Mikroben in Flüssigkeiten verfolgen. Vor allem in der Medizin sind solche Korrelationsverfahren z. B. zur Diagnose und Lokalisation von Gehirntumoren oder Brustkrebs wichtige Hilfsmittel geworden.

Die Anwendung der Laserspektroskopie auf die Untersuchung atomarer und molekularer Stoßprozesse, die in Kapitel 8 behandelt wird, hat unser Verständnis inelastischer und reaktiver Stöße wesentlich vertieft und uns dem Ziel, chemische Reaktionen wirklich zu verstehen und zu steuern, näher gebracht.

Natürlich entwickelt sich ein so aktives Gebiet wie die Laser-Spektroskopie ständig weiter. Um dies zu verdeutlichen, werden im Kapitel 9 anhand ausgewählter Beispiele einige neuere Entwicklungen aufgezeigt, die sich noch im Fluss befinden und vielleicht prinzipielle Grenzen von Messgenauigkeit und Empfindlichkeit erreichen. Zu ihnen gehören die optische Kühlung von Atomen, ihre Speicherung in magnetooptischen Fallen und die Realisierung der Bose-Einstein-Kondensation.

Zum Schluss werden in Kap. 9 einige Anwendungsbeispiele der Laserspektroskopie vorgestellt, um dem Leser ein Gefühl für die praktischen Möglichkeiten dieses Gebietes zu geben und ihm zu zeigen, dass sich hier noch ein weites und keineswegs abgeschlossenes Betätigungsfeld für eigene Ideen und Initiativen eröffnet. Diese Beispiele sollen auch demonstrieren, wie wichtig Grundlagenforschung ist, um neue Anwendungsgebiete zu erschließen, und dass die Zeitspanne zwischen Grundlagenforschung im Labor und praktischer Anwendung immer kürzer wird.

Dieses Lehrbuch möchte in die Grundlagen der Techniken der Laserspektroskopie *einführen*. Die angegebenen Beispiele und Literaturzitate sollen die Anwendungsmöglichkeiten illustrieren und sind daher weder vollständig, noch sind sie nach Prioritäten der Erstveröffentlichungen ausgesucht. Am Ende jedes Kapitels sind einige Aufgaben zusammengestellt, an denen der Leser prüfen kann, wie weit ihm der Stoff vertraut ist. Die Literatur zu jedem Kapitel soll zur Vertiefung und zur Detailinformation für die hier angeschnittenen Problemkreise dienen.

Für einen weitergehenden Überblick über die neuesten Forschungsarbeiten auf diesem Gebiet wird der Leser auf die in den letzten Jahren erschienenen Konferenzberichte [1.1–1.3] und Monographien über spezielle Gebiete der Laserspektroskopie [1.4–1.29] verwiesen.

2 Emission und Absorption von Licht

In diesem Kapitel werden die Grundlagen der Emission, Absorption und Dispersion von Licht zusammenfassend behandelt, soweit sie für die Laserspektroskopie von Bedeutung sind. Der Ausdruck „Licht“ wird dabei als Kurzbezeichnung für elektromagnetische Wellen aller Spektralbereiche verwendet. Ebenso soll die Bezeichnung „Molekül“ auch Atome einschließen. Um den Zusammenhang und die Unterschiede zwischen spontaner und induzierter Emission deutlich zu machen, werden zu Anfang das thermische Strahlungsfeld und die Moden eines Hohlraumes behandelt. Auf den hier eingeführten Begriffen aufbauend, können dann die Einstein-Koeffizienten, Oszillatorenstärken und Übergangswahrscheinlichkeiten definiert und ihre gegenseitigen Relationen gezeigt werden.

Man kann sich in der Optik eine ganze Reihe von Phänomenen mithilfe klassischer Modelle verdeutlichen, die auf Vorstellungen und Begriffen der klassischen Elektrodynamik basieren. Diese Modelle sollen hier ihrer Anschaulichkeit wegen ab und zu verwendet werden. Ihre Übertragung auf quantenmechanische Formulierungen ist in den meisten Fällen relativ leicht möglich und wird an den entsprechenden Stellen kurz angedeutet. Ausführlichere und zum Teil auch weitergehende Darstellungen des in diesem Kapitel behandelten Stoffes findet man in der Literatur [2.1–2.10].

2.1 Die Moden des elektromagnetischen Feldes in einem Hohlraum

Wir betrachten einen kubischen Hohlraum mit der Kantenlänge L, der sich auf der Temperatur T befindet. Die Wände des Hohlraumes seien ideale Leiter. Sie absorbieren und emittieren elektromagnetische Strahlung. Im thermischen Gleichgewicht müssen absorbierte Leistung $P_a(\omega)$ und emittierte Leistung $P_e(\omega)$ für alle Frequenzen $\nu = \omega/2\pi$ gleich sein, und im Inneren des Hohlraums existiert ein stationäres Strahlungsfeld. Wir beschreiben dieses Feld durch eine Überlagerung von ebenen Wellen (z. B. mit der komplexen Amplitude $\boldsymbol{A}_i$ und der Kreisfrequenz ω_i) in den beliebigen Ausbreitungsrichtungen $\boldsymbol{k}_i$

$$\boldsymbol{E} = \sum_i \boldsymbol{A}_i \, e^{i(\omega_i t + \boldsymbol{k}_i \cdot \boldsymbol{r})} + \text{konj. komplex} . \tag{2.1}$$

W. Demtröder, *Laserspektroskopie 1*
DOI 10.1007/978-3-642-21306-9, © Springer 2011

Durch Reflexion an den Wänden entstehen für jede Welle mit dem Wellenvektor $\boldsymbol{k} = (k_x, k_y, k_z)$ die 8 möglichen Kombinationen mit $\boldsymbol{k} = (\pm k_x, \pm k_y, \pm k_z)$, deren Überlagerung bei Erfüllen bestimmter Randbedingungen zu stationären Feldverteilungen in Form von stehenden Wellen führt.

Die Randbedingungen ergeben sich aus der Forderung, dass die Tangentialkomponente der elektrischen Feldstärke $\boldsymbol{E}$ an den Wänden (die ideale Leiter sein sollen) Null sein muss. Setzt man diese Bedingungen in (2.1) ein, so erhält man für die möglichen $\boldsymbol{k}$-Vektoren die Auswahl

$$\boldsymbol{k} = \frac{\pi}{L}(n_1, n_2, n_3) \text{ mit den positiven ganzen Zahlen } n_1, n_2, n_3 \,. \tag{2.2}$$

Die Beträge $K = |\boldsymbol{k}| = 2\pi/\lambda$ der erlaubten Wellenzahlen sind dann

$$K = \frac{\pi}{L}\sqrt{n_1^2 + n_2^2 + n_3^2}\,, \text{ d. h. } L = \frac{\lambda}{2}\sqrt{n_1^2 + n_2^2 + n_3^2}\,, \tag{2.3}$$

und für die Kreisfrequenzen ω der stehenden Wellen folgt aus (2.3), da $K = \omega/c$ ist,

$$\omega = \frac{\pi c}{L}\sqrt{n_1^2 + n_2^2 + n_3^2}\,. \tag{2.4}$$

Man nennt diese stehenden Wellen auch **Eigenschwingungen** oder **Moden** des Hohlraums (Abb. 2.1a).

Da der Amplitudenvektor $\boldsymbol{A}_i$; der transversalen Wellen $\boldsymbol{E}_i$ senkrecht auf $\boldsymbol{k}_i$ steht, lässt er sich immer aus den zwei Komponenten a_{i1} und a_{i2} (komplexe Zahlen) aufbauen, d. h.

$$\boldsymbol{A}_i = a_{i1}\hat{\boldsymbol{e}}_1 + a_{i2}\hat{\boldsymbol{e}}_2\,, \tag{2.5}$$

wobei $\hat{\boldsymbol{e}}_1$ und $\hat{\boldsymbol{e}}_2$ zwei Einheitsvektoren sind, die senkrecht aufeinander und beide senkrecht auf $\boldsymbol{k}_i$ stehen. Zu jeder durch den Wellenvektor $\boldsymbol{k}_i$ definierten Eigenschwingung gehören also zwei mögliche Polarisationsrichtungen, d. h. zu jedem Zahlentripel (n_1, n_2, n_3) gibt es genau zwei mögliche Moden.

Jede beliebige stationäre Feldverteilung im Hohlraum lässt sich wegen (2.1) **als Linearkombination, d. h. als Überlagerung dieser Moden darstellen.**

Um zu untersuchen, wieviele Moden mit den Frequenzen $\omega \le \omega_{\max}$ möglich sind, braucht man also nur abzuzählen, wieviele mögliche Zahlentripel (n_1, n_2, n_3) mit der Nebenbedingung $c^2K^2 = \omega^2 \le (\omega_{\max})^2$ existieren (Abb. 2.1c).

In einem System mit den Koordinaten (K_x, K_y, K_z) entspricht jeder Kombination von (n_1, n_2, n_3) ein Gitterpunkt in einem räumlichen Gitter mit der Gitterkonstanten π/L, wie man aus (2.2) sofort sieht, und (2.4) stellt die Gleichung einer Kugel mit dem Radius $R = \omega/c$ im $\boldsymbol{K}$-Raum dar. Ist der Kugelradius sehr viel größer als die Gitterkonstante, d. h. gilt

$$\frac{\omega}{c} \gg \frac{\pi}{L} \Rightarrow 2L \gg \lambda \text{ (mit } \lambda = c/\nu \text{ und } \nu = \omega/2\pi)\,,$$

so ist die Zahl $N(\omega_{\max})$ der Gitterpunkte (n_1, n_2, n_3), die Moden mit $\omega \le \omega_{\max}$ beschreiben, gleich dem Volumen eines Kugeloktanden. Berücksichtigt man die zwei

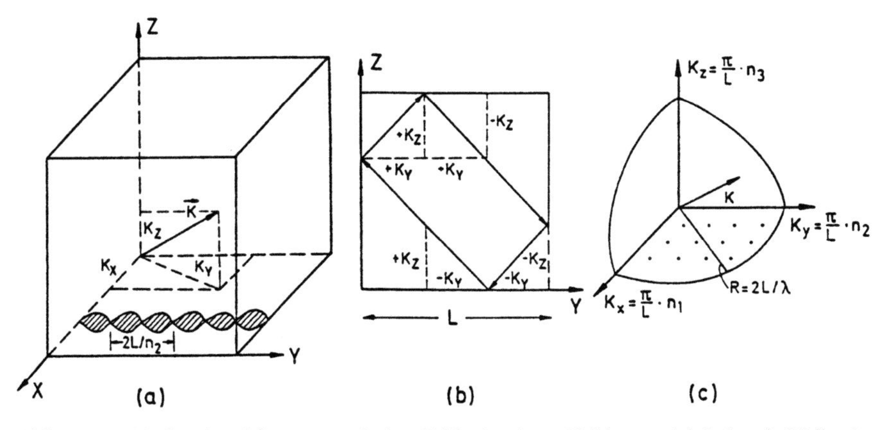

Abb. 2.1a–c. Moden des elektromagnetischen Feldes in einem Hohlraum: (**a**) Stehende Wellen in einem kubischen Hohlraum, (**b**) Resonanzbedingung für die $\boldsymbol{K}$-Vektoren, (**c**) Darstellung der maximalen Zahl möglicher $\boldsymbol{K}$-Vektoren mit $K \leq K_{\max}$ im Impulsraum

Polarisationsmöglichkeiten jeder Eigenschwingung, so ergibt sich daher die Modenzahl

$$N(\omega_{\max}) = 2\frac{1}{8}\frac{4\pi}{3}\left(\frac{L\omega}{\pi c}\right)^3 = \frac{8\pi\nu^3 L^3}{3c^3} . \tag{2.6}$$

Dividiert man durch das Volumen L^3 des Hohlraums, so erhält man die Zahl aller möglichen Moden pro Volumeneinheit mit den Frequenzen $\omega \leq \omega_{\max}$. In der Spektroskopie wird statt der Kreisfrequenz $\omega = 2\pi\nu$ meistens die Frequenz ν verwendet. Oft interessiert die Zahl der Moden in einem bestimmten Frequenzintervall ν bis $\nu + \mathrm{d}\nu$, z. B. innerhalb der **Frequenzbreite einer Spektrallinie**. Man erhält die spektrale Modendichte $n(\nu)$ durch Differenziation der durch L^3 dividierten Gl. (2.6) nach ν. Die **Zahl der Moden pro Volumeneinheit** im Frequenzintervall ν bis $\nu + \mathrm{d}\nu$ ist dann

$$\boxed{n(\nu)\,\mathrm{d}\nu = \frac{8\pi\nu^2}{c^3}\,\mathrm{d}\nu} . \tag{2.7}$$

Beispiel 2.1

a) Im sichtbaren Spektralbereich ($\lambda = 500\,\mathrm{nm} \rightarrow \nu = 6 \cdot 10^{14}\,\mathrm{s}^{-1}$) erhält man aus (2.7) innerhalb der Doppler-Breite ($\mathrm{d}\nu = 10^9\,\mathrm{s}^{-1}$) einer Spektrallinie $n(\nu)\,\mathrm{d}\nu = 3 \cdot 10^{14}\,\mathrm{m}^{-3}$.
b) Im Mikrowellengebiet ($\lambda = 1\,\mathrm{cm} \rightarrow \nu = 3 \cdot 10^{10}\,\mathrm{s}^{-1}$) ergibt sich im Frequenzbereich einer Doppler-Breite mit $\mathrm{d}\nu = 10^5\,\mathrm{s}^{-1} : n(\nu)\,\mathrm{d}\nu = 10^2\,\mathrm{m}^{-3}$.

Macht man ein kleines Loch in eine Wand des Hohlraums, so kann die Strahlung aus dem Inneren austreten und gemessen werden. Wenn die austretende Strahlungsleistung klein ist gegen die Strahlungsenergie des Hohlraums, so werden die Eigenschaften der Hohlraumstrahlung praktisch nicht verändert.

2.2 Thermische Strahlung; Planck'sches Gesetz

Um die experimentell gefundene Intensitatsverteilung $I(\nu)$ der Strahlung eines Hohlraumes zu erklären, forderte M. Planck, dass jede Eigenschwingung des elektromagnetischen Feldes Energie nur in ganzzahligen Vielfachen von $h\nu$ aufnehmen oder abgeben kann wobei h das Planck'sche Wirkungsquantum heißt. Man nennt diese Energiequanten $h\nu$ auch **Photonen**. Eine Eigenschwingung, die q Photonen enthält, hat also die Energie $W = q \cdot h\nu$ mit $q = 0, 1, 2, 3, \ldots$.

Im thermischen Gleichgewicht folgt die Verteilung der Gesamtenergie auf die einzelnen Eigenschwingungen einer Maxwell-Boltzmann-Verteilung. Die Zahl $p(q)$ der Eigenschwingungen pro Volumeneinheit mit der Energie $q \cdot h\nu$ ist dann

$$p(q) = \frac{n}{Z} \mathrm{e}^{-qh\nu/kT} , \tag{2.8}$$

wobei n die Gesamtdichte aller Eigenschwingungen, k die Boltzmann-Konstante und

$$Z = \sum_{q=0}^{\infty} \mathrm{e}^{-qh\nu/kT} \tag{2.9}$$

die **Zustandssumme** über alle Eigenschwingungen ist. Z ist ein Normierungsfaktor, der dafür sorgt, dass $\sum p(q) = n$, wie man durch Ausführen der Summation sofort sieht.

Die **mittlere Energiedichte** pro Eigenschwingung mit der Frequenz ν ist also

$$\langle W \rangle = \frac{1}{n} \sum_{q=0}^{\infty} p(q) qh\nu = \frac{1}{Z} \sum_{q=0}^{\infty} qh\nu \mathrm{e}^{-qh\nu/kT} = \frac{\sum qh\nu \mathrm{e}^{-qh\nu/kT}}{\sum \mathrm{e}^{-qh\nu/kT}} . \tag{2.10}$$

Die Ausrechnung der Reihe (2.10) ergibt

$$\langle W \rangle = \frac{h\nu}{\mathrm{e}^{h\nu/kT} - 1} . \tag{2.11}$$

Beweis: Mit $\beta = 1/kT$ ergibt sich für den Zähler

$$\sum qh\nu \cdot \mathrm{e}^{-qh\nu\beta} = -\frac{\partial}{\partial\beta} \left(\sum \mathrm{e}^{-qh\nu\beta} \right) = -\frac{\partial}{\partial\beta} \left(\frac{1}{1 - \mathrm{e}^{-h\nu\beta}} \right) = \frac{h\nu \mathrm{e}^{-h\nu}}{(1 - \mathrm{e}^{-h\nu\beta})^2} ,$$

weil $\sum \mathrm{e}^{-qh\nu\beta}$ eine unendliche geometrische Reihe darstellt mit dem Multiplikationsfaktor $\mathrm{e}^{-h\nu\beta}$.

Der Nenner in (2.10) ist auch eine geometrische Reihe

$$e^{-qh\nu\beta} = \frac{1}{\left(1 - e^{-h\nu\beta}\right)} \; .$$

Der Quotient ergibt dann die mittlere Energie pro Mode

$$\langle W \rangle = \frac{h\nu}{\left(e^{h\nu/kT} - 1\right)} \; .$$

Die spektrale Energieverteilung $\rho(\nu)\,d\nu$ der Hohlraumstrahlung, d. h. die Energie pro Volumeneinheit im Frequenzintervall $d\nu$ ist dann gleich der Zahl der Moden im Intervall $d\nu$ mal der mittleren Energie $\langle W \rangle$ jeder Mode. Aus (2.7) und (2.11) erhält man damit für die **spektrale Energiedichte** $\rho(\nu)$

$$\boxed{\rho(\nu) = \frac{8\pi\nu^2}{c^3} \frac{h\nu}{e^{h\nu/kT} - 1}} \; . \tag{2.12}$$

Dies ist die berühmte **Planck'sche Strahlungsformel** für die spektrale Energiedichte $\rho(\nu)$ der Hohlraumstrahlung. Man nennt diese Strahlung auch **thermische Strahlung**, weil sich die spektrale Verteilung $\rho(\nu)$ bei thermischem Gleichgewicht zwischen Strahlungsfeld und Materie (hier Wände des Hohlraums) einstellt (Abb. 2.2).

Diese als Funktion von ν kontinuierliche Strahlung des Hohlraums ist **isotrop**, d. h. in allen Raumrichtungen gleichmäßig verteilt. Durch jedes durchlässige Flächenelement df einer Kugelfläche, die ein solches isotropes Strahlungsfeld mit der spektralen Energiedichte $\rho(\nu)$ einschließt, geht in den Raumwinkel $d\Omega$ unter dem Winkel θ gegen die Flächennormale dieselbe Strahlungsleistung dP im Frequenzin-

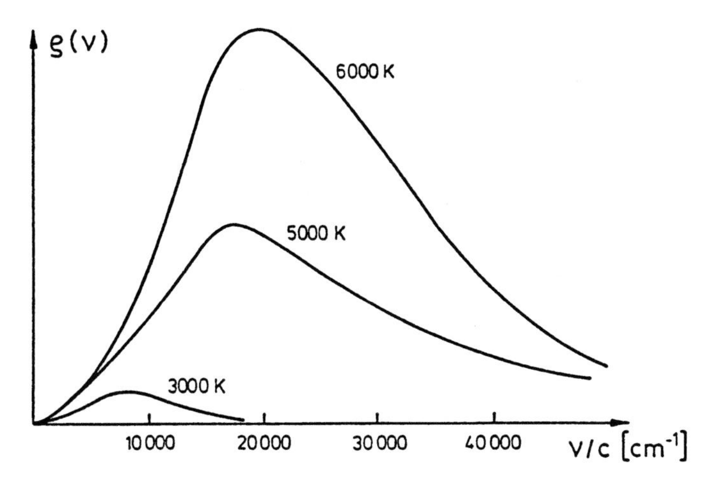

Abb. 2.2. Spektrale Verteilung der Energiedichte $\rho(\nu)$ der Hohlraumstrahlung bei verschiedenen Temperaturen

tervall $\mathrm{d}\nu$

$$\mathrm{d}P = \frac{c}{4\pi}\rho(\nu)\,\mathrm{d}f\cos\theta\,\mathrm{d}\Omega\,\mathrm{d}\nu\,. \tag{2.13}$$

Man kann $\rho(\nu)$ dadurch bestimmen, dass man die spektrale Verteilung der aus einem kleinen Loch in einer Hohlraumwand austretenden Strahlungsleistung misst. Das Loch muss so klein sein, dass der Leistungsverlust durch die austretende Strahlung das thermische Gleichgewicht im Inneren des Hohlraums nicht stört.

Reale Strahlungsquellen, deren spektrale Energieverteilung der Planck-Verteilung (2.12) sehr nahe kommt, sind z. B. die Sonne, der Glühfaden einer Glühbirne, Blitzlampen oder Höchstdruck-Gasentladungslampen.

Lichtquellen, die **Linienspektren** aussenden, sind Beispiele für nichtthermische Strahlungsquellen. Hier können die lichtemittierenden Atome oder Moleküle hinsichtlich ihrer Translationsenergie untereinander durchaus im thermischen Gleichgewicht sein, d. h. die Geschwindigkeitsverteilung der Moleküle folgt einer Maxwell-Verteilung. Die Anregungsenergie der Moleküle braucht jedoch nicht nach einer Boltzmann-Verteilung auf die einzelnen Energieniveaus verteilt zu sein; es besteht auch kein Gleichgewicht zwischen der Strahlung und den Molekülen. *Trotzdem kann die Strahlung räumlich isotrop verteilt sein.* Beispiele für solche Lichtquellen sind Niederdruck-Gasentladungen.

Ein extremes Beispiel für eine nichtthermische und nichtisotrope Strahlungsquelle ist der Laser (Kap. 5), bei dem die Strahlungsenergie auf wenige Moden konzentriert ist. Der Laser emittiert daher den größten Teil seiner Strahlungsenergie in einen kleinen Raumwinkelbereich, d. h. *die Strahlung ist extrem anisotrop.*

2.3 Absorption, induzierte und spontane Emission, Einstein-Koeffizienten

Bringen wir in das thermische Strahlungsfeld (Abschn. 2.2) Moleküle mit den Energieniveaus E_1 und E_2, so kann Licht der Frequenz ν absorbiert werden, wenn die Bedingung

$$h\nu = E_2 - E_1$$

erfüllt ist (Abb. 2.3). Jedes absorbierte Photon $h\nu$ regt ein Molekül vom Zustand E_1 in den energetisch höheren Zustand E_2 an. Dieser Prozess heißt **induzierte Absorption**. Die Wahrscheinlichkeit $\mathcal{P}_{12}$, dass ein Molekül pro Sekunde ein Photon absorbiert, ist proportional zur Zahl der Photonen $h\nu$ am Ort des Moleküls, also proportional zur spektralen Energiedichte $\rho(\nu)$ des Strahlungsfeldes:

$$\mathcal{P}_{12} = B_{12}\rho(\nu)\,. \tag{2.14}$$

Der Proportionalitätsfaktor B_{12} heißt **Einstein-Koeffizient der induzierten Absorption**. Jeder Absorptionsakt vermindert die Photonenbesetzungszahl in einer Eigenschwingung des Strahlungsfelds um 1.

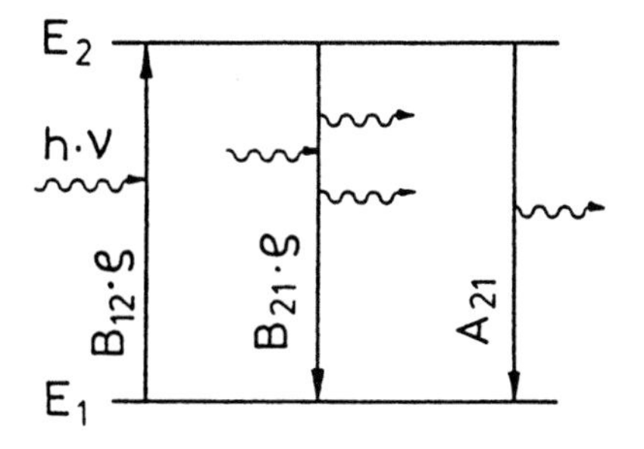

Abb. 2.3. Wechselwirkung eines Zwei-Niveau-Systems mit einem Strahlungsfeld

Analog kann das Strahlungsfeld Moleküle im angeregten Zustand E_2 „veranlassen" (induzieren), unter Emission eines Photons $h\nu$ in den tieferen Zustand E_1 überzugehen. Dieser Prozess heißt **induzierte Emission**. Er erhöht die Photonenzahl derjenigen Eigenschwingung um 1, durch die er induziert wurde, d. h. das induziert emittierte Photon gehört zu derselben Mode wie das induzierende Photon. Die Wahrscheinlichkeit $\mathcal{P}_{21}$, dass ein Molekül pro Sekunde ein Photon induziert emittiert, ist analog zu (2.14)

$$\mathcal{P}_{21} = B_{21}\rho(\nu) . \tag{2.15}$$

B_{21} ist der **Einstein-Koeffizient der induzierten Emission**.

Ein angeregtes Molekül kann seine Anregungsenergie auch spontan, d. h. ohne äußeres, induzierendes Feld durch Lichtemission abgeben. Das spontan emittierte Photon kann die Besetzungszahl irgend einer Mode mit passender Frequenz $\nu = (E_2 - E_1)/h$ aber beliebiger Richtung des $\boldsymbol{k}$-Vektors um eins erhöhen. Bei isotroper Emission ist die Wahrscheinlichkeit für alle diese Moden gleich groß. Die Wahrscheinlichkeit $\mathcal{P}_{21}$ (spontan) pro Sekunde, dass ein Photon $h\nu$ von einem angeregten Molekül spontan emittiert wird, ist unabhängig vom äußeren Feld und hängt nur von der Struktur des Moleküls und dem betrachteten Übergang $E_2 \to E_1$ ab; d. h.

$$\mathcal{P}\,(\text{spontan}) = A_{21} . \tag{2.16}$$

A_{21} heißt **Einstein-Koeffizient der spontanen Emission** oder auch spontane Übergangswahrscheinlichkeit für den Übergang $|\,2\rangle \to |\,1\rangle$. Er hat die Maßeinheit [1/s].

Von der Gesamtzahl N der Moleküle pro Volumeneinheit unseres Hohlraums seien N_i im Zustand E_i. Im stationären Fall muss die gesamte Absorptionsrate (= Zahl der pro Volumeneinheit und Sekunde absorbierten Photonen) $N_1 B_{12}\rho(\nu)$ gleich der gesamten Emissionsrate $N_2 B_{21}\rho(\nu) + N_2 A_{21}$ sein, da sich sonst die Energiedichte $\rho(\nu)$ unseres Strahlungsfeldes ändern müsste. Wir haben also

$$A_{21}N_2 + B_{21}\rho(\nu)N_2 = B_{12}N_1\rho(\nu) . \tag{2.17}$$

Im thermischen Gleichgewicht gilt für die Besetzungszahlen N_i des Energieniveaus E_i die **Boltzmann-Verteilung**

$$\boxed{N_i = (g_i N/Z)\,\mathrm{e}^{-E_i/kT}} , \tag{2.18}$$

wobei g_i das statistische Gewicht des Zustandes E_i (für einen Zustand E_i eines freien Atoms mit dem Drehimpuls J_i ist $g_i = 2J_i + 1$), N die Gesamtzahl der Moleküle pro Volumen und Z die Zustandssumme (2.9) ist.

Für das Verhältnis N_2/N_1 erhält man aus (2.18)

$$\frac{N_2}{N_1} = \frac{g_2}{g_1} \mathrm{e}^{-(E_2-E_1)/kT} = \frac{g_2}{g_1} \mathrm{e}^{-h\nu/kT} . \tag{2.19}$$

Setzt man (2.19) in (2.17) ein und löst nach $\rho(\nu)$ auf, so erhält man

$$\rho(\nu) = \frac{A_{21}/B_{21}}{(g_1/g_2)(B_{12}/B_{21})\,\mathrm{e}^{h\nu/kT} - 1} . \tag{2.20}$$

Andererseits wird die spektrale Energiedichte $\rho(\nu)$ der Hohlraumstrahlung durch die Planck'sche Formel (2.12) beschrieben. Da beide Gleichungen für alle Frequenzen ν und beliebige Temperaturen T gelten müssen, liefert ein Vergleich für die Einstein-Koeffizienten die Relationen

$$\boxed{B_{12} = \frac{g_2}{g_1} B_{21}} \tag{2.21}$$

und

$$\boxed{A_{21} = \frac{8\pi \cdot h\nu^3}{c^3} B_{21}} . \tag{2.22}$$

Gleichung (2.21) besagt, dass bei gleichen statistischen Gewichten der beiden Zustände E_1 und E_2 **die Einstein-Koeffizienten für induzierte Emission und Absorption gleich sind!**

Man kann (2.22) das folgende wichtige Ergebnis entnehmen: Die induzierte Emissionswahrscheinlichkeit $B_{21}\rho(\nu)$ ist immer dann größer als die spontane Emissionswahrscheinlichkeit A_{21}, wenn

$$\rho(\nu) > \frac{8\pi h\nu^3}{c^3} = \frac{8\pi\nu^2}{c^3} h\nu . \tag{2.23}$$

Da nach (2.7) der Ausdruck $8\pi\nu^2/c^3$ die spektrale Modendichte darstellt (Zahl der Moden pro Volumeneinheit und Frequenzintervall $\mathrm{d}\nu = 1\,\mathrm{s}^{-1}$), ergibt $\rho(\nu)/(8\pi\hbar\nu^3/c^3)$ die Zahl der Photonen pro Mode, und die Ungleichung (2.23) besagt:

Die induzierte Emissionsrate in einer Mode ist immer dann größer als die spontane Rate, wenn das induzierende Strahlungsfeld in dieser Mode mehr als ein Photon enthält.

In Abb. 2.4 ist die mittlere Photonenzahl pro Mode für ein thermisches Strahlungsfeld bei verschiedenen Temperaturen aufgetragen. Man sieht, dass im sichtbaren Gebiet bei einem thermischen Strahlungsfeld diese Zahl bei praktisch erreichbaren Temperaturen klein gegen 1 ist, d. h. die spontane Emission überwiegt die induzierte bei weitem. Konzentriert man jedoch die Strahlungsenergie auf wenige Moden, d. h. erzeugt man durch geeignete Mittel ein extrem anisotropes nichtthermisches Strahlungsfeld, so kann man in diesen Moden eine große Photonenzahl erreichen, und die induzierte Emission wird in diesen Moden dann wesentlich stärker als die

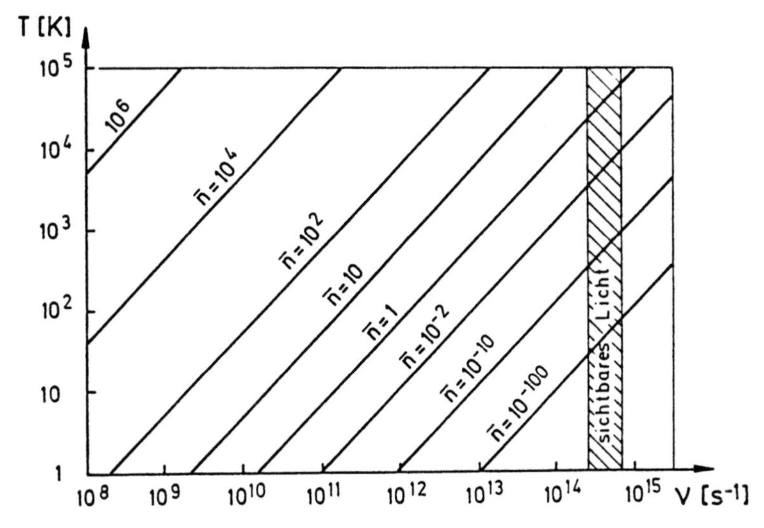

Abb. 2.4. Mittlere Photonenzahl pro Mode im thermischen Gleichgewicht als Funktion von Temperatur T und Frequenz ν

spontane. Dieses Prinzip der Selektion weniger Moden wird beim Laser angewandt (Kap. 5).

Anmerkung

Die Gleichungen (2.21), (2.22) sind für den Fall der thermischen Strahlung hergeleitet worden. Da die Einstein-Koeffizienten jedoch Konstanten sind, die nur von dem entsprechenden molekularen Übergang, nicht jedoch vom Strahlungsfeld abhängen, sind die Beziehungen universell gültig, d. h. für beliebige $\rho(\nu)$.

Beispiel 2.2

a) In 10 cm Entfernung vom Glühfaden einer 100 W Glühlampe ist die Photonenbesetzungszahl pro Mode bei $\lambda = 500\,\text{nm}$ etwa 10^{-8}, d. h. bei Molekulen in diesem Strahlungsfeld uberwiegt die spontane Emission bei weitem.
b) Im Brennfleck einer Quecksilberhochdrucklampe ist im Maximum der starken Linie $\lambda = 253{,}7\,\text{nm}$ die Photonenzahl pro Mode etwa 10^{-2}. Auch hier spielt also die induzierte Emission noch keine wesentliche Rolle.
c) Im Resonator eines HeNe-Lasers (Ausgangsleistung: 1 mW bei 1% Spiegeltransmission), der auf einer Resonatoreigenschwingung oszilliert, ist in dieser Mode die Laserleistung 100 mW, d. h. die Photonenzahl ist etwa 10^7. In dieser Mode ist also die spontane Emission vernachlässigbar. Man beachte jedoch, dass die gesamte spontane Emission innerhalb der Doppler-Breite des Übergangs bei $\lambda = 632{,}3\,\text{nm}$, die sich bei einem Volumen des angeregten Gases von etwa $1\,\text{cm}^3$ auf $3 \cdot 10^8$ Moden in allen Raumrichtungen verteilt (Beispiel 2.1a), durchaus größer ist als die induzierte Emission.

2.4 Grundbegriffe der Strahlungsmessung

Um verschiedene Lichtquellen hinsichtlich ihrer Verwendbarkeit für spektroskopische Untersuchungen vergleichen zu können, ist es nützlich, einige Begriffe einzuführen, die die ausgestrahlte Leistung sowie ihre räumliche und spektrale Verteilung angeben.

In Abb. 2.5 betrachten wir ein Oberflächenelement $\mathrm{d}f$ der Strahlungsquelle. Die von $\mathrm{d}f$ in den Raum ausgestrahlte Leistung hängt im Allgemeinen von der Frequenz ν und vom Winkel θ gegen die Flächennormale ab. Wir bezeichnen als **spektrale Strahlungsstärke** $I_{e\nu}(\nu,\theta)$ die bei der Frequenz ν im Intervall $\mathrm{d}\nu = 1\,\mathrm{s}^{-1}$ von $\mathrm{d}f = 1\,\mathrm{m}^2$ unter dem Winkel θ in den Raumwinkel $\mathrm{d}\Omega = 1\,\mathrm{sr}$ ausgestrahlte Leistung. Die im gesamten Spektralbereich in den Raumwinkel $\mathrm{d}\Omega = 1\,\mathrm{sr}$ ausgestrahlte Leistung

$$I_e(\theta) = \int_0^\infty I_{e\nu}(\nu,\theta)\,\mathrm{d}\nu \tag{2.24a}$$

heißt **Strahlungsstärke** [W/sr]. Die pro Fläche in den Raumwinkel $\mathrm{d}\Omega = 1\,\mathrm{sr}$ in die Richtung θ gegen die Flächennormale emittierte Strahlungsleistung

$$S = \frac{I_e}{\mathrm{d}f \cdot \cos\theta} \quad [\mathrm{W\,m^{-2}\,sr^{-1}}] \tag{2.24b}$$

heißt Strahlungsdichte der Quelle.

Die vom Senderelement $\mathrm{d}f$ auf ein Empfängerelement $\mathrm{d}f'$ im Abstand R auffallende Strahlungsleistung ist für $\mathrm{d}f$ und $\mathrm{d}f' \ll r^2$

$$\mathrm{d}W/\mathrm{d}t = I_e(\theta)\,\mathrm{d}\Omega = I_e(\theta)\,\mathrm{d}f'\cos\theta'/r^2\,. \tag{2.25a}$$

Der Raumwinkel $\mathrm{d}\Omega$, unter dem $\mathrm{d}f'$ von $\mathrm{d}f$ aus erscheint, ist nämlich

$$\mathrm{d}\Omega = \mathrm{d}f'\cos\theta'/r^2\,.$$

Die pro Flächeneinheit des Empfängers auftreffende Strahlungsleistung (Bestrahlungsdichte)

$$I = \frac{1}{\mathrm{d}f'\cos\theta'}\,\frac{\mathrm{d}W}{\mathrm{d}t}\,, \tag{2.25b}$$

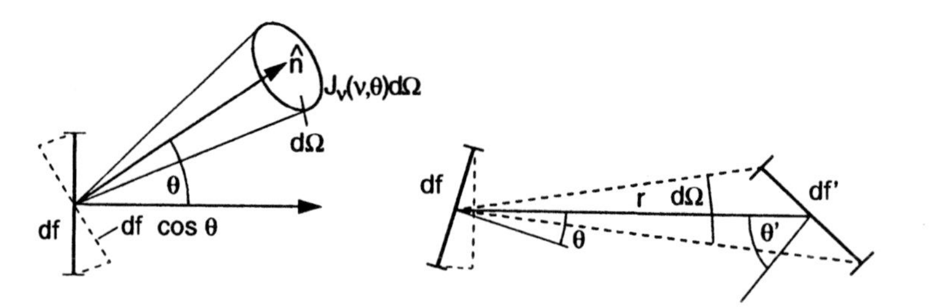

Abb. 2.5. Zur Definition der Strahlungsstärke J, Strahlungsdichte S und Bestrahlungsstärke I

$I\,[\mathrm{W/m^2}]$ wird oft auch als Intensität des Strahlungsfeldes bezeichnet. Der Empfänger „sieht" von $\mathrm{d}f$ nur die scheinbare Senderfläche $\mathrm{d}f_S = \mathrm{d}f \cos\theta$.

Mithilfe der Strahlungsdichte S lässt sich (2.25a) in der symmetrischen Schreibweise ausdrücken

$$\mathrm{d}W/\mathrm{d}t = S\,\mathrm{d}f \cos\theta\,\mathrm{d}f' \cos\theta'/r^2 \,. \tag{2.26}$$

Bei isotropen Strahlungsquellen, z. B. der Hohlraumstrahlung, ist S unabhängig von θ. Da sich hier die Strahlungsenergie mit der Lichtgeschwindigkeit c gleichmäßig in alle Richtungen, d. h. in den Raumwinkel 4π ausbreitet, erhält man aus (2.12) für die **spektrale Strahlungsdichte der Hohlraumstrahlung**

$$\boxed{S_\nu = \rho(\nu)\frac{c}{4\pi} = \frac{2h\nu^3}{c^2}\frac{1}{\mathrm{e}^{h\nu/kT}-1}} \,. \tag{2.27}$$

und für die **spektrale Strahlungsstärke** im Frequenzintervall $\mathrm{d}\nu$

$$I_{\mathrm{e}\nu} = 4\pi S_\nu\,\mathrm{d}\nu \,, \tag{2.28}$$

während der **totale Strahlungsstrom** durch

$$I_\mathrm{e} = \int I_{\mathrm{e}\nu}\,\mathrm{d}\nu \tag{2.29}$$

gegeben ist.

Für isotrope Strahlungsquellen besagen (2.26), (2.27), dass die in den Raumwinkel $\mathrm{d}\Omega$ abgestrahlte Leistung proportional zu $\cos\theta$ ist **(Lambert'sches Gesetz)**. Man beachte jedoch, dass bei nichtisotropen Quellen $S(\theta)$ eine Funktion von θ ist. So ist z. B. bei einem strahlenden Dipol $S \propto \sin^2\theta$, wenn θ der Winkel gegen die Dipolachse ist. Extrem anisotrope Strahlungsquellen sind die Laser, bei denen $S(\theta)$ nur in einem engen Winkelbereich $\mathrm{d}\theta$ große Werte annimmt (Kap. 5).

Beispiel 2.3

Die Intensität einer ebenen Welle $\boldsymbol{E} = \boldsymbol{E}_0\cos(\omega t - kz)$, die sich in der z-Richtung ausbreitet, ist $I = c\int\rho(\omega)\,\mathrm{d}\omega = c\epsilon_0 E_0^2\cos^2(\omega t - kz)$, so dass der vom Detektor gemessene zeitliche Mittelwert

$$\langle I\rangle = 0{,}5c\epsilon_0 E_0^2 \tag{2.30a}$$

wird. Häufig findet man die komplexe Schreibweise

$$\boldsymbol{E} = \boldsymbol{A}_0\,\mathrm{e}^{\mathrm{i}(\omega t - kz)} + \boldsymbol{A}_0^*\,\mathrm{e}^{-\mathrm{i}(\omega t - kz)} \text{ mit } A_0 = \mathrm{Re}\{\boldsymbol{A}_0\} = E_0/2 \,,$$

mit der die gemittelte Intensität

$$\langle I\rangle = 2c\epsilon_0 A_0^2 \tag{2.30b}$$

wird.

Bei ausgedehnter Empfängerfläche f' erhält man die gesamte, dem Empfänger zugestrahlte Leistung durch Integration über alle Flächenelemente $\mathrm{d}f'$. Wir wollen uns dies anhand von Abb. 2.6 klarmachen [2.11]. Alle Strahlung, die auf F' trifft, geht im Winkelbereich von $-u < \theta < +u$ durch eine vor F' gedachte Kugelfläche, die wir in Flächenelemente in Form von Kreisringen $\mathrm{d}f' = 2\pi r\,\mathrm{d}r = 2\pi R \sin\theta R\,\mathrm{d}\theta$ zerlegen. Die gesamte, auf F' treffende Strahlungsleistung ist dann nach (2.26) mit $\cos\theta' = 1$

$$P = \int_0^u S \cos\theta\, \mathrm{d}F 2\pi \sin\theta\, \mathrm{d}\theta\ . \tag{2.31a}$$

Bei isotroper Strahlungsdichte hängt S nicht von θ ab, und man erhält (Abb. 2.6)

$$P = \pi S \sin^2 u\ . \tag{2.31b}$$

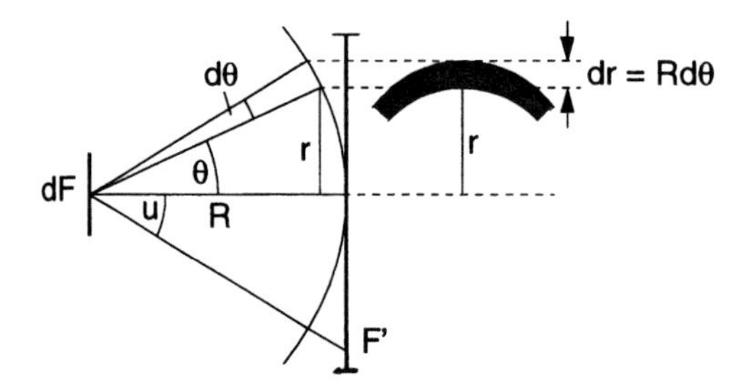

Abb. 2.6. Zur Illustration von (2.31b)

Anmerkung

a) Man beachte, dass man durch keine noch so raffinierte Abbildung die Strahlungsdichte S einer Strahlungsquelle erhöhen kann, d. h. das Bild $\mathrm{d}f'$ der Strahlungsquelle $\mathrm{d}f$ kann keine größere Strahlungsdichte als die Quelle selbst haben. Man kann zwar, wie in Abb. 2.7 durch eine verkleinernde Abbildung die Bestrahlungsstärke I erhöhen, aber man vergrößert im gleichen Verhältnis den Raumwinkel $\mathrm{d}\Omega$, in den die Strahlung abgebildet wird, so dass die Strahlungsdichte S' des Bildes $\mathrm{d}f'$ von $\mathrm{d}f$ nicht größer als S werden kann. Wegen der unvermeidlichen Verluste bei der Abbildung durch Reflexion, Absorption und Streuung ist S' in Wirklichkeit sogar immer kleiner als S.

b) Ein streng paralleles Lichtbündel würde in den Raumwinkel $\mathrm{d}\Omega = 0$ ausgestrahlt und hätte daher bei endlicher Strahlungsstärke J eine unendlich hohe Strahlungsdichte S. Man sieht daraus, dass es streng paralleles Licht nicht gibt. Es müsste nämlich von einer punktförmigen Lichtquelle emittiert werden, die aber wegen $\mathrm{d}f = 0$ die Strahlungsleistung Null haben müsste.

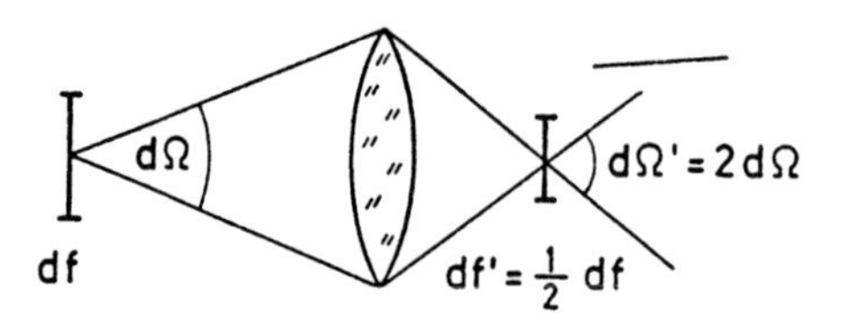

Abb. 2.7. Konstanz der Strahlungsdichte bei einer optischen Abbildung

Beispiel 2.4

a) **Strahlungsdichte der Sonnenoberfläche.** Auf 1 m^2 der Erdoberfläche würde bei senkrechtem Einfall ohne Reflexion und Absorption in der Atmosphäre $I = 1{,}35\,\mathrm{kW/m^2}$ Sonnenleistung fallen **(Solarkonstante)**. Der halbe Öffnungswinkel, unter dem wir die Sonnenscheibe sehen, ist $u = 16$ Bogenminuten, so dass $\sin(u) = 4{,}7 \cdot 10^{-3}$. Setzt man diesen Wert in (2.31b) ein, so erhält man für die Strahlungsdichte S der Sonnenoberfläche $S = 2 \cdot 10^4\,\mathrm{kW/(m^2 \cdot sr)}$.

b) **Strahlungsdichte eines HeNe-Lasers.** Die Laserausgangsleistung von 1 mW werde von 1 mm^2 der Laserspiegeloberfläche mit einem vollen Öffnungswinkel von 3 Bogenminuten, d. h. in einen Raumwinkel von $\approx 1 \cdot 10^{-6}$ sr ausgesandt. Die maximale Strahlungsdichte in Richtung des Laserstrahls ist dann $S = 10^{-3}/(10^{-6} \cdot 10^{-6})\,\mathrm{W/(m^2 \cdot sr)} = 1 \cdot 10^9\,\mathrm{W/(m^2 \cdot sr)}$, also etwa 50 mal so groß wie die der Sonnenoberfläche. Für die spektrale Strahlungsdichte S fällt der Vergleich für den Laser noch wesentlich günstiger aus, da die Laseremission auf etwa 10^7 Hz beschränkt ist, die der Sonne jedoch über das gesamte Frequenzspektrum verteilt ist.

c) Schaut man direkt in die Sonne, so empfängt die Netzhaut des Auges bei einem Pupillendurchmesser von 1 mm eine Leistung von etwa 1 mW; also soviel als wenn man direkt in den Laserstrahl des Beispiels 2.4b schaut. Das Bild der Sonnenscheibe auf der Netzhaut ist jedoch etwa 100 mal größer als der Fokus der Laserstrahlung, so dass die Bestrahlungsstärke einzelner Bereiche der Netzhaut beim Laser etwa 100-mal höher ist, und *daher die bestrahlten Zellen zerstört werden.*

2.5 Polarisation von Licht

Der komplexe Amplitudenvektor $\boldsymbol{A}_0$ der in z-Richtung laufenden ebenen Welle

$$\boldsymbol{E} = \boldsymbol{A}_0\, \mathrm{e}^{\mathrm{i}(\omega t - kz)} \tag{2.32}$$

lässt sich in Komponentenform schreiben als

$$\boldsymbol{A}_0 = \begin{Bmatrix} A_{0x}\, \mathrm{e}^{\mathrm{i}\phi_x} \\ A_{0y}\, \mathrm{e}^{\mathrm{i}\phi_y} \end{Bmatrix}; \tag{2.33}$$

Für unpolarisiertes Licht sind die Phasen ϕ_x und ϕ_y nicht korreliert und schwanken statistisch. Für linear polarisiertes Licht mit dem $\boldsymbol{E}$-Vektor in x-Richtung ist $A_{0y} = 0$. Für linear polarisiertes Licht mit einem $\boldsymbol{E}$-Vektor in beliebiger Richtung innerhalb der xy-Ebene gilt $\phi_x = \phi_y$, und das Verhältnis $\boldsymbol{A}_{0x}/\boldsymbol{A}_{0y}$ gibt die Richtung von $\boldsymbol{E}$ an. Für zirkular polarisiertes Licht ist $\boldsymbol{A}_{0x} = \boldsymbol{A}_{0y}$ und $\phi_x = \phi_y \pm \pi/2$.

Für linear polarisiertes Licht, dessen $\boldsymbol{E}$-Vektor 45° gegen die x-Achse geneigt ist, gilt $\phi_x = \phi_y = \phi$ und

$$\boldsymbol{A}_0 = \sqrt{A_{0x}^2 + A_{0y}^2}\,\frac{1}{\sqrt{2}}\begin{Bmatrix} 1 \\ 1 \end{Bmatrix} = |A_0|\frac{1}{\sqrt{2}}\begin{Bmatrix} 1 \\ 1 \end{Bmatrix}, \tag{2.34a}$$

und für rechts zirkular polarisiertes σ^--Licht haben wir wegen $e^{-i\pi/2} = -i$

$$\boldsymbol{A}_0 = |A_0| \frac{1}{\sqrt{2}} \begin{Bmatrix} 1 \\ -i \end{Bmatrix} . \tag{2.34b}$$

Man nennt diese Darstellung der Amplitude den **Jones-Vektor** und schreibt:

$$\boldsymbol{E} = \begin{Bmatrix} E_x \\ E_y \end{Bmatrix} = |\boldsymbol{E}| \begin{pmatrix} a \\ b \end{pmatrix} , \tag{2.34c}$$

wobei a, b reelle oder komplexe Zahlen sind. Mithilfe der Jones-Vektoren (Tabelle 2.1) lassen sich die Polarisationszustände des Lichtes übersichtlich schreiben:

Tabelle 2.1. Jones-Vektoren

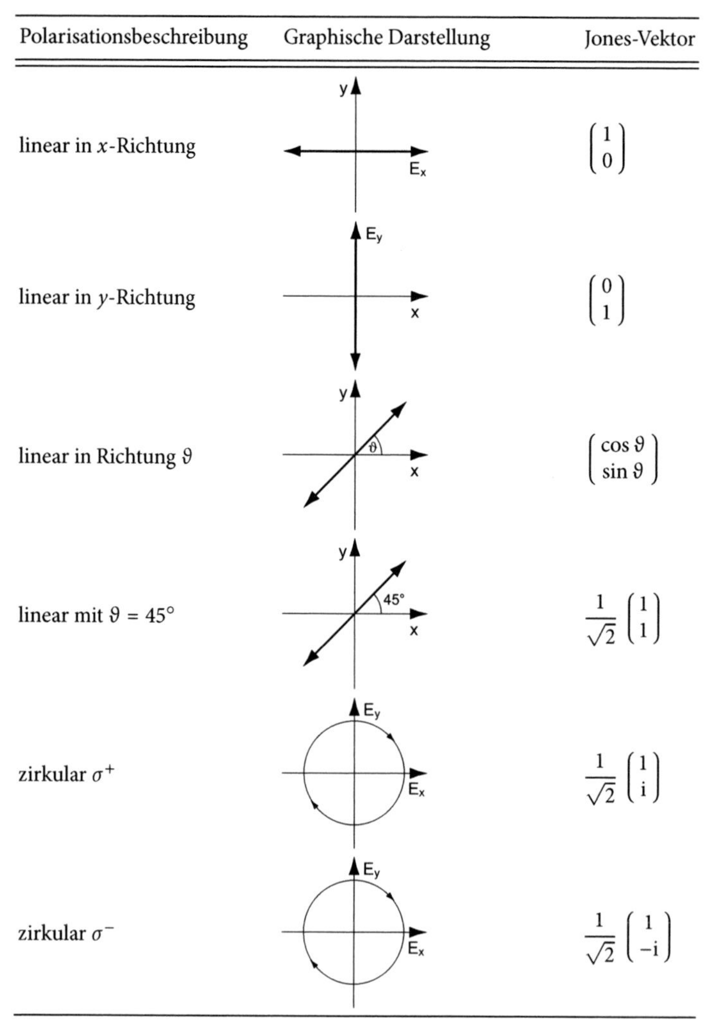

Polarisationsbeschreibung	Graphische Darstellung	Jones-Vektor
linear in x-Richtung		$\begin{pmatrix} 1 \\ 0 \end{pmatrix}$
linear in y-Richtung		$\begin{pmatrix} 0 \\ 1 \end{pmatrix}$
linear in Richtung ϑ		$\begin{pmatrix} \cos\vartheta \\ \sin\vartheta \end{pmatrix}$
linear mit $\vartheta = 45°$		$\frac{1}{\sqrt{2}} \begin{pmatrix} 1 \\ 1 \end{pmatrix}$
zirkular σ^+		$\frac{1}{\sqrt{2}} \begin{pmatrix} 1 \\ i \end{pmatrix}$
zirkular σ^-		$\frac{1}{\sqrt{2}} \begin{pmatrix} 1 \\ -i \end{pmatrix}$

Tabelle 2.2. Jones-Matrizen für Polarisatoren

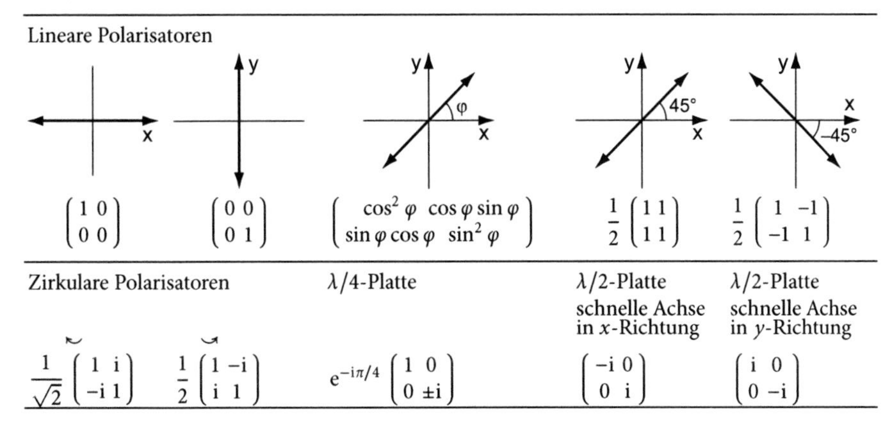

Lineare Polarisatoren				
$\begin{pmatrix} 1 & 0 \\ 0 & 0 \end{pmatrix}$	$\begin{pmatrix} 0 & 0 \\ 0 & 1 \end{pmatrix}$	$\begin{pmatrix} \cos^2\varphi & \cos\varphi\sin\varphi \\ \sin\varphi\cos\varphi & \sin^2\varphi \end{pmatrix}$	$\frac{1}{2}\begin{pmatrix} 1 & 1 \\ 1 & 1 \end{pmatrix}$	$\frac{1}{2}\begin{pmatrix} 1 & -1 \\ -1 & 1 \end{pmatrix}$
Zirkulare Polarisatoren		$\lambda/4$-Platte	$\lambda/2$-Platte schnelle Achse in x-Richtung	$\lambda/2$-Platte schnelle Achse in y-Richtung
$\frac{1}{\sqrt{2}}\begin{pmatrix} 1 & \mathrm{i} \\ -\mathrm{i} & 1 \end{pmatrix}$	$\frac{1}{2}\begin{pmatrix} 1 & -\mathrm{i} \\ \mathrm{i} & 1 \end{pmatrix}$	$\mathrm{e}^{-\mathrm{i}\pi/4}\begin{pmatrix} 1 & 0 \\ 0 & \pm\mathrm{i} \end{pmatrix}$	$\begin{pmatrix} -\mathrm{i} & 0 \\ 0 & \mathrm{i} \end{pmatrix}$	$\begin{pmatrix} \mathrm{i} & 0 \\ 0 & -\mathrm{i} \end{pmatrix}$

Diese Jones-Darstellung erweist sich als vorteilhaft, wenn man den Durchgang von Licht durch optische Elemente betrachtet, die den Polarisationszustand verändern wie z. B. Strahlteiler, Polarisatoren oder doppelbrechende Kristalle. Beschreibt man diese Elemente durch zweireihige Matrizen, so erhält man den Polarisationszustand der transmittierten Welle durch Multiplikation des Jones-Vektors der einfallenden Welle mit der Jones-Matrix des Elementes:

$$\begin{pmatrix} E_{xt} \\ E_{yt} \end{pmatrix} = \begin{pmatrix} a & b \\ c & d \end{pmatrix} \begin{pmatrix} E_{x0} \\ E_{y0} \end{pmatrix} . \tag{2.35}$$

In Tabelle 2.1 sind die Jones-Vektoren für verschiedene Polarisationszustände und in Tabelle 2.2 die Jones-Matrizen für einige optische Elemente angegeben [2.1, 2.11].

2.6 Absorption und Dispersion

Wenn eine elektromagnetische Welle durch ein Medium mit dem Brechungsindex n läuft, tritt außer einer Abnahme der Amplitude (**Absorption**) auch eine Änderung der Phasengeschwindigkeit $c = c_{\text{vak}}/n$ auf, wobei $n = n(\omega)$ von der Frequenz ω der Welle abhängt (**Dispersion**). Ein klassisches Modell, das die Atomelektronen durch gedämpfte harmonische Oszillatoren beschreibt, die unter dem Einfluss der elektromagnetischen Welle zu erzwungenen Schwingungen angeregt werden, vermag eine sehr anschauliche Beziehung zwischen Absorption und Dispersion herzustellen (**Dispersionsrelation**). Dadurch kann der makroskopisch eingeführte Begriff des Brechungsindexes auf Eigenschaften der Elektronenhüllen der Atome bzw. Moleküle zurückgeführt werden. Die klassischen Ergebnisse für den harmonischen Oszillator können dann relativ einfach an die wirklichen Verhältnisse bei realen Molekülen angepasst werden.

2.6.1 Klassisches Modell

Die Bewegungsgleichung für die erzwungene Schwingung des gedämpften Oszillators mit der Masse m und der Ladung q unter dem Einfluss des elektrischen Feldes $\boldsymbol{E}_0 \exp(\mathrm{i}\omega t)$ der elektromagnetischen Welle lautet mit $\boldsymbol{E}_0 = \{E_0, 0, 0\}$ in komplexer Schreibweise

$$m\ddot{x} + b\dot{x} + Dx = qE_0\,\mathrm{e}^{\mathrm{i}\omega t} . \tag{2.36}$$

Geht man mit dem Lösungsansatz $x = x_0 \exp(\mathrm{i}\omega t)$ in (2.36) ein, so erhält man mit den Abkürzungen $\gamma = b/m$ und $\omega_0^2 = D/m$ für die Amplitude x_0 der erzwungenen Schwingung den Ausdruck

$$x_0 = \frac{qE_0}{m(\omega_0^2 - \omega^2 + \mathrm{i}\gamma\omega)} . \tag{2.37}$$

Durch diese erzwungene Schwingung der Ladungen q entsteht ein induziertes elektrisches Dipolmoment

$$p_{\mathrm{el}} = qx = \frac{q^2E_0\,\mathrm{e}^{\mathrm{i}\omega t}}{m(\omega_0^2 - \omega^2 + \mathrm{i}\gamma\omega)} . \tag{2.38}$$

Hat man N Oszillatoren pro Volumeneinheit, so ist die durch die Lichtwelle induzierte makroskopische Polarisation P (= Summe der Dipolmomente p pro Volumeneinheit)

$$P = Nqx . \tag{2.39}$$

Andererseits wird in der Elektrodynamik gezeigt, dass die makroskopische Polarisation mit der induzierenden Feldstärke E verknüpft ist durch

$$P = \epsilon_0(\epsilon - 1)E . \tag{2.40}$$

Die relative Dielektrizitatskonstante ϵ hängt für nichtferromagnetische Materialien mit $\mu = 1$ mit dem Brechungsindex n über die Beziehung

$$n = \sqrt{\epsilon} . \tag{2.41}$$

zusammen.

Aus (2.38) bis (2.41) erhält man dann für den Brechungsindex n die Beziehung

$$n^2 = 1 + \frac{Nq^2}{\epsilon_0 m(\omega_0^2 - \omega^2 + \mathrm{i}\gamma\omega)} . \tag{2.42}$$

Um uns die physikalische Bedeutung dieses komplexen Brechungsindexes $n(\omega)$ klar zu machen, schreiben wir ihn in der Form

$$n = n' - \mathrm{i}\kappa \quad (n', \kappa \text{ reell}) . \tag{2.43}$$

und betrachten eine elektromagnetische Welle

$$E = E_0\,\mathrm{e}^{\mathrm{i}(\omega t - Kz)} , \tag{2.44a}$$

die durch das Medium mit dem Brechungsindex n in z-Richtung läuft. Die Wellenzahl $K = 2\pi/\lambda$ ist im Vakuum $K = K_0$ und in Materie (wegen $K = \omega/c$, $\omega_{\mathrm{m}} = \omega_0$ und

$c = c_0/n$) $K_m = nK_0$ d. h. $\lambda_m = \lambda_0/n$. Setzt man dies zusammen mit (2.43) in (2.44a) ein, so erhält man für die Welöle im Medium

$$E = E_0 \,\mathrm{e}^{-K_0 \kappa z}\, \mathrm{e}^{\mathrm{i}(\omega t - n' K_0 z)} = E_0 \,\mathrm{e}^{-2\pi\kappa z/\lambda}\, \mathrm{e}^{\mathrm{i}K_0(c_0 t - n' z)} \,. \tag{2.44b}$$

Man sieht also, dass der Imaginärteil $\kappa(\omega)$ des komplex geschriebenen Brechungsindexes die Absorption der elektromagnetischen Welle angibt. Nach einer Strecke $\Delta z = \lambda/(2\pi\kappa)$ ist die Wellenamplitude auf $1/\mathrm{e}$ ihres Anfangswertes gesunken. Der Realteil $n'(\omega)$ gibt die Dispersion an, d. h. die Abhängigkeit der Phasengeschwindigkeit $c = c_0/n'$ von der Frequenz ω.

Wir wollen uns im folgenden auf gasförmige Medien beschränken, für die der Brechungsindex n bei nicht zu hohem Druck nur wenig von 1 verschieden ist. (Für Luft bei 1 Atm ist z. B. $n = 1{,}0003$). Man kann dann

$$n^2 - 1 = (n+1)(n-1) \simeq 2(n-1)$$

setzen und erhält statt (2.42)

$$n = 1 + \frac{1}{2}\frac{Nq^2}{\epsilon_0 m(\omega_0^2 - \omega^2 + \mathrm{i}\gamma\omega)} \,. \tag{2.45}$$

Setzt man hier (2.43) ein, so kann man Real- und Imaginärteil des Brechungsindexes trennen und erhält

$$\boxed{\kappa = \frac{Nq^2}{2\epsilon_0 m}\frac{\gamma\omega}{\left(\omega_0^2 - \omega^2\right)^2 + \gamma^2\omega^2}} \,, \tag{2.46a}$$

$$\boxed{n' = 1 + \frac{Nq^2}{2\epsilon_0 m}\frac{\omega_0^2 - \omega^2}{\left(\omega_0^2 - \omega^2\right)^2 + \gamma^2\omega^2}} \,. \tag{2.47a}$$

Die Gleichungen (2.46a) und (2.47a) heißen auch **Dispersionsrelationen**. Sie verknüpfen Absorption und Dispersion miteinander über den komplexen Brechungsindex (2.43) und gelten gemäß ihrer Herleitung für ruhende Oszillatoren bei genügend kleinen Dichten, so dass $(n-1) \ll 1$ gilt. Durch die thermische Bewegung der absorbierenden Moleküle wird eine zusätzliche Doppler-Verbreiterung erzeugt, die im Abschnitt 3.2 behandelt wird.

In der Umgebung der Eigenfrequenz ω_0 gilt $|\omega - \omega_0| \ll \omega_0$ und die beiden Gleichungen vereinfachen sich wegen $\omega_0^2 - \omega^2 \approx 2\omega_0(\omega_0 - \omega)$ zu

$$\boxed{\kappa = \frac{Nq^2}{8\epsilon_0 m\omega_0}\frac{\gamma}{\left(\omega_0 - \omega\right)^2 + \left(\gamma/2\right)^2}} \,, \tag{2.46b}$$

$$\boxed{n' = 1 + \frac{Nq^2}{4\epsilon_0 m\omega_0}\frac{\omega_0 - \omega}{\left(\omega_0 - \omega\right)^2 + \left(\gamma/2\right)^2}} \,. \tag{2.47b}$$

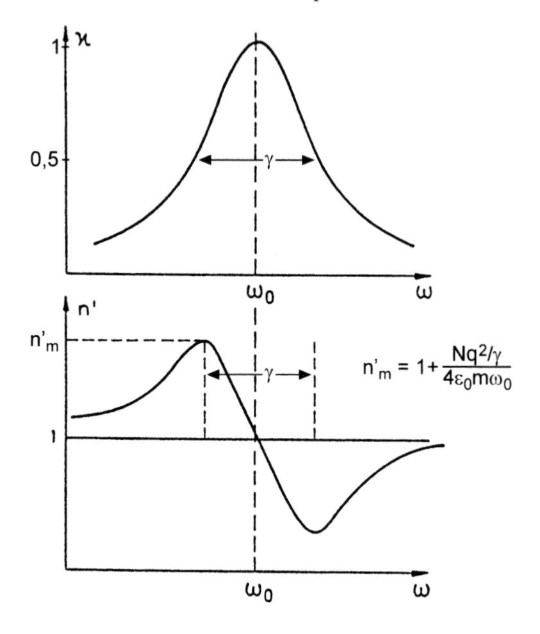

Abb. 2.8. Verlauf von Absorption und Dispersion in der Umgebung der Resonanzfrequenz ω_0 eines atomaren Überganges

In Abb. 2.8 sind der Verlauf von κ und n' in der Nähe der Eigenfrequenz ω_0 aufgetragen. Man sieht aus (2.46b), dass γ die volle Halbwertsbreite der Absorptionslinie angibt (Abschn. 3.1).

Üblicherweise beschreibt man die Absorption von Licht beim Durchgang durch Materie nicht als Amplituden- sondern als Intensitätsabnahme, da man nur Intensitäten – nicht aber Amplituden – direkt messen kann. Läuft eine ebene Welle mit der Intensität $I(\omega)$ in z-Richtung durch ein homogenes Medium (Abb. 2.9), so wird auf der Strecke dz die Intensität um

$$\mathrm{d}I = -\alpha I \,\mathrm{d}z \,. \tag{2.48}$$

vermindert. Der Absorptionskoeffizient α [cm^{-1}] gibt dabei den auf der Strecke dz = 1cm absorbierten Bruchteil dI/I an. Wenn α unabhängig von I ist (lineare Absorption), liefert die Integration von (2.48) das **Beer'sche Absorptionsgesetz**

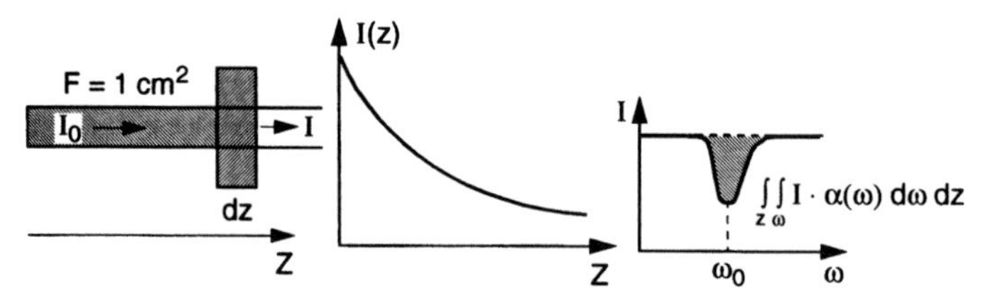

Abb. 2.9. Zur Definition von absorbierter Intensität und dem spektralem Absorptionsprofil bei Einfall einer spektral-kontinuierlichen Strahlung

mit $I(z = 0) = I_0$

$$\boxed{I = I_0 \mathrm{e}^{-\alpha z}} \,. \tag{2.49}$$

Da die Intensität proportional zum Quadrat der Amplitude ist, ergibt ein Vergleich von (2.49) mit (2.44b)

$$\alpha = 4\pi\kappa/\lambda = 2K\kappa \text{ mit } K = 2\pi/\lambda \,. \tag{2.50}$$

Der Absorptionskoeffizient α ist also proportional zum Imaginärteil des Brechungsindexes und hat in der Umgebung der Oszillatoreigenfrequenz für ruhende Moleküle eine Frequenzabhängigkeit, die für $n - 1 \ll 1$ durch das Lorentz-Profil (2.46b) beschrieben wird.

Da die Intensität einer Welle die pro Sekunde durch die Flächeneinheit gehende Energie ist, folgt aus (2.48) für die im Volumenelement $\Delta V = F\Delta z$ mit dem Querschnitt F im Frequenzintervall $\mathrm{d}\nu$ absorbierte Leistung

$$\mathrm{d}P_\nu \mathrm{d}\nu = \alpha(\nu) I(\nu) F \Delta z \mathrm{d}\nu = \alpha(\nu)\, I(\nu) \cdot \Delta V \,\mathrm{d}\nu \,. \tag{2.51}$$

Die durch den Übergang $E_i \to E_k$ im Volumenelement $\Delta V = F\Delta z$ absorbierte Leistung ΔP_{ik} erhält man durch Integration über das Frequenzprofil der Absorptionslinie, d. h.

$$\Delta P_{ik} = \Delta V \int \alpha_{ik}(\nu) I(\nu) \,\mathrm{d}\nu \,. \tag{2.52}$$

Falls sich die einfallende Intensität $I(\nu)$ innerhalb des Frequenzbereiches, in dem $\alpha_{ik}(\nu)$ groß ist (d. h. innerhalb der Absorptionslinienbreite), nicht wesentlich ändert, kann man $I(\nu) = I(\nu_{ik})$ setzen und vor das Integral ziehen, d. h.

$$\Delta P_{ik} = I(\nu_{ik}) \Delta V \int_{\nu=\nu_0-\Delta\nu/2}^{\nu_0+\Delta\nu/2} \alpha_{ik}(\nu) \,\mathrm{d}\nu = P_{ik} \Delta z \int_{\nu=\nu_0-\Delta\nu/2}^{\nu_0+\Delta\nu/2} \alpha_{ik} \,\mathrm{d}\nu \,. \tag{2.53}$$

wobei $\Delta\nu$ der Frequenzbereich um ν_0 ist, der zur Absorption auf dem Übergang $|i\rangle \to |k\rangle$ merklich beiträgt. Die entlang der Absorptionsstrecke Δz absorbierte Leistung ΔP_{ik} ist in Abb. 2.9 durch die schraffierte Fläche angegeben.

Ist jedoch die Strahlung monochromatisch, wie z. B. bei einem Einmodenlaser, so ergibt das Integral den Integranden an der Stelle ν_L. Die im Volumen $\Delta V = F\Delta z$ absorbierte Leistung ist dann bei einer Laserleistung P_L und einem Strahlquerschnitt F

$$\Delta P_{ik} = \alpha_{ik}(\nu_L)(P_L/F)\Delta V = \alpha_{ik}(\nu_L) I(\nu_L) \Delta V \,. \tag{2.54}$$

Wir wollen nun prüfen, wie unser klassisches Modell der harmonischen Oszillatoren auf reale Moleküle angewendet werden kann.

2.6.2 Linienspektren und kontinuierliche Spektren

Die Intensität der thermischen Strahlung (Abschn. 2.2) hatte eine kontinuierliche Spektralverteilung $\boldsymbol{I}(\nu)$. Diskrete Spektren, deren spektrale Intensitätsverteilung $\boldsymbol{I}(\nu)$ bei bestimmten Frequenzen ν_{ik} Maxima zeigen, werden erzeugt durch Übergänge zwischen verschiedenen, *gebundenen* Energieniveaus E_i und E_k freier Moleküle, wobei $h\nu_{ki} = E_k - E_i$ gilt. Da in einem Spektralapparat bei der Abbildung des Eintrittsspalts S auf die Beobachtungsebene B für jede dieser Wellenlängen $\lambda_{ki} = c/\nu_{ki}$ als Spaltbild eine räumlich getrennte Linie erscheint (Abb. 2.10), nennt man diese diskreten Spektren auch **Linienspektren** zum Unterschied von den **kontinuierlichen Spektren**, bei denen in der Ebene B eine räumlich kontinuierliche Intensitätsverteilung erscheint (siehe auch Abschn. 4.1).

Lässt man Licht mit kontinuierlichem Frequenzspektrum auf freie Atome oder Moleküle im Zustand E_i fallen, so können die Teilchen durch Absorption von Licht in energetisch höhere Zustände E_k angeregt werden. Sind beide Niveaus gebundene Zustände, so erhält man ein diskretes Absorptionsspektrum, d. h. Absorption ist nur in schmalen Frequenzbereichen um die Frequenzen ν_{ik} möglich (**Absorptionslinien**). Im transmittierten Licht fehlt diese Energie, und man erhält ein Spektrum, wie es schematisch in Abb. 2.11 angedeutet ist.

Beispiele für solche Absorptionslinien sind die **Fraunhofer-Linien** im Sonnenspektrum, wo die Atome und Ionen der Sonnenhülle die kontinuierliche Strahlung aus der Photosphäre bei ihren Eigenfrequenzen absorbieren. Liegt die Energie E_k oberhalb der Ionisations- oder Dissoziationsenergie, so treten kontinuierliche Absorptionsbereiche auf (Abb. 2.11).

Die absorbierte Energie ist proportional zur Besetzungsdichte N_i der absorbierenden Moleküle im Zustand E_i. Die Intensität der Absorptionslinien ist also nur dann merklich, wenn die Besetzungszahl N_i groß genug ist. Bei einem Gas im thermischen Gleichgewicht treten daher wegen $N_i \propto g_i \exp(-E_i/kT)$ Absorptionslinien hauptsächlich für energetisch tief liegende Zustände E_i auf, für die E_i nicht wesentlich größer als kT ist. Man kann jedoch energetisch höher liegende Zustän-

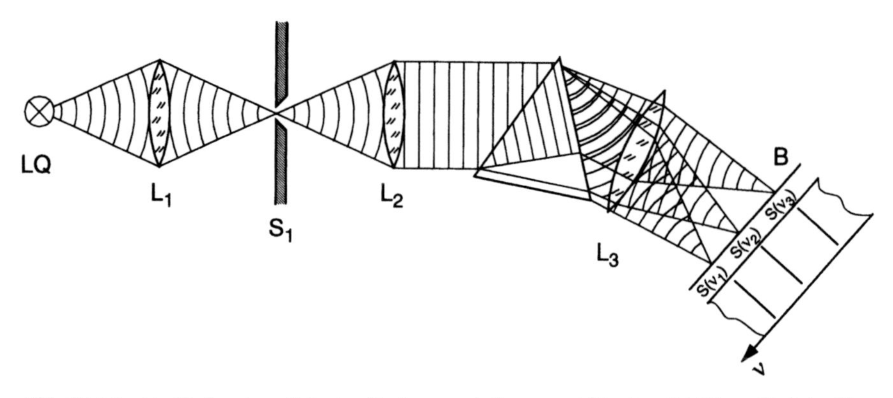

Abb. 2.10. Spektrallinien eines diskreten Spektrums als frequenzabhängige Abbildung $S(\nu)$ des Eintrittsspaltes S_1 eines Spektrographen auf die Beobachtungsebene B

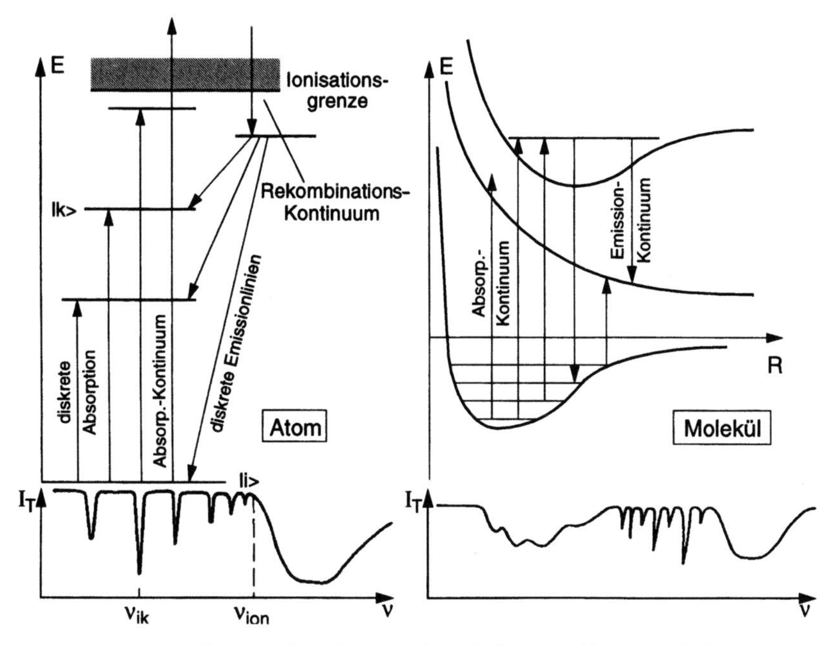

Abb. 2.11. Schematische Darstellung der Entstehung diskreter und kontinuierlicher Emissions- und Absorptionsspektren bei Atomen und Molekülen

de durch verschiedene Anregungsmechanismen über ihre Gleichgewichtsbesetzung hinaus bevölkern.

Beispiele für solche „Pumpprozesse" sind die Lichtabsorption oder die Elektronenstoßanregung, die in Gasentladungen den Hauptanregungsmechanismus darstellt, oder Stöße mit anderen Molekülen oder Atomen, die eventuell auch angeregt sein können.

2.6.3 Oszillatorenstärken und Einstein-Koeffizienten

Atome oder Moleküle haben wegen der Vielzahl ihrer möglichen Energiezustände nicht nur einen, sondern viele Absorptionsübergänge, d. h. *Eigenfrequenzen*, bei denen Absorption auftreten kann. Die Größe des Absorptionskoeffizienten hängt dabei außer von der Besetzungsdichte der Atome im absorbierenden Zustand wesentlich ab von der Art des Moleküls und der Struktur und Symmetrie der Zustände, zwischen denen bei der Absorption ein Übergang stattfindet. Wir wollen jetzt den im Abschnitt 2.6.1 aus dem Modell des klassischen Oszillators hergeleiteten Absorptionskoeffizienten α mit den speziellen Atom- bzw. Molekül-Übergängen verknüpfen. Dazu muss man im Prinzip die Übergangswahrscheinlichkeit zwischen zwei Energiezuständen E_i und E_k ausrechnen, was nur mithilfe der Quantenmechanik möglich ist (Abschn. 2.7). Man kann jedoch diese Übergangswahrscheinlichkeit summarisch ausdrücken durch die sogenannte **Oszillatorenstärke** f, die aus Experimenten bestimmbar ist und folgende Bedeutung hat: Ein Atom mit einem „Leuchtelektron" d. h.

mit einem im betrachteten Spektralbereich anregbaren Elektron, das beim Übergang in ein tieferes Energieniveau zu Lichtemission führt, kann hinsichtlich seiner Gesamtabsorption wie ein klassischer Oszillator mit der oszillierenden Ladung $q = -\mathrm{e}$ beschrieben werden. Die Gesamtabsorption vom Niveau E_i aus verteilt sich jedoch auf alle möglichen Übergänge $E_i \to E_k$, die von diesem Niveau E_i aus zu anderen Niveaus E_k möglich sind, so dass auf jeden einzelnen Übergang nur ein Bruchteil f_{ik} der Gesamtabsorption entfällt. Diese Zahl $f_{ik} < 1$ gibt die **Oszillatorenstärke** des Übergangs $E_i \to E_k$ an. Mit anderen Worten: *N Atome absorbieren auf dem Übergang* $E_i \to E_k$ *genau so stark wie* $N f_{ik}$ *klassische Oszillatoren.*

Da die Gesamtabsorption eines Atoms mit nur einem Leuchtelektron gleich der eines klassischen Oszillators ist, muss

$$\sum_k f_{ik} = 1 \tag{2.55}$$

sein. Die Summation geht dabei über alle Energieniveaus k (einschließlich des Kontinuums) die vom Zustand E_i, aus erreichbar sind. Ist ein angeregtes Niveau E_k besetzt, so kann auch induzierte Emission auftreten, die zu einer Verminderung der effektiven Absorption führt. Die entsprechende Oszillatorenstärken f_{ki} mit $E_k > E_i$ werden deshalb negativ.

Beispiel 2.5

Beim Natriumatom ist $f(3S_{1/2} \to 3P_{1/2}) = 0{,}33$ und $f(3S_{1/2} \to 3P_{3/2}) = 0{,}66$, so dass für alle anderen Übergänge des Leuchtelektrons

$$\sum_k f_{ik}(E_k > E_{3P}) = 1 - 0{,}99 \simeq 0{,}01$$

übrig bleibt.

Für das Wasserstoffatom ist $f(1\mathrm{s}_{1/2} \to 2\mathrm{p}) = 0{,}4162$. Die Übergangswahrscheinlichkeit für diesen Übergang ist $A_{ik} = 4{,}7 \cdot 10^8\,\mathrm{s}^{-1}$.

Unter Berücksichtigung der Oszillatorenstärken f_{ik} gehen (2.46a) und (2.47a) für die Real- und Imaginärteile des komplexen Brechungsindexes über in

$$\kappa_i = \frac{N_i \mathrm{e}^2}{2\epsilon_0 m} \sum_k \frac{\omega f_{ik} \gamma_{ik}}{(\omega_{ik}^2 - \omega^2)^2 + \gamma_{ik}^2 \omega^2} \tag{2.56}$$

und

$$n_i' = 1 + \frac{N_i \mathrm{e}^2}{2\epsilon_0 m} \sum_k \frac{(\omega_{ik}^2 - \omega^2) f_{ik}}{(\omega_{ik}^2 - \omega^2)^2 + \gamma_{ik}^2 \omega^2}, \tag{2.57}$$

wobei N_i die Zahl der Teilchen pro Volumen im Zustand $|i\rangle$ ist, und γ_{ik} die volle Halbwertsbreite des Absorptionsüberganges $i \to k$ bedeutet. In der Nähe einer Absorptionsfrequenz ω_{ik} ist ein Summand groß gegen alle anderen, und (2.56), (2.57) reduzieren sich auf einfache Ausdrücke analog zu (2.46b), (2.47b). Der Absorptionskoeffizient $\alpha_i = 2K\kappa_i$ bzw. der Brechungsindex n'_i werden dabei durch ruhende Moleküle im Zustand E_i mit der Dichte N_i verursacht.

Die Oszillatorenstärken f_{ik} können gemäß (2.56), (2.57) aus der Messung von Absorption oder Dispersion experimentell bestimmt werden. Am häufigsten werden sie jedoch aus Lebensdauermessungen angeregter Zustände ermittelt (Abschn. 2.7)

Wie hängen nun die Oszillatorenstärken mit den im Abschnitt 2.3 eingeführten Einstein-Koeffizienten B_{ik} zusammen? Nach (2.14) ist die Wahrscheinlichkeit dafür, dass ein Molekül pro Sekunde einen Absorptionsübergang macht, durch den Einstein-Koeffizienten B_{ik} bestimmt.

Bei einer Dichte von N_i Molekülen im Zustand E_i und vernachlässigbarer Besetzung N_k erhält man aus (2.14) die im Volumen ΔV absorbierte Leistung

$$\mathrm{d}W_{ik}/\mathrm{d}t = N_i B_{ik} \rho(\nu) h\nu \Delta V \,. \tag{2.58}$$

Der Vergleich von (2.58) mit (2.52) liefert mit $I(\nu) = c\rho(\nu)$ bei einer ebenen Lichtwelle die Relation

$$B_{ik} = \frac{c}{N_i h\nu_{ik}} \int_{\nu_0-\Delta\nu/2}^{\nu_0+\Delta\nu/2} \alpha_{ik}(\nu)\,\mathrm{d}\nu \approx \frac{c}{N_i h\nu_{ik}} \int_0^\infty \alpha_{ik}(\nu)\,\mathrm{d}\nu \,, \tag{2.59}$$

weil der Absorptionskoeffizient außerhalb des Absorptionsprofils Null ist. Der Einstein-Koeffizient B_{ik} ist also proportional zum über das Linienprofil integrierten Absorptionskoeffizienten α_{ik}. Setzt man für $\alpha = (2\omega/c)\kappa$ den Ausdruck (2.56) in der Näherung $|\omega_{ik} - \omega| \ll \omega_{ik}$ ein, so erhält man wegen

$$\int_0^\infty \alpha(\nu)\,\mathrm{d}\nu = \int_0^\infty \alpha(\omega)\,\mathrm{d}\omega$$

für den Einstein-Koeffizienten eines Überganges mit Lorentz-förmigem Absorptionsprofil aus (2.56) und (2.59) mit $\alpha = 4\pi\kappa/\lambda$ in der Umgebung eines Überganges $|i\rangle \to |k\rangle$

$$B_{ik} = \frac{\mathrm{e}^2 f_{ik}}{4\hbar\omega_{ik}^2 \epsilon_0 m} \int_0^\infty \frac{\omega\gamma_{ik}\,\mathrm{d}\omega}{(\omega_{ik}-\omega)^2 + (\gamma_{ik}/2)^2} \,. \tag{2.60}$$

Das Integral lässt sich elementar lösen und ergibt den Wert $2\pi\omega_{ik}$. Damit erhält man schließlich

$$\boxed{B_{ik}^{(\omega)} = \frac{\pi \mathrm{e}^2}{2m\epsilon_0 \hbar\omega_{ik}} f_{ik} \quad\Big|\quad B_{ik}^{(\nu)} = \frac{\mathrm{e}^2}{2m\epsilon_0 h\nu_{ik}} f_{ik}} \,. \tag{2.61}$$

Man beachte, dass $\rho(\nu)$ die Energiedichte im Frequenzintervall $\mathrm{d}\nu = 1\,\mathrm{s}^{-1} \to \mathrm{d}\omega = 2\pi\mathrm{s}^{-1}$ ist. Daher ist $\rho(\nu) = 2\pi\rho(\omega)$. Da aber die Übergangswahrscheinlichkeit $B_{ik}\rho$ unabhängig davon sein muss, ob man sie durch ν oder ω beschreibt, gilt: $B_{ik}^{\nu}\rho(\nu) = B_{ik}^{\omega}\rho(\omega) \to B_{ik}^{\nu} = (1/2\pi)B_{ik}^{\omega}$. Man muss diesen Unterschied beachten, wenn man Formeln vergleicht, die in ν bzw. in ω ausgedrückt sind.

Kennt man den Einstein-Koeffizienten, so kann man die Oszillatorenstärke und daraus den Absorptionskoeffizient und den Dispersionsanteil des komplexen Brechungsindexes nach (2.56) und (2.57) bestimmen. Umgekehrt lassen sich nach (2.59) aus der Messung des integrierten Absorptionskoeffizienten $\int \alpha(\nu)\,\mathrm{d}\nu$ der Einstein-Koeffizient B_{ik} und die Oszillatorenstärke f_{ik} bestimmen [2.12, 2.13]. Man beachte jedoch, dass bei der Herleitung angenommen wurde, dass $I(\nu)$ entlang des Absorptionsweges konstant ist. Dies gilt nur bei schwacher Absorption (optisch dünne Absorptionsschicht) und ist bei starker Absorption nicht mehr erfüllt.

Führt man statt α_{ik} den optischen Absorptionsquerschnitt pro Molekül σ_{ik} ein durch die Definition

$$\alpha_{ik} = \sigma_{ik} N_i \,, \tag{2.62}$$

so geht (2.59) über in

$$\int \sigma_{ik}\,\mathrm{d}\nu = \frac{h\nu}{c} B^{\nu}_{ik} = \frac{\hbar\omega}{2\pi c} B^{\omega}_{ik} = S_{ik} \,. \tag{2.63}$$

Das Integral $\int \sigma_{ik}\,\mathrm{d}\nu$ heißt auch **Linienstärke** S_{ik} des Überganges $|\,i\rangle \to |\,k\rangle$. Mit der Relation (2.22) lässt sich der mittlere Absorptionsquerschnitt

$$\overline{\sigma}_{ik} = \frac{1}{\Delta\nu} \int_{\nu} \sigma_{ik}\,\mathrm{d}\nu = \frac{S_{ik}}{\Delta\nu} \tag{2.64}$$

bei einer Halbwertsbreite $\Delta\nu$ des Absorptionsprofils schreiben als

$$\overline{\sigma}_{ik} = \frac{\lambda^2}{8\pi} \frac{A_{ik}}{\Delta\nu} \,. \tag{2.65}$$

Ist $\Delta\nu$ die natürliche Linienbreite (siehe Abschn. 3.1), so gilt $\Delta\nu_{\mathrm{n}} = A_{ik}/2\pi$ und aus (2.65) folgt dann

$$\overline{\sigma}_{ik} = \left(\frac{\lambda}{2}\right)^2 \,. \tag{2.66}$$

Der mittlere Absorptionsquerschnitt ist also von der Größenordnung λ^2 und hängt deshalb von der Wellenlänge λ der absorbierten Strahlung ab.

Man beachte, dass die bisherigen Überlegungen für ruhende Moleküle gelten. Der Einfluss der Molekülbewegung auf das Absorptionsprofil wird im nächsten Kapitel behandelt.

2.7 Übergangswahrscheinlichkeiten

In diesem Abschnitt wollen wir kurz den Begriff der Übergangswahrscheinlichkeiten und ihren Zusammenhang mit den Lebensdauern atomarer Zustände und den Oszillatorenstärken einführen. Nach der Diskussion spontaner Lebensdauern folgt eine anschauliche Erklärung für die quantenmechanische Definition der „Matrixelemente". Eine ausführliche Darstellung der semiklassischen Berechnung mithilfe der Störungsrechnung findet man in [2.5, 2.8, 2.14, 2.15].

2.7.1 Lebensdauer angeregter Zustände

Die Wahrscheinlichkeit, dass ein angeregtes Molekül im Zustand E_k seine Anregungsenergie pro Sekunde durch spontane Emission abgibt und dabei in den energetisch tieferen Zustand E_i übergeht, ist nach (2.16) gegeben durch

$$\mathcal{P}_{ki} \text{ spontan} = A_{ki} . \tag{2.67a}$$

Sind mehrere Übergänge zu verschiedenen tieferen Niveaus E_i möglich (Abb. 2.12a), so ist die gesamte spontane Übergangswahrscheinlichkeit

$$A_k = \sum_i A_{ki} . \tag{2.67b}$$

Die Abnahme dN_k der Besetzungsdichte N_k im Zustand E_k ist deshalb im Zeitintervall dt

$$dN_k = -A_k N_k \, dt . \tag{2.68a}$$

Die Integration liefert mit der Anfangsbedingung $N_k(t=0) = N_{k0}$

$$\boxed{N_k = N_{k0} \, e^{-tA_k}} . \tag{2.68b}$$

Nach der Zeit $t = \tau_k = 1/A_k$ ist die Besetzungsdichte auf $1/e$ ihres Anfangswertes abgesunken (Abb. 2.12b). Die Zeitspanne τ_k ist die mittlere spontane Lebensdauer des Zustands E_1, wie man sofort aus der Definition der **mittleren Lebensdauer** $\langle t_k \rangle$ sieht

$$\langle t_k \rangle = \int_0^\infty t \mathcal{P}_k(t) \, dt = \int_0^\infty t A_k \, e^{-tA_k} \, dt = \frac{1}{A_k} = \tau_k , \tag{2.69}$$

wobei $\mathcal{P}(t)\,dt$ die Wahrscheinlichkeit für ein Atom ist, dass es im Zeitintervall von t bis $t + dt$ spontan emittiert.

Man beachte, dass A_{ki} bzw. A_k größer als 1 sein kann. Für $\tau_k - 10^{-8}$ s ist z. B. $A_k = 10^8 \text{ s}^{-1}$!

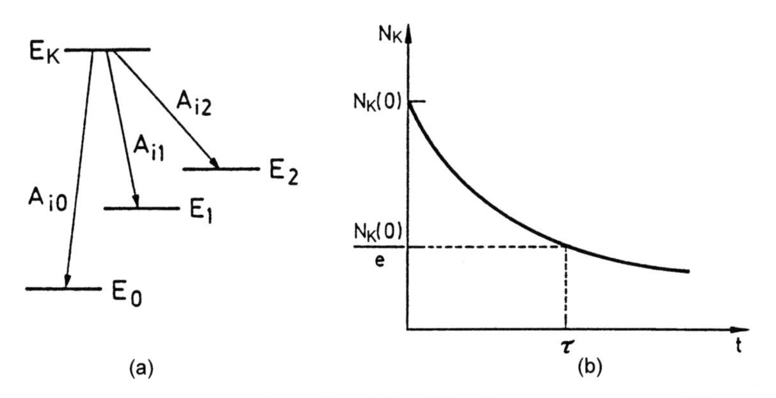

Abb. 2.12a,b. Strahlungszerfall und zeitliche Abklingkurve eines angeregten Niveaus

Die von N_k Molekülen im Zustand E_i auf dem Übergang $E_k \to E_i$ emittierte Leistung ist $N_k A_{ki} h\nu_{ki}$. Sind vom Niveau E_k mehrere spontane Übergänge $E_k \to E_i$ möglich, so sind die Intensitäten der entsprechenden Spektrallinien proportional zu den Koeffizienten A_{ki}. Man kann also aus der Messung der mittleren spontanen Lebensdauer τ_K [2.16] und der *relativen* Intensitäten der emittierten Spektrallinien die Absolutwerte aller A_{ki} bestimmen. Wegen (2.22) kennt man dann auch den Einstein-Koeffizienten B_{ki} [2.17].

Ist $N_k \Delta V$ die Zahl der angeregten Atome in einer Lichtquelle mit dem Anregungsvolumen ΔV, so ist die auf dem Übergang $E_k \to E_i$ spontan emittierte Leistung

$$\mathrm{d}W_{ki}/\mathrm{d}t = N_k A_{ki} h\nu_{ki} \Delta V \,. \tag{2.70}$$

Bei isotroper Ausstrahlung erhält man im Abstand R von der Quelle die spektralintegrierte Intensität (= Leistung pro Flächeneinheit)

$$\int I \mathrm{d}\nu = I_0 = \frac{N_k \Delta V A_{ki} h\nu_{ki}}{4\pi R^2} \tag{2.71}$$

und kann damit bei bekannter Übergangswahrscheinlichkeit A_{ik} die Dichte N_i der emittierenden Atome bestimmen.

2.7.2 Semiklassische Behandlung der Übergangswahrscheinlichkeit

In dieser semiklassischen Behandlung der Absorption und Emission von Licht durch Atome bzw. Moleküle wird die Lichtwelle

$$\boldsymbol{E} = \boldsymbol{E}_0 \cos(\omega t - kz)$$

klassisch beschrieben das Atom jedoch *quantenmechanisch*. Die Energiezustände E_i des „ungestörten" Atoms (d. h. bei Abwesenheit der Lichtwelle) sind durch die Wellenfunktionen ψ_j bestimmt, die man als Lösungen der „ungestörten" Schrödinger-Gleichung

$$H_0 \psi_j = E_i \psi_j$$

erhält. Die „Störung" durch die Lichtwelle verursacht eine zeitliche Veränderung der Besetzungsdichten N_i. Die hier verwendete „Dipolnäherung" gilt, wenn die Wellenlänge λ des Lichtes groß ist gegen die Dimensionen des Atoms. Dies ist bei sichtbarem Licht ($\lambda \approx 500\,\mathrm{nm}$) immer erfüllt.

In der Elektrodynamik wird gezeigt [2.18], dass die von einem klassischen Oszillator mit dem elektrischen Dipolmoment $p = ex = p_0 \cos \omega t$ emittierte mittlere Leistung gegeben ist durch

$$\langle \mathrm{d}W/\mathrm{d}t \rangle = \frac{2}{3} \frac{\omega_0^4}{4\pi\epsilon_0 c^3} \langle p^2 \rangle \,. \tag{2.72}$$

mit

$$\langle p^2 \rangle = p_0^2 \langle \cos^2 \omega t \rangle = 1/2 p_0^2 \,.$$

In der quantenmechanischen Behandlung der Emission eines Moleküls tritt an die Stelle des klassischen Dipolmomentes $p = ex$ der Erwartungswert des Übergangsdipolmoments (auch **Matrixelement** genannt)

$$(M_{ki})_x = \mathrm{e} \int \psi_k^* x \psi_i \, \mathrm{d}\tau \,, \tag{2.73}$$

wobei ψ_i und ψ_k die Eigenfunktionen der Zustände E_k bzw. E_i sind, und das Integral über alle Volumenelemente $\mathrm{d}\tau = \mathrm{d}x\,\mathrm{d}y\,\mathrm{d}z$ den quantenmechanischen Mittelwert der Koordinate x des Leuchtelektrons beim Übergang $E_k \to E_i$ angibt. Entsprechende Definitionen gelten für die y- und z-Komponente von M_{ki}. Die drei Komponenten kann man zusammenfassen mit $\boldsymbol{r} = (x, y, z)$, und wir erhalten das vektorielle Übergangsdipolmoment

$$\boldsymbol{M}_{ki} = \mathrm{e} \int \psi_i^* \boldsymbol{r} \psi_i \, \mathrm{d}\tau \,. \tag{2.74}$$

Ersetzt man in (2.72) $\langle p^2 \rangle$ durch $\langle M_{ik}^2 + M_{ki}^2 \rangle = 2|M_{ki}|^2$, so erhält man die quantenmechanische Formel für die von einem Molekül auf dem Übergang $E_k \to E_i$ abgestrahlte mittlere Leistung:

$$\langle (\mathrm{d}W_{ki})/\mathrm{d}t \rangle = \frac{4}{3} \frac{\omega_{ki}^4}{4\pi\epsilon_0 c^3} |M_{ki}|^2 \,. \tag{2.75}$$

Andererseits ist $\langle \mathrm{d}W_{ki}/\mathrm{d}t \rangle = A_{ki} h \nu_{ki}$. Für den **Einstein-Koeffizienten** A_{ki} erhält man deshalb für die statistischen Gewichte $g_i = g_k = 1$ die Relation

$$\boxed{A_{ki} = \frac{16\pi^3 \nu^3}{3\epsilon_0 h c^3} |M_{ki}|^2} \,. \tag{2.76}$$

Die entsprechende Beziehung zwischen B_{ki} und M_{ki} ergibt sich aus (2.22)

$$\boxed{B_{ki}^{\nu} = \frac{2\pi^2}{3\epsilon_0 h^2} |M_{ki}|^2} \quad \text{bzw.} \quad \boxed{B_{ki}^{\omega} = \frac{\pi}{3\epsilon_0 \hbar^2} |M_{ki}|^2} \tag{2.77}$$

je nachdem, ob die Strahlungsdichte ρ in ν oder in ω ausgedrückt wird.

In Tabelle 2.3 sind die Beziehungen zwischen A_{ik}, B_{ik} und Oszillatorenstärke f_{ik} und Absorptionsquerschnitt σ_{ik} für $g_i, g_k \neq 1$ zusammengestellt.

Tabelle 2.3. Relationen zwischen Einstein-Koeffizienten A_{ik}, B_{ik}, Oszillatorenstärke f_{ik} und Absorptionsquerschnitt σ_{ik} mit λ [m], B_{ik} [$\mathrm{m^3 \cdot J^{-1} \cdot s^{-2}}$], M_{ik} [$\mathrm{A \cdot s \cdot m}$]

$A_{ki} = \frac{1}{g_k} \frac{16\pi^3\nu^3}{3\varepsilon_0 hc^3} \lvert M_{ik}\rvert^2$	$B_{ik}^{(\nu)} = \frac{1}{g_i} \frac{2\pi^2}{3\varepsilon_0 h^2} \lvert M_{ik}\rvert^2$	$B_{ki}^{(\omega)} = \frac{1}{g_k} \frac{\pi}{3\varepsilon_0 \hbar^2} \lvert M_{ik}\rvert^2$
$= \frac{2{,}82 \cdot 10^{45}}{g_k \cdot \lambda^3} \lvert M_{ik}\rvert^2 \,\mathrm{s^{-1}}$	$= \frac{g_i}{g_k} B_{ki} = 6 \cdot 10^{31} \lambda^3 \frac{g_i}{g_k} A_{ki}$	$= 2\pi B_{ik}^{(\nu)}$
$f_{ik} = \frac{1}{g_i} \frac{8\pi^2 m_e \nu}{e^2 h} \lvert M_{ik}\rvert^2$	$B_{ik} = \frac{c}{h\nu} \int_0^\infty \sigma_{ik}(\nu)\, \mathrm{d}\nu$	$\sigma_{ik} = \frac{1}{\Delta\nu} \frac{2\pi^2 \nu}{3\varepsilon_0 c \cdot h g_i} \cdot \lvert M_{ik}\rvert^2$
$= \frac{g_k}{g_i} \cdot 4{,}45 \cdot 10^4 \lambda^2 A_{ki}$	$S_{ik} = \frac{2\pi^2}{3 g_i \varepsilon_0 h \cdot \lambda} \lvert M_{ik}\rvert^2$	

2.8 Kohärenz

Kohärenzeigenschaften von Strahlungsfeldern oder auch von besonders präparierten atomaren Systemen werden in der Laser-Spektroskopie bei einer Reihe von experimentellen Methoden ausgenutzt. Wir wollen daher in diesem Abschnitt kurz den Begriff der Kohärenz definieren und anhand einiger Beispiele verdeutlichen.

Man spricht von der **Kohärenz** eines Strahlungsfeldes, wenn definierte Phasenbeziehungen zwischen sich überlagernden Teilwellen einer Lichtquelle bestehen, so dass Interferenzphänomene beobachtet werden können. Ein atomares oder molekulares System kann kohärent angeregt werden, wenn in den durch Absorption von Strahlung oder durch Stoßprozesse präparierten Zuständen definierte Phasenbeziehungen zwischen den Wellenfunktionen der angeregten Zustände erzeugt werden, so dass in der anschließend emittierten Fluoreszenz Interferenzeffekte nachweisbar werden.

2.8.1 Kohärenz eines Strahlungsfeldes

Bei einer ausgedehnten Strahlungsquelle überlagern sich in einem Raumpunkt P die Amplituden $A_n = A_{0n} \cos(\omega t + \phi_n)$ der von den einzelnen Flächenelementen der Quelle emittierten Teilwellen (Abb. 2.13). Die Gesamtamplitude A hängt ab von den

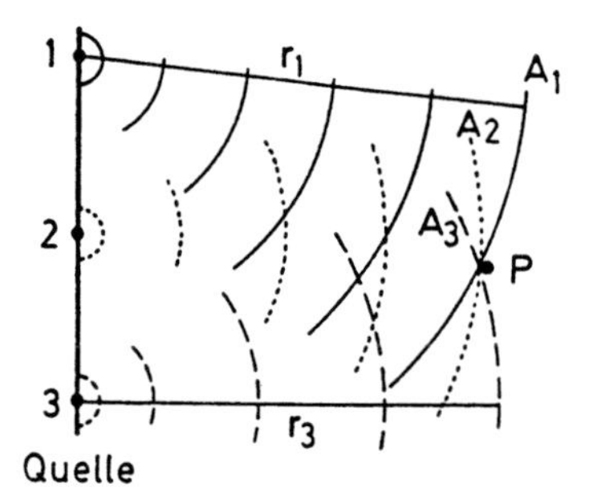

Abb. 2.13. Die Feldamplitude A im Punkt P kann als Überlagerung unendlich vieler Teilamplituden A_n mit Phasen ϕ_n aufgefasst werden, die von den einzelnen Punkten der Lichtquelle emittiert werden

Amplituden der einzelnen Teilwellen und von ihrer gegenseitigen Phasendifferenz: Schwankt diese Phasendifferenz statistisch zwischen 0 und 2π, so heißt das Strahlungsfeld **inkohärent**. Ist die Phasendifferenz $\Delta\phi$ zwischen den Teilamplituden in P während eines Zeitintervalls

$$\Delta t \gg 2\pi/\omega$$

konstant, so nennt man das Wellenfeld im Punkt P **zeitlich kohärent**. Das maximale Zeitintervall Δt, innerhalb dessen $\Delta\phi$ um weniger als π schwankt, heißt auch **Kohärenzzeit** der Strahlungsquelle. Der Weg, den das Licht während der Kohärenzzeit in der Ausbreitungsrichtung zurücklegt, heißt **Kohärenzlänge**.

Besteht für ein Wellenfeld zu jedem Zeitpunkt eine feste Phasendifferenz $\Delta\phi$ zwischen den Gesamtamplituden in verschiedenen Raumpunkten, so spricht man von einem **räumlich kohärenten** Wellenfeld. Die Menge aller Punkte P_m und P_n, für die zu jedem Zeitpunkt t_k die Bedingung $|\phi(P_m, t_k) - \phi(P_n, t_k)| < \pi$ gilt, bilden die **Kohärenzfläche**. Das Raumgebiet, das dem Produkt aus Kohärenzfläche und Kohärenzlänge entspricht, heißt **Kohärenzvolumen**.

Beispiel 2.6

Eine ebene Welle ist im gesamten Raumgebiet räumlich kohärent. Die Kohärenzflächen sind Ebenen senkrecht zur Ausbreitungsrichtung. Ist die Welle streng monochromatisch, so ist sie auch zeitlich vollkommen kohärent. Die Kohärenzlänge wäre dann unendlich groß, d. h. das Kohärenzvolumen umfasst in diesem idealisierten Fall das gesamte Raumgebiet.

Die Überlagerung kohärenter Wellen führt zu Interferenzerscheinungen, die aber nur im Kohärenzvolumen unmittelbar beobachtbar sind. Wir wollen uns diese Begriffe an einigen Beispielen klarmachen [2.3, 2.19–2.21].

2.8.2 Zeitliche Kohärenz

Wir betrachten ein paralleles Lichtbündel, das durch einen Strahlteiler S in zwei Teilbündel aufgespalten wird (Abb. 2.14), die nach Reflexion an den Spiegeln M_1 bzw. M_2 in der Beobachtungsebene B überlagert werden (**Michelson-Interferometer**). Die beiden Teilbündel haben unterschiedliche optische Wege $2\overline{SM_1}$ bzw. $2\overline{SM_2}$ zurückgelegt und in der Ebene B ist deshalb ihr Gangunterschied $\Delta s = 2(\overline{SM_1} - \overline{SM_2})$. Durch Verschieben des Spiegels M_2 kann dieser Gangunterschied kontinuierlich variiert werden, und man erhält in der Ebene B maximale Helligkeit, wenn beide Teilamplituden in Phase sind, wenn also $\Delta s = m \cdot \lambda$, und minimale Helligkeit für $\Delta s = (2m + 1)\lambda/2$. Der Kontrastunterschied zwischen Hell und Dunkel nimmt mit wachsendem Δs ab und verschwindet, wenn Δs größer als die Kohärenzlänge Δs_c wird. Man stellt fest, dass $\Delta s_c \simeq c/\Delta\nu$ ist, wenn $\Delta\nu$ die spektrale Frequenzbreite der einfallenden Lichtwelle ist. Man kann diese Beobachtung folgendermaßen verstehen:

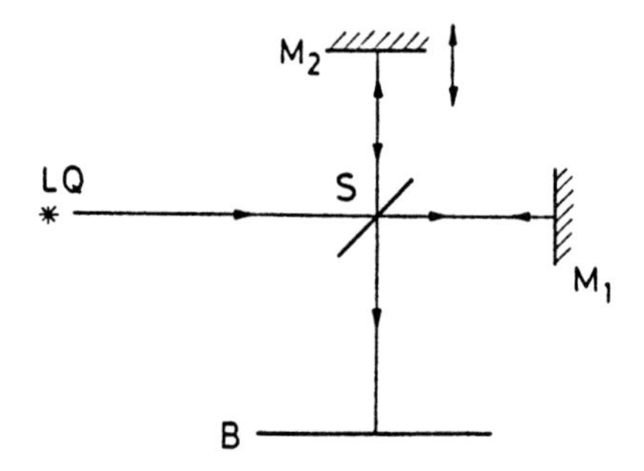

Abb. 2.14. Messung der zeitlichen Kohärenz mit dem Michelson-Interferometer

Die einfallende Welle ist eine Überlagerung der Emission vieler Atome der Lichtquelle. Da die Emission der einzelnen Atome statistisch und unabhängig voneinander erfolgt, sind die Phasen der atomaren Teilwellen statistisch verteilt. Die Phase der Gesamtwelle wird daher im Allgemeinen zeitlich nicht konstant sein. Wenn alle Atome auf der gleichen Frequenz emittieren würden, d. h. wenn die Welle monochromatisch wäre, würde jedoch die Phasendifferenz $\Delta\phi = 2\pi\nu\Delta s/c$ zwischen den beiden interferierenden Teilbündeln bei festem Wegunterschied Δs für alle Teilwellen dieselbe sein, unabhängig von der ursprünglichen Phase jeder Teilwelle.

Dies ändert sich, wenn die Emission der Atome eine Frequenzverteilung mit der Halbwertsbreite $\Delta\nu$ aufweist. Man kann sich in diesem Fall die einfallende Welle zusammengesetzt denken aus vielen quasimonochromatischen Teilwellen mit Mittenfrequenzen ν_m innerhalb des Spektralbereiches $\Delta\nu$ der Gesamtwelle. Die Phasendifferenzen zwischen den beiden mit einander interferierenden Teilbündeln

$$\Delta\phi_\mathrm{m} = 2\pi\nu_\mathrm{m}\Delta s/c \tag{2.78}$$

sind jetzt für die einzelnen Teilwellen mit den unterschiedlichen Frequenzen ν_m etwas verschieden. Für $\Delta s > c/\Delta\nu$ sind diese Phasendifferenzen $\Delta\phi_\mathrm{m}$ über den gesamten Bereich von $(\Delta\phi_0 - \pi)$ bis $(\Delta\phi_0 + \pi)$ verteilt, wobei $\Delta\phi_0$ die Phasendifferenz für die Mittenfrequenz ν_0 ist. Die Gesamtamplitude $A = \sum A_\mathrm{m}$ am Interferenzort hängt dann praktisch nicht mehr von $\Delta\phi_0$, d. h. von Δs ab. Es gibt keine Interferenzstruktur mehr.

Anmerkung

Man beachte, dass bei niedrigem Druck und ruhenden, emittierenden Atomen in der Gasphase die Linienbreite $\Delta\nu$ durch die natürliche Linienbreite $\Delta\nu \simeq 1/(2\pi\tau)$ bestimmt ist, die von der mittleren Lebensdauer τ der angeregten Atome abhängt (Abschn. 3.1). Im Modell des klassischen gedämpften Oszillators senden die Atome gedämpfte Wellenzüge mit einer 1/e-Länge von $L = c\tau$ aus. Da die Phasen der von den einzelnen Atomen emittierten Wellenzüge statistisch verteilt sind, interferieren jeweils nur die beiden Teilbündel jedes Wellenzuges miteinander. Interferenz kann also nur beobachtet werden, wenn der Wegunterschied $\Delta s \le c \cdot \tau$ ist, d. h. die Kohärenzlänge ist $L_c = c \cdot \tau$. Bei bewegten Atomen sind die Mittenfrequenzen der einzelnen Wellenzüge wegen der unterschiedlichen Doppler-Verschiebung (Abschn.3.2) voneinander verschieden und die zusätzliche Linienverbreiterung der einfallenden Welle führt zu einer Verkürzung der Kohärenzlänge auf $\Delta s_c = c/\Delta\nu_D$ mit $\Delta\nu_D > \Delta\nu_n$.

Die Kohärenzlänge $\Delta s_c \simeq c/\Delta\nu$ der Strahlung einer Lichtquelle wird also umso größer, je kleiner die spektrale Halbwertsbreite $\Delta\nu$ der emittierten Strahlung ist.

Beispiel 2.7

a) Eine Quecksilberniederdrucklampe, von der man durch ein Filter nur die grüne Linie ($\lambda = 546\,\text{nm}$) durchlässt, hat wegen der Doppler-Breite $\Delta\nu_D \simeq 10^9\,\text{Hz}$ eine Kohärenzlänge von $\Delta s_c \simeq 10\,\text{cm}$.
b) Ein schmalbandiger Einmoden HeNe-Laser ($\Delta\nu_L = 1\,\text{MHz}$) hat eine Kohärenzlänge von 100 m.

2.8.3 Räumliche Kohärenz

Die Strahlung einer ausgedehnten Lichtquelle (Längsdimension b) beleuchte in der Ebene A zwei Spalte S_1 und S_2 mit dem Abstand d (Young'sches Doppelspaltexperiment, Abb. 2.15). Die Gesamtamplitude und Phase in jedem der beiden Spalte erhält man durch Überlagerung aller Teilamplituden von den einzelnen Flächenelementen $\mathrm{d}f$ der Quelle unter Berücksichtigung der verschieden langen Wege $\overline{\mathrm{d}fS_1}$ bzw. $\overline{\mathrm{d}fS_2}$.

Die Intensität im Punkte P in der Beobachtungsebene B hängt ab von der Wegdifferenz $\overline{PS_1} - \overline{PS_2}$ und von der Phasendifferenz $\Delta\phi$ der Gesamtamplituden in S_1 bzw. S_2. Wenn die einzelnen Flächenelemente der Quelle voneinander unabhängig mit statistisch verteilten Phasen emittieren (thermische Quelle) werden die Phasen der Gesamtamplituden in S_1 bzw. S_2 entsprechend statistisch schwanken. Dies würde jedoch nicht die Intensität in P beeinflussen, solange die Schwankungen in beiden Spalten synchron verlaufen, d. h. die Phasendifferenz $\Delta\phi$ konstant bleibt. Die beiden

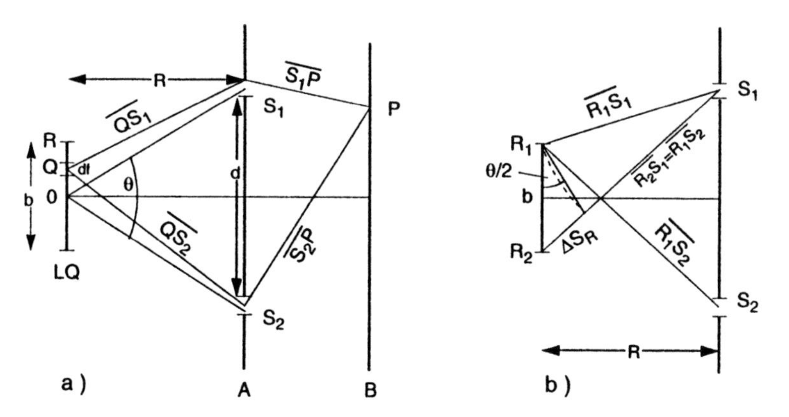

Abb. 2.15a,b. Young'sches Doppelspalt-Experiment zur Messung der räumlichen Kohärenz: (**a**) Schematische Anordnung und (**b**) zur Herleitung der Kohärenzbedingung

Spalte bilden dann zwei kohärente Lichtquellen, die in der Beobachtungsebene B eine Interferenz-Struktur erzeugen.

Für Licht aus der Mitte 0 der Quelle trifft dies zu, da die Wege $\overline{OS_1}$ und $\overline{OS_2}$ gleich groß sind und deshalb Phasenschwankungen in 0 gleichzeitig in S_1 und S_2 eintreffen. Für alle anderen Punkte Q treten jedoch Wegdifferenzen $\Delta s = \overline{QS_1} - \overline{QS_2}$ auf, die für die Randpunkte R_i am größten werden. Man entnimmt der Abb. 2.15b, dass für $b \ll R$ gilt: $\Delta s_R = \overline{R_1S_2} - \overline{R_1S_1} = 2(\overline{RS_2} - \overline{OS_2}) = b\sin(\theta/2)$. Wird diese Wegdifferenz größer als $\lambda/2$, so kann die Phasendifferenz $\Delta\phi$ zwischen den Gesamtamplituden in S_1 bzw. S_2 bei statistischer Emission der verschiedenen Quellenpunkte Q um mehr als π schwanken. Damit wird sich die Interferenzstruktur in der Ebene B zeitlich wegmitteln. Die Bedingung für eine kohärente Beleuchtung beider Spalte durch eine Lichtquelle mit der Querdimension b lautet daher

$$\Delta s = b\sin(\theta/2) < \lambda/2\,. \tag{2.79}$$

Wegen $\sin(\theta/2) = d/(2R)$ kann man diese Bedingung auch als $bd/R < \lambda$ schreiben und erhält dann durch Verallgemeinerung auf zwei Dimensionen für eine Lichtquelle mit der Fläche $F = b \cdot b$ die Kohärenzbedingung für die kohärent beleuchtete Fläche $d \cdot d$ im Abstand R von der Lichtquelle:

$$b^2d^2/R^2 \le \lambda^2\,. \tag{2.80}$$

Da d^2/R^2 der vom Empfänger ausgenutzte Raumwinkel $\mathrm{d}\Omega$ ist, besagt (2.80) für eine Lichtquelle mit der Fläche $F = b^2$

$$\boxed{F\,\mathrm{d}\Omega \le \lambda^2}\,. \tag{2.81}$$

Je größer die Fläche der Lichtquelle ist, desto kleiner wird der Raumwinkel $\mathrm{d}\Omega$ innerhalb dessen die ausgesandte Strahlung räumlich kohärent ist.

Man sieht also, dass die Strahlung von punktförmigen Lichtquellen (Kugelwellen) im ganzen Raum räumlich kohärent ist. Ebenso ist ein ebenes Lichtbündel, das ja auch von einer punktförmigen Lichtquelle im Fokus einer abbildenden Linse stammt, im gesamten Bündelquerschnitt räumlich kohärent. Bei fester Senderfläche nimmt die Kohärenzfläche mit wachsendem Abstand vom Sender zu. Das Licht von Sternen ist deshalb räumlich kohärent, obwohl die emittierende Fläche sehr groß ist. Man kann durch Messung des Kohärenzgrades das Produkt $F\cdot\mathrm{d}\Omega$ messen und daraus bei bekannter Entfernung R und Spaltabstand d den Durchmesser der benachbarten Fixsterne bestimmen. (**Michelson'sches Stellar-Interferometer** [2.3]).

2.8.4 Kohärenzvolumen

Aus der in Abschnitt 2.8.2 behandelten Kohärenzlänge $\Delta s_c = c/\Delta\nu$ in Ausbreitungsrichtung der Strahlung und aus der in Abschnitt 2.8.3 diskutierten Kohärenzfläche $d^2 = \lambda^2R^2/b^2$ erhält man für das Kohärenzvolumen einer Strahlenquelle mit der

Fläche $F = b^2$:

$$V_c = d^2 \Delta s_c = \lambda^2 R^2 \frac{c}{\Delta \nu F} \,. \tag{2.82}$$

Das Kohärenzvolumen ist mit den Moden der Strahlung einer Lichtquelle unmittelbar verknüpft, wie man sich folgendermaßen klarmachen kann: Jede Mode der Hohlraumstrahlung wird durch eine ebene Welle repräsentiert, deren Ausbreitungsrichtung durch den Wellenvektor $\boldsymbol{k}$, deren Frequenz durch den Betrag K von $\boldsymbol{k}$ und deren Intensität durch die Zahl n der Photonen in dieser Mode bestimmt wird (Abschn. 2.2). Lassen wir die Strahlung aller Moden mit derselben Richtung des Wellenvektors $\boldsymbol{k}$ durch ein Loch mit der Fläche $F = b \cdot b$ aus der Hohlraumwand austreten, so wird die austretende Welle infolge der Beugung nicht streng parallel sein, sondern in jeder der beiden Querdimensionen in einen Öffnungswinkel $\theta = \pm\lambda/b$ um die Richtung von $\boldsymbol{k}$ ausgestrahlt, also in einen Raumwinkel $\mathrm{d}\Omega = \lambda^2/F$. Das ist aber genau der Raumwinkel in (2.68b), innerhalb dessen räumliche Kohärenz auftritt. Die Moden können sich noch durch den Betrag von $\boldsymbol{k}$ unterscheiden, d. h. in ihrer Frequenz ν. Die Kohärenzlänge ist dann vom Frequenzintervall $\mathrm{d}\nu$ der emittierten Strahlung abhängig. Bekannterweise kann man die Beugung einer Lichtquelle an einem Spalt der Breite Δx mithilfe der Unschärferelationen auf die Unschärfe Δp_x des Querimpulses der durch den Spalt gehenden Photonen zurückführen, so dass $\Delta p_x \cdot \Delta x \geq h$. Allgemein gilt, dass *Ort und Impuls eines Photons nicht gleichzeitig genauer bestimmbar* sind, als es dem Volumen V_{PH} der Elementarzelle im Phasenraum entspricht, das durch

$$V_{\mathrm{PH}} = \Delta p_x \cdot \Delta p_y \cdot \Delta p_z \cdot \Delta x \cdot \Delta y \cdot \Delta z = h^3 \,. \tag{2.83}$$

gegeben ist. Photonen innerhalb einer Phasenzelle sind ununterscheidbar und daher identisch.

Man kann sich folgendermaßen klarmachen, dass das Kohärenzvolumen V_c gerade dem räumlichen Anteil $\Delta x \cdot \Delta y \cdot \Delta z$ einer Phasenzelle entspricht: Photonen, die innerhalb des Beugungswinkeis $\theta = \lambda/b$ gegen die Normale ausgesandt werden, haben die Querimpulsunschärfe (Abb. 2.16)

$$\Delta p_x = \Delta p_y = p\frac{\lambda}{b} = \frac{h\nu}{c}\frac{\lambda}{b} \,. \tag{2.84}$$

Die Unschärfe der Komponente p_z in Ausbreitungsrichtung ruhrt im wesentlichen von der Frequenzunschärfe $\Delta\nu$ her und ist wegen $p = h\nu/c$

$$\Delta p_z = \frac{h}{c}\Delta\nu \,. \tag{2.85}$$

Setzt man Δp_x, Δp_y und Δp_z in (2.83) ein, so erhält man für den räumlichen Teil der Phasenzelle wegen $b = \lambda R/d$ und $d^2 = F$

$$\Delta x \cdot \Delta y \cdot \Delta z = \frac{cb^2}{\Delta\nu} = \frac{\lambda^2 R^2 c}{\Delta\nu \cdot F} \tag{2.86}$$

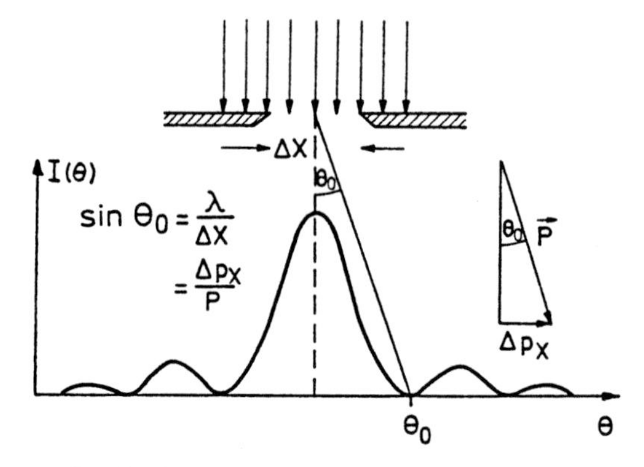

Abb. 2.16. Beugung am Spalt und Unschärferelation

und sieht durch Vergleich mit (2.82), dass er mit dem Kohärenzvolumen identisch ist [2.19].

Das Kohärenzvolumen ist identisch mit dem Ortsvolumen im Phasenraum, das Licht mit der Frequenzunschärfe $\Delta\nu$ einnimmt, wenn es von einer Lichtquelle der Fläche F in den Raumwinkel $d\Omega = (d/R)^2$ ausgesandt wird.

Hat die Lichtquelle die spektrale Strahlungsdichte S_ν (Abschn. 2.3), so werden im Frequenzintervall $d\nu = 1\,\mathrm{s}^{-1}$ im Zeitmittel $S_\nu/(h\nu)$ Photonen pro Sekunde von der Flächeneinheit der Quelle in die Raumwinkeleinheit $d\Omega = 1$ ausgesandt. Die mittlere Zahl $n = (S_\nu/h\nu) \cdot V_c/c$ der Photonen im Kohärenzvolumen V_c innerhalb der Spektralbreite $\Delta\nu$ ist deshalb

$$n = \frac{S_\nu}{h\nu} F \Delta\nu \Delta\Omega \frac{\Delta s_c}{c} \,. \tag{2.87}$$

Setzt man für $\Delta\Omega = \lambda^2/F$, für $\Delta s_c = c/\Delta\nu$ und $S_\nu = c \cdot \rho_\nu$ ein, so reduziert sich (2.87) auf

$$\boxed{n = \frac{S_\nu}{h\nu}\lambda^2 = \frac{c\rho_n}{h\nu}\lambda^2 = \frac{\rho_n}{h}\lambda^3 = \frac{\rho_\nu}{h}\lambda^3} \,. \tag{2.88}$$

Beispiel 2.8

Für eine thermische Strahlungsquelle ist die Strahlungsdichte für Licht einer Polarisationsrichtung [(2.24a) durch 2 dividiert]

$$S_\nu = \frac{1}{2}\frac{c}{4\pi}\rho(\nu) = \frac{h\nu^3}{c^2}\frac{1}{e^{h\nu/kT} - 1} \,.$$

Aus (2.87) erhalt man für die Zahl der Photonen im Kohärenzvolumen (auch **Entartungsparameter** genannt) mit $\lambda = c/\nu$

$$n = \frac{1}{e^{h\nu/kT} - 1} \,. \tag{2.89}$$

Dies ist die bereits im Abschnitt 2.2 hergeleitete **mittlere Photonenbesetzungszahl pro Mode der Hohlraumstrahlung**.

Im thermischen Strahlungsfeld ist das Kohärenzvolumen gleich dem Volumen einer Mode des Strahlungsfeldes.

Anmerkung

Wir haben hier die Kohärenz in einer anschaulichen Darstellung behandelt. Eine quantitative Beschreibung geht von der Korrelation zwischen den Amplituden des Wellenfeldes an verschiedenen Orten und zu verschiedenen Zeiten aus. Die Korrelationsfunktion wird so normiert, dass ihr Wert γ für vollständig kohärente Wellenfelder (z. B. eine monochromatische ebene Welle) eins und für vollständig inkohärente Wellenfelder null ist. In allen Interferenzanordnungen benutzt man teilweise kohärentes Licht mit $0 \leq \gamma \leq 1$ [2.1, 2.19–2.22],

2.8.5 Kohärenz atomarer Zustände

Man spricht von Kohärenz atomarer Zustände, wenn in einem Ensemble von Atomen definierte Phasenbeziehungen zwischen den zeitabhängigen Wellenfunktionen der atomaren Zustände bestehen [2.23]. Wir wollen solche kohärenten Anregungen atomarer Zustände an einigen Beispielen veranschaulichen.

a) Wenn wir ein Ensemble von identischen paramagnetischen Atomen mit dem magnetischem Moment $\boldsymbol{\mu}$ und dem mechanischem Drehimpuls $\boldsymbol{J}$ in ein äußeres homogenes Magnetfeld in z-Richtung bringen, so werden die Drehimpulse $\boldsymbol{J}$ mit der Lamor-Frequenz $\omega_L = \gamma B_0$ um die Feldrichtung präzedieren, wobei $\gamma = \mu/J$ das gyromagnetische Verhältnis ist. Die Phase φ_i dieser Präzessionsbewegung wird für die einzelnen Atome statistisch verteilt sein, d. h. die Präzession ist inkohärent (Abb. 2.17a). N Atome haben daher zwar ein „longitudinales" makroskopisches Moment

$$M_z = \sum_{i=1}^{N} \mu \cos\theta_i = N\mu\cos\theta\,, \tag{2.90}$$

aber für das mittlere „transversale" makroskopische Moment gilt $\langle \boldsymbol{M}_x \rangle = \langle \boldsymbol{M}_y \rangle = 0$. Wenn man jetzt zusätzlich ein Hochfrequenzfeld $\boldsymbol{B}_1 = \boldsymbol{B}_{10}\cos\omega t$ einstrahlt, dessen

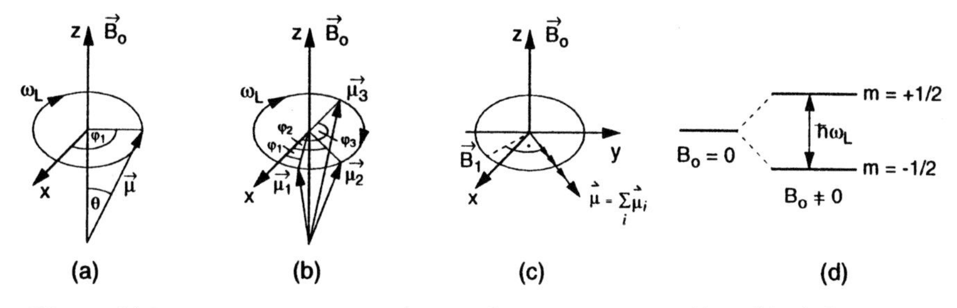

Abb. 2.17. (**a**) Präzession eines magnetischen Dipols $\boldsymbol{\mu}$ im stationären Feld B_0, (**b**) inkohärente Präzession magnetischer Dipole, (**c**) kohärente Präzession beim Einschalten eines resonanten Hochfrequenzfeldes $B_1(\omega_L)$, das die Dipole in die x-y-Ebene bringt und eine Synchronisation aller Phasen φ_i erzwingt, was im quantenmechanischen Bild (**d**) einer kohärenten Überlagerung beider Zeeman-Niveaus entspricht

Feldstärke $\boldsymbol{B}_1$, senkrecht zum statischen Feld $\boldsymbol{B}_0$ orientiert ist, so wird für $\omega = \omega_L$ die Präzession aller Atome an dieses HF-Feld gekoppelt, so dass die Phasen aller atomaren Präzessionsbewegungen synchronisiert werden. Daraus resultiert ein in der xy-Ebene rotierendes makroskopisches magnetisches Moment $\boldsymbol{M} = N\boldsymbol{\mu}$, das im Resonanzfall den Winkel $\pi/2$ mit dem rotierenden Feld B_1 bildet (Abb. 2.17b). Die Präzession aller Atome wird infolge der Wechselwirkung mit dem resonanten Hochfrequenzfeld kohärent. Im quantenmechanischen Bild induziert das HF-Feld Übergänge zwischen den Zeeman-Niveaus des atomaren Zustandes. Wenn die HF-Feldstärke genügend groß ist, befinden sich die Atome in einer kohärenten Überlagerung beider Zeeman-Zustände, d. h. ihre Wellenfunktion ist eine Linearkombination der Eigenfunktionen beider Zustände (Abb. 2.17d).

b) Auch im optischen Spektralbereich kann man durch geeignete Anregung mit Licht eine kohärente Überlagerung von Zuständen erreichen. Wir betrachten als Beispiel den Übergang $6^1S_0 \rightarrow 6^3P_1$ des Hg-Atoms bei $\lambda = 253{,}7\,\text{nm}$ (Abb. 2.18). In einem äußeren Magnetfeld $\boldsymbol{B} = \{0, 0, B_z\}$ spaltet das obere Niveau mit der Drehimpulsquantenzahl $J = 1$ in drei Zeeman-Komponenten mit $m_J = 0, \pm 1$ auf. Bei Anregung mit in z-Richtung linear polarisiertem Licht wird nur das Niveau $m = 0$ angeregt, und die emittierte Fluoreszenz ist linear polarisiert.

Regt man jedoch mit Licht an, das sich in der z-Richtung ausbreitet, aber in der x- oder y-Richtungen – also senkrecht zum angelegten Feld – linear polarisiert ist, so kann das Anregungslicht in einem Koordinatensystem mit der z-Achse als Quantisierungsachse als Überlagerung von rechts- und links-zirkular polarisiertem Licht angesehen werden, das Übergänge mit $\Delta m = \pm 1$ induziert. Solange die Zeeman-Aufspaltung kleiner als die natürliche Linienbreite des optischen Übergangs ist, werden beide Zeeman-Niveaus $m = \pm 1$ kohärent angeregt, da der angeregte Zustand durch eine Linearkombination der Wellenfunktionen beider Zeeman-Niveaus be-

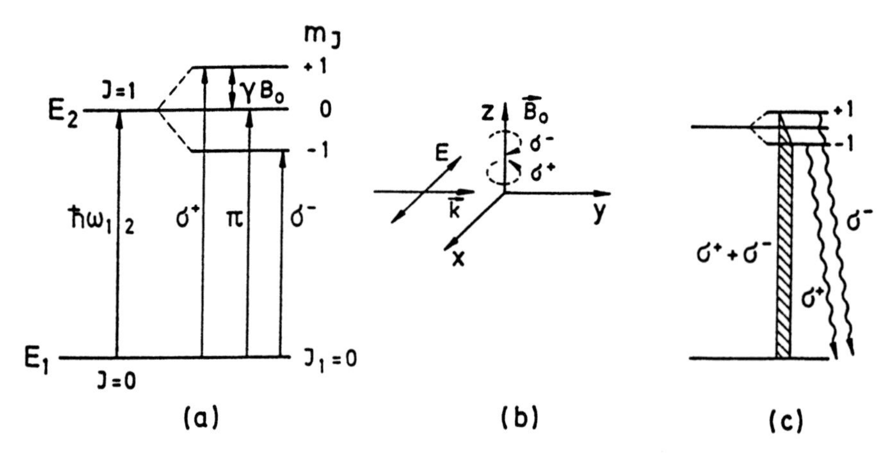

Abb. 2.18a–c. Kohärente Anregung der Zeemann-Komponenten $m = \pm 1$ eines atomaren Niveaus mit linear polarisiertem Licht, dessen $\boldsymbol{E}$-Vektor in x-Richtung senkrecht zum Magnetfeld in z-Richtung zeigt. Die Fluoreszenz besteht daher aus einer Überlagerung von σ^+ und σ^--Komponenten

schrieben werden muss. Die emittierte Fluoreszenz ist nicht isotrop und zeigt eine Winkelverteilung, die von den Mischungskoeffizienten der beiden Wellenfunktionen abhängt (Bd. 2, Abschn. 7.1).

c) Hat ein Molekül zwei benachbarte Zustande b und c, die beide von einem Zustand a aus optisch anregbar sind, so können beide Zustande kohärent von einem Lichtpuls der Dauer T und der Mittenfrequenz $\omega = [(E_b + E_c)/2 - E_a]/\hbar$ angeregt werden, wenn $(E_b - E_c) < h/T$ ist. Diese kohärente Anregung macht sich in Interferenzerscheinungen bei der Fluoreszenz von beiden Zuständen bemerkbar, deren Überlagerung nicht nur exponentiell abklingen sondern auch Schwebungen mit der Frequenz $\nu_s = (E_b - E_c)/h$ zeigen („**Quanten-Beats**“, Bd. 2, Abschn. 7.2).

3 Linienbreiten und Profile von Spektrallinien

Bei der Absorption oder Emission elektromagnetischer Strahlung, die zu einem Übergang zwischen zwei Energieniveaus des atomaren Systems führen, ist die Frequenz der entsprechenden Spektrallinien nicht streng monochromatisch. Man beobachtet – auch bei beliebig guter Auflösung des Spektralapparates – eine Frequenzverteilung $I(\nu)$ der emittierten bzw. absorbierten Intensität um eine Mittenfrequenz ν_0 (Abb. 3.1). Das Frequenzintervall $\delta\nu = |\nu_2 - \nu_1|$ zwischen den beiden Frequenzen ν_1 und ν_2, bei denen die Intensität $I(\nu)$ auf $I(\nu_0)/2$ abgesunken ist, heißt die **volle Halbwertsbreite** (im engl. **FWHM**). Häufig wird die Halbwertsbreite auch im Kreisfrequenzmaß $\delta\omega = 2\pi\delta\nu$ ausgedrückt oder als Wellenlängenintervall $\delta\lambda = |\lambda_2 - \lambda_1|$ angegeben. Wegen $\lambda = c/\nu$ gilt

$$\delta\lambda = -\frac{c}{\nu^2}\delta\nu = -\frac{\lambda}{\nu}\delta\nu\,. \tag{3.1}$$

Die relativen Halbwertsbreiten sind in allen Schreibweisen gleich, denn aus (3.1) folgt

$$\left|\frac{\delta\lambda}{\lambda}\right| = \left|\frac{\delta\nu}{\nu}\right| = \left|\frac{\delta\omega}{\omega}\right|\,. \tag{3.2}$$

Man nennt den Spektralbereich innerhalb der Halbwertsbreite den **Linienkern**, die Bereiche außerhalb die **Linienflügel** [3.1].

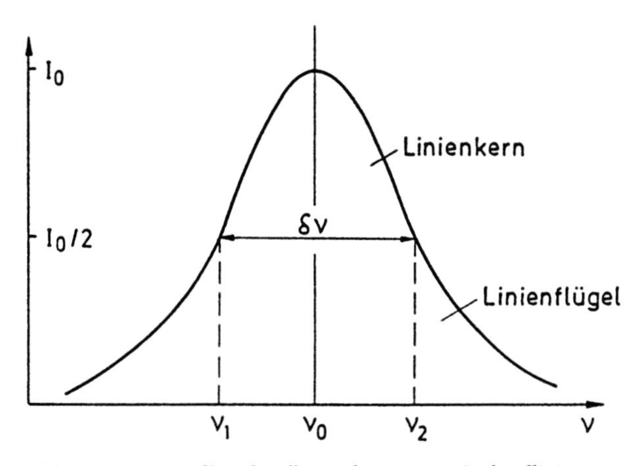

Abb. 3.1. Linienprofil und Halbwertsbreite einer Spektrallinie

W. Demtröder, *Laserspektroskopie 1*
DOI 10.1007/978-3-642-21306-9, © Springer 2011

3.1 Natürliche Linienbreite

Ein angeregtes Atom kann seine Anregungsenergie in Form von elektromagnetischer Strahlung wieder abgeben (spontane Emission). Beschreiben wir das angeregte Atomelektron durch das klassische Modell des harmonischen Oszillators mit der Masse m und der Rückstellkonstanten D, so führt die Energieabstrahlung zu einer Dämpfung der harmonischen Schwingung. Diese Dämpfung ist jedoch in allen praktisch vorkommenden Fällen äußerst gering (Beispiel 3.1). Den zeitlichen Verlauf der Schwingungsamplitude erhält man aus der Differenzialgleichung

$$\ddot{x} + \gamma \dot{x} + \omega_0^2 x = 0 \tag{3.3}$$

mit $\omega_0^2 = D/m$ (γ: Dämpfungskonstante). Die reelle Lösung mit den Anfangsbedingungen $x(0) = x_0$ und $\dot{x}(0) = 0$ lautet

$$x(t) = x_0 \mathrm{e}^{-(\gamma/2)t}[\cos \omega t + (\gamma/2\omega) \sin \omega t] \text{ mit } \omega = \sqrt{\omega_0^2 - \gamma^2/4}. \tag{3.4}$$

Für kleine Dämpfungen ist $\gamma \ll \omega_0$. Wir können dann $\omega \simeq \omega_0$ setzen und den zweiten Term in (3.4) vernachlässigen. Die Eigenfrequenz $\omega_0 = 2\pi\nu_0$ des ungedämpften Oszillators entspricht im atomaren Bild einem Übergang $E_k \to E_i$, zwischen zwei Energieniveaus mit $\hbar\omega_0 = \hbar\omega_{\mathrm{ki}} = E_k - E_i$.

Wegen der zeitlich abklingenden Schwingungsamplitude ist die Frequenz der abgestrahlten elektromagnetischen Welle nicht mehr monochromatisch, wie bei einer zeitlich unbegrenzten, ungedämpften Schwingung, sondern zeigt ein Frequenzspektrum, das man durch eine Fourier-Transformation der Funktion $x(t)$ in (3.4) erhält (Abb. 3.2): Man kann $x(t)$ als Überlagerung der verschiedenen Frequenzanteile mit den Amplituden $A(\omega)$ beschreiben, d. h.

$$x(t) = \frac{1}{\sqrt{2\pi}} \int_0^{\infty} A(\omega) \mathrm{e}^{\mathrm{i}\omega t} \mathrm{d}\omega\,, \tag{3.5}$$

und erhält dann $A(\omega)$ durch die Fourier-Transformation

$$A(\omega) = \frac{1}{\sqrt{2\pi}} \int_{-\infty}^{+\infty} x(t) \mathrm{e}^{-\mathrm{i}\omega t} \mathrm{d}t = \frac{1}{\sqrt{2\pi}} \int_0^{\infty} x_0 \mathrm{e}^{-(\gamma/2)t} \cos(\omega_0 t) \mathrm{e}^{-\mathrm{i}\omega t} \mathrm{d}t, \tag{3.6}$$

wobei $x(t) = 0$ für $t < 0$ gesetzt wurde.

Die Integration ist elementar ausführbar, und man erhält die komplexe Amplitude $A(\omega)$. Die reelle Intensitätsverteilung $I(\omega)$ ist proportional zu $A(\omega) \cdot A^*(\omega)$. Die einfache Rechnung ergibt in der Umgebung von ω_0, wo $(\omega - \omega_0)^2 \ll \omega_0^2$ ist,

$$I(\omega - \omega_0) = \frac{C}{(\omega - \omega_0)^2 + (\gamma/2)^2}\,. \tag{3.7}$$

Die Konstante C wird so gewählt, dass die Gesamtintensität

$$\int_{-\infty}^{+\infty} I(\omega - \omega_0) \mathrm{d}(\omega - \omega_0) \simeq \int_0^{\infty} I(\omega) \mathrm{d}\omega = I_0 \tag{3.8}$$

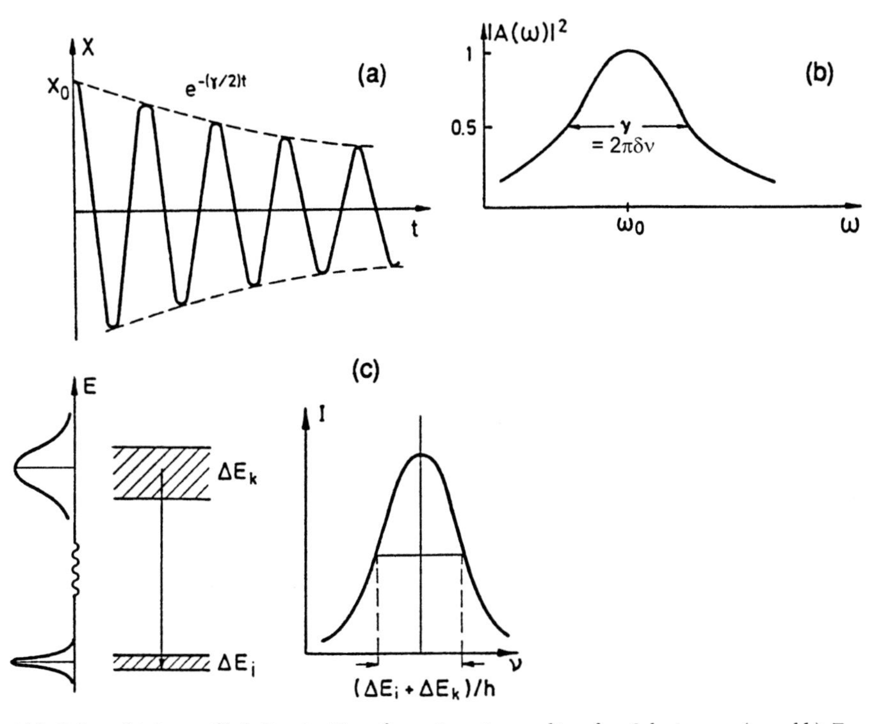

Abb. 3.2a–c. Linienprofil als Fourier-Transformation einer gedämpften Schwingung (**a** und **b**). Zusammenhang zwischen Linienbreite und Energiebreite der beteiligten Niveaus (**c**)

wird. Dies ergibt für die Konstante in (3.7) $C = I_0\gamma/2\pi$. Man nennt das normierte Intensitätsprofil

$$\boxed{I(\omega)/I_0 = g(\omega) = \frac{\gamma/2\pi}{(\omega-\omega_0)^2+(\gamma/2)^2}} \text{ mit } \int_0^\infty g(\omega)\,\mathrm{d}\omega = 1 \tag{3.9}$$

ein **Lorentz-Profil**. Die volle Halbwertsbreite γ heißt **natürliche Linienbreite** und ergibt sich aus (3.9) zu

$$\delta\omega_{\mathrm{n}} = \gamma \quad \text{bzw.} \quad \delta\nu_{\mathrm{n}} = \gamma/2\pi\,. \tag{3.10}$$

Mit diesem normierten Lorentz-Profil $g(\omega)$ kann man (3.7) schreiben:

$$I(\omega) = I_0 g(\omega)\,. \tag{3.11}$$

Man beachte, dass in der Literatur $g(\omega)$ manchmal so normiert wird, dass $g(\omega_0) = 1$ wird. Bei einer solchen Normierung ist I_0 in (3.11) die Intensität $I(\omega_0)$ in der Linienmitte.

Um die natürliche Linienbreite $\delta\omega_{\mathrm{n}}$ mit der Lebensdauer τ der am Übergang beteiligten Niveaus zu verknüpfen, dient die folgende klassische Überlegung: Multipliziert man (3.3) mit $m\dot{x}$, so erhält man

$$m\ddot{x}\dot{x} + m\omega_0^2 x\dot{x} = -\gamma m\dot{x}^2\,. \tag{3.12}$$

Die linke Seite lässt sich als zeitliche Ableitung der Gesamtenergie W [kinetische Energie $(m/2)\dot{x}^2$ plus potenzielle Energie $(D/2)x^2 = (m/2)\omega_0^2 x^2$] darstellen, so dass (3.12) geschrieben werden kann als

$$\frac{\mathrm{d}}{\mathrm{d}t}\left(\frac{m}{2}\dot{x}^2 + \frac{m}{2}\omega_0^2 x^2\right) = \frac{\mathrm{d}W}{\mathrm{d}t} = -\gamma m \dot{x}^2 \,. \tag{3.13}$$

Setzt man x aus (3.4) ein, so erhält man für den zeitlichen Verlauf der ausgestrahlten Leistung, wenn man $\gamma \ll \omega_0$ annimmt,

$$\mathrm{d}W/\mathrm{d}t = -\gamma m x_0^2 \omega_0^2 \mathrm{e}^{-\gamma t} \sin^2 \omega_0 t \,. \tag{3.14}$$

Der Mittelwert über eine Periode ist wegen $\langle \sin^2 \omega t \rangle = 1/2$

$$\langle \mathrm{d}W/\mathrm{d}t \rangle = -(1/2)\gamma m x_0^2 \omega_0^2 \mathrm{e}^{-\gamma t} \,. \tag{3.15}$$

Man kann aus dieser Gleichung ableiten, dass die emittierte Intensität $I(t) \propto \langle \mathrm{d}W/\mathrm{d}t \rangle$ nach der Zeit $\tau = 1/\gamma$ auf $1/\mathrm{e}$ des Anfangswertes $I(0)$ abgeklungen ist.

Im Abschnitt 2.7 hatten wir gesehen, dass die mittlere Lebensdauer eines Atomzustandes E_k durch $\tau_k = 1/A_k$ mit dem Einstein-Koeffizienten A_k verknüpft ist. Ersetzen wir also die klassische Dämpfungskonstante γ durch die spontane Übergangswahrscheinlichkeit A_k, so können die klassisch abgeleiteten Formeln direkt übernommen werden, wenn der Übergang zwischen einem angeregten Zustand E_k und dem Grundzustand des Atoms erfolgt. Die Halbwertsbreite des Lorentz-Profils ist gemäß (3.10)

$$\boxed{\delta\nu_\mathrm{n} = \frac{A_k}{2\pi} = \frac{1}{2\pi\tau_k}} \quad \text{bzw.} \quad \delta\omega_\mathrm{n} = A_k = 1/\tau_k \,. \tag{3.16}$$

Gleichung (3.16) kann man übrigens auch aus der Heisenberg'schen Unbestimmtheitsrelation herleiten. Bei einer Lebensdauer τ_k des angeregten Zustandes ist seine Energie E_k nur bis auf $\Delta E_k = \hbar/\tau_k$ bestimmbar. Die Frequenz ν der entsprechenden Spektrallinie hat daher die Unschärfe [3.2]

$$\delta\nu = \frac{\Delta E}{h} = \frac{1}{2\pi\tau_k} \,. \tag{3.17}$$

Betrachtet man den Übergang $E_k \to E_i$ zwischen den zwei *angeregten* Niveaus E_k und E_k, so tragen die Lebensdauern beider Niveaus zur natürlichen Linienbreite bei, da die entsprechenden Energieunschärfen sich addieren, d. h. $\Delta E = \Delta E_k + \Delta E_i$ (Abb. 3.2c). Man erhält dann aus (3.17):

$$\boxed{\delta\nu_\mathrm{n} = \frac{1}{2\pi}\left(\frac{1}{\tau_k} + \frac{1}{\tau_i}\right)} \,. \tag{3.18}$$

Beispiel 3.1

a) Die natürliche Linienbreite der Natrium-D-Linie, die einen Übergang vom angeregten $3^2P_{1/2}$-Zustand ($\tau = 16\,\text{ns}$) zum Grundzustand $3^2S_{1/2}$ entspricht, ist

$$\delta\nu_n = 10^9/(16 \cdot 2\pi) \simeq 10^7\,\text{s}^{-1} = 10\,\text{MHz}\,.$$

Beachtet man, dass die Frequenz der Linienmitte $\nu_0 = 5 \cdot 10^{14}\,\text{s}^{-1}$ ist, so sieht man, dass die Dämpfung des entsprechenden klassischen Oszillators äußerst klein ist. Die Amplitude klingt erst nach $8 \cdot 10^6$ Schwingungsperioden auf $1/\text{e}$ ihres Ausgangswertes ab.

b) Die natürliche Linienbreite eines molekularen Überganges zwischen zwei Schwingungsniveaus des elektronischen Grundzustandes, dessen Wellenlänge im infraroten Spektralbereich liegt, ist wegen der langen Lebensdauer der Schwingungsniveaus ($\approx 10^{-4}$–$10^{-3}\,\text{s}$) sehr klein.[1] Bei $\tau = 10^{-3}\,\text{s}$ erhält man $\delta\nu_n = 160\,\text{Hz}$!

c) Auch im sichtbaren oder ultravioletten Bereich kann man auf so genannten „verbotenen" atomaren Übergängen sehr kleine natürliche Linienbreiten erhalten. So ist z. B. im Wasserstoffatom der Übergang $2S \to 1S$ für elektrische Dipolübergänge verboten, aber für Zweiphotonen-Übergänge (Bd. 2, Abschn. 2.5) möglich. Wegen der langen Lebensdauer $\tau \simeq 0{,}15\,\text{s}$ für den angeregten 2S-Zustand wird die natürliche Linienbreite $\delta\nu_n \approx 1{,}1\,\text{s}^{-1}$.

3.2 Doppler-Verbreiterung

Das im vorigen Abschnitt behandelte Lorentz-Profil mit der natürlichen Linienbreite lässt sich in den meisten Fällen nicht direkt beobachten, da es durch andere Verbreiterungseffekte, die zu wesentlich größeren Linienbreiten führen, völlig überdeckt wird. Bei Gasen unter niedrigem Druck im sichtbaren Gebiet ist die Doppler-Verbreiterung die dominierende Ursache für die beobachtete Linienbreite. Bewegt sich ein angeregtes Molekül mit der Geschwindigkeit $\boldsymbol{v} = (v_x, v_y, v_z)$, so wird die Mittenfrequenz ω_0 des vom Molekül in Richtung $\boldsymbol{K}$ emittierten Lichtes für einen ruhenden Beobachter infolge des Doppler-Effektes verschoben (Abb. 3.3a). Für Geschwindigkeiten $v \ll c$ (nicht-relativistischer Fall) misst der ruhende Beobachter die Emissionsfrequenz

$$\omega = \omega_0 + \boldsymbol{K} \cdot \boldsymbol{v} \text{ mit } |K| = 2\pi/\lambda\,. \tag{3.19}$$

Auch die Absorptionsfrequenz ω eines Moleküls, das sich mit der Geschwindigkeit $\boldsymbol{v}$ gegen eine ebene Lichtwelle mit dem Wellenvektor $\boldsymbol{K}$ und der Kreisfrequenz ω_L bewegt, ist verschoben (Abb. 3.3b). Die Frequenz ω_L im Laborsystem erscheint als $\omega' = \omega_L - \boldsymbol{K} \cdot \boldsymbol{v}$ im System des bewegten Moleküls. Das Molekül absorbiert genau

[1] Das Symbol – benützen wir, um „von ... bis" in mathematischen Ausdrücken abzukürzen.

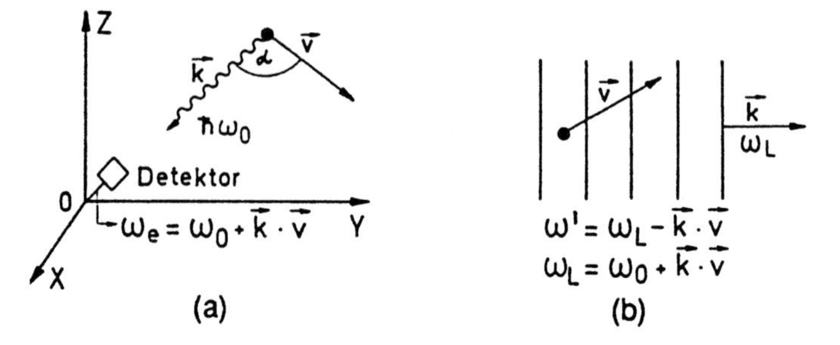

Abb. 3.3a,b. Doppler-Verschiebung von Emissionsfrequenzen (**a**) und Absorptionsfrequenzen (**b**)

dann auf seiner Eigenfrequenz ω_0, wenn $\omega' = \omega_0$, d. h. wenn die im Laborsystem gemessene Lichtfrequenz ω_L die Bedingung

$$\omega_L = \omega_0 + \boldsymbol{K} \cdot \boldsymbol{v} \tag{3.20}$$

erfüllt. Fällt die Lichtwelle in z-Richtung ein ($\boldsymbol{K} = \{0, 0, K_z\}$), so verschiebt sich die Absorptionsfrequenz ω_0 des ruhenden Moleküls zu

$$\omega = \omega_0 + K_z v_z = \omega_0(1 + v_z/c) \; . \tag{3.21}$$

Im thermischen Gleichgewicht haben die Moleküle eines Gases eine Maxwell'sche Geschwindigkeitsverteilung. Bei der absoluten Temperatur T ist dann die Dichte $n_i(v_z)$ der Licht emittierenden bzw. absorbierenden Moleküle im Zustand $\langle i|$ mit einer Geschwindigkeitskomponente v_z innerhalb des Intervalls v_z bis $v_z + \mathrm{d}v_z$

$$n_i(v_z)\,\mathrm{d}v_z = \frac{N_i}{v_\mathrm{w}\sqrt{\pi}} \mathrm{e}^{-(v_z/v_\mathrm{w})^2}\,\mathrm{d}v_z \; , \tag{3.22}$$

wobei $v_\mathrm{w} = (2kT/m)^{1/2}$ die **wahrscheinlichste Geschwindigkeit** ist, N_i die Gesamtzahl aller Moleküle im Zustand E_i pro Volumeneinheit, m die Molekülmasse und k die Boltzmann-Konstante.

Drückt man in (3.22) v_z und $\mathrm{d}v_z$ mithilfe der Beziehung (3.21) durch ω und $\mathrm{d}\omega$ aus, so erhält man die Anzahl der Moleküle, deren Emission (bzw. Absorption) in das Frequenzintervall zwischen ω und $\omega + \mathrm{d}\omega$ fällt, d. h.

$$n_i(\omega)\,\mathrm{d}\omega = N_i \frac{c}{v_\mathrm{w}\omega_0\sqrt{\pi}} \exp\left[-\left(\frac{\omega - \omega_0}{\omega_0 v_\mathrm{w}/c}\right)^2\right] \mathrm{d}\omega \; . \tag{3.23}$$

Da die emittierte bzw. absorbierte Intensität $I(\omega)$ proportional zu $n_i(\omega)$ ist, wird das Intensitätsprofil der Doppler-verbreiterten Spektrallinie

$$\boxed{I(\omega) = I(\omega_0) \exp\left[-\left(\frac{\omega - \omega_0}{\omega_0 v_\mathrm{w}/c}\right)^2\right]} \; . \tag{3.24a}$$

Dies ist eine **Gauß-Funktion**, deren Halbwertsbreite $\delta\omega_D = |\omega_1 - \omega_2|$ man aus der Bedingung $I(\omega_1) = I(\omega_2) = I(\omega_0)/2$ erhält:

$$\delta\omega_D = 2(\ln 2)^{1/2}\omega_0 v_w/c\,. \tag{3.25a}$$

oder mit $v_w = (2kT/m)^{1/2}$

$$\boxed{\delta\omega_D = \frac{\omega_0}{c}\sqrt{\frac{8kT\ln 2}{m}}}\,, \tag{3.25b}$$

so dass man für das Linienprofil (3.24a) wegen $(4\ln 2)^{-1/2} \simeq 0{,}6$ erhält

$$I(\omega) = I(\omega_0)\exp\left[-\left(\frac{\omega-\omega_0}{0{,}6\delta\omega_D}\right)^2\right]. \tag{3.24b}$$

Man sieht aus (3.25b), dass die Doppler-Breite linear mit der Frequenz ω_0 ansteigt und bei gegebener Temperatur T besonders für Moleküle mit kleiner Masse m groß wird.

Erweitert man den Radikanden in (3.25b) mit der Avogadro-Zahl N_A (= Zahl der Moleküle pro Mol), so kann man den Radikanden in der Wurzel durch die Molmasse $M = N_A m$ und die allgemeine Gaskonstante $R = N_A k$ ausdrücken und erhält im Frequenzmaß

$$\delta\nu_D = \frac{2\nu_0}{c}\sqrt{\frac{2RT\ln 2}{M}} = 7{,}16\cdot 10^{-7}\nu_0\sqrt{\frac{T}{M}}\quad\left[\mathrm{s}^{-1}\right]. \tag{3.25c}$$

Beispiel 3.2

a) Im **Vakuum-Ultraviolett**: Wasserstoff Lyman-α-Linie:
$\lambda = 121{,}6\,\mathrm{nm}$, $\nu_0 = 2{,}47\cdot 10^{15}\,\mathrm{s}^{-1}$; $T = 1000\,\mathrm{K}$, $M = 1$; $\delta\nu_D = 5{,}6\cdot 10^{10}\,\mathrm{s}^{-1} \simeq \delta\lambda_D = 2{,}8\cdot 10^{-3}\,\mathrm{nm}$.

b) Im **Sichtbaren**: Na-Linie
$\lambda = 589{,}1\,\mathrm{nm}$, $\nu_0 = 5{,}1\cdot 10^{14}\,\mathrm{s}^{-1}$, $T = 500\,\mathrm{K}$, $M = 23$; $\delta\nu_D = 1{,}7\cdot 10^{9}\,\mathrm{s}^{-1} \simeq \delta\lambda_D = 2\cdot 10^{-3}\,\mathrm{nm}$.

c) Im **Infraroten**: Schwingungs-Rotations-Übergang des CO_2
$\lambda = 10\,\mu\mathrm{m}$; $\nu_0 = 3\cdot 10^{13}\,\mathrm{s}^{-1}$, $T = 300\,\mathrm{K}$, $M = 44$; $\delta\nu_D = 5{,}6\cdot 10^{7}\,\mathrm{s}^{-1} \simeq \delta\lambda_D = 0{,}019\,\mathrm{nm}$.

Man sieht aus den angeführten Beispielen, **dass im sichtbaren Gebiet die Doppler-Verbreiterung die natürliche Linienbreite um etwa 2 Größenordnungen übertrifft**.

Man beachte jedoch, dass die Intensität bei einem Gauß-Profil in den Linienflügeln, d. h. für große $(\omega-\omega_0)$ viel schneller gegen Null geht als bei einem Lorentz-Profil (Abb. 3.4). Deshalb kann man oft aus den extremen Linienflügeln noch Informationen über das Lorentz-Profil erhalten, auch wenn die Doppler-Breite wesentlich größer als die natürliche Linienbreite ist.

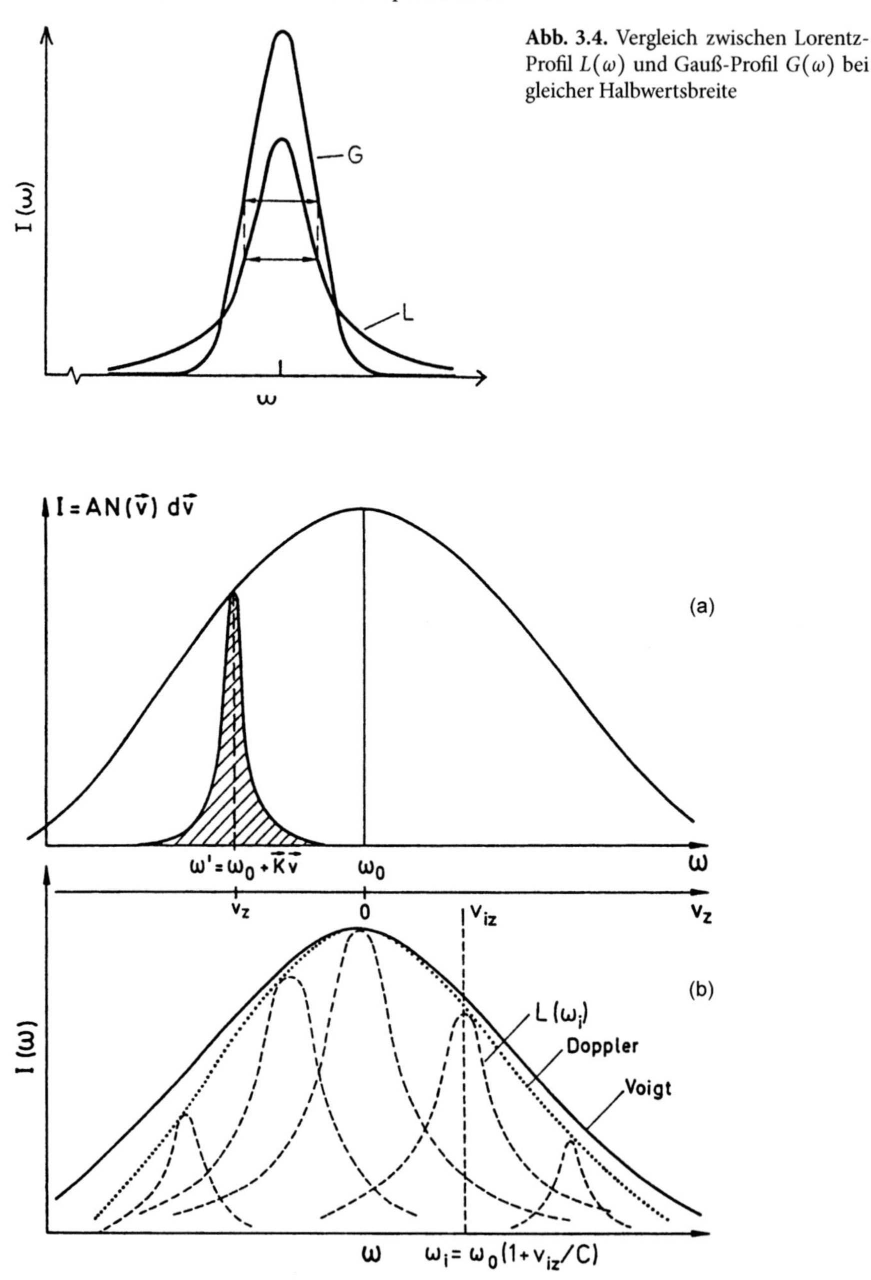

Abb. 3.4. Vergleich zwischen Lorentz-Profil $L(\omega)$ und Gauß-Profil $G(\omega)$ bei gleicher Halbwertsbreite

Abb. 3.5a,b. Lorentz-Profil einer Molekülklasse mit festem Wert von $\boldsymbol{K} \cdot \boldsymbol{v} = (\omega - \omega_0)$ innerhalb des Doppler-verbreiterten Gauß-Profils (**a**) und Voigt-Profil als Einhüllende aller Doppler-verschobenen Lorentz-Profile $L(\omega_i)$ (**b**)

Eine genauere Betrachtung zeigt, dass eine Doppler-verbreiterte Spektrallinie eigentlich kein reines Gauß-Profil hat. Atome mit derselben Geschwindigkeitskomponente v_z in der Beobachtungsrichtung emittieren oder absorbieren nicht alle auf derselben Frequenz $\omega' = \omega_0(1 + v_z/c)$ sondern zeigen aufgrund der endlichen Lebensdauern ihrer Niveaus eine Lorentz-Verteilung – siehe (3.9) –

$$g(\omega - \omega') = \frac{\gamma/2\pi}{(\omega - \omega')^2 + (\gamma/2)^2} \tag{3.26}$$

um die Frequenz ω'. Es sei $n(v_z)\,\mathrm{d}v_z$ die Moleküldichte mit Geschwindigkeitskomponenten im Intervall v_z bis $v_z + \mathrm{d}v_z$. Dann erhält man die spektrale Intensitätsverteilung der Gesamtabsorption bzw. Emission aller Moleküle in einem Übergang (Abb. 3.5)

$$I(\omega - \omega') = I_0 \int g(\omega - \omega')n(v_z)\,\mathrm{d}v_z\,. \tag{3.27}$$

Setzt man für $g(\omega - \omega')$ (3.9) und für $n(\omega')$ (3.23) ein, so ergibt dies

$$I(\omega) = C \int_{-\infty}^{+\infty} \frac{\mathrm{e}^{-c^2(\omega_0-\omega')^2/(\omega_0^2 v_\mathrm{w}^2)}}{(\omega - \omega')^2 + (\gamma/2)^2}\,\mathrm{d}(\omega_0 - \omega') \tag{3.28}$$

mit $C = \gamma I_0 N_i c/(2\pi^{3/2}\omega_0 v_\mathrm{w})$. Man nennt diese Faltung aus Lorentz-Profil und Gauß-Profil ein **Voigt-Profil** [3.3].

Seine Linienbreite ist etwas größer als die Breite $\delta\omega_\mathrm{D}$ des Doppler-Profils. Man erhält:

$$\delta\omega_\mathrm{V} = 0{,}535\,\delta\omega_\mathrm{L} + \sqrt{0{,}2166\,\delta\omega_\mathrm{L}^2 + \delta\omega_\mathrm{D}^2} \tag{3.28a}$$

wenn $\delta\omega_\mathrm{L}$ die Linienbreite des Lorentzprofils ist.

3.3 Stoßverbreiterung von Spektrallinien

Nähert sich einem Atom A mit den Energieniveaus E_i und E_k ein anderes Atom bzw. Molekül B, so werden infolge der Wechselwirkung zwischen A und B die Energieniveaus von A verschoben. Diese Energieverschiebung hängt ab von der Struktur der Elektronenhüllen von A und B und vom gegenseitigen Abstand $R(A,B)$, den wir als Abstand zwischen den Schwerpunkten von A und B definieren wollen. Die Energieverschiebung ist im Allgemeinen für die einzelnen Energieniveaus E_i verschieden groß und kann positiv sein (bei abstoßendem Potenzial zwischen $A(E_i)$ und B) oder negativ (bei anziehender Wechselwirkung). Trägt man die Energie $E_i(R)$ bzw. $E_k(R)$ der Niveaus von A als Funktion von R auf, so erhält man die in Abb. 3.6 schematisch gezeichneten Potenzialkurven. Da man die Annäherung zweier Teilchen bis auf einen Abstand R, bei dem sie sich merklich gegenseitig beeinflussen, auch **Stoß** nennt, heißt das System $AB(R)$ auch **Stoßpaar**. Nähern sich A und B einander auf

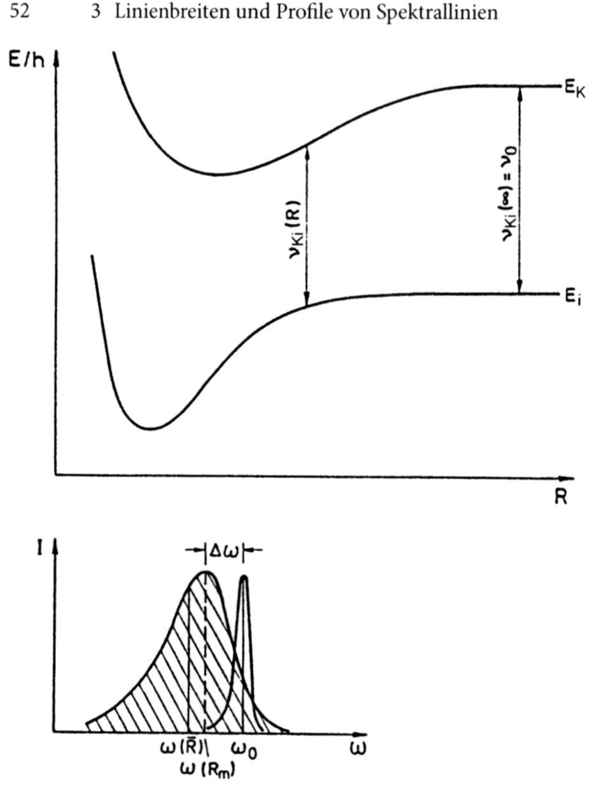

Abb. 3.6. Erklärung der Stoßverbreiterung und Verschiebung aus den Potenzial-Kurven des Stoßpaares

einer Potenzialkurve, die ein Minimum hat, so kann sich beim Stoß ein stabiles Molekül bilden, wenn während der Stoßzeit Energie durch Strahlung oder durch Stoß mit einem dritten Partner abgeführt wird.

Bei einem strahlenden Übergang zwischen den Niveaus E_i und E_k während des Stoßes hängt die Frequenz ν_{ik} des emittierten bzw. absorbierten Lichtes gemäß $h\nu_{ki} = |E_k(R) - E_i(R)|$ vom Abstand R zwischen A und B während der Lichtemission ab. In einem Gasgemisch von Atomen der Sorten A und B sind die Abstände R statistisch verteilt um einen Mittelwert R, der von Druck und Temperatur des Gases abhängt. Entsprechend sind die Frequenzen ν_{ki} statistisch verteilt um einen Mittelwert $\overline{\nu}$, der im Allgemeinen gegenüber der Frequenz ν_0 des ungestörten Atoms verschoben ist. Die Verschiebung $\Delta\nu = \nu_0 - \overline{\nu}$ ist ein Maß für die Differenz der Energieverschiebung der beiden Niveaus E_i und E_k bei einem Abstand R_m, bei dem das Maximum der Lichtemission liegt. Das Profil der stoßverbreiterten Spektrallinie gibt Informationen über die R-Abhängigkeit der Potenzialkurvendifferenz $E_k(R) - E_i(R)$ und damit über die Differenz der Wechselwirkungspotenziale $V[A(E_k)B] - V[A(E_i)B]$.

Bei dem oben betrachteten Prozess erfolgte die Lichtemission (bzw. -absorption) von dem ursprünglich besetzten Niveau E_k des Atoms A, das nur während der Wech-

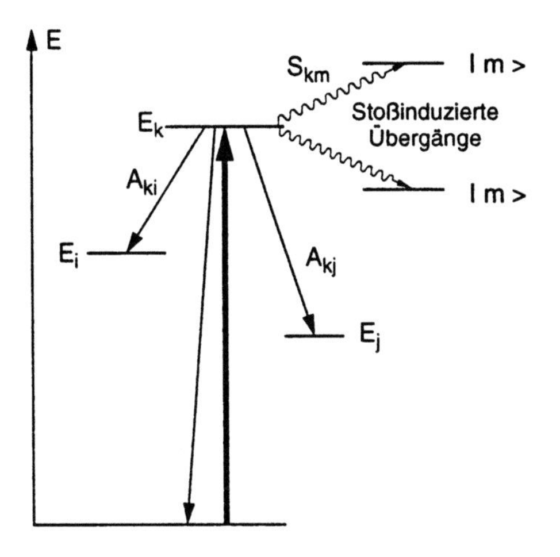

Abb. 3.7. Strahlende und strahlungslose Entvölkerungskanäle eines angeregten Niveaus

selwirkungszeit (geringfügig) verschoben war, aber nach der Wechselwirkung wieder seinen ursprünglichen Energiewert hatte. Man spricht deshalb von einer durch **elastische Stöße** verursachten Linienverbreiterung $\delta\nu$ und Linienverschiebung $\Delta\nu$. Die Energiedifferenz $h \cdot \Delta\nu = h(\nu - \nu_0)$ mit $h\nu_0 = E_k - E_i$ wird bei positivem $\Delta\nu$ durch die kinetische Energie der Stoßpartner, nicht durch innere Energie eines der Stoßpartner geliefert. Bei negativem $\Delta\nu$ wird die Überschussenergie in kinetische Energie umgewandelt.

Außer diesen elastischen Stößen können auch **inelastische Stöße** vorkommen, bei denen z. B. die Anregungsenergie E_k ganz oder teilweise in innere Energie des Stoßpartners B umgewandelt wird oder in Translationsenergie beider Stoßpartner. Man nennt solche Stöße auch **löschende Stöße**, weil sie die Besetzungszahl von Niveau E_k und damit die vom Niveau E_k ausgesandte Fluoreszenz vermindern (in engl, **quenching collisions**, Abb. 3.7).

Die Wahrscheinlichkeit für eine Übertragung der Anregungsenergie E_f auf den Stoßpartner B ist besonders groß, wenn B ein Molekül ist, das wegen seiner vielen Schwingungs-Rotations-Niveaus in den verschiedenen elektronischen Zuständen häufig einen resonanten erlaubten Übergang $E_e \to E_m$ mit $|E_e - E_m| \simeq |E_k - E_i|$ hat. Bezeichnen wir mit S_{ki} die Wahrscheinlichkeit, dass ein angeregtes Atomniveau E_k durch Stoß mit B ohne Lichtemission in den Zustand E_i übergeht, so ist die gesamte Übergangswahrscheinlichkeit vom Niveau E_k in andere Zustände E_m des Atoms A

$$A_k^{\mathrm{eff}} = \sum_m A_{km}\ (\mathrm{spontan}) + \sum_m S_{km}\,. \tag{3.29}$$

Die Wahrscheinlichkeit S_{km} für einen solchen stoßinduzierten Übergangsprozess hängt ab von der Dichte N_B der Moleküle B, von der Relativgeschwindigkeit v_r beider Stoßpartner und vom Stoßquerschnitt σ_{km}. Mit der Geschwindigkeitsverteilungsfunktion $f(v)$ erhält man

$$S_{km} = N_B \int_0^\infty f(v) v \sigma_{km}(v)\,\mathrm{d}v \approx N_B \overline{v\sigma_{km}}\,, \tag{3.30}$$

wenn σ unabhängig von v ist. Im thermischen Gleichgewicht ist die mittlere Relativgeschwindigkeit bei der Temperatur T gegeben durch

$$\bar{v}_r = \sqrt{\frac{8kT}{\pi}\left(\frac{1}{M_A} + \frac{1}{M_B}\right)}, \tag{3.31}$$

so dass die stoßinduzierte Übergangswahrscheinlichkeit pro Sekunde für den Übergang $E_k \to E_m$

$$S_{km} = N_B \sigma_{km} (8kT/\pi\mu)^{1/2} . \tag{3.32}$$

ist, wobei $\mu = M_A M_B/(M_A + M_B)$ die reduzierte Masse der Stoßpartner ist.

Die effektive Lebensdauer $\tau_{\text{eff}} = 1/A_k$ des Niveaus E_k wird also durch die Stöße verkürzt. Dadurch wird die Linienbreite der Strahlung von E_k ebenfalls größer (Abschn. 3.1). Da nach (3.17) die Linienbreite $\delta\nu = A_k^{\text{eff}}/2\pi$ ist, sieht man aus (3.29) und (3.30), dass $\delta\nu$ linear mit der Dichte N_B, d. h. mit dem Druck $p_B = N_B kT$ der Komponente B ansteigt. Man nennt die durch Stöße verursachte Linienverbreiterung daher auch **Druckverbreiterung**. Sind die Stoßpartner A und B Moleküle derselben Sorte $(A = B)$ so spricht man von **Eigendruckverbreiterung**.

Wir haben gesehen, dass sowohl elastische als auch inelastische Stöße zu einer Verbreiterung der Spektrallinien führen, wobei die elastischen Stöße noch zusätzlich eine Linienverschiebung bewirken. Man kann beide Prozesse im Rahmen eines klassischen Modells des gedämpften, harmonischen Oszillators behandeln, wie dies von V. Weißkopf durchgeführt wurde. Die *inelastischen* Stöße ändern dabei die Amplitude der Oszillatorschwingung. Dies kann man pauschal durch eine zusätzliche Dämpfungskonstante $\gamma_{\text{Stoß}}$ (außer der durch Abstrahlung bewirkten Dämpfung γ_{n}) beschreiben, und erhält dann aus den Überlegungen vom Abschnitt 3.1 ein Lorentz-Profil mit der Linienbreite $\delta\omega = \gamma_n + \gamma_{\text{Stoß}}$ [3.1–3.4].

Die *elastischen Stöße* ändern in diesem Modell nicht die Schwingungsamplitude sondern (durch die Frequenzverstimmung während des Vorbeiflugs) nur die Phase der Oszillatorschwingung. Man nennt sie deshalb auch **Phasenstörungsstöße** (Abb. 3.8). Ist der Phasensprung $\Delta\phi$ während eines Stoßes groß genug, so besteht keine Korrelation mehr zwischen der Schwingung vor und nach dem Stoß, und man erhält voneinander unabhängige Wellenzüge, deren mittlere Länge von der mittleren Zeit zwischen zwei Stößen bestimmt wird. Eine Fourier-Analyse dieser Wellenlänge liefert (analog zur Behandlung im Abschn. 3.1) das Frequenzspektrum und damit das Linienprofil.

Die Wirkungsquerschnitte

$$\sigma_{\text{b}} = 2\pi \int_0^\infty [1 - \cos\Delta\phi(R)] R\,\mathrm{d}R \text{ und } \sigma_{\text{s}} = 2\pi \int_0^\infty [\sin\Delta\phi(R)] R\,\mathrm{d}R \tag{3.33}$$

sind ein Maß für die Linienverbreiterung („broadening“) bzw. Verschiebung („shift“) durch die **elastischen** Phasenstörungsstöße. Während $\sigma_{\text{b}} > 0$ ist, kann die durch σ_{s} beschriebene Linienverschiebung $\delta\omega = N_{\text{B}}\bar{v}\sigma_{\text{S}}$ je nach Stoßpartner B sowohl positiv als auch negativ sein.

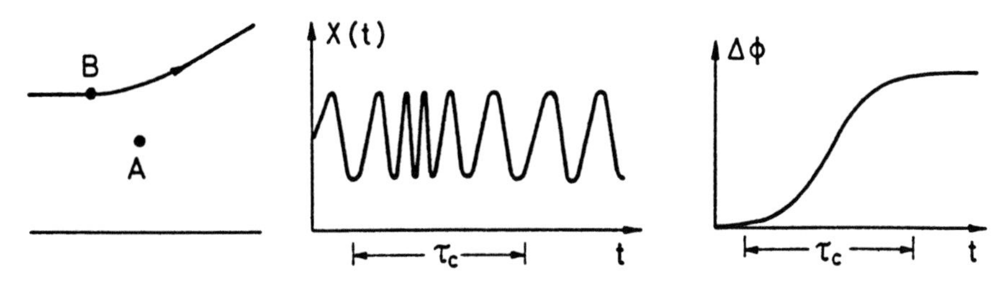

Abb. 3.8. Klassisches Modell der Phasenstörung beim Stoß zwischen angeregtem Atom A (Oszillator) und Stoßpartner B. Die gesamte Phasenänderung $\Delta\phi$ ist das Integral über $\Delta\omega(t)\,\mathrm{d}t$

Als Ergebnis der elastischen und der inelastischen Stöße erhält man nach längerer Rechnung [3.4] für das Linienprofil den Ausdruck

$$\boxed{I(\omega) = I_0 \frac{(\gamma/2 + N \cdot \bar{v}\sigma_\mathrm{b})^2}{(\omega - \omega_0 - N_\mathrm{B}\bar{v}\sigma_\mathrm{s})^2 + (\gamma/2 + N_\mathrm{B}\bar{v}\sigma_\mathrm{b})^2}}\,, \tag{3.34}$$

wobei $\gamma = \gamma_\mathrm{n} + \gamma_\mathrm{inel}$ die Summe von natürlicher und durch *inelastische* Stöße bedingten Linienbreiten, N_B die Dichte der stoßenden Moleküle B, $\bar{v}$ die mittlere Relativgeschwindigkeit und $I_0 = I(\omega_0')$ die Intensität im Linienmaximum bei der verschobenen Frequenz $\omega_0' = \omega_0 + N_\mathrm{B}\bar{v}\sigma_\mathrm{s}$ ist.

Die Frequenzverstimmung des Oszillators A während des Vorbeiflugs von B und damit die Phasenänderung $\Delta\phi$ durch den Stoß hängt vom Wechselwirkungspotenzial $V(R)$ zwischen den Stoßpartnern ab. $V(R)$ bestimmt somit das Linienprofil. In unserem Potenzialkurvenbild (Abb. 3.6) gehört zu jedem Abstandsintervall R bis $R + \mathrm{d}R$ ein entsprechendes Frequenzintervall ν bis $\nu + \mathrm{d}\nu$. Wir wollen uns die Intensitätsverteilung der stoßverbreiterten Spektrallinie und ihre Abhängigkeit von $V(R)$ ein wenig genauer klar machen: Im thermischen Gleichgewicht ist die Wahrscheinlichkeit, dass ein Stoßpartner B den Abstand R bis $R + \mathrm{d}R$ vom Atom A hat, proportional zum Volumen $4\pi R^2\,\mathrm{d}R$ der Kugelschale um A und außerdem proportional zum Boltzmann-Faktor $\exp[-V(R)/kT]$.

Die Dichte der Stoßpaare AB mit Abstand R ist deshalb

$$n_\mathrm{AB}(R)\,\mathrm{d}R = CR^2\,\mathrm{e}^{-V(R)/kT}\,\mathrm{d}R\,. \tag{3.35}$$

Da die Intensität einer Spektrallinie proportional zur Dichte der absorbierenden bzw. emittierenden Atome ist, entspricht dieser Dichteverteilung wegen

$$\nu = [V_i(R) - V_k(R)]/h \Rightarrow \mathrm{d}\nu = [\mathrm{d}(V_i - V_k)/\mathrm{d}R]\,\mathrm{d}R/h \tag{3.36}$$

eine spektrale Intensitätsverteilung z. B. einer Absorptionslinie

$$I(\nu)\,\mathrm{d}\nu = c^* R^2 \exp\left(\frac{-V_i(R)}{kT}\right)\frac{\mathrm{d}}{\mathrm{d}R}[V_i(R) - V_k(R)]\,\mathrm{d}R\,. \tag{3.37}$$

Man setzt nun verschiedene Modellpotenziale $V(R)$ in (3.37) ein und vergleicht das Ergebnis der Rechnung mit den gemessenen Linienprofilen. Viele Rechnungen wurden mit einem **Lenard-Jones-Potenzialansatz**

$$V(R) = a/R^{12} - b/R^6 \tag{3.38}$$

gemacht, dessen Koeffizienten so bestimmt wurden, dass die Übereinstimmung zwischen Experiment und Rechnung optimal wurde [3.5, 3.6]. Man sieht aus (3.37), dass man durch Messung der Temperaturabhängigkeit des Linienprofils das Potenzial $V_i(R)$ für einen Zustand E_i getrennt bestimmen kann, während man bei nur einer Temperatur allein aus dem Linienprofil nur die Differenzpotenziale $V_i(E_i, R) - V_k(E_k, R)$ ermitteln kann.

Müssen mehrere, energetisch dicht liegende Potenzialkurven berücksichtigt werden, so ergibt sich ein komplizierteres asymmetrisches Linienprofil mit Schultern und Nebenmaxima, dessen Analyse detaillierte Informationen über die beteiligten Zustände gibt.

Man kann die klassischen Modelle auf quantenmechanischer Basis erweitern. Dies führt jedoch über den Rahmen dieser Darstellung hinaus [3.4–3.7],

Wegen der langreichweitigen Coulomb-Kräfte zwischen geladenen Teilchen (Elektronen und Ionen) sind Druckverbreiterung und Verschiebung besonders groß in Gasentladungen und Plasmen. Man kann beide Effekte beschreiben durch den linearen und quadratischen Stark-Effekt bei der Wechselwirkung zwischen den geladenen Teilchen, wobei der *lineare Stark-Effekt nur zu einer Linienverbreiterung (weil die Starkaufspaltung symmetrisch ist), der quadratische auch zu einer Linienverschiebung* führt. Aus der Messung von Linienprofilen in Plasmen kann man sehr detaillierte Informationen über die Plasmaeigenschaften, wie Elektronen- und Ionendichte sowie die zugehörigen Temperaturen gewinnen [3.8]. Ein Beispiel für solche Untersuchungen in Gasentladungen ist die Messung des Verstärkungsprofiles von Gaslaser-Übergängen [3.9].

Beispiel 3.3

a) Die Druckverbreiterung der Na-D-Linie $\lambda = 589\,\text{nm}$ durch Argon beträgt $2{,}5 \cdot 10^{-5}\,\text{nm/mbar} \mathrel{\widehat{=}} 25\,\text{MHz/mbar}$; ihre Verschiebung $-6\,\text{MHz/mbar}$. Die Eigenverbreiterung ist 115 MHz/mbar. Bei Drucken von einigen mbar ist die Druckverbreiterung daher klein gegen die Doppler-Breite.
b) Die Druckverbreiterung molekularer Schwingungs-Rotations-Übergänge mit Wellenlängen im Bereich um 5 µm ist in Luft von Atmosphärendruck im Allgemeinen größer als ihre Doppler-Breite. Z. B. zeigen Rotationslinien in der ν_2-Bande des H_2O bei Atmosphärendruck eine Druckverbreiterung von 930 MHz bei einer Doppler-Breite von etwa 150 MHz.
c) Die Druckverbreiterung des Neon-Überganges $\lambda = 633\,\text{nm}$ in der Niederdruck-Gasentladung des HeNe-Lasers beträgt $\delta\nu = 115\,\text{MHz/mbar}$, die Druckverschiebung 15 MHz/mbar. In Hochstromentladungen, wie z. B. beim Argon-Ionen-Laser ist der Ionisierungsgrad wesentlich höher und die Wechselwirkungen zwischen Ionen und Elektronen spielen eine wesentliche Rolle. Die Druckverbreiterung ist entsprechend groß , nämlich etwa 1150 MHz/mbar, bei einer Doppler-Breite von etwa 5000 MHz (wegen der hohen Temperatur in der Hochstromentladung).

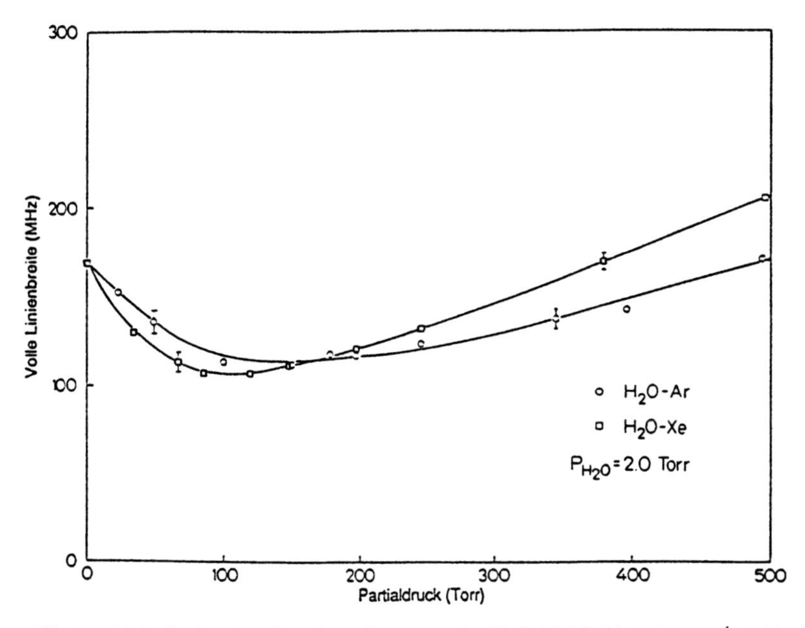

Abb. 3.9. Linienbreite eines Rotationsüberganges im H_2O-Molekül bei 1871 cm^{-1} als Funktion des Argon- bzw. Xe-Druckes. Bis 100 Torr *sinkt* die Linienbreite infolge des Dicke-Effektes [3.10]

Anmerkung

Im Infrarot- bzw. im Mikrowellenbereich können Stöße unter Umständen auch zu einer *Einengung* der Linienbreite führen, die nach ihrem Entdecker **Dicke Narrowing** genannt wird. Ist die Lebensdauer eines Molekülzustandes (z. B. eines angeregten Schwingungsniveaus im elektronischen Grundzustand) groß gegen die Zeit zwischen elastischen Stößen, so wird die Geschwindigkeit des Oszillators durch solche elastischen Stöße dauernd geändert. Für die entsprechende Doppler-Verschiebung erhält man dadurch einen (kleineren) Mittelwert. Ist die Doppler-Breite größer als die Druckverbreiterung, so führt dies zu einer effektiven Einengung der Linienform. Damit diese Dicke-Einengung wirksam wird, muss die mittlere freie Weglänge kleiner als die Wellenlänge des betrachteten Überganges sein (Abb. 3.9) [3.10].

3.4 Homogene und inhomogene Linienverbreiterung

Ist die Wahrscheinlichkeit für die Emission bzw. Absorption von Licht der Frequenz ω, die den Übergang $E_i \to E_k$ bewirken möge, für *alle* Moleküle im Zustand E_i gleich groß, so nennt man das Spektralprofil dieses Überganges **homogen**. Die entsprechende Emissions- bzw. Absorptionslinie ist dann **homogen verbreitert**. Die *natürliche Linienbreite* (Abschn. 3.1) ist ein Beispiel für ein homogen verbreitertes Linienprofil. In diesem Fall ist die Wahrscheinlichkeit z. B. für die Emission von Licht der Frequenz ω für alle Atome im Zustand E_k gegeben durch

$$\mathcal{P}_{ki}(\omega) = A_{ki} g(\omega - \omega_0) , \tag{3.39}$$

wenn $g(\omega - \omega_0)$ das normierte Lorentz-Profil und $\omega_0 = \omega_{ki}$ seine Mittenfrequenz ist.

Das Standardbeispiel für *inhomogene* Linienverbreiterung ist die Doppler-Verbreiterung. Hier ist die Wahrscheinlichkeit für die Emission bzw. Absorption von Licht der Frequenz ω *nicht* für alle Moleküle gleich groß, sondern hängt ab von ihrer Geschwindigkeit (Abschn. 3.2). Man kann alle Moleküle im Zustand E_i in Untergruppen einteilen, wobei alle Moleküle mit einer Geschwindigkeitskomponente v_z in einem Intervall $v_z \pm \Delta v_z$ zu einer solchen Gruppe gehören. Entspricht das Intervall $\Delta v_z = \Delta\omega/K$ einer Frequenzbreite $\Delta\omega$, die gleich der natürlichen Linienbreite $\delta\omega_n$ ist, so dass also $K\Delta v_z = \delta\omega_n$ gilt, dann kann man diesen Frequenzabschnitt $\delta\omega_n$ innerhalb der inhomogenen Doppler-Breite als homogen verbreitert ansehen. Alle Moleküle in dieser Untergruppe können nämlich Licht mit dem Wellenvektor $\boldsymbol{K}$ und der Frequenz $\omega = \omega_0 - v_z K$ absorbieren, bzw. emittieren (Abb. 3.5), da diese Frequenz im Koordinatensystem des bewegten Moleküls innerhalb seiner natürlichen Linienbreite liegt.

Wir haben im Abschnitt 3.3 gesehen, dass durch Stöße die Spektrallinienprofile in zweierlei Hinsicht beeinflusst werden: Inelastische Stöße führen zu einer Linienverbreiterung, während elastische Stöße (Phasenstörungsstöße) sowohl zu einer Verbreiterung als auch zu einer Linienverschiebung beitragen. *Die Stoßverbreiterung bewirkt eine homogene Linienbreite.* Bei den inelastischen Stößen sieht man dies sofort ein, da sie zu einer Verkürzung der Lebensdauer des entsprechenden Molekülniveaus führen und damit zu einem verbreiterten Lorentz-Profil mit der Halbwertsbreite $\delta\omega = \delta\omega_n + \delta\omega_{\text{Stoß}}$. Die Fourier-Transformation einer Überlagerung von Schwingungen mit statistisch verteilten Phasensprüngen, wie sie durch Phasenstörungsstöße bewirkt werden, führt ebenfalls auf ein Lorentz-Profil und damit zu einer homogen verbreiterten Linie [3.4].

Elastische Stöße können auch die Geschwindigkeit des angeregten Partners A^* ändern. Solche **geschwindigkeitsändernden Stöße** bringen ein Molekül aus einer Untergruppe $v_z \pm \Delta v_z$ des Doppler-Profils in eine andere Untergruppe $v_z + \Delta v_{\text{Stoß}} \pm \Delta v_z$ und bewirken damit eine Verschiebung ihrer Absorption- bzw. Emissionsfrequenz. Ist die Zeit zwischen zwei Stößen größer als die Wechselwirkungszeit der Moleküle mit dem Licht, so führt diese Umverteilung der Untergruppen nicht zu einer Vergrößerung der *homogenen* Linienbreite, sondern nur zu einer Umverteilung der Besetzungszahlen in den einzelnen Untergruppen. (Dies hat eine Konsequenz für die hochauflösende Sättigungsspektroskopie, Bd. 2, Abschn. 2.2). Ist die Stoßzeit klein gegen die Wechselwirkungszeit, so werden die einzelnen Untergruppen gleichmäßig vermischt. Dies führt zu einer *homogenen* Verbreiterung und unter Umständen auch zu einer Einengung der inhomogenen Doppler-Breite (**Dicke narrowing**, Abschn. 3.3).

3.5 Sättigungsverbreiterung

Bedingt durch die mit Lasern erreichbare große Intensität spielt in der Laserspektroskopie ein weiterer Linienverbreiterungsmechanismus eine große Rolle, der auf der teilweisen Entleerung der Besetzungsdichten absorbierender Niveaus durch optisches Pumpen beruht. Da dieser Verbreiterungseffekt oft unterschätzt wird, soll die Sättigung atomarer und molekularer Übergänge hier etwas ausführlicher dargestellt werden. Wir wollen zuerst die Besetzungsänderung durch optisches Pumpen behandeln, dann die daraus resultierende Sättigungsverbreiterung von Absorptionslinien.

3.5.1 Änderung der Besetzungsdichten durch optisches Pumpen

Wir wollen uns den Effekt des optischen Pumpens auf die Besetzung atomarer oder molekularer Niveaus an zwei Beispielen klar machen. Zuerst wählen wir ein Zwei-Niveau-System mit den Besetzungsdichten N_1 und N_2. Beide Niveaus sollen durch Relaxationsprozesse (z. B. spontane Emission oder Stoßprozesse) nur miteinander *aber nicht mit anderen Niveaus* verknüpft sein (Abb. 3.10a). Ein solches „echtes" **Zweiniveausystem** ist bei atomaren Resonanzübergängen ohne Hyperfeinstruktur häufig realisiert. Bedeutet $P = B_{12}\rho(\omega)$ die Wahrscheinlichkeit für den Pumpprozess $1 \to 2$ durch Absorption eines Photons aus der einfallenden Welle, bzw. für die induzierte Emission $2 \to 1$ und R_i die Relaxationswahrscheinlichkeit des Niveaus i, so heißt die Bilanzgleichung

$$\frac{dN_1}{dt} = -\frac{dN_2}{dt} = -PN_1 - R_1N_1 + PN_2 + R_2N_2 , \tag{3.40}$$

wobei wir angenommen haben, dass beide Niveaus nicht entartet sind, also $g_1 = g_2 = 1$ ist. Im stationären Fall $(dN_i/dt = 0)$ erhalten wir wegen der Bedingung $N_1 + N_2 = N = \text{const.}$

$$(P + R_1)N_1 = (P + R_2)N_2 = (P + R_2)(N - N_1) ,$$

d. h.

$$N_1 = \frac{P + R_2}{2P + R_1 + R_2}N. \tag{3.41}$$

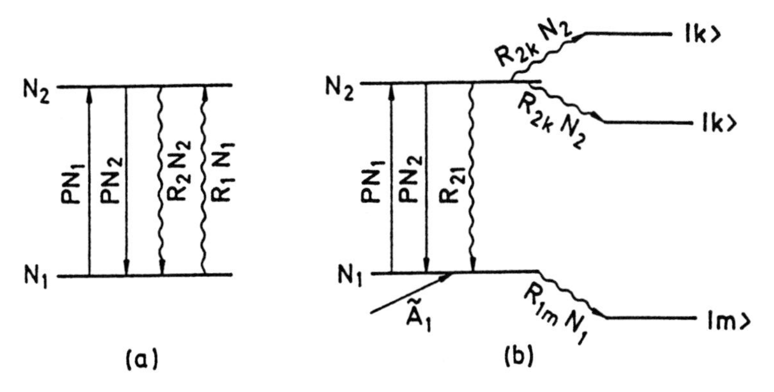

Abb. 3.10a,b. Echtes Zweiniveausystem (**a**) und Zweiniveausystem bezüglich der Strahlung, bei dem Relaxationsprozesse jedoch in andere Niveaus führen (**b**)

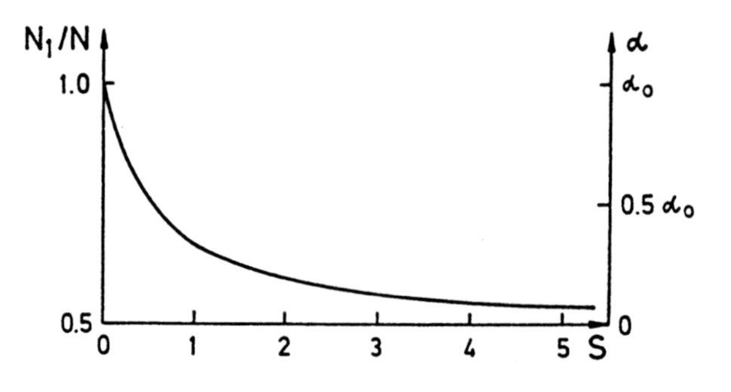

Abb. 3.11. Besetzungsverhältnis N_1/N und Absorptionskoeffizient α als Funktion des Sättigungsparameters S

Wenn die Pumpwahrscheinlichkeit P sehr viel größer wird als die Relaxationswahrscheinlichkeiten R_1 und R_2, strebt die Besetzung N_1 gegen den Wert

$$N_1(P \to \infty) \Rightarrow N/2 ,$$

d. h. $N_1 = N_2$ (Abb. 3.11). In diesem Fall wird der Absorptionskoeffizient $\alpha_{12} = \sigma_{12}(N_1 - N_2) = 0$; **das Medium wird völlig transparent!**

Ohne Strahlungsfeld $(P = 0)$ sind die Besetzungdichten im thermischen Gleichgewicht

$$N_{10} = \frac{R_2}{R_1 + R_2} N , \quad N_{20} = \frac{R_1}{R_1 + R_2} N \tag{3.42}$$

wegen $N_{20}/N_{10} = \exp[-(E_2 - E_1)/kT] \to R_{10}/R_{20} = \exp(-\Delta E/kT)$.

Führt man die Besetzungsdifferenzen

$$\Delta N_0 = N_{10} - N_{20} \text{ und } \Delta N = N_1 - N_2$$

ein, so erhält man aus 3.41, 3.42

$$\Delta N = \frac{\Delta N_0}{1 + 2P/(R_1 + R_2)} = \frac{\Delta N_0}{1 + S} . \tag{3.43}$$

Der **Sättigungsparameter**

$$S = \frac{2P}{R_1 + R_2} = P/\overline{R} \tag{3.44a}$$

gibt dabei das Verhältnis von Pumprate P zu mittlerer Relaxationsrate $\overline{R} = (R_1 + R_2)/2$ an.

Wenn die spontane Emission des oberen Niveaus der einzige Relaxationsmechanismus ist, wird $R_1 = 0$ und $R_1 = A_{21}$. Da die Pumpwahrscheinlichkeit P bei Einstrahlen einer monochromatischen Welle mit der spektralen Intensitätsdichte $I(\omega)$ durch $P = \sigma_{12}(\omega)I(\omega)/\hbar\omega$ gegeben ist, wird der Sättigungsparameter

$$S = \frac{2\sigma_{12}(\omega)I(\omega)}{\hbar\omega A_{12}} . \tag{3.44b}$$

Für den Absorptionskoeffizienten $\alpha \propto \Delta N$ erhält man aus (3.43) die Beziehung

$$\boxed{\alpha = \frac{\alpha_0}{1+S}} \,. \tag{3.45}$$

Für $S = 1$ wird $\alpha = \alpha_0/2$.

Unser zweites Beispiel betrifft zwei Niveaus 1 und 2, die durch Relaxationsprozesse auch mit anderen Niveaus verbunden sind (Abb. 3.10b). Dies trifft z. B. zu auf Moleküle, deren selektiv angeregtes Niveau nicht nur in das Ausgangsniveau, von dem aus die Anregung geschieht, zerfällt sondern in viele andere Niveaus (Abb. 3.7 und 3.10b). Wir haben also im strengen Sinne kein echtes Zwei-Niveau-System mehr. Nehmen wir an, dass das obere Niveau 2 in viele andere Niveaus k zerfallen kann, selbst aber nur durch optisches Pumpen aus dem Niveau 1 besetzt werden kann, dann lauten die Bilanzgleichungen mit den Abkürzungen $R_1 = \sum_{\mathrm{m}} R_{1\mathrm{m}}$, $R_2 = \sum_k R_{2k}$ für den stationären Fall:

$$\frac{\mathrm{d}N_1}{\mathrm{d}t} = 0 = -R_1 N_1 - PN_1 + PN_2 + R_{21}N_2 + \widetilde{A}_1 \,. \tag{3.46}$$

$$\frac{\mathrm{d}N_2}{\mathrm{d}t} = 0 = P(N_1 - N_2) - R_2 N_2 \,, \tag{3.47}$$

wobei $\widetilde{A}_1[\mathrm{s}^{-1}\,\mathrm{m}^{-3}]$ die durch sonstige Prozesse bewirkte „Auffüllrate" von Atomen im Niveau $|1\rangle$ ist, die durch Stoßübergänge aus anderen Niveaus oder auch durch Diffusion von Molekülen im Niveau $|1\rangle$ in das Anregungsvolumen realiert werden kann. Hier gilt natürlich nicht mehr $N_1 + N_2 = \text{const}$.

Aus (3.47) erhält man für $\mathrm{d}N_2/\mathrm{d}t = 0$

$$N_2 = N_1 \frac{P}{P + R_2} \,. \tag{3.48}$$

Dies zeigt, dass für große Pumpleistungen $P \gg R_2$ die beiden Niveaus – genau wie beim echten Zweiniveausystem – gleiche Besetzungen haben.

Setzt man (3.48) in (3.46) ein, so ergibt sich

$$N_1 = \frac{\widetilde{A}_1(P + R_2)}{(R_1 + R_2 - R_{21})P + R_1 R_2} \,. \tag{3.49}$$

Ohne optisches Pumpen ($P = 0$) wird die Gleichgewichtsbesetzung

$$N_1(P_1 = 0) = \widetilde{A}_1/R_1 \tag{3.50}$$

durch das Verhältnis von Auffüllrate $\widetilde{A}_1$ zu Entleerungsrate R_1 in andere Niveaus gegeben (Abb. 3.12). Für große Pumpleistungen $P \gg R_2$ sinkt N_1 auf den Wert

$$N_1 = \frac{\widetilde{A}_1}{R_1 + R_2 - R_{21}} \,. \tag{3.51}$$

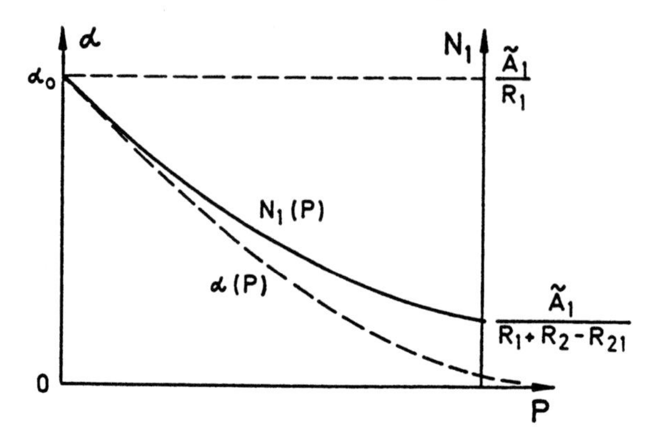

Abb. 3.12. Besetzungsdichte N_1 und Absorptionskoeffizient α als Funktion des Sättigungssparameters bei einem Zweiniveausystem mit Relaxationskanälen in andere Niveaus

und wird daher auch durch die Entleerungsrate von Niveau $|2\rangle$ bestimmt. Kann sich N_2 nur in $|1\rangle$ entleeren ($R_2 = R_{21}$) so erhält man $N_1 = \widetilde{A}_1/R_1$, also das selbe Ergebnis wie für $P = 0$.

Beispiel 3.4

Wenn die Auffüllrate $\widetilde{A}$ durch Diffusion von Molekülen (Diffusionsgeschwindigkeit $v_\text{D} = 1\,\text{m/s}$) in das Anregungsvolumen $(\Delta V = 1\,\text{cm}^3)$ bedingt ist, wird bei einer Dichte von $N_{10} = 10^{16}\,\text{cm}^{-3}$ $(p \approx 1\,\text{mbar})$ $\widetilde{A} = 10^2 \cdot 10^{16}\,\text{s}^{-1}/\text{cm}^3 = 10^{18}\,\text{s}^{-1}\,\text{cm}^{-3}$.

Für typische Werte der Relaxationsraten $R_1 = 10^2\,\text{s}^{-1}$, $R_2 = 10^7\,\text{s}^{-1}$, $R_{21} = 10^6\,\text{s}^{-1}$ folgt dann aus (3.49):

$$N_1 = \frac{10^{18}(P + 10^7)}{9 \cdot 10^6 P + 10^9}\,\text{cm}^{-3} \,.$$

Für $P = 0 \Rightarrow N_{10} = 10^{16}\,\text{cm}^{-3}$.
Für $P = 10^7\,\text{s}^{-1} \Rightarrow N_1 = 2{,}2 \cdot 10^{11}\,\text{cm}^{-3}$.

Bei einer Pumprate, die gleich der Relaxationsrate des oberen Niveaus ist, sinkt die Besetzung N_1 bereits auf $2 \cdot 10^{-5}$ ihres ungesättigten Wertes!

3.5.2 Sättigungsverbreiterung von Absorptionslinien

Das Linienprofil eines molekularen Überganges wird infolge der Besetzungszahl-Änderung in den am Übergang beteiligten Niveaus durch induzierte Emission bzw. Absorption verändert. Die Pumpwelle bewirkt eine teilweise oder vollständige Sättigung dieser Besetzungsdichten und führt dadurch zu einer zusätzlichen Verbreiterung des Linienprofils. Wir wollen uns die Sättigungsverbreiterung am Beispiel eines homogenen Linienprofiles klar machen (Abb. 3.13a). Bei inhomogenen Übergängen tritt spektral selektive Sättigung auf (hole burning), die in Bd. 2, Abschn. 2.1 genauer behandelt wird (Abb. 3.13b).

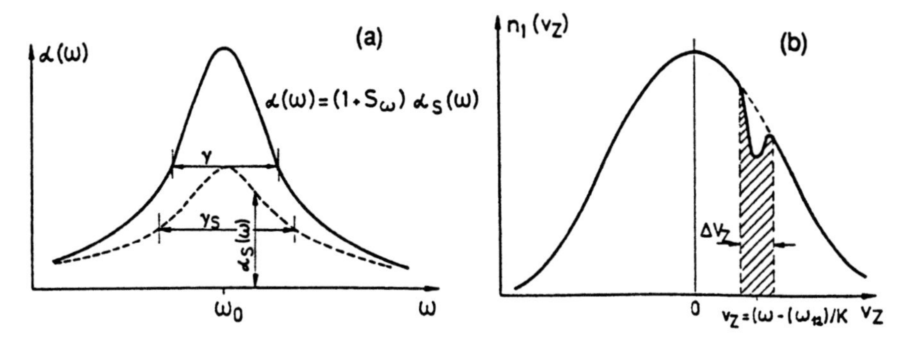

Abb. 3.13a,b. Sättigung eines homogen verbreiterten Übergangs (**a**) und „Lochbrennen" bei einem inhomogen verbreiterten Übergang (**b**)

Der Sättigungsparameter S ist als das Verhältnis von Pumprate P zu mittlerer Relaxationsrate $\overline{R}$ definiert. Bei einem homogen verbreiterten Übergang ist bei Anregung durch eine monochromatische Pumpwelle die Pumprate $P(\omega)$ und damit auch der Sättigungsparameter $S_\omega = S(\omega) = P(\omega)/\overline{R}$ durch ein Lorentz-Profil gegeben:

$$S(\omega) = S_0 \frac{(\gamma/2)^2}{(\omega - \omega_0)^2 + (\gamma/2)^2} \text{ mit } S_0 = S(\omega_0) \,. \tag{3.52}$$

Die bei der Frequenz ω absorbierte Leistung $\mathrm{d}W_{12}/\mathrm{d}t$ in dem Übergang $1 \to 2$ ist mit $\Delta N = N_1 - N_2 = \Delta N_0/(1+S)$ – siehe (3.43) –

$$\frac{\mathrm{d}}{\mathrm{d}t}[W_{12}(\omega)] = \hbar\omega P \Delta N = \hbar\omega \Delta N_0 \overline{R} \frac{S(\omega)}{1+S(\omega)} \,. \tag{3.53}$$

Setzt man für $S(\omega)$ (3.52) ein, so erhält man

$$\frac{\mathrm{d}}{\mathrm{d}t}[W_{12}(\omega)] = \frac{\hbar\omega \Delta N_0 \overline{R} S_0 (\gamma/2)^2}{(\omega - \omega_0)^2 + (\gamma/2)^2(1+S_0)} = \frac{C_1^*}{(\omega - \omega_0)^2 + (\gamma_s/2)^2} \tag{3.54}$$

mit $C_1^* = \hbar\omega \overline{R} S_0 \Delta N_0 (\gamma/2)^2$ und $\gamma_s = \gamma(1+S_0)^{1/2}$. Für den Absorptionskoeffizienten $\alpha_s(\omega)$ des gesättigten Überganges ergibt sich damit aus (3.42)

$$\alpha_s(\omega) = \alpha_0(\omega_0) \frac{(\gamma/2)^2}{(\omega - \omega_0)^2 + (\gamma_s/2)^2} \,. \tag{3.55}$$

Dies ist wieder ein Lorentz-Profil, jedoch mit einer größeren Linienbreite $\gamma_S = \Delta\omega_S$ (Abb. 3.12a)

$$\boxed{\gamma_s = \Delta\omega_s = \Delta\omega_0 \sqrt{1+S_0}} \,. \tag{3.56}$$

Die Sättigungsverbreiterung ist also vom Sättigungswert S_0 in der Linienmitte $\omega = \omega_0$ abhängig. Ist $S_0 = P_0/R = 1$, d. h. die Absorptionsrate in der Linienmitte gleich der gesamten Relaxationsrate R, so wird die Linienbreite um den Faktor $2^{1/2}$ größer [3.11].

Die Sättigungsverbreiterung eines homogenen Linienprofils liegt also an der frequenzabhängigen „Stauchung“ von $\alpha(\omega)$. Die Absorption wird in der Linienmitte infolge Sättigung um den Faktor $(\gamma_S/\gamma)^2 = (1 + S_0)$ kleiner, im Abstand $\Delta\omega = |\omega - \omega_0|$ von der Linienmitte ω_0 jedoch nur um den Faktor $[\Delta\omega^2 + (1/2\gamma_S)^2]/[\Delta\omega^2 + (1/2\gamma)^2] = 1 + S(\omega)$. Das Linienprofil $\alpha_S(\omega)$ ist deshalb gegenüber $\alpha(\omega)$ gestaucht.

Beispiel 3.5

Ein Laserstrahl mit der Leistung 1 mW wird in eine Natriumdampf-Zelle ($p = 10^{-7}$ mbar) fokussiert. Der Fokusdurchmesser sei 200 μm. Die Intensität ist dort also

$$I = \frac{10^{-3}\,\mathrm{W}}{\pi \cdot (10^{-2}\,\mathrm{cm})^2} = 3\,\mathrm{W/cm^2}\,.$$

Wird die Wellenlänge auf die gelbe Natriumlinie ($\lambda = 589\,\mathrm{nm}$) abgestimmt, so wird der Absorptionsquerschnitt $\sigma\,(3s \to 3p) = \lambda^2/4 = 8{,}4 \cdot 10^{-10}\,\mathrm{cm}^2$. Der Sättigungsparameter wird nach (3.44b) mit $A_{ik} = 6 \cdot 10^7\,\mathrm{s}^{-1}$

$$S = 2{,}6 \cdot 10^2 \Rightarrow \Delta\nu_S = \Delta\nu_0\sqrt{1 + S_0} = 16\Delta\nu_0 \approx 160\,\mathrm{MHz}\,,$$

weil $\Delta\nu_0 = \Delta\nu_n = 1/\tau = 10\,\mathrm{MHz}$ mit $\tau = 16\,\mathrm{ns}$. Die sättigungsverbreiterte homogene Linienbreite erreicht bereits etwa 20% der Dopplerbreite.

3.6 Flugzeit-Linienbreiten

Bei Übergängen zwischen molekularen Niveaus mit relativ langen spontanen Lebensdauern kann die Wechselwirkungszeit der Moleküle mit der Lichtwelle oft kürzer sein als diese Lebensdauern. Beispiele dafür bieten die begrenzten Flugzeiten $T = d/\bar{v}$ von Molekülen mit der mittleren Geschwindigkeit $\bar{v}$ durch einen Laserstrahl mit dem Durchmesser d. Für Moleküle in einer Zelle erhält man bei Zimmertemperatur und genügend kleinem Druck (freie Weglänge $\Lambda > d$) als typische Werte: $\bar{v} = 5 \cdot 10^4\,\mathrm{cm/s}$, $d = 0{,}2\,\mathrm{cm}$ und damit $T = 4\,\mu\mathrm{s}$. Solche Flugzeiten können bereits wesentlich kürzer sein als die spontanen Lebensdauern molekularer Schwingungsniveaus im elektronischen Grundzustand, die häufig im Millisekundenbereich liegen. Bei der Laserspektroskopie in schnellen Ionenstrahlen betragen die Flugzeiten der Ionen bei Geschwindigkeiten von $3 \cdot 10^8\,\mathrm{cm/s}$ durch einen senkrecht kreuzenden Laserstrahl weniger als 10^{-9} s, was bereits kürzer als die meisten Lebensdauern elektronisch angeregter atomarer bzw. molekularer Niveaus ist.

Die Linienbreite eines Überganges ist in solchen Fällen nicht durch die Lebensdauern, sondern durch die Flugzeit bestimmt. Man kann sich dies folgendermaßen klar machen. Betrachten wir einen ungedämpften Oszillator $E = E_0 \cos(\omega_0 t)$, der während der Zeitspanne T mit konstanter Amplitude schwingt und danach abrupt aufhört zu oszillieren. Sein Frequenzspektrum wird durch die Fourier-Transformation

$$A(\omega) = \int_0^T E_0 \cos(\omega_0 t)\,\mathrm{e}^{-\mathrm{i}\omega t}\,\mathrm{d}t\,. \tag{3.57}$$

bestimmt. Für die Intensität $I = A \cdot A^*$ erhält man daraus für $(\omega - \omega_0) \ll \omega_0$ (Abschn.3.1)

$$I(\omega) = C\frac{\sin^2[1/2(\omega - \omega_0)T]}{(\omega - \omega_0)2}\,. \tag{3.58}$$

Dies ist eine Kurve der Form $(\sin^2 x)/x^2$ (Abb. 3.14a) deren Halbwertsbreite für das zentrale Maximum $\delta\omega = 5{,}6/T$ ergibt. In Frequenzeinheiten erhält man mit $T = \mathrm{d}/\overline{v}$ die Halbwertsbreite $\delta\nu \simeq \overline{v}/\mathrm{d}$.

Die Schwingungsamplitude E_0 ist nur dann konstant, wenn das Feld der Lichtwelle räumlich konstant ist. Die Feldverteilung in einem Laserstrahl eines Einmodenlasers entspricht einer Gauß-Verteilung

$$E = E_0\,\mathrm{e}^{-(2r/d)^2} \cos\omega_0 t\,, \tag{3.59}$$

wobei r der Abstand von der Laserstrahlachse ist, und d den Durchmesser des Laserstrahls zwischen den Punkten $E(r = \mathrm{d}/2) = E_0/\mathrm{e}$ angibt (Abschn. 5.2).

Setzt man (3.59) statt $E_0 \cos\omega_0 t$ in (3.57) ein, so erhält man statt (3.58) für das Linienprofil einer Absorptionslinie eines Atoms, das mit der Geschwindigkeit v senkrecht durch den Laserstrahl fliegt, die Gauß-Verteilung

$$I(\omega) = C^* \exp\left[-\left(\frac{d(\omega - \omega_0)}{2v\sqrt{2}}\right)^2\right] \tag{3.60}$$

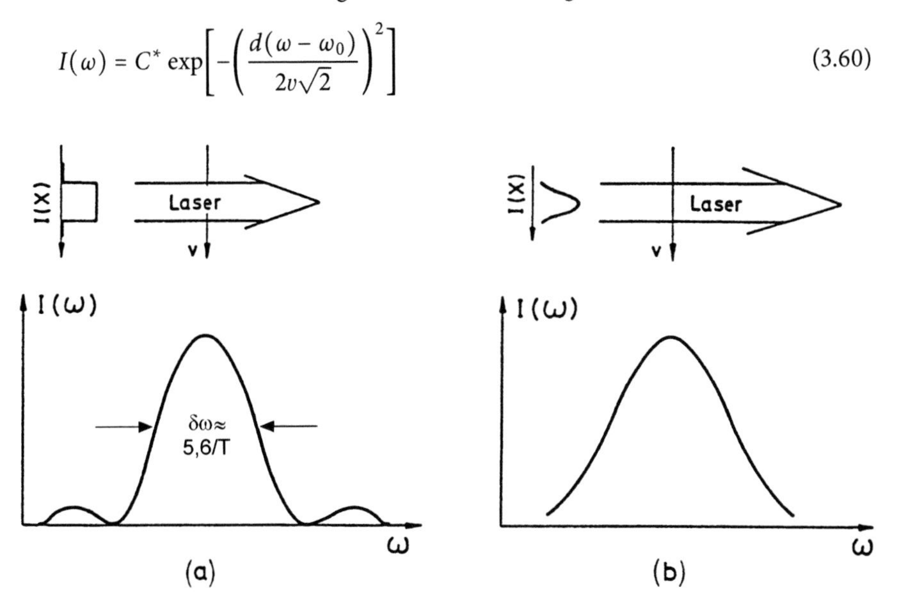

Abb. 3.14a,b. Flugzeitlinienverbreiterung einer Absorptionslinie. Frequenzprofil der Absorptionswahrscheinlichkeit für ein Atom, das den Laserstrahl senkrecht durchquert: (**a**) Bei rechteckigem Intensitätsprofil des Laserstrahls (**b**) bei einem Gauß-Profil

mit einer vollen Halbwertsbreite

$$\delta\omega_{\mathrm{FZ}} = (4\bar{v}/d)(2\ln 2)^{1/2} \approx 4{,}7\bar{v}/d\ . \tag{3.61}$$

Beispiel 3.6

$\bar{v} = 10^5\,\mathrm{cm/s}$, $d = 0{,}1\,\mathrm{cm} \Rightarrow \delta\omega_{\mathrm{FZ}} \simeq 4{,}7 \cdot 10^6\,\mathrm{s}^{-1} \Rightarrow \delta\nu_{\mathrm{FZ}} \simeq 800\,\mathrm{kHz}$.

Eine genauere Berechnung des flugzeitbedingten Linienprofils für den Fall, dass ein Laserstrahl senkrecht mit einem Molekülstrahl gekreuzt wird, muss berücksichtigen, dass die Moleküle nicht alle die gleiche Geschwindigkeit haben, sondern im Allgemeinen eine Maxwell'sche Geschwindigkeitsverteilung

$$N(v) = Cv^2 \exp\left(\frac{-mv^2}{2kT}\right) \tag{3.62}$$

zeigen. Man muss daher in (3.57) für die einzelnen Moleküle verschiedene obere Grenzen $T_i = d/v_i$ einsetzen und erhält dann das Linienprofil durch die Überlagerung der Beiträge der einzelnen Moleküle. Hinsichtlich der Halbwertsbreite unterscheidet sich das Ergebnis jedoch nicht wesentlich von (3.61), wenn man dort für $\bar{v}$ die Wurzel aus dem mittleren Geschwindigkeitsquadrat $\langle v^2\rangle^{1/2} = (3kT/m)^{1/2}$ einsetzt.

Es gibt noch einen weiteren Effekt, der zur Linienbreite beiträgt und der von der Krümmung der Phasenflächen in einem Gauß-Strahl herrührt. Wenn ein Molekül auf einer geraden Bahn in x-Richtung durch den Laserstrahl fliegt, der sich in z-Richtung ausbreitet (Abb. 3.15), wechselwirkt es an verschiedenen Orten x mit einem Feld verschiedener Phase. Die genauere Berechnung [3.12] ergibt, dass man auch hier wieder ein Gauß-Profil für die Flugzeitverbreiterung erhält, jedoch mit einer größeren Halbwertsbreite

$$\delta\omega_{\mathrm{FZ}} = \frac{4\bar{v}}{d}(2\ln 2)^{1/2}\left[1 + \left(\frac{\pi d^3}{R\lambda}\right)^2\right]^{1/2}, \tag{3.63}$$

wobei R der Krümmungsradius der Phasenflächen und λ die Wellenlänge des Lasers ist. Für ebene Wellenfronten ($R \to \infty$) geht (3.63) wieder in (3.61) über.

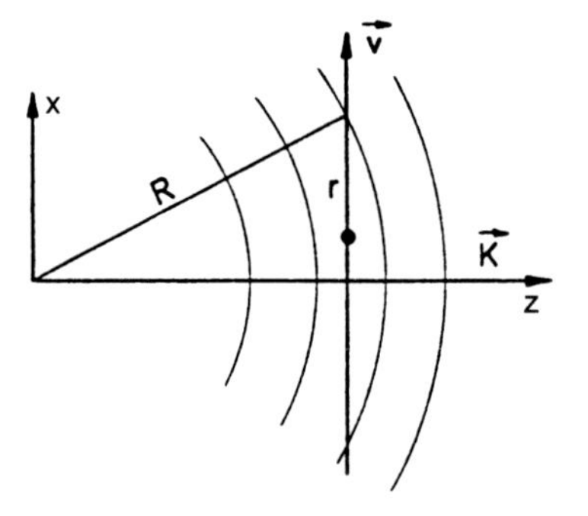

Abb. 3.15. Zur Linienverbreiterung bei den geraden Flugbahnen eines Atoms durch gekrümmte Wellenfronten

3.7 Linienbreiten in Flüssigkeiten und Festkörpern

Viele Lasertypen verwenden als verstärkende Medien optisch gepumpte Atome bzw. Moleküle in Flüssigkeiten und Festkörpern. Um das spektrale Verhalten solcher Laser zu verstehen, wollen wir kurz die Linienbreiten optischer Übergänge in solchen Medien behandeln. Wegen der großen Dichte sind die mittleren relativen Abstände $r_j(A, B_j)$ zwischen den Atomen klein und die Wechselwirkung eines Atomes A mit den Nachbaratomen B_j entsprechend groß. Die daraus resultierende Energieverbreiterung der Atomniveaus von A hängt davon ab, wie groß die von allen Nachbaratomen am Ort von A erzeugte Gesamtfeldstärke E ist, und wie groß das Dipolmoment bzw. die Polarisierbarkeit von A ist. Die Linienbreite $\Delta\nu_{ik}$ eines Überganges $i \rightarrow k$ wird durch die Differenz $(\Delta E_i - \Delta E_k)$ der Energieverschiebungen bestimmt.

In Flüssigkeiten schwanken die Abstände $r_j(A, B_j)$ statistisch verteilt und die Linienbreite wird deshalb durch die Verteilungsfunktion $f(r_j)$ während der Lebensdauer der Niveaus E_i, E_k festgelegt (Abschn. 3.3). Durch inelastische Stöße von A^* mit den Flüssigkeitsmolekülen treten außerdem strahlungslose Übergänge zu Nachbarniveaus auf, die zu einer Verkürzung der spontanen Lebensdauer eines angeregten Zustandes führen. Da die Zeit zwischen zwei aufeinander folgenden Stößen in der Größenordnung von 10^{-12} s liegt, sind die strahlenden Übergänge $i \rightarrow k$ stark stoßverbreitert und zeigen eine *homogene* Linienbreite. Im Falle von angeregten *Molekülen* kann diese Linienbreite größer werden als der Abstand zwischen benachbarten Schwingungs-Rotationslinien, so dass ein breites, kontinuierliches Emissions- bzw. Absorptionsspektrum entsteht. Ein Beispiel für solche Spektren mit großen homogenen Linienbreiten bieten Farbstoffmoleküle in einer Flüssigkeit (Abb. 5.67).

Beim Einbau von Atomen bzw. Molekülen in kristalline Festkörper hat das elektrische Feld E am Ort des Atoms eine Symmetrie, die von derjenigen des Wirtsgitters abhängt. Da die Gitteratome bei der Temperatur T Schwingungen ausführen, erfährt die Feldstärke $E(T, t)$ zeitliche Variationen, die zu einer Verbreiterung der Energieniveaus E_i, E_k führen, die von der Symmetrie dieser Zustände abhängt [3.13]. Für jedes Atom führt dies zu einer Linienverbreiterung, da die Gitterschwingungen schnell sind verglichen mit den Lebensdauern dieser angeregten Zustände. Sitzen alle Atome an völlig äquivalenten Gitterplätzen, so ist die Gesamtemission bzw. Absorption eines solchen Festkörpers homogen verbreitert.

Häufig kommt es jedoch vor, dass die einzelnen Atome an etwas verschiedenen Gitterplätzen sitzen, an denen das lokale elektrische Feld verschieden groß ist. Besonders stark ist dies bei amorphen Festkörpern (z. B. Glas) ausgeprägt, weil hier keine regelmäßige Kristallstruktur vorliegt. In diesem Fall liegen die Mitten der von den einzelnen Atomen erzeugten Linien bei verschiedenen Frequenzen. Die Gesamtemission besteht dann – völlig analog zur Doppler-Breite eines Gases – aus einer inhomogenen Linienform, die aus einer Überlagerung vieler homogener Anteile entsteht. Ein Beispiel ist die Emission angeregter Neodynium-Ionen in Glas, die im Nd-Laser ausgenutzt wird.

Man kann die homogene Linienbreite durch Abkühlen des Festkörpers verringern und mit speziellen Methoden der Sub-Doppler-Spektroskopie, z. B. der Sättigungs-Spektroskopie (Bd. 2, Kap. 2) diese schmalen homogenen Breiten trotz der im Allgemeinen viel größeren inhomogenen Linienbreite auflösen [3.14].

Weitere Informationen über Linienverbreiterung erhält man durch ein Studium von [3.15–3.22].

4 Experimentelle Hilfsmittel des Spektroskopikers

In diesem Kapitel sollen die wichtigste Ausrüstung eines spektroskopischen Labors sowie einige neuere Techniken zur Messung von Wellenlängen und zum Nachweis geringer Strahlungsintensitäten erläutert werden. Da der Erfolg eines Experimentes oft von der Wahl geeigneter Mess- und Nachweisgeräte abhängt, ist die genaue Kenntnis moderner Techniken für den Spektroskopiker von besonderer Bedeutung.

Der Einsatz von durchstimmbaren Lasern (Kap. 5) macht in vielen Fällen Monochromatoren oder Spektrographen überflüssig. Trotzdem gibt es immer noch genügend Anwendungsgebiete für diese Geräte, z. B. bei der Messung der spektralzerlegten laserinduzierten Fluoreszenz. Wir wollen daher zu Anfang die beiden wichtigsten Typen – nämlich Prismen- und Gittermonochromatoren – behandeln und ihr spektrales Auflösungsvermögen bei optimalem Einsatz diskutieren.

Die bei weitem größte Bedeutung in der Laserspektroskopie haben jedoch die Interferometer in ihren verschiedenen Modifikationen. Sie sollen daher eingehend behandelt werden. Interferometer werden nicht nur zur Messung von Wellenlängen und Profilen von Spektrallinien gebraucht, sondern finden auch Verwendung als Laserresonatoren oder als Wellenlängenfilter zur Einengung der spektralen Bandbreite innerhalb des Resonators. In Form von „**Lambdametern**" sind verschiedene Interferometertypen – oft in Kombination mit Computern – als kompakte, sehr präzise Instrumente zur Messung von Laserwellenlängen entwickelt worden, die sich in der täglichen Praxis als äußerst nützlich erwiesen haben. Sie werden in Abschnitt 4.4 vorgestellt.

Ein wichtiges Problem der Spektroskopie ist der empfindliche Nachweis geringer Strahlungsleistungen. Hierzu sind seit einigen Jahren neue Detektoren erhältlich, wie z. B. Photomultiplier mit ausgedehnten Spektralbereichen, Bildverstärker, optische Diodenanordnungen, Vielkanalanalysatoren (OMA) und CCD-Detektoren, die in Verbindung mit entsprechender elektronischer Ausrüstung (rauscharme Verstärker, Diskriminatoren, Computer) neue Nachweistechniken ermöglichen wie z. B. Photonenzählverfahren, Signalintegration und Speicherung mit nachfolgender Verarbeitung im Computer.

Diese modernen Techniken werden in Abschnitt 4.5 diskutiert. Die mehr technologisch orientierten Fragen moderner Elektronik sollen jedoch nur kurz gestreift werden. Für weitergehende Informationen wird auf die an den entsprechenden Stellen angegebene Spezialliteratur verwiesen. Teilaspekte dieses Kapitels findet man ausführlicher dargestellt in einigen Lehrbüchern [4.1–4.5].

W. Demtröder, *Laserspektroskopie 1*
DOI 10.1007/978-3-642-21306-9, © Springer 2011

4.1 Spektrographen und Monochromatoren

Zur Wellenlängendispersion verwendet man entweder Prismen oder Reflexionsgitter. In Abb. 4.1 ist der Aufbau eines Prismen-Spektrographen schematisch dargestellt. Die Lichtquelle L, deren Spektrum untersucht werden soll, beleuchtet den Eintrittsspalt S_1, der durch die Linsen L_1 und L_2 in die Beobachtungsebene B abgebildet wird.

Durch ein Prisma P im parallelen Strahlenbündel zwischen L_1 und L_2 wird Licht mit unterschiedlichen Wellenlängen verschieden stark abgelenkt, so dass die räumliche Lage $x(\lambda)$ des Spaltbilds S_2 in der Ebene B von der Wellenlänge abhängt. Die Größe $\mathrm{d}x/\mathrm{d}\lambda$ nennt man die **lineare Dispersion** des Spektrographen.

Verwendet man zur räumlichen Trennung der verschiedenen Wellenlängen ein reflektierendes Beugungsgitter, so werden die Linsen L_1 und L_2 zweckmäßig durch zwei Hohlspiegel Sp_1 und Sp_2 ersetzt, die wieder den Eintrittsspalt S_1 abbilden auf die Beobachtungsebene, in der sich bei photoelektrischer Registrierung der Austrittsspalt S_2 befindet (Abb. 4.2).

Der Unterschied zwischen Spektrograph und Monochromator besteht im Wesentlichen nur in der Art des Nachweises: Beim **Spektrographen** setzt man in die Beobachtungsebene B eine Photoplatte. Der gesamte von der Quelle emittierte Spektralbereich, der von der Photoplatte erfasst wird, kann dabei gleichzeitig registriert werden.

Statt der Photoplatte wird heutzutage oft ein Bildverstärker in Kombination mit einer Vidiconkamera, einem **Photodioden- oder CCD-Array** (Charge-Coupled Device) verwendet. Dieses System vereinigt die Vorzüge der Photoplatte (gleichzeitige Messung eines ausgedehnten Spektralbereiches und Integration der einfallenden Strahlungsintensität über die Belichtungszeit) mit denen der photoelektrischen Registrierung (Abschn. 4.5).

Solange man im linearen Bereich des CCD-Detektors arbeitet, ist das über die Belichtungszeit aufintegrierte Signal proportional zum Produkt $I(\lambda) \cdot t$ aus spektraler Intensitätsdichte in der Ebene B mal Belichtungszeit t.

Beim **Monochromator** wird durch einen Austrittsspalt S_2 in der Ebene B ein Spektralbereich $\Delta\lambda$ ausgeblendet und das durch S_2 gehende Licht photoelektrisch registriert. Durch Drehen von Prisma oder Gitter können die verschiedenen Wel-

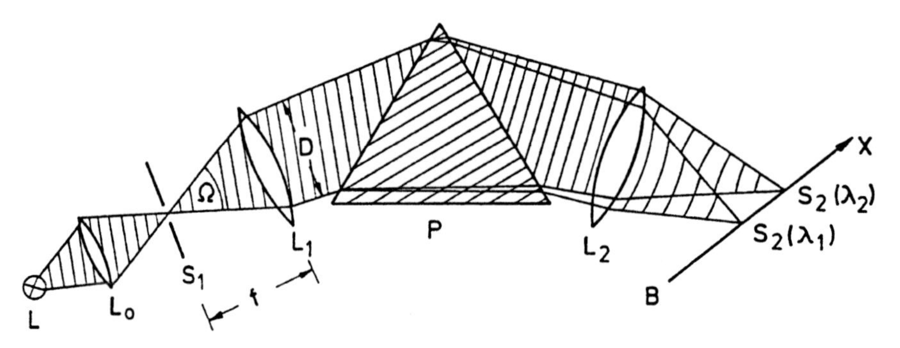

Abb. 4.1. Prismen Spektrograph

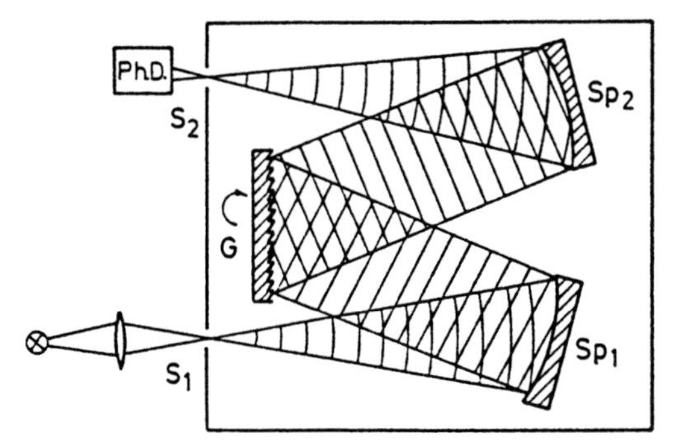

Abb. 4.2. Gittermonochromator

lenlängen über den Spalt S_2 abgestimmt und *zeitlich nacheinander* registriert werden. Das am Photodetektor gemessene Signal ist proportional zum Produkt aus Intensität in der Ebene B mal der beleuchteten Spaltfläche S_2.

In der Literatur findet man häufig den Sammelbegriff **Spektrometer** für beide Typen.

4.1.1 Grundbegriffe

Für die Auswahl eines Spektrometers zur Lösung eines speziellen Problems sind folgende charakteristischen Größen des Gerätes ausschlaggebend:

1. Seine „Lichtstärke".
2. Das Transmissionsvermögen.
3. Das spektrale Auflösungsvermögen.
4. Die eindeutige Wellenlängen-Zuordnung.

Sendet die Lichtquelle in die Raumwinkeleinheit $d\Omega = 1\,\text{sr}$ die spektrale Strahlungsstärke $J_\nu\,[\text{W} \cdot \text{s/sr}]$ aus, so ist die vom Spektralapparat durchgelassene Strahlungsleistung P_ν pro Frequenzintervall $d\nu = 1\,\text{Hz}$ bei optimaler Abbildung der Strahlungsquelle und einem vom Spektrometer noch akzeptierten Raumwinkel Ω (Abb. 4.3)

$$P_\nu = J_\nu \Omega T(\nu) A/A_s\,, \tag{4.1}$$

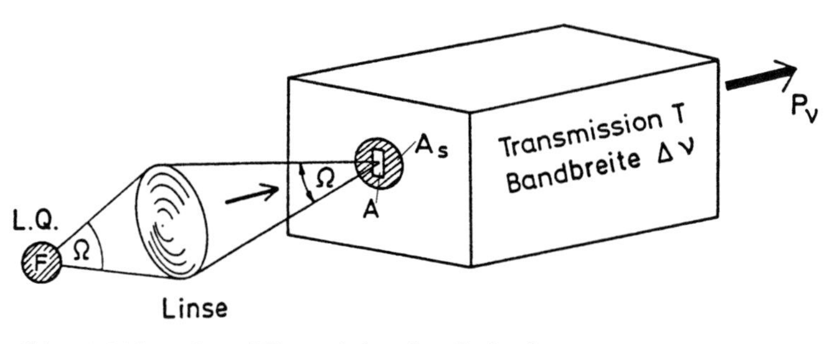

Abb. 4.3. Lichtstärke und Transmission eines Spektralapparates

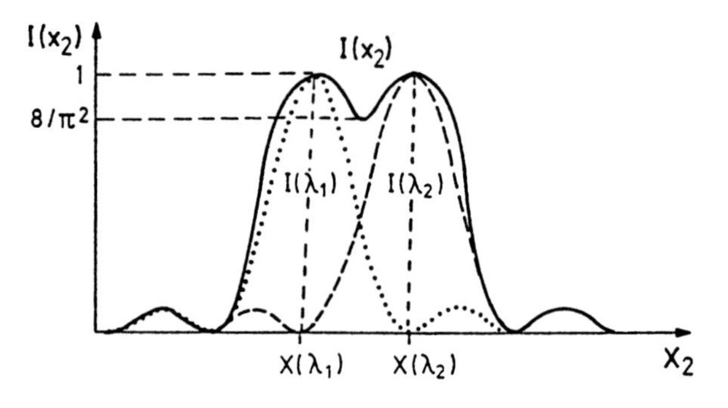

Abb. 4.4. Zwei gerade noch getrennte Spektrallinien

wobei $T(\nu)$ das spektrale Transmissionsvermögen des Spektrometers ist und $A_s \geq A$ die Bildfläche der Strahlungsquelle auf dem Eintrittsspalt mit der beleuchteten Fläche A. Als **Lichtstärke** des Spektrometers bezeichnet man das Produkt $A \cdot \Omega$. Beim Prismenspektrograph ist z. B. der maximal ausnutzbare Raumwinkel Ω durch den maximalen Bündelquerschnitt F am Prisma und durch die Brennweite f der Kollimator-Linse L_1 auf $\Omega = F/f^2$ begrenzt. Häufig wird auch das **Öffnungsverhältnis** D/f von maximalem Bündeldurchmesser D und Brennweite f als Maß für die Lichtstärke angegeben.

Die **Transmission** $T(\nu)$ ist durch die optischen Komponenten im Spektrometer festgelegt, z. B. durch das Transmissionsvermögen der Linsen und des Prismas oder das Reflexionsvermögen von Spiegeln und Gitter. *$T(\nu)$ bestimmt den ausnutzbaren Wellenlängenbereich*, der bei Gitterspektrographen vom Vakuum-UV bis ins ferne Infrarot gehen kann, während die Quarzoptik der Prismenspektrographen unterhalb 180 nm und oberhalb 3 μm so stark absorbiert, dass man in diesen Bereichen nur mit speziellen Materialien (MgF und CaF) Prismengeräte benutzen kann.

Das **spektrale Auflösungsvermögen** ist definiert als

$$R = \left|\frac{\lambda}{\Delta\lambda}\right| = \left|\frac{\nu}{\Delta\nu}\right| , \tag{4.2}$$

wobei $\Delta\lambda$ den minimalen Wellenlängenabstand zweier monochromatischer einfallender Wellen angibt, den das Instrument noch auflösen kann. Zwei Wellenlängen gelten dabei als aufgelöst, wenn in der Überlagerung ihrer beiden durch das Spektrometer erzeugten Linienprofile am Ausgang zwei deutlich getrennte Maxima auftreten (Abb. 4.4 und Abschn.4.1.3).

Das erzielbare spektrale Auflösungsvermögen wird durch die verwendeten Spaltbreiten und durch die **Winkeldispersion** $\mathrm{d}\theta/\mathrm{d}\lambda$ bestimmt. Ein Parallelbündel mit den beiden Wellenlängen λ und $\lambda + \Delta\lambda$ wird durch das dispergierende Element in zwei Teilbündel aufgespalten, die einen Winkel

$$\Delta\theta = \frac{\mathrm{d}\theta}{\mathrm{d}\lambda}\Delta\lambda \tag{4.3}$$

miteinander bilden (Abb.4.5). Werden die beiden Teilbündel durch eine Linse (bzw. einen Hohlspiegel) mit der Brennweite f_2 in die Ebene B abgebildet, so ist der Ab-

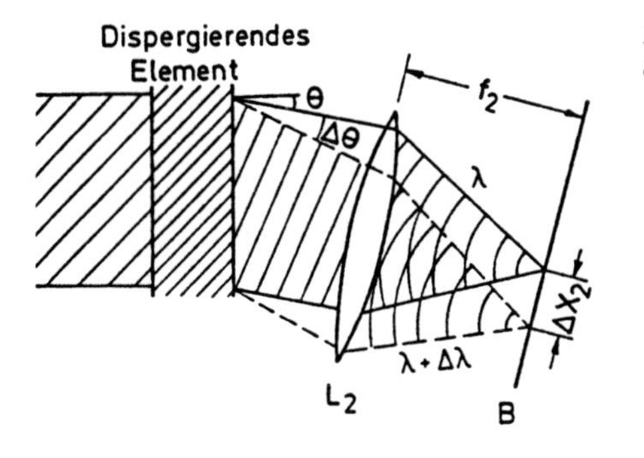

Abb. 4.5. Zur Definition der Winkeldispersion

stand zwischen den beiden Spaltbildern $S_2(\lambda)$ und $S_2(\lambda + \Delta\lambda)$

$$\Delta x_2 = f_2 \frac{d\theta}{d\lambda} \Delta\lambda = \frac{dx}{d\lambda} \Delta\lambda\,. \tag{4.4}$$

Man nennt $dx/d\lambda$ die **lineare Dispersion** und gibt sie in cm/nm (≘ mm/Å) an.

Da das Bild des Eintrittsspaltes der Breite δx_1, in der Ebene B eine Breite $\delta x_2 = \delta x_1 \cdot f_2/f_1$ hat, kann man durch Verkleinern von δx_1 das Auflösungsvermögen erhöhen. Dies geht jedoch leider nur bis zu einer gewissen Grenze, die durch die Beugung bestimmt wird:

Bildet man einen beleuchteten Spalt mit vernachlässigbar kleiner Breite δx_1 durch ein optisches System ab, dessen begrenzende Apertur die Breite a hat (dies kann z. B. die Linsenfassung, der Gitterrand usw. sein), so erhält man in der Beobachtungsebene (Abb. 4.6) ein Fraunhofer'sches Beugungsbild mit der Intensitätsverteilung

$$I = I_0(\sin\Phi/\Phi)^2\,. \tag{4.5}$$

mit $\Phi = \pi a \sin\phi/\lambda \simeq \pi a\phi/\lambda$ wobei $\phi = \theta - \theta_0$ der Beugungswinkel gegen den geometrischen Ablenkwinkel θ_0 ist. Die ersten Minima zu beiden Seiten des zentralen Maximums bei $\theta = \theta_0$ (d. h. $\phi = 0$) liegen bei $\phi = \pm\lambda/a$.

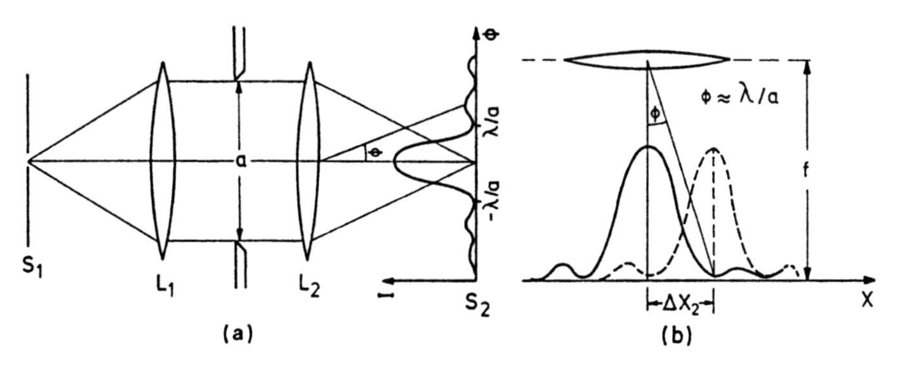

Abb. 4.6a,b. Begrenzung der spektralen Auflösung durch Beugung an der bündelbegrenzenden Apertur im Spektrometer

***Auch ein unendlich schmaler Spalt* erzeugt also in der Beobachtungsebene wegen der Beugung durch die endliche Apertur *a* des Spektrometers ein Spaltbild mit der Fußpunktsbreite $\delta x_2 = 2f_2\lambda/a$ (= Abstand der beiden Minima).**

Nach dem **Rayleigh-Kriterium** sollen zwei gleich-intensive Spektrallinien mit den Wellenlängen λ und $\lambda + \Delta\lambda$ dann noch als aufgelöst gelten, wenn das zentrale Beugungsmaximum des Spaltbildes $S_2(\lambda)$ gerade in das erste Minimum von $S_2(\lambda + \Delta\lambda)$ fällt. In diesem Fall hat die durchgelassene Intensität ein Minimum von $(8/\pi^2)I_{\text{max}}$ zwischen den beiden Maxima $I_{\text{max}}(\lambda)$ und $I_{\text{max}}(\lambda + \Delta\lambda)$ (Abb. 4.4). Der Abstand beider Spaltbilder ist dann $\Delta x_2 = f_2\lambda/a$. Nach (4.4) erhält man deshalb als beugungsbedingte obere Grenze für das spektrale Auflösungsvermögen

$$\boxed{\frac{\lambda}{\Delta\lambda} \leq a\,\frac{\mathrm{d}\theta}{\mathrm{d}\lambda}}\,, \tag{4.6}$$

woraus man sieht, dass diese Grenze nur von der Apertur a und der Winkeldispersion $\mathrm{d}\theta/\mathrm{d}\lambda$ abhängt!

In der Praxis kann man die Spaltbreite $\delta x_1 = b$ nicht beliebig klein machen, da die in der Beobachtungsebene B gemessene Intensität aus zwei verschiedenen Gründen mit abnehmender Spaltbreite kleiner wird:

a) Der beleuchtete Spalt S_1 erzeugt als bündelbegrenzende Apertur ein Beugungsbild, dessen zentrales Maximum bei paralleler Beleuchtung eine Winkeldivergenz $\delta\phi = \pm\lambda/b$ hat. Ist diese größer als das Öffnungsverhältnis $S = a/f_1$, des Spektrometers, so kann selbst bei parallelem Einfall nicht alles Licht der zentralen Ordnung (die etwa 90% der gesamten Lichtintensität enthält) durch das Spektrometer gelangen (Abb. 4.7). Für divergenten Lichteinfall muss die Spaltbreite noch größer sein, damit der nutzbare Öffnungswinkel des Spektrometers durch die Beugung nicht noch mehr überschritten wird, so dass man zu einer beugungsbedingten unteren Spaltbreite von

$$b_{\text{min}} \simeq 2\lambda f_1/a \tag{4.7}$$

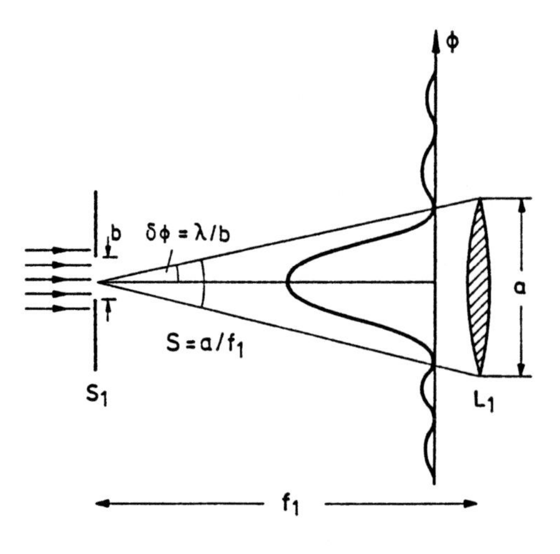

Abb. 4.7. Beugung am Eintrittsspalt

gelangt. Bei photographischer Registrierung ist es vorteilhaft, diesen Grenzwert auch wirklich auszunutzen, da die Schwärzung nur von der spektralen *Intensitätsdichte* und damit nicht von der Breite des Eingangsspalts abhängt (sofern er größer als $b_{\min}$ ist).

b) Die vom Spektrometer durchgelassene Strahlungsleistung hängt nach (4.1) vom Produkt aus Spaltfläche A und Raumwinkel $\Omega = (a/f_1)^2$ ab. Zweckmäßigerweise bildet man die Lichtquelle durch eine verkleinernde optische Anordnung so auf den Eintrittsspalt S_1 ab, dass dieser Raumwinkel Ω voll ausgenutzt wird (Abb. 4.1). Sobald die Spaltfläche kleiner wird als das Bild der Lichtquelle, sinkt die transmittierte Strahlungsleistung. Bei einer photoelektrischen Registrierung, bei der das Signal proportional zur **Leistung** (Intensität mal Fläche) ist, steigt das Signal/Rausch-Verhältnis mit wachsender Spaltfläche – allerdings sinkt die spektrale Auflösung. Der nahe liegende Gedanke, zur Optimierung von Signal und Auflösung die Spaltbreite klein zu halten, aber die Höhe dafür größer zu machen, scheitert bei den meisten Spektrometern an optischen Abbildungsfehlern, die bewirken, dass ein gerader Spalt ein gekrümmtes Bild hat (**Astigmatismus**). Es gibt allerdings einige Fabrikate, bei denen dieser Astigmatismus durch eine asymmetrische Anordnung der Abbildungsspiegel teilweise kompensiert wird, so dass das Licht nicht mehr parallel aufs Gitter fällt [4.6].

Abbildung 4.8a zeigt zur Illustration die Intensitätsverteilung $I(x)$ für monochromatisches Licht in der Beobachtungsebene B für verschiedene Spaltbreiten b. Die Intensität im Maximum dieser Kurven ist in Abb. 4.8b als Funktion von b aufgetragen. Man beachte den steilen Abfall der Kurve 1m für $b < b_{\min}$. Außerdem ist in Abb. 4.8c die Breite δx_2 des Spaltbildes S_2 als Funktion von b dargestellt (ausgezogene Kurve). Ohne Beugung würde man $\delta x_2 = (f_2/f_1)b$ erhalten (gestrichelte Gerade). Man sieht, dass für $b < b_{\min}$ das Auflösungsvermögen praktisch nicht mehr erhöht wird, da die Breite des Spaltbildes nicht mehr wesentlich kleiner wird.

Das kleinste noch auflösbare Wellenlängenintervall $\Delta\lambda$ ist bei einer Spaltbreite b und mit $f_1 = f_2 = f$

$$\Delta\lambda = \left(b + \frac{f\lambda}{a}\right)\frac{\mathrm{d}\lambda}{\mathrm{d}x} . \tag{4.8}$$

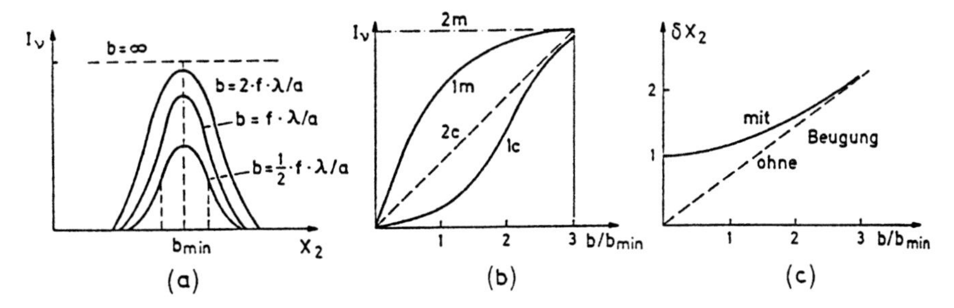

Abb. 4.8. (**a**) Intensitätsverteilung $I(x_2)$ in der Beobachtungsebene bei verschiedenen Breiten b des gleichmäßig beleuchteten Eintrittsspaltes. (**b**) Intensität $I_{\max}$ im Maximum von $I(x_2)$ als Funktion der Eintrittsspaltbreite b ohne Berücksichtigung der Beugung (Kurve 2*c* für spektrales Kontinuum, 2*m* für monochromatische Strahlung) und mit Beugungskorrektur (1*c* und 1*m*), (**c**) Breite δx_2 des Bildes des Eintrittsspaltes mit und ohne Beugung

Setzt man für $b_{\min} = 2f\lambda/a$, so erhält man für die aus Intensitätsgründen praktisch erreichbare Grenze

$$\Delta\lambda \geq \frac{3f\lambda}{a}\frac{\mathrm{d}\lambda}{\mathrm{d}x}$$

und für das **Auflösungsvermögen**

$$\boxed{\frac{\lambda}{\Delta\lambda} = \frac{a}{3}\frac{\mathrm{d}\theta}{\mathrm{d}\lambda}} . \tag{4.9}$$

Beispiel 4.1

Bei einem Spektrometer mit $a = 10\,\mathrm{cm}$, $\lambda = 5 \cdot 10^{-5}\,\mathrm{cm}$, $f = 100\,\mathrm{cm}$, $\mathrm{d}x/\mathrm{d}\lambda = 0{,}1\,\mathrm{cm/nm}$ erhält man für $b = 10\,\mu\mathrm{m}$ ein noch auflösbares Intervall von $\Delta\lambda = 0{,}015\,\mathrm{nm}$; für $b = 5\,\mu\mathrm{m}$ ergibt sich $\Delta\lambda = 0{,}010\,\mathrm{nm}$, aber nach Abb. 4.8b bereits eine vierfach geringere durchgelassene Leistung.

Die *eindeutige Wellenlängenzuordnung* ist dann gegeben, wenn zu jedem Ort x in der Beobachtungsebene nur genau eine Wellenlänge gehört. Dies ist bei Prismenspektrographen der Fall, jedoch bei Gitterspektrographen nur noch in gewissen Grenzen, da sich hier die verschiedenen Beugungsordnungen in der Beobachtungsebene überlagern können. Bei Interferometern ist die eindeutige Wellenlängenzuordnung nur noch innerhalb eines freien Spektralbereichs möglich (Abschn. 4.2), d. h. mit zunehmendem Auflösungsvermögen wird die Eindeutigkeit der Zuordnung auf ein immer kleiner werdendes Wellenlängenintervall beschränkt.

Man sieht aus den obigen Ausführungen, dass die drei Größen: Lichtstärke, Auflösungsvermögen und Eindeutigkeit der Zuordnung bis zu einem gewissen Grade miteinander verknüpft sind. Wir wollen anhand des Prismen- und des Gitter-Spektrographen die Zusammenhänge etwas näher illustrieren. Für eine ausführliche Darstellung siehe [4.1, 4.2].

4.1.2 Prismenspektrograph

Ein Lichtstrahl wird beim Durchgang durch ein gleichschenkliges Prisma um einen Winkel θ abgelenkt, der vom Prismenwinkel ϵ, dem Einfallswinkel α_1 und dem Brechungsindex n abhängt (Abb. 4.9). Es gilt:

$$\theta = \alpha_1 + \alpha_2 - \varepsilon .$$

Bei symmetrischem Strahlengang $(\alpha_1 = -\alpha_2)$ läuft der Strahl im Prisma parallel zur Basiskante, der Ablenkwinkel θ wird minimal, denn aus $\mathrm{d}\theta/\mathrm{d}\alpha_1 = -\mathrm{d}\theta/\mathrm{d}\alpha_2 = 0$ folgt:

$$\mathrm{d}\alpha_1 = -\mathrm{d}\alpha_2 .$$

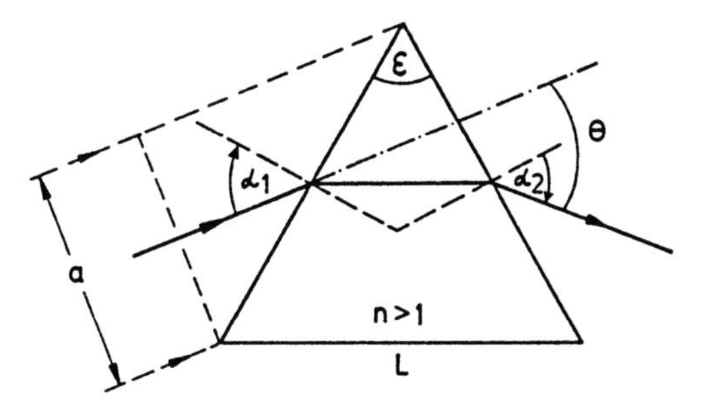

Abb. 4.9. Symmetrischer Durchgang eines Lichtstrahles durch ein Prisma

Es gilt dann mit $\alpha_1 = \alpha_2 = \alpha$

$$\theta_{\text{min}} = 2\alpha - \varepsilon \, .$$

Aus dem Snellius'schen Brechungsgesetz $\sin\alpha = n \cdot \sin\beta$ folgt wegen $\beta_1 + \beta_2 = \varepsilon$ und $\beta_1 = \beta_2$ [4.7]:

$$\sin\frac{\theta + \epsilon}{2} = n \sin\frac{\epsilon}{2} \, . \tag{4.10}$$

Die Abhängigkeit des Ablenkwinkels θ vom Brechungsindex n erhält man aus (4.10) wegen $\mathrm{d}\theta/\mathrm{d}n = (\mathrm{d}n/\mathrm{d}\theta)^{-1}$

$$\frac{\mathrm{d}\theta}{\mathrm{d}n} = \frac{2\sin(\epsilon/2)}{\cos(\theta + \epsilon)/2} = \frac{2\sin(\epsilon/2)}{\sqrt{1 - n^2\sin^2(\epsilon/2)}} \, . \tag{4.11}$$

Die Winkeldispersion $\mathrm{d}\theta/\mathrm{d}\lambda = (\mathrm{d}\theta/\mathrm{d}n) \cdot (\mathrm{d}n/\mathrm{d}\lambda)$ ergibt sich damit zu

$$\frac{\mathrm{d}\theta}{\mathrm{d}\lambda} = \frac{2\sin(\epsilon/2)}{\sqrt{1 - n^2\sin^2(\epsilon/2)}} \frac{\mathrm{d}n}{\mathrm{d}\lambda} \, . \tag{4.12}$$

Man sieht, dass die Winkeldispersion mit dem Prismenwinkel ϵ anwächst, *aber nicht von der Prismengröße abhängt.*

Zum Ablenken von Laserstrahlen kann man daher sehr kleine Prismen verwenden (z. B. im Farbstoff-Laser zur Wellenlängeneinengung). In einem Prismenspektrographen jedoch muss die Apertur a groß sein, um die Beugung zu verringern und damit ein hohes spektrales Auflösungsvermögen zu erhalten – siehe (4.9). Die geringste Materialmenge bei maximaler Dispersion braucht man bei gleichseitigen Prismen mit $\epsilon = 60°$. Damit geht (4.12) wegen $\sin 30° = 1/2$ über in

$$\boxed{\frac{\mathrm{d}\theta}{\mathrm{d}\lambda} = \frac{1}{\sqrt{1 - (n/2)^2}} \frac{\mathrm{d}n}{\mathrm{d}\lambda}} \, . \tag{4.13}$$

Die spektrale Dispersion $\mathrm{d}n/\mathrm{d}\lambda$ hängt vom Material und der Wellenlänge ab. Abbildung 4.10 zeigt Dispersionskurven für einige Prismenmaterialien. Da in der Nähe von Absorptionsbändern der Brechungsindex steil ansteigt, erhält man für Glas im Sichtbaren und nahem UV eine größere Dispersion als für Quarz.

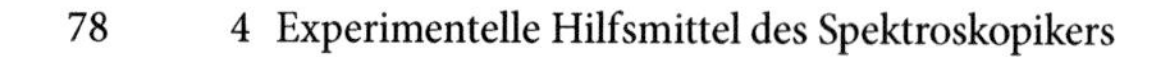

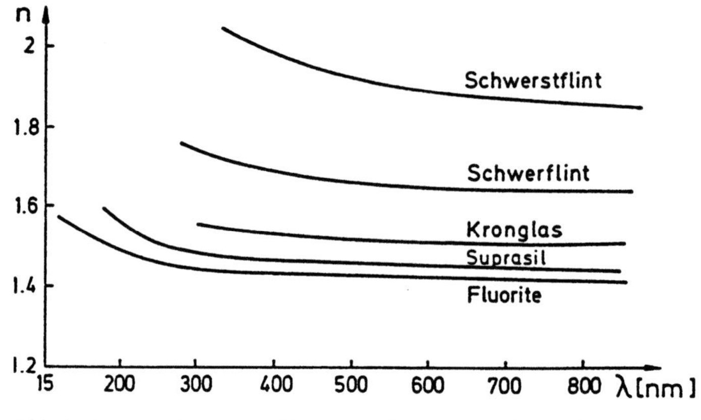

Abb. 4.10. Dispersionskurven für verschiedene optische Materialien

---

Beispiel 4.2

Bei $\lambda = 400\,\text{nm}$ hat Suprasil (synthetischer Quarz) $n = 1{,}47$ und $\mathrm{d}n/\mathrm{d}\lambda = 1100\,\text{cm}^{-1}$, woraus sich $\mathrm{d}\theta/\mathrm{d}\lambda = 1{,}6 \cdot 10^{-4}\,\text{rad/nm}$ ergibt. Für Flint-Glas findet man: $n = 1{,}81$, $\mathrm{d}n/\mathrm{d}\lambda = 4400\,\text{cm}^{-1}$ und $\mathrm{d}\theta/\mathrm{d}\lambda = 1{,}2 \cdot 10^{-3}\,\text{rad/nm}$. Mit $f = 100\,\text{cm}$ erhält man daher mit einem Glasprisma eine lineare Dispersion von $0{,}12\,\text{cm/nm}$, während man mit dem Suprasilprisma nur $0{,}015\,\text{cm/nm}$ erreicht.

Die beugungsbedingte Grenze für das Auflösungsvermögen ist nach (4.9) $\lambda/\Delta\lambda = (a/3)\,\mathrm{d}\theta/\mathrm{d}\lambda$. Der maximale Bündelquerschnitt a ist beim Prismenspektrographen durch die Prismengröße begrenzt. Nach Abb. 4.9 gilt

$$a = \frac{L\cos\alpha}{2\sin(\epsilon/2)}\,.$$

Setzt man für $\mathrm{d}\theta/\mathrm{d}\lambda$ den Wert (4.12) ein, so ergibt sich mit (4.10) und (4.13) bei symmetrischem Strahlengang wegen $\alpha_1 = \alpha_2 = \alpha$ und $2\alpha = \theta + \epsilon$ aus (4.9) für ein Prisma mit der Basislänge L

$$\boxed{\frac{\lambda}{\Delta\lambda} \leq \frac{L}{3}\frac{\mathrm{d}n}{\mathrm{d}\lambda}}\,. \tag{4.14}$$

Benutzt man keine achromatischen Linsen (die für den UV-Bereich sehr teuer sind), so muss man berücksichtigen, dass die Brennweite f mit abnehmender Wellenlänge λ abnimmt. Man neigt die Beobachtungsebene B daher gegen die Strahlachse, so dass sie wenigstens annähernd in der Fokusfläche der Linse L_2 bleibt (Abb. 4.1).

4.1.3 Gitterspektrograph

In einem Gitterspektrometer (Abb. 4.2) wird das vom Eintrittspalt kommende Licht durch einen Hohlspiegel Sp_1 zu einem parallelen Lichtbündel geformt, das auf ein

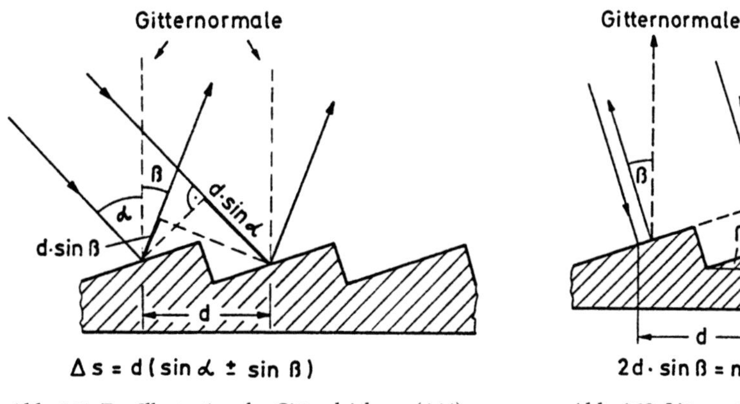

Abb. 4.11. Zur Illustration der Gittergleichung (4.14)

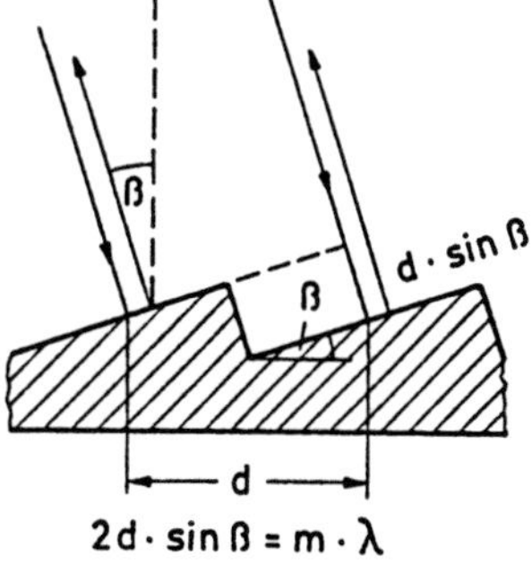

Abb. 4.12. Littrow-Gitter

Reflexionsgitter fällt. Dieses besteht aus sehr vielen (etwa 10^5) geraden Furchen, die parallel zum Eintrittsspalt in eine Glasunterlage geritzt sind und das einfallende Licht reflektieren. Zur Erhöhung des Reflexionsvermögens wird eine dünne Aluminiumschicht aufgedampft.

Man kann diese einzelnen Furchen als kohärente Lichtquellen ansehen, deren reflektierte Anteile sich kohärent überlagern und je nach Richtung und Wellenlänge zu konstruktiver oder destruktiver Interferenz führen.

Ist α der Einfallswinkel der ebenen Welle gegen die Gitternormale (Abb. 4.11), so erhält man konstruktive Interferenz für alle Richtungen β, für welche die Gittergleichung

$$\boxed{d(\sin\alpha + \sin\beta) = m \cdot \lambda} \tag{4.15}$$

gilt. Der Winkel β ist positiv, wenn er auf derselben Seite der Gitternormalen liegt wie α; sonst ist β negativ. Die ganze Zahl m heißt **Interferenzordnung**.

In dem in der Laserspektroskopie häufig realisierten Fall, dass $\alpha = \beta$ ist, d. h. Licht in sich reflektiert wird (**Littrow-Anordnung**, Abb. 4.12), vereinfacht sich (4.15) zu

$$2d \cdot \sin\alpha = m\lambda \,. \tag{4.16}$$

Ein Littrow-Gitter wirkt daher als wellenlängen-selektiver Spiegel.

Um für das Gitter in Abb. 4.11 bei festem Einfallswinkel α die Intensitätsverteilung als Funktion von β zu finden und damit das vom Spektrographen erzeugte Linienprofil einer einfallenden monochromatischen Welle, wollen wir die Überlagerung der von den einzelnen Furchen reflektierten Teilwellen ausrechnen:

Bei Einfall einer ebenen Welle $A_e = A_0 \exp[-i(\omega t + Kx)]$ mit der Amplitude A_0 ist der Gangunterschied zwischen zwei benachbarten reflektierten Teilwellen $\Delta s = d(\sin\alpha + \sin\beta)$ und die entsprechende Phasendifferenz

$$\phi = \frac{2\pi d}{\lambda}(\sin\alpha + \sin\beta) \,. \tag{4.17}$$

Durch Aufsummieren aller Anteile von N Furchen erhält man für die Amplitude A der in die Richtung β reflektierten Gesamtwelle

$$A_{\mathrm{R}} = R^{1/2} \sum_{m=0}^{N-1} A_{\mathrm{e}} e^{-\mathrm{i}m\phi} = A_{\mathrm{e}} R^{1/2} \frac{1 - \mathrm{e}^{-\mathrm{i}N\phi}}{1 - \mathrm{e}^{-\mathrm{i}\phi}} , \tag{4.18}$$

wobei $R(\beta)$ das vom Reflexionswinkel β abhängige Reflexionsvermögen des Gitters ist. Da die Intensität $I = 2c\epsilon_0 AA^*$ nach (2.30b) proportional zu $A \cdot A^*$ ist, ergibt sich aus (4.18) die reflektierte Intensitätsverteilung

$$I_{\mathrm{R}} = I_{\mathrm{E}} R \frac{\sin^2(N\phi/2)}{\sin^2(\phi/2)} , \tag{4.19}$$

die in Abb. 4.13 für $N = 5$ und $N = 20$ dargestellt ist. Bei einem in der Praxis verwendeten Gitter ist $N \approx 10^5$. Man sieht, dass bei festem Einfallswinkel α nur in sehr scharf begrenzten Richtungen β, nämlich für $\sin(\phi/2) = 0$, d. h. $\phi(\beta) = m \cdot 2\pi$ oder $d(\sin\alpha + \sin\beta) = m \cdot \lambda$ nennenswerte reflektierte Strahlung erscheint. Diese Bedingung wird durch die Gittergleichung (4.15) ausgedrückt.

Das Linienprofil $I(\beta)$ eines solchen Interferenzmaximums m-ter Ordnung bei dem Winkel β_0 kann man aus (4.19) ermitteln, indem man $\phi(\beta_0) = 2m\pi$ und in (4.17) $\beta = \beta_0 + \epsilon$ setzt, wobei $\epsilon \ll \beta_0$. Wegen $\sin(\beta + \epsilon) = \sin\beta_0 \cos\epsilon + \cos\beta_0 \sin\epsilon \simeq \sin\beta_0 + \epsilon\cos\beta_0$ wird $\phi = 2m\pi + (2\pi d/\lambda)\epsilon \cdot \cos\beta_0 = 2m\pi + \phi^*$, und (4.19) geht über in

$$I_{\mathrm{R}} \simeq I_{\mathrm{E}} R \frac{\sin^2(N\phi^*/2)}{(\phi^*/2)^2} = N^2 I_{\mathrm{E}} R \frac{\sin^2(N\phi^*/2)}{(N\phi^*/2)^2} \tag{4.20}$$

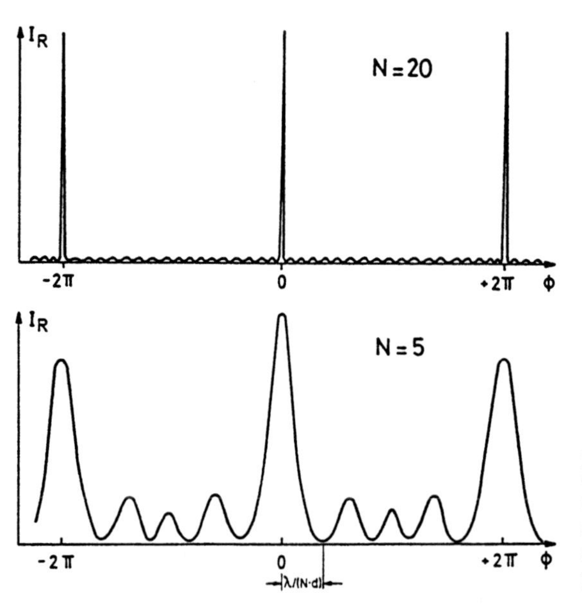

Abb. 4.13. Intensitätsverteilung bei der Reflexion eines Gitters als Funktion des Phasenunterschiedes ϕ zwischen benachbarten Teilbündeln, für 5 bzw. 20 beleuchtete Gitterfurchen

mit $N\phi^*/2 = (\pi Nd/\lambda)\epsilon\cos\beta_0$. Diese Verteilung hat eine halbe Fußpunktbreite $\Delta\beta = \lambda/(Nd\cos\beta_0)$ und entspricht der Beugungsstruktur, die durch eine Apertur der Größe $a = Nd\cos\beta_0$ (Größe des Gitters beim Winkel β_0 gegen die Flächennormale) erzeugt wird.
Die Winkelbreite $\Delta\beta$ des Interferenzmaximums wird also durch die beleuchtete Fläche des Gitters bestimmt, während der Winkel β durch den Furchenabstand d und den Einfallswinkel α gegeben sind. Beide Größen $\Delta\beta$ und β hängen von der Wellenlänge λ ab.

Durch Differentiation von (4.15) nach λ erhält man für einen festen Einfallswinkel α die **Winkeldispersion** $\mathrm{d}\beta/\mathrm{d}\lambda$. Aus $d\cdot\cos\beta\cdot d\beta = m\cdot d\lambda$ folgt

$$\frac{\mathrm{d}\beta}{\mathrm{d}\lambda} = \frac{m}{d\cos\beta}\,. \tag{4.21}$$

Setzt man für m/d nach (4.15) den Ausdruck $(\sin\alpha + \sin\beta)/\lambda$ ein, so wird

$$\frac{\mathrm{d}\beta}{\mathrm{d}\lambda} = \frac{1}{\lambda}\frac{\sin\alpha + \sin\beta}{\cos\beta}\,. \tag{4.22}$$

Man sieht also, dass die Winkeldispersion nur durch den Einfallswinkel α und den Beugungswinkel β bestimmt wird! Für den speziellen Fall der Littrow-Anordnung $(\alpha = \beta)$ erhält man

$$\frac{\mathrm{d}\beta}{\mathrm{d}\lambda} = \frac{2}{\lambda}\tan\beta\,. \tag{4.23}$$

Die beugungsbedingte Grenze für das spektrale Auflösungsvermögen kann aus (4.22) und der halben Fußpunktbreite $\Delta\beta = \lambda/Nd$ bestimmt werden zu

$$\frac{\lambda}{\Delta\lambda} \le \frac{Nd(\sin\alpha + \sin\beta)}{\lambda}\,, \tag{4.24}$$

woraus man wegen (4.15) erhält

$$\boxed{\frac{\lambda}{\Delta\lambda} = mN}\,. \tag{4.25}$$

Das optimale spektrale Auflösungsvermögen ist also proportional zur Gesamtzahl N der beleuchteten Furchen und zur Interferenzordnung m.

Man beachte, dass das maximale Auflösungsvermögen eines Spektrometers nur erreicht wird, wenn das Gitter voll ausgeleuchtet wird, d. h. wenn die Lichtquelle so auf den Eintrittsspalt abgebildet wird, dass der Öffnungswinkel des Spektrometers voll ausgenützt wird. Dies wird gerade bei Verwendung von Lasern häufig falsch gemacht.

Zur Reflexionserhöhung wird das Gitter mit Aluminium und einer Korrosions-Schutzschicht z. B. aus MgF_2 bedampft. Das Reflexionsvermögen $R(\theta)$ ist maximal, wenn der Furchenwinkel θ so gewählt wird, dass die gewünschte Interferenzordnung

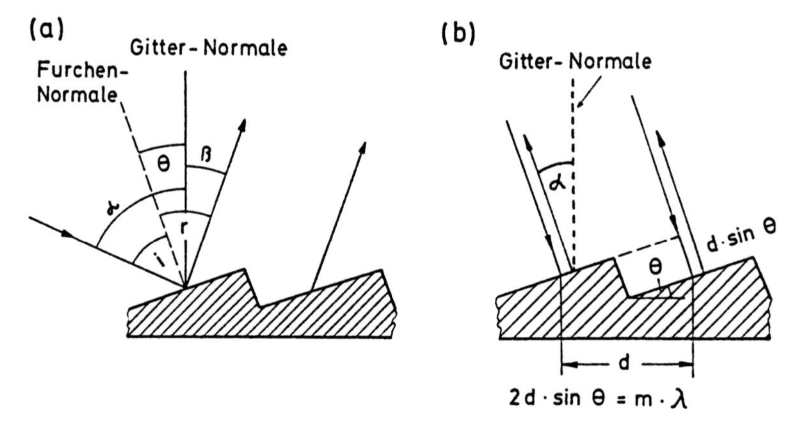

Abb. 4.14a,b. Zur Illustration des Blaze-Winkels (**a**) beim Einfallswinkel i gegen die Furchennormale und (**b**) bei senkrechtem Einfall auf die Furchenfläche (Littrow-Gitter)

(meistens wird $m = 1$ benutzt) unter einem Winkel β auftritt, der dem Reflexionswinkel der geometrischen Optik entspricht. Dieser Winkel heißt „Blaze-Winkel". Man entnimmt der Abb. 4.14, dass dann wegen $i = \alpha - \theta$ und $r = \theta + \beta$ aus $i = r$ für den **Blaze-Winkel** θ folgt:

$$\Theta = \frac{\alpha - \beta}{2} . \tag{4.26}$$

Wegen der Beugung der von jeder Facette reflektierten Teilwelle wird $R(\beta)$ kein scharfes Maximum bei $\beta = (r - \theta)$ sondern eine breitere Verteilung um $\beta = r - \theta$ haben. Da der Winkel β nach (4.15) durch den Einfallswinkel α und die Wellenlänge λ bestimmt wird, hängt der Blaze-Winkel von dem gewünschten Wellenlängenbereich, der verwendeten Ordnung m und der speziellen Spektrometerkonstruktion (durch die α festgelegt wird) ab. Häufig ist es vorteilhaft, den Blaze-Winkel für die doppelte Wellenlänge 2λ zu wählen und die 2. Interferenzordnung für λ zu benutzen. Dadurch steigt die spektrale Auflösung um einen Faktor 2, ohne dass das Reflexionsvermögen wesentlich kleiner wird.

Bei einem idealen Gitter ist der Abstand d zwischen allen Furchen genau gleich, und bei einer bestimmten Wellenlänge λ_S gilt (4.15) für die gesamte Gitteroberfläche. Ändert sich dieser Abstand jedoch nur um winzige Beträge infolge geringfügiger Ungenauigkeiten bei der Herstellung (z. B. wenn $d = D/N$ für einen Teil der Gitteroberfläche um $\lambda_S/N \simeq 10^{-5}\lambda_s$ von seinem korrekten Wert abweicht) so ist die Interferenzbedingung (4.16) für diesen Teil des Gitters für eine andere Wellenlänge erfüllt.

Beim Einstrahlen eines Wellenlängenkontinuums treten dann neben der hauptsächlich reflektierten Sollwellenlänge λ_s auch andere Wellenlängen mit verringerter Intensität auf, die man **Gitter-Geister** nennt. Sie sind besonders störend, wenn man im einfallenden Licht z. B. schwache Intensitäten des Fluoreszenzlichtes mit den Wellenlängen λ_k und sehr starkes Streulicht des anregenden Lasers mit der Wellenlänge λ_L hat, da sich dann die Geister von λ_L den Fluoreszenzlinien überlagern.

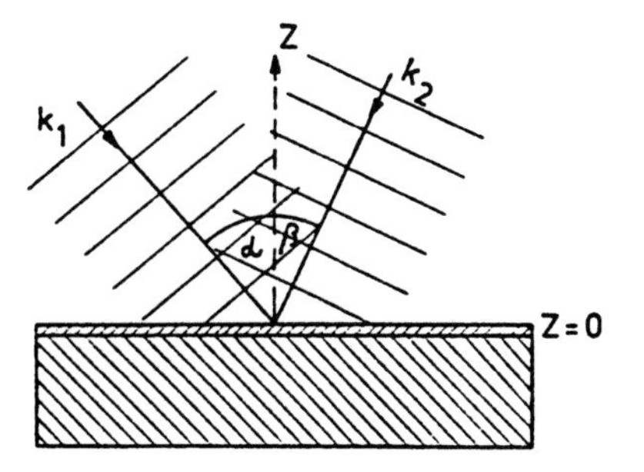

Abb. 4.15. Prinzip der Herstellung eines holographischen Gitters

Durch eine **holographische Herstellungstechnik** (Abb. 4.15) lassen sich solche Ungenauigkeiten beseitigen. Zwei ebene kohärente Lichtwellen, die durch Aufweitung und Teilung eines Laserstrahles erzeugt worden sind, werden unter dem Winkel α bzw. β auf eine Photoplatte geschickt. Die Interferenz beider Teilwellen erzeugt in der Ebene $z = 0$ der Photoplatte ein Muster von hellen und dunklen Streifen mit der über das ganze Gitter gleichen Gitterkonstanten $d = \lambda/(\sin\alpha + \sin\beta)$. Holographisch hergestellte Gitter sind daher geisterfrei. Sie haben jedoch ein etwas kleineres Reflexionsvermögen als geritzte Gitter, das außerdem wegen der $\cos^2$-förmigen Oberflächenstruktur stark von der Polarisation der einfallenden Welle abhängt [4.11].

Eine ausführliche Darstellung über Gitterspektrographen findet man in [4.8] und über den Einsatz von Gitterspektrographen sowie über Abbildungsfehler in [4.9–4.11].

4.2 Interferometer

Das Grundprinzip aller Interferometer lässt sich wie folgt zusammenfassen (Abb 4.16): Eine einfallende Lichtwelle wird aufgespalten in zwei oder mehrere Teilbündel mit Amplituden A_i, die im Interferometer verschieden lange optische Wege $n \cdot S_i$ (n: Brechungsindex) zurücklegen und dann wieder einander überlagert werden. Die Gesamtamplitude der Ausgangswellen hängt ab von den Amplituden A_i und den Phasen $\phi_i = \phi_0 + 2\pi n \cdot S_i/\lambda$ der Teilwellen *und damit von der Wellenlänge* λ. Für bestimmte Wellenlängen λ_m ist der optische Wegunterschied ΔS_i zwischen benachbarten Teilbündeln ein ganzzahliges Vielfaches der Wellenlänge

$$n \cdot \Delta S_i = m\lambda_{\mathrm{m}} \,. \tag{4.27}$$

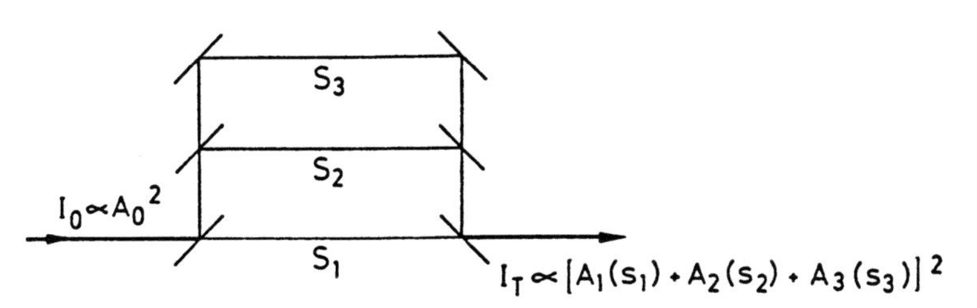

Abb. 4.16. Schematische Darstellung des Interferometer-Prinzips

Der entsprechende Phasenunterschied ist dann $\Delta\phi = m \cdot 2\pi$. Die einzelnen Teilbündel überlagern sich *konstruktiv*, und man erhält ein Maximum der Ausgangsamplitude.

Man nennt den Wellenlängenbereich $\Delta\lambda = (\lambda_m - \lambda_{m+1})$ zwischen zwei solcher Maxima den **freien Spektralbereich** des Interferometers.

Im Allgemeinen wird die mathematische Behandlung der Interferometer am Beispiel ebener Wellen durchgeführt. Für die elektrische Feldstärke $\boldsymbol{E}$ der in x-Richtung einfallenden Welle kann man dann setzen

$$\boldsymbol{E} = \boldsymbol{E}_0 \cos(\omega t - Kx) \tag{4.28a}$$

oder in der komplexen Schreibweise

$$\boldsymbol{E} = \boldsymbol{A}_0 e^{\mathrm{i}(\omega t - Kx)} + \boldsymbol{A}_0^* e^{-\mathrm{i}(\omega t - Kx)} . \tag{4.28b}$$

Die Intensität der Welle ist (Abschn. 2.4)

$$I = c\epsilon_0 |\boldsymbol{E}|^2 , \tag{4.29}$$

und ihr zeitlicher Mittelwert (wegen $\overline{\cos^2 \omega t} = 1/2$)

$$\overline{I} = \frac{1}{2} c\epsilon_0 |\boldsymbol{E}_0|^2 = 2c\epsilon_0 \boldsymbol{A}_0 \boldsymbol{A}_0^* . \tag{4.30}$$

In der Laserspektroskopie kann man ein fast paralleles Laserlichtbündel oft in guter Näherung durch eine ebene Welle beschreiben, solange der Bündeldurchmesser groß gegen die Wellenlänge ist. Dabei darf jedoch bei der Diskussion der Interferometereigenschaften ein wichtiger Aspekt nicht außer Acht gelassen werden: Wegen des begrenzten Durchmessers eines solchen Lichtbündels überlappen sich die einzelnen Teilbündel am Ausgang des Interferometers nicht mehr vollständig, wenn sie im Interferometer gegeneinander seitlich versetzt wurden. Dies hat zur Folge, dass sie nicht mehr vollständig miteinander interferieren können, wodurch z. B. die transmittierte Intensität geändert wird. Außerdem bewirkt die endliche Bündelbegrenzung Beugungseffekte, die häufig nicht vernachlässigbar sind.

Als Beispiel für die **Zweistrahl-Interferenz** soll das Michelson-Interferometer behandelt werden, während **Vielstrahl-Interferenz** anhand des Fabry-Pérot-Interferometers illustriert wird. In diesen beiden Interferometertypen werden die Teilbündel durch Strahlteiler aufgespalten und zwischen den Teilbündeln wird ein *geometrischer* Wegunterschied erzeugt. Man kann auch durch optische Doppelbrechung zwei Teilbündel mit verschiedener Polarisation erzeugen, wobei die Phasenverschiebung zwischen beiden Teilwellen durch einen unterschiedlichen Brechungsindex für beide Polarisationsrichtungen bewirkt wird. Dieses Prinzip wird z. B. im **Lyot-Filter** ausgenutzt, das man auch als Polarisations-Interferometer bezeichnen könnte.

Ausführliche Darstellungen über Interferometer findet man außer in Lehrbüchern der Optik [4.1–4.5, 4.7, 4.12] in einigen Monographien [4.13–4.17] oder in Übersichtsartikeln [4.18, 4.19], die auch neuere Entwicklungen einbeziehen.

4.2.1 Michelson-Interferometer

Das Prinzip des **Michelson-Interferometers** ist in Abb. 4.17 dargestellt: Fällt eine ebene Welle $E = A_0 \exp[i(\omega t - Kx)]$ auf einen ebenen Strahlteiler S, so spaltet sie sich in zwei Teilwellen $E_1 = A_1 \exp[\mathrm{i}(\omega t - Kx)]$ und $E_2 = A_2 \exp[\mathrm{i}(\omega t - Ky + \phi)]$ auf, wobei für reelle A_i gilt: $A_0^2 = A_1^2 + A_2^2$, falls die Absorption im Strahlteiler vernachlässigbar ist. Nach Reflexion an den ebenen Spiegeln M_1 und M_2 überlagern sich beide Teilwellen in der Beobachtungsebene B mit einer Phasendifferenz

$$\delta = (2\pi/\lambda)2(\overline{\mathrm{SM}_1} - \overline{\mathrm{SM}_2}) + \Delta\phi\,, \tag{4.31}$$

wobei $\Delta\phi$ die durch Reflexion an der Grenzfläche S auftretende zusätzliche Phasendifferenz ist.

In der Ebene B erhält man für $A_1 = A_2 = A_0/\sqrt{2}$ die komplexe Gesamtamplitude

$$A = A_0/\sqrt{2}(1 + e^{\mathrm{i}\delta}) \exp[\mathrm{i}(\omega t - Ky_\mathrm{B})] \tag{4.32}$$

und damit nach (4.30) die zeitlich gemittelte Intensität

$$\overline{I} = 2c\epsilon_0 AA^* = c\epsilon_0 A_0^2(1 + \cos\delta) = \frac{1}{2} I_0(1 + \cos\delta)\,. \tag{4.33}$$

Verschiebt man den Spiegel M_2 um die Wegstrecke Δy, so verändert sich der optische Gangunterschied um $\Delta s = 2n \cdot \Delta y$ (n: Brechungsindex des Mediums zwischen M_2 und S) und die Phasendifferenz δ um $2\pi \cdot \Delta s/\lambda$. Abbildung 4.18 zeigt I als Funktion

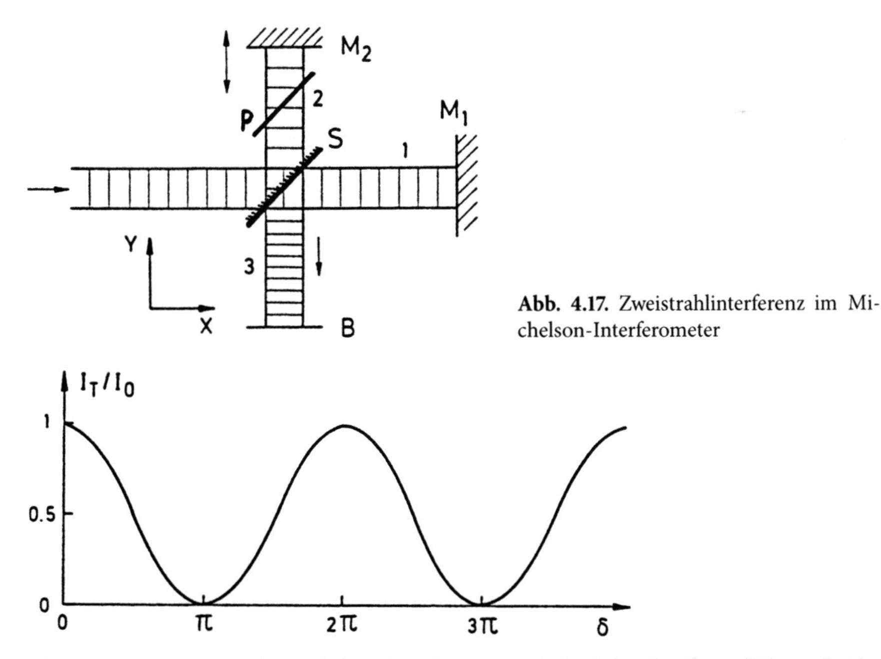

Abb. 4.17. Zweistrahlinterferenz im Michelson-Interferometer

Abb. 4.18. Transmission des Michelson-Interferometers als Funktion der Phasendifferenz beider Teilbündel

von δ. In den Maxima, also für $\delta = 2m\pi$, ist die Intensität in B gleich der einfallenden Intensität I_0. Die Transmission des Interferometers ist dann $T = 1$.

In den Minima ist $I = 0$, d. h. in B kommt überhaupt kein Licht an. *Alles Licht wird in die Quelle zurückreflektiert.* Das ganze Michelson-Interferometer wirkt also wie ein Spiegel mit wellenlängenabhängigem Reflexionsvermögen $R = 1 - T$ (bei absorptionsfreien Spiegeln), und wird als solches zur Modenselektion in Lasern benutzt (**Fox-Smith-Cavity**, Abschn. 5.4.2).

Ist das einfallende Licht nicht streng parallel, sondern divergent oder konvergent, so hängt der Wegunterschied Δs in der Ebene B vom Neigungswinkel der einzelnen Teilstrahlen gegen die Interferometerachse ab. Man erhält ein konzentrisches Ringsystem von hellen und dunklen Ringen in der Ebene B, deren Radien sich mit Δs ändern. Bei parallelem Einfallsbündel, aber leicht verkippten Spiegeln M_1 bzw. M_2 entsteht in B ein System von parallelen Interferenzstreifen.

In der Spektroskopie hat das Michelson-Interferometer große Bedeutung erlangt durch seine Verwendung als **Fourier-Spektrometer**, dessen Funktionsweise man kurz folgendermaßen beschreiben kann: Fällt auf das Interferometer in x-Richtung eine ebene polychromatische Lichtwelle mit der Gesamtamplitude

$$E = \sum_k A_k \exp[\mathrm{i}(\omega_k t - K_k x + \phi_k)] ,$$

so ist die durch Überlagerung der beiden Teilbündel entstehende Amplitude in der Ebene B nach (4.32)

$$A = \sum_k \left(A_k/\sqrt{2}\right)\left(1 + \mathrm{e}^{\mathrm{i}2\pi\Delta s/\lambda_k}\right) \mathrm{e}^{\mathrm{i}(\omega_k t + K_y y_\mathrm{B})} , \tag{4.34}$$

wobei $K_y y_\mathrm{B}$ die Phase einer in y-Richtung laufenden Teilwelle in der Beobachtungsebene B angibt. Die Gesamtamplitude A hängt von den Wellenlängen λ_k, der Wegdifferenz Δs und den Amplituden A_k der Teilwellen ab.

Wird der Spiegel M_2 mit der Geschwindigkeit v bewegt, so ist $\Delta s = 2vt$ eine Funktion der Zeit, und damit wird die in B gemessene Intensität $\langle I \rangle = 2c\epsilon_0 AA^*$ zeitabhängig. Abbildung 4.19 zeigt den Intensitätsverlauf $I(t)$ bei konstantem v am Beispiel einer einfallenden Welle, die eine Überlagerung von zwei monochromatischen Wellen mit λ_1 und λ_2, bzw. den Frequenzen ω_1 und ω_2 darstellt. Enthält die einfallende Welle viele Frequenzanteile, so sieht der gemessene Intensitätsverlauf komplizierter aus. Aus diesem zeitlichen Intensitätsverlauf

$$I(t) = \frac{1}{2}\sum_k \overline{I}_k(\omega_k)\left[1 + \cos\left(\omega_k \frac{2v}{c} t\right)\right] \tag{4.35}$$

können jedoch die Koeffizienten $\overline{I}_k(\omega_k)$ und damit das Frequenzspektrum $I(\omega)$ der einfallenden Welle durch eine Fourier-Transformation erhalten werden.

Man kann das Prinzip der Fourier-Spektroskopie auch sehr anschaulich mithilfe des Doppler-Effektes erklären: Durch die Reflexion an dem mit der Geschwindigkeit v bewegten Spiegel wird die Frequenz der reflektierten Welle von ω_k zu $\omega_k(1 \pm 2v/c)$ verschoben, je nachdem, ob der Spiegel der Welle entgegenläuft oder ob

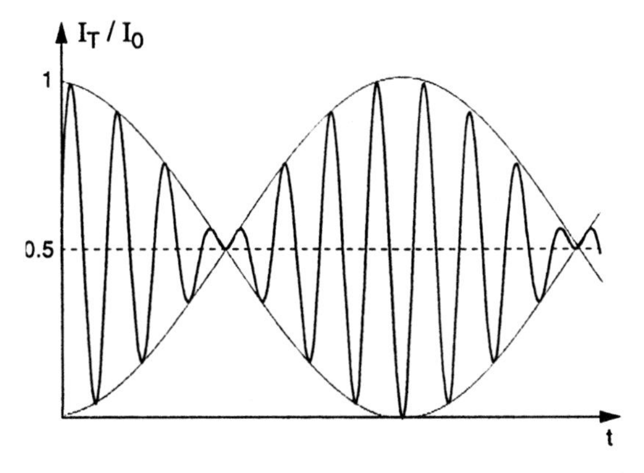

Abb. 4.19. Ausgangsintensität als Funktion des Gangunterschiedes bei Einfall zweier monochromatischer Wellen mit den Wellenlängen λ_1 und λ_2 und gleicher Intensität

$\boldsymbol{v} \parallel \boldsymbol{k}$. Am Strahlteiler überlagern daher in y-Richtung zwei Wellen, deren Frequenzen sich um $(2v/c)\omega_k$ unterscheiden, so dass die Interferenzintensität eine Schwebung der Frequenz $(2v/c)\omega_k$ erfährt. In der Fourier-Spektroskopie werden daher die optischen Frequenzen ω_k in den leichter messbaren Bereich $(2v/c)\omega_k$ transformiert.

Die Fourier-Spektroskopie braucht für die Fourier-Transformation schnelle Computer und wurde deshalb erst nach der Entwicklung dieser Rechner zu einer in der Praxis verwendbaren Methode. Sie hat inzwischen in vielen Fällen die konventionelle Spektroskopie mit Spektrometern ersetzt und stellt neben der Laser-Spektroskopie die modernste Technik in der Spektroskopie dar. Bei genügend großen Wegunterschieden Δs erreicht sie eine spektrale Auflösung, welche nur durch die Absorptions-Linienbreiten der zu untersuchenden Moleküle oder Festkörper begrenzt wird. Besondere Vorteile bietet eine Kombination von Laser- und Fourier-Spektroskopie (Bd. 2, Abschn. 1.8 und 9.8).

Beispiel 4.3

$v = 3\,\mathrm{cm/s} \rightarrow (v/c) = 10^{-10}$. Eine optische Frequenz $\omega = 3 \cdot 10^{15}\,\mathrm{s}^{-1} (\lambda = 0{,}6\,\mu\mathrm{m})$ führt zu einer Schwebungsfrequenz $\Delta\omega = 6 \cdot 10^5\,\mathrm{s}^{-1} \rightarrow \Delta\nu \approx 100\,\mathrm{kHz}$.

Einer der Vorteile der Fourier-Spektroskopie rührt daher, dass *zu jedem Zeitpunkt das Licht aller Wellenlängen* gemessen wird. Man benötigt daher zur Messung eines Spektrums wesentlich kürzere Zeiten als mit anderen Spektrometern bei gleicher spektraler Auflösung und gleichem Signal-zu-Rausch-Verhältnis [4.20, 4.21].

Die einzelnen Wellenlängen im Spektrum der einfallenden Welle werden beim Michelson-Interferometer also nicht wie bei den meisten anderen Spektralapparaten *räumlich* getrennt, sondern können erst aufgelöst werden durch Messung der transmittierten Intensität $I(\Delta s)$ als Funktion des Wegunterschiedes $\Delta s(t)$, der durch die Verschiebung des Spiegels M_2 verändert wird.

Für $\Delta s = 0$ hat die Intensität in B für alle Wellenlängen ein Maximum. Um zwei Wellenlängen λ_1 und λ_2 noch auflösen zu können, muss die Verschiebung Δs mindestens so groß sein, bis das Interferenzmaximum m-ter Ordnung für $\lambda_1(\Delta s = m\cdot\lambda_1)$ mit dem Minimum für $\lambda_2[\Delta s = (m+1/2)\lambda_2]$ zusammenfällt. Dann erhält man nämlich gerade eine volle Schwebungsperiode (Abb. 4.19) und daraus die Differenzfrequenz $\Delta\nu = \nu_1 - \nu_2$. Dies ergibt die Bedingung

$$\frac{\lambda}{\Delta\lambda} \le 2m$$

bzw.

$$\Delta s_{\min} = m\lambda \ge \frac{\lambda^2}{2\Delta\lambda} \Rightarrow \boxed{\frac{\lambda}{\Delta\lambda} \le \frac{2\Delta s}{\lambda}}\,. \tag{4.36}$$

Das spektrale Auflösungsvermögen $\lambda/\Delta\lambda$ (bzw. $\nu/\Delta\nu$) ist also durch die Größe der Verschiebung $\Delta s = s(t_1) - s(t_2)$ des Spiegels M_2 während der Messzeit $\Delta t = t_2 - t_1$ bestimmt.

Beispiel 4.4

$\lambda = 1\,\mu\text{m}$, $\Delta\lambda = 0{,}001\,\text{nm} \Rightarrow \Delta s_{\min} = 50\,\text{cm}$.

Die maximal mögliche Verschiebung ist prinzipiell durch die **Kohärenzlänge** der einfallenden Strahlung begrenzt (Abschn. 2.8). Bei Verwendung von Lasern mit großer Kohärenzlänge gibt es jedoch im Allgemeinen andere Grenzen (Abschn. 4.4).

Man kann den Wegunterschied Δs sehr groß machen, wenn man in einen Arm des Interferometers eine optische Verzögerungsleitung einbringt, die aus einem Spiegelpaar M_3, M_4 besteht, zwischen denen das Licht sehr oft hin- und her reflektiert wird (Abb. 4.20). Um Beugungsverluste klein zu halten, wählt man zweckmäßig sphärische Spiegel M_3, M_4. Mit einem sehr stabilen Aufbau des ganzen Interferometers konnten Wegunterschiede bis $\Delta s = 350\,\text{m}$ realisiert werden [4.22], was einem spektralen Auflösungsvermögen $\nu/\Delta\nu = 10^{12}$ entspricht! Wegen äußerer Störungen (z. B. akustische Vibrationen der Spiegel) wurde dieser theoretische Wert nicht ganz erreicht, aber immerhin fast 10^{11}, womit z. B. die Linienbreite einer Laserlinie mit $\nu = 5\cdot 10^{14}\,\text{s}^{-1}$ bis auf 5 KHz genau vermessen werden konnte. Als Gravitationswellen-Detektor werden Michelson-Interferometer mit Vielfachreflexionen benützt, die zu einer effektiven Armlänge von mehreren km führen [4.23, 4.24].

In der Laserspektroskopie werden Michelson-Interferometer häufig zur genauen Wellenlängenbestimmung verwendet. Dies wird im Abschnitt 4.4 erläutert.

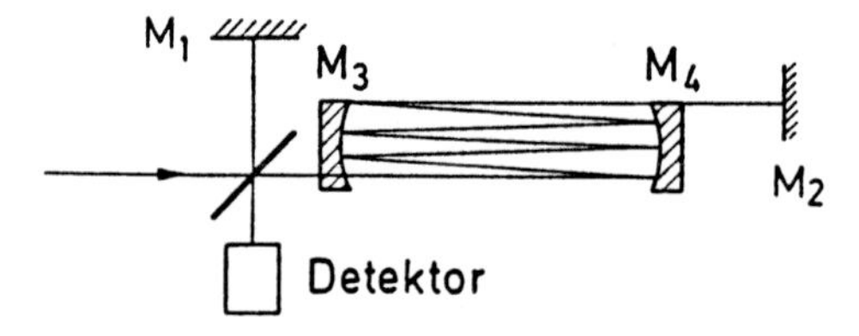

Abb. 4.20. Michelson-Interferometer mit sehr großem Gangunterschied

4.2.2 Vielstrahlinterferenz

Eine ebene Welle $E = A_0 \exp[\mathrm{i}(\omega t - Kx)]$ möge unter dem Winkel α auf eine planparallele, durchsichtige Platte mit zwei teilweise reflektierenden Grenzflächen fallen. An jeder der beiden Grenzflächen wird eine Welle mit der Amplitude A_i in zwei Teilbündel aufgespalten, wobei der reflektierte Anteil die Amplitude $A_i R^{1/2}$ und der gebrochene die Amplitude $A_i(1-R)^{1/2}$ hat, solange man die Absorption vernachlässigen kann. Das Reflexionsvermögen $R = I_\mathrm{R}/I_i$ hängt ab vom Einfallswinkel α und von der Polarisation der einfallenden Wellen und kann bei bekanntem Brechungsindex n mithilfe der Fresnel-Formeln bestimmt werden [4.25]. Man entnimmt der (Abb. 4.21) die folgenden Beziehungen für die Beträge der Amplituden A_i und B_i, der an der oberen Grenzfläche reflektierten bzw. gebrochenen Wellen, sowie der Amplituden C_i und D_i, der an der unteren Grenzfläche reflektierten bzw. durchgelassenen Teilwellen

$$
\begin{aligned}
&|A_1| = R^{1/2}|A_0|,\ |B_1| = (1-R)^{1/2}|A_0|\,,\\
&|C_1| = [R(1-R)]^{1/2}|A_0|;\ |D_1| = (1-R)|A_0|\,;\\
&|A_2| = (1-R)^{1/2}|C_1| = (1-R)R^{1/2}|A_0|\,,\\
&|B_2| = R^{1/2}|C_1| = R\cdot(1-R)^{1/2}\,|A_0|\ ;\\
&|A_3| = (1-R)^{1/2}|C_2| = R^{3/2}(1-R)|A_0|\,;\quad \text{usw.}
\end{aligned}
$$

Allgemein gilt für die Amplituden A_i der reflektierten Anteile mit $i \geq 2$

$$|A_{i+1}| = R|A_i| \tag{4.37}$$

und für die durchgelassenen Amplituden D_i mit $i \geq 1$

$$|D_{i+1}| = R|D_i|\,. \tag{4.38}$$

Zwischen zwei benachbarten Teilwellen besteht sowohl im reflektierten als auch im transmittierten Anteil der optische Wegunterschied (Abb. 4.22)

$$\Delta s \frac{2nd}{\cos\beta} - 2d\tan\beta\sin\alpha\,. \tag{4.39a}$$

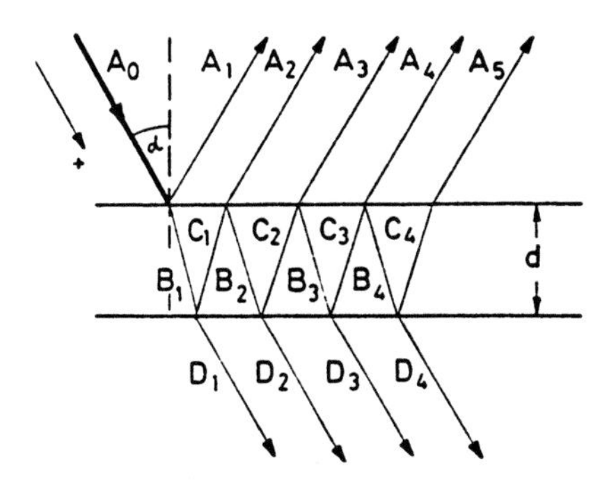

Abb. 4.21. Vielstrahlinterferenz an zwei planparallelen Grenzschichten

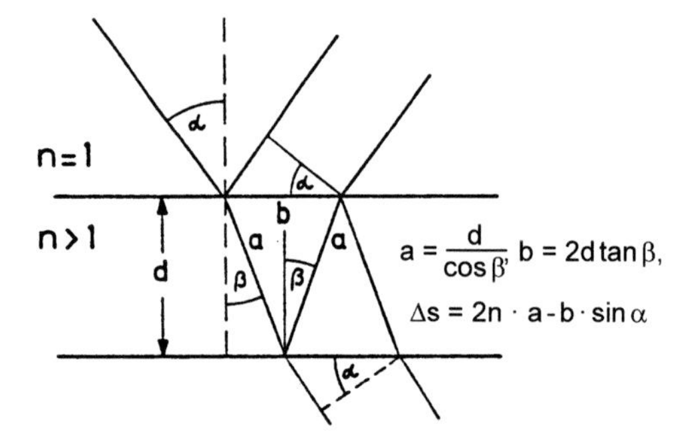

Abb. 4.22. Gangunterschied bei der Reflexion an einer planparallelen Platte

Dies geht wegen $\sin\alpha = n \cdot \sin\beta$ über in

$$\Delta s = 2nd\cos\beta = 2d(n^2 - \sin^2\alpha)^{1/2} , \tag{4.39b}$$

wenn der Brechungsindex innerhalb der Platte $n > 1$ und außerhalb $n = 1$ ist. Dies führt zu einer entsprechenden Phasendifferenz

$$\delta = 2\pi \cdot \Delta s/\lambda + \Delta\phi , \tag{4.40}$$

wobei $\Delta\phi$ wieder etwaige Phasensprünge bei der Reflexion berücksichtigen soll. So erfährt z. B. die erste reflektierte Teilwelle A_1 wegen ihrer Reflexion am optisch dichteren Medium einen Phasensprung $\Delta\phi = \pi$, so dass

$$A_1 = R^{1/2} A_0 e^{i\pi} = -R^{1/2} A_0 \tag{4.41}$$

ist. Die Gesamtamplitude A der reflektierten Welle erhält man durch phasenrichtige Summation aller p Teilwellen

$$A = \sum_{m=1}^{p} A_m \, e^{i(m-1)\delta} = -A_0 R^{1/2}\left[1 - (1-R)E^{i\delta} \sum_{m=0}^{p-2} R^m \, e^{im\delta}\right] . \tag{4.42}$$

Ist die Platte unendlich groß oder ist $\alpha = 0$, so erhält man unendlich viele reflektierte Teilwellen. Für $p \to \infty$ hat die geometrische Reihe (4.42) den Grenzwert

$$A = -A_0 R^{1/2} \frac{1 - e^{i\delta}}{1 - R\,e^{i\delta}} . \tag{4.43}$$

Für die Intensität der reflektierten Welle erhält man daher

$$I_R = 2c\epsilon_0 AA^* = I_0 R \frac{2 - 2\cos\delta}{1 + R^2 - 2R\cos\delta} . \tag{4.44}$$

Dies kann man wegen $1 - \cos\delta = 2\sin^2(\delta/2)$ umformen in

$$\boxed{I_R = I_0 R \frac{4\sin^2(\delta/2)}{(1-R)^2 + 4R\sin^2(\delta/2)}} \tag{4.45}$$

Analog findet man für die Gesamtamplitude des durchgelassenen Lichtes

$$D = \sum_{m=1}^{\infty} D_m \mathrm{e}^{\mathrm{i}(m-1)\delta} = (1-R)A_0 \sum_{m=0}^{\infty} R^m \mathrm{e}^{\mathrm{i}m\delta} \tag{4.46}$$

und für die Intensität

$$\boxed{I_\mathrm{D} = I_0 \frac{(1-R)^2}{(1-R)^2 + 4R\sin^2(\delta/2)}} \,. \tag{4.47}$$

Man sieht aus (4.45) und (4.47), dass $I_\mathrm{R} + I_\mathrm{D} = I_0$, da wir Absorption vernachlässigt hatten.

Mit der Abkürzung $F = 4R/(1-R)^2$ erhält man aus (4.45),(4.47)

$$\boxed{I_\mathrm{R} = I_0 \frac{F\sin^2(\delta/2)}{1 + F\sin^2(\delta/2)}} \,, \tag{4.48a}$$

Airy-Formeln

$$\boxed{I_\mathrm{D} = I_0 \frac{1}{1 + F\sin^2(\delta/2)}} \,. \tag{4.48b}$$

Abbildung 4.23 zeigt die Transmission $T = I_\mathrm{D}/I_0$ als Funktion von $\delta = 2\pi \times \Delta s/\lambda + \Delta\phi$ für verschiedene Werte des Reflexionsvermögens R. Man sieht, dass für $\delta = m \cdot 2\pi$ die durchgelassene Intensität des absorptionsfreien Interferometers $I_\mathrm{D} = I_0$ wird, d. h. die Transmission ist $T = 1$, und der reflektierte Anteil ist Null. Für $\delta = (m + \frac{1}{2})2\pi$ wird die Transmission minimal. Das Verhältnis

$$K^* = \frac{I_{\mathrm{D(max)}}}{I_{\mathrm{D(min)}}} = 1 + F = \left(\frac{1+R}{1-R}\right)^2 \tag{4.49}$$

wird der **Kontrast** des Interferometers genannt.

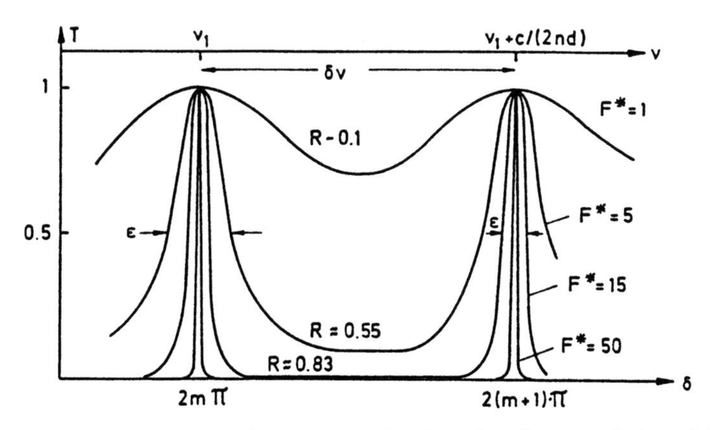

Abb. 4.23. Transmissionskurven eines Fabry-Pérot-Interferometers bei verschiedenen Werten der Finesse $F^* = (\pi/2)F^{1/2}$

Beispiel 4.5

$R = 0{,}95 \Rightarrow F = 1520$ und $K^* = 1521$.

Der Wellenlängenbereich $\delta\lambda$ bzw. der Frequenzbereich $\delta\nu$ zwischen zwei aufeinander folgenden Maxima heißt der **freie Spektralbereich**. Aus der Definition (4.40) für die Phasendifferenzen δ ergibt sich

$$\delta_1 - \delta_2 = \frac{2\pi\Delta s}{\lambda_1} - \frac{2\pi\Delta s}{\lambda_2} = 2(m+1)\pi - 2m\pi = 2\pi\,,$$
$$\Rightarrow \Delta s \cdot (\lambda_2 - \lambda_1) = \lambda_1 \cdot \lambda_2 \approx \lambda^2 \tag{4.50a}$$

und man erhält für den freien Spektralbereich

$$\delta\lambda = \lambda^2/\Delta s \Rightarrow \delta\nu = \frac{c}{\Delta s} = \frac{c}{2d\sqrt{n^2 - \sin^2\alpha}}\,; \tag{4.50b}$$

d. h. bei senkrechtem Einfall $(\alpha = 0)$ gilt:

$$\boxed{\delta\nu = \frac{c}{2nd}}\,. \tag{4.50c}$$

Die Phasenhalbwertsbreite $\epsilon = |\delta_1 - \delta_2|$ der Transmissionsmaxima mit $I_D(\delta_1) = I_D(\delta_2) = I_0/2$ ergibt sich nach (4.47) zu

$$\epsilon = 4\arcsin\left(\frac{1-R}{2\sqrt{R}}\right), \tag{4.51a}$$

was für $(1 - R) \ll R$ – d. h. $F \gg 1$ – übergeht in

$$\epsilon = \frac{2(1-R)}{\sqrt{R}} = \frac{4}{\sqrt{F}}\,. \tag{4.51b}$$

Weil dem freien Spektralbereich $\delta\nu$ eine Phasenänderung von $\delta = 2\pi$ entspricht, erhält man für die Halbwertsbreite $\Delta\nu$ der Transmissionsmaxima in Frequenzeinheiten

$$\boxed{\Delta\nu = \frac{\epsilon}{2\pi}\delta\nu = \frac{2\delta\nu}{\pi \cdot \sqrt{F}}}\,. \tag{4.52}$$

Das Verhältnis von freiem Spektralbereich $\delta\nu$ zu Halbwertsbreite $\Delta\nu$ nennt man **Finesse** F^*. Für $F \gg 1$ gilt:

$$F^* = \frac{\delta\nu}{\Delta\nu} = \frac{2\pi}{\epsilon} = \frac{\pi \cdot \sqrt{F}}{2} = \frac{\pi \cdot \sqrt{R}}{1-R}\,. \tag{4.53}$$

Die **Finesse** F^* ist ein Maß für die Zahl der miteinander interferierenden Teilstrahlen. In dem hier angenommenen Fall einer idealen, ebenen, planparallelen Platte ist die Finesse nur durch das Reflexionsvermögen R der Grenzflächen bestimmt (**Reflexionsfinesse**).

Beispiel 4.6

Für $R = 0{,}99$ wird $F^* = 308$, d. h. etwa 300 Teilstrahlen interferieren.

Abweichungen der Oberflächen von einer Ebene und von der Parallelität bewirken zusätzliche Verbreiterungen der Transmissionsmaxima. Man definiert daher eine Gesamtfinesse F_g^* durch

$$\frac{1}{F_g^*} = \sum_i \frac{1}{F_i^*}\,, \tag{4.54}$$

wobei die einzelnen Anteile F^* den Einfluss von Oberflächenungenauigkeiten, Dejustierung, Beugungseffekten usw. beschreiben. Weichen z. B. die Oberflächen um den Bruchteil λ/m der Wellenlänge λ von einer idealen Ebene ab, so ist die Oberflächenfinesse etwa $F^* = m/2$. Wie man aus (4.54) sieht, hat es dann keinen Sinn, die Reflexionsfinesse wesentlich größer als m zu machen.

Das spektrale Auflösungsvermögen $\lambda/\Delta\lambda$ bzw. $\nu/\Delta\nu$ ist durch die Halbwertsbreite $\Delta\nu$ der Transmissionskurve bestimmt. Zwei Wellen mit den Frequenzen ν und $\nu + \mathrm{d}\nu$ im einfallenden Licht können in der transmittierten Intensität noch getrennt werden, wenn $\mathrm{d}\nu \geq \Delta\nu$ ist. Bei gleicher Intensität I_0 der beiden Anteile $I_0(\nu)$ und $I_0(\nu + \mathrm{d}\nu)$ erhält man bei einem Frequenzabstand $\mathrm{d}\nu = \Delta\nu$ für die gesamte transmittierte Intensität $I_D(\nu)$ (Überlagerung beider Frequenzanteile) aus (4.48b) die Kurve in Abb. 4.24, die zwei Maxima mit der Intensität $1{,}2 I_0$ und ein Minimum der Intensität I_0 bei $\nu + \Delta\nu/2$ hat.

Bei einem durch (4.48b) gegebenen Transmissionsprofil gelten demnach zwei Linien noch als „aufgelöst", wenn die Einbuchtung zwischen den Maxima tiefer als $0{,}8 I_{max}$ ist. Man kann das spektrale Auflösungsvermögen $\nu/\Delta\nu$ durch den freien Spektralbereich $\delta\nu = c/2nd$ und die Finesse $F^* = \delta\nu/\Delta\nu$ (4.53) ausdrücken in der Form

$$\boxed{\frac{\nu}{\Delta\nu} = F^* \frac{\nu}{\delta\nu}} \tag{4.55}$$

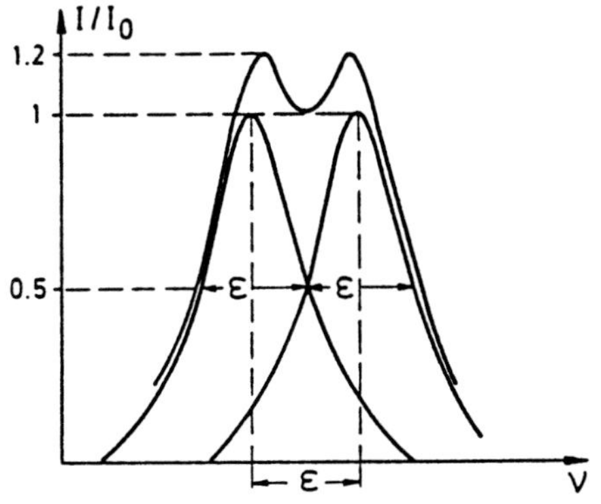

Abb. 4.24. Zur Definition des spektralen Auflösungsvermögens

oder durch den maximalen Gangunterschied $\Delta s_{\mathrm{m}} = 2ndF^*$ zwischen interferierenden Strahlen in Einheiten der Wellenlänge λ

$$\left|\frac{\lambda}{\Delta\lambda}\right| = \left|\frac{\nu}{\Delta\nu}\right| = \frac{\Delta s_{\mathrm{m}}}{\lambda} = \frac{2nd}{\lambda}F^* . \tag{4.56}$$

Das spektrale Auflösungsvermögen eines Interferometers ist gleich dem maximalen Gangunterschied Δs_m zwischen interferierenden Teilstrahlen in Einheiten der Wellenlänge λ.

Beispiel 4.7

Für $d = 1\,\mathrm{cm}$, $n = 1{,}5$, $R = 0{,}98$ und $\lambda = 500\,\mathrm{nm}$, erhält man $F^* = 155$ und $\lambda/\Delta\lambda = 10^7$. Das bedeutet, dass die instrumentelle Linienbreite etwa $5 \cdot 10^{-5}\,\mathrm{nm}$ beträgt, und man kann daher Profile von Spektrallinien, deren Doppler-Breite z. B. etwa $10^{-3}\,\mathrm{nm}$ ist, genau vermessen.

Berücksichtigt man das Absorptionsvermögen $A = 1 - R - T$ jeder Reflexionsschicht, so geht (4.48b) über in

$$I_{\mathrm{D}} = I_0 \frac{T^2}{(1-R)^2} \frac{1}{[1 + F\sin^2(\delta/2)]} . \tag{4.57}$$

Die Absorption bewirkt zweierlei: Einmal vermindert sie die Transmission um den Faktor $T^2/(1-R)^2 < 1$. Zum zweiten erzeugt sie eine Änderung von δ durch eine Phasenänderung $\Delta\phi$ bei der Reflexion, die von der Wellenlänge, von der Polarisation und vom Einfallswinkel der Wellen abhängt [4.25].

Beispiel 4.8

$$A = 0{,}01, R = 0{,}98 \rightarrow T_{\mathrm{Spiegel}} = 0{,}01$$

$$\Rightarrow T_{\mathrm{interf}} = \frac{I_{\mathrm{D}}}{I_0} = \frac{1}{4} \quad \text{für} \quad \delta = 0 .$$

Die maximale Transmission des Interferometers sinkt dann von $T = 1$ für $A = 0$ auf $T = 0{,}25$ für $A = 1\%$. Ist die Gesamtfinesse durch die Ebenheit der Spiegel z. B. auf $F_{\mathrm{R}}^* = 100$ begrenzt, so würde ein höherer Wert von R zwar die Reflexionsfinesse von $F_{\mathrm{R}}^* = 190$ weiter erhöhen, aber die Gesamtfinesse nicht wesentlich. Die Transmission würde aber bei gleichem Wert von A drastisch sinken.

4.2.3 Planparalleles Fabry-Pérot-Interferometer

Man kann die oben beschriebene Vielstrahlinterferenz zwischen zwei parallelen Grenzflächen realisieren entweder durch *eine* planparallele Glas- bzw. Quarzplatte, auf deren Grenzflächen Reflexionsschichten aufgedampft werden (**Fabry-Pérot-**

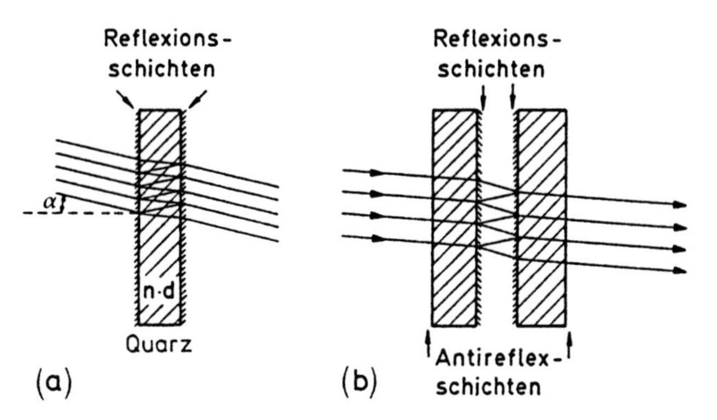

Abb. 4.25. (**a**) Planparallele, auf beiden Seiten verspiegelte Quarz-Glasplatte als FPI-Etalon. (**b**) Luftspalt-FPI

Etalon) oder durch zwei Platten mit je einer Reflexionsschicht, die so gegeneinander planparallel justiert werden, dass eine Luftschicht der optischen Dicke $n_L d$ oder Vakuum zwischen den Schichten ist (**planparalleles Fabry-Pérot-Interferometer**, FPI) (Abb. 4.25).[1]

Fabry-Pérot-Etalons werden in der Laserspektroskopie vor allem als wellenlängenabhängige Transmissionsfilter zur Einengung der Laserbandbreite verwendet. Die Wellenlänge λ_m des Transmissionsmaximums m-ter Ordnung für eine unter dem Winkel α einfallende ebene Welle erhält man aus (4.39b) mit $\Delta s = m \cdot \lambda_m$ und $\sin\alpha \approx n \sin\beta$ zu

$$\lambda_m = \frac{2d}{m}\sqrt{n^2 - \sin^2\alpha} = \frac{2nd}{m}\cos\beta\,. \tag{4.58}$$

Für λ_m wird die Phasenverschiebung δ zwischen den transmittierten Teilwellen $\delta_T = 2m\pi$, und die *transmittierte* Intensität $I_T = TI_0 = (1 - A)I_0$, wenn A das Absorptionsvermögen der Platte (einschließlich Reflexionsschichten) ist. *Die reflektierten Teilwellen interferieren destruktiv, und I_R wird praktisch Null*, wenn $A \ll 1$ ist.

Dies gilt jedoch nur für den Fall unendlich ausgedehnter ebener Wellen, wo sich die reflektierten Teilbündel völlig überlappen. Hat das einfallende Lichtbündel (z. B. ein Laserstrahl) den endlichen Durchmesser D, so überlappt sich wegen der seitlichen Versetzung $\Delta x = 2d \cdot \tan\beta \cdot \cos\alpha$ zwischen benachbarten Teilbündeln der Bruchteil

$$\frac{\Delta x \cdot \sin\alpha}{D} = \frac{2d}{D}\frac{\sin^2\alpha\cos\alpha}{\cos\beta} \approx \frac{2d}{D \cdot n}\alpha^2$$

der reflektierten Teilwellen nicht mehr (Abb. 4.26) und kann deshalb auch nicht destruktiv interferieren. Bei einem Lichtbündel mit konstanter Intensität über dem Bündelquerschnitt D wird daher auch im Transmissionsmaximum die reflektierte

[1] Manchmal spricht man hier wegen der ebenen Spiegel auch von einem *ebenen* FPI.

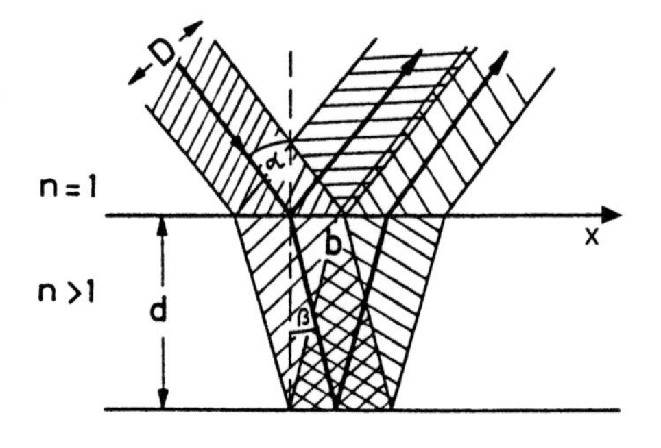

Abb. 4.26. Unvollständige Überlappung bei endlichem Durchmesser der interferierenden Teilbündel

Intensität nicht Null, sondern es bleibt für kleine Winkel α der Rest

$$I_R \approx I_0 \frac{4R}{(1-R)^2} \left(\frac{2d}{n \cdot D} \right)^2 \alpha^2 , \tag{4.59}$$

der im transmittierten Licht fehlt [4.26]. Für ein Lichtbündel mit einer Gauß-Verteilung der Intensität $I = I_0 \cdot \mathrm{e}^{-(r/w_0)^2}$ werden die Verluste doppelt so hoch und man muss in (4.59) D durch w_0 ersetzen.

Für ein paralleles Lichtbündel mit dem Durchmesser D hat ein schräg durchstrahltes Etalon der Dicke d also – außer eventuellen Absorptionsverlusten – einen Transmissionsverlust, der von der restlichen Reflexion herrührt und mit steigendem Einfallswinkel zunimmt. Für ein praktisches Beispiel kann man $d = 1\,\mathrm{cm}$, $D = 0{,}1\,\mathrm{cm}$, $R = 0{,}3$, $\alpha = 1°$ setzen und erhält als Transmissionsverlust (**walk-off losses**) $I_R/I_0 = 5\%$ [4.27] (Abschn. 5.4.2).

Beim ebenen Fabry-Pérot-Interferometer werden statt der *einen*, beidseitig verspiegelten planparallelen Platte *zwei* Quarzplatten verwendet, deren parallel zueinander im Abstand d justierte Innenflächen verspiegelt sind, während die Außenflächen mit Antireflexschichten bedampft oder leicht keilförmig geschliffen sind, um Interferenzeffekte durch Reflexion an diesen Außenflächen zu vermeiden. Als „Interferenzplatte" wirkt hier die planparallele Luftschicht mit dem Brechungsindex n_L und der optischen Dicke $n_L d$ zwischen den Innenflächen mit dem Reflexionsvermögen R. Die Finesse hängt außer von R und der Qualität der Innenflächen ganz entscheidend von der Planparallelität also von der Justierung beider Platten gegeneinander ab.

Das FPI wird in der hochauflösenden Spektroskopie zur Absolutbestimmung von Wellenlängen und zur Vermessung der Linienprofile von Spektrallinien benutzt. Bei einer monochromatischen, flächenhaft ausgedehnten Lichtquelle in der Brennebene einer Linse L_1 (Abb. 4.27) werden alle Lichtstrahlen von einem Punkt P der Lichtquelle durch die Linse L_1 zu einem parallelen Strahlenbündel gesammelt, das unter dem Winkel β das FPI durchsetzt, und durch eine 2. Linse L_2 in die Ebene E hinter dem FPI abgebildet wird. Die transmittierte Intensität wird durch (4.57) beschrieben. Sie wird maximal für solche Winkel $\beta = \beta_p$, für die $\delta = 2\pi m$ wird, d. h. der Gangunterschied zwischen den interferierenden Teilstrahlen ist dann $\Delta s = m\lambda$. Man erhält also bei einer ausgedehnten monochromatischen Lichtquelle in der Beobachtungsebene hinter dem FPI ein konzentrisches System heller Interferenzringe,

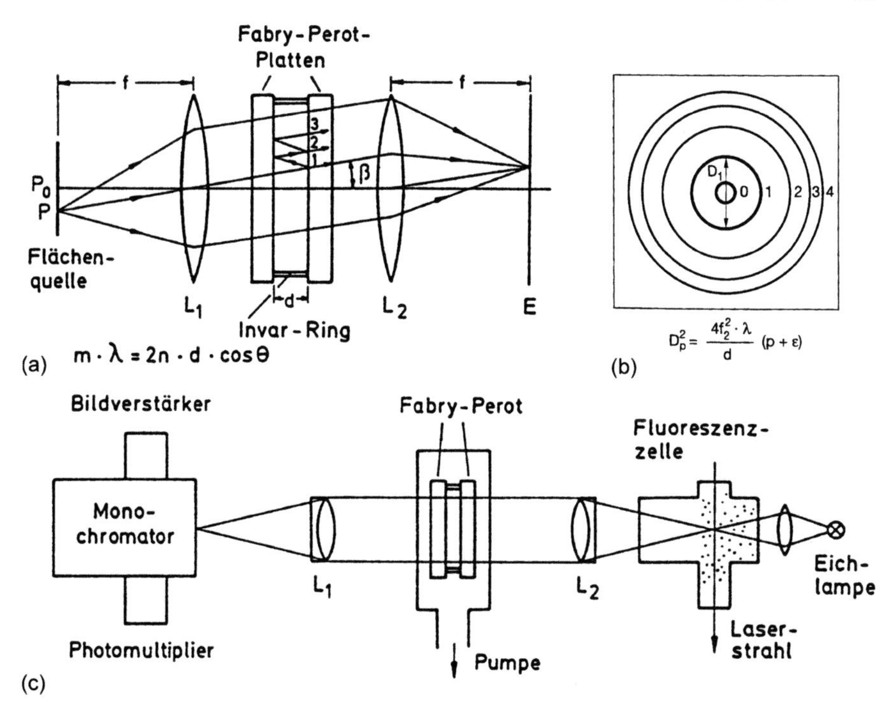

Abb. 4.27. (**a**) Abbildung einer ausgedehnten Lichtquelle durch ein FPI auf die Ebene E. (**b**) Ringsystem in der Ebene E. (**c**) Abbildung der Laser-induzierten Fluoreszenz auf den Eintrittsspalt eines Spektrographen

wobei Strahlen unter dem Winkel β_p den p-ten Ring bilden, für den die Interferenzbedingung nach Gl. (4.58)

$$m \cdot \lambda = 2n_\mathrm{L} d \cos\beta_p \quad (p = 0, 1, 2, \ldots) \tag{4.60}$$

mit $m = m_0 - p$ gilt. Das FPI wirkt wie ein Filter, das Licht der Wellenlänge λ nur unter den Winkeln β_p gegen die Interferometerachse durchlässt.

Der Wegunterschied zwischen benachbarten interferierenden Wellen ist für den p-ten Ring $(m_0 - p)\lambda$. Für $\beta_p \neq 0$ passt bei senkrechtem Einfall kein ganzzahliges Vielfaches der Wellenlänge λ zwischen die reflektierenden Flächen. Es gilt vielmehr mit $\epsilon < 1$ und $p = 0$

$$(m_0 + \epsilon)\lambda = 2n_\mathrm{L} d \quad (0 \leq \epsilon < 1) . \tag{4.61}$$

Ein Vergleich mit (4.60) zeigt, dass der **„Exzess"** ϵ durch

$$\epsilon = m_0(1/\cos\beta_0 - 1) \tag{4.62}$$

bestimmt wird und für $\beta_0 = 0$ (d. h. der innerste Ring hat den Radius Null) Null wird. Daraus folgt, dass nur für $\epsilon = 0$ Lichtstrahlen parallel zur Interferometerachse konstruktiv interferieren können. Aus den beiden Gleichungen

$$(m_0 - p)\lambda = 2n_L d(1 - \beta_p^2/2) ,$$
$$m_0\lambda = 2n_L d(1 - \beta_0^2/2) ,$$

die man aus (4.60)–(4.62) für den 0-ten und p-ten Interferenzring mit der Näherung $\cos\beta \approx 1 - \beta^2/2$ erhält, kann man durch Subtraktion unter Verwendung von $D_p = f_2(n_L/n_2)\tan\beta_p \approx f_2(n_L/n_2)\beta_p$ mit den Brechzahlen n_L für Luft und n_2 zwischen den Reflexionsebenen den Zusammenhang

$$\boxed{D_p^2 = \frac{4f_2^2 n_L\lambda}{dn_2^2}(p + \epsilon)} \tag{4.63}$$

zwischen Durchmesser des p-ten Ringes, D_p, und Exzess ϵ herleiten.

Misst man daher die Durchmesser D_p der Interferenzringe, so kann man bei bekannten Interferometerdaten (f_2, d, n_L, n_2) den Exzess ϵ ermitteln und daraus nach (4.61) die Wellenlänge, wenn man die integrale Ordnung m_0 kennt. Setzt man das FPI in eine druckdichte Kammer mit Fenstern (Abb. 4.27c), so kann man durch Variation des Gasdruckes den Brechungsindex $n_2 = n_L$ kontinuierlich verändern und dadurch die Transmissions-Maxima kontinuierlich verschieben.

Die **Dispersion $\mathrm{d}\beta/\mathrm{d}\lambda$ des FPI**, also die Abhängigkeit des Transmissionswinkels β von der Wellenlänge λ, erhält man aus (4.58) durch Differenzieren

$$\frac{\mathrm{d}\beta}{\mathrm{d}\lambda} = \left(\frac{\mathrm{d}\lambda}{\mathrm{d}\beta}\right)^{-1} = -\frac{m}{2nd\sin\beta} = -\frac{1}{\lambda_m \sin\beta} , \tag{4.64}$$

wenn $\lambda_m = 2nd/m$ die für $\beta = 0$ transmittierte Wellenlänge ist. Man sieht aus (4.64), dass die Winkeldispersion $\mathrm{d}\beta/\mathrm{d}\lambda$ für $\beta \to 0$ gegen unendlich geht. Hat die abbildende Linse die Brennweite f, so ist die lineare Dispersion auf der Photoplatte

$$\frac{\mathrm{d}D}{\mathrm{d}\lambda} = f\frac{\mathrm{d}\beta}{\mathrm{d}\lambda} = \frac{f}{\lambda_m \sin\beta} . \tag{4.65}$$

Beispiel 4.9

Mit Werten von $f = 50\,\mathrm{cm}$, und $\lambda = 500\,\mathrm{nm}$ erhält man 1 mm entfernt vom Ringzentrum (d. h. $2 \cdot 10^{-3}$ rad) eine reziproke lineare Dispersion $\mathrm{d}\lambda/\mathrm{d}D = 0{,}02\,\mathrm{nm/cm}$. Dies ist mindestens eine Größenordnung besser als bei einem großen Gitterspektrographen. Kann man den Ringdurchmesser auf der Photoplatte bis auf 10 μm genau vermessen, so bedeutet dies mit den obigen Zahlenwerten eine Genauigkeit von $\Delta\lambda = 2 \cdot 10^{-5}\,\mathrm{nm}$!

Hat man ein Spektrum mit vielen Wellenlängen, deren Abstand den freien Spektralbereich übersteigt, so muss man einen zusätzlichen Wellenlängen-Selektor benützen. Eine übliche Anordnung verwendet eine Kombination von FPI und Spektrograph (Abb. 4.27c). Das Ringsystem wird auf den Eintrittsspalt des Spektrographen abgebildet, so dass für jede Wellenlänge nur ein spaltförmiger Ausschnitt aus dem

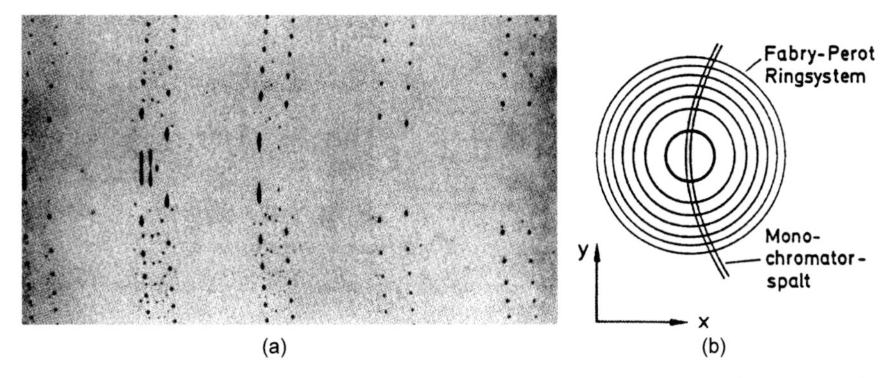

Abb. 4.28a,b. Fotoplattenaufnahme eines Ausschnittes aus einem laserangeregten Fluoreszenzspektrum des Na_2-Moleküls aufgenommen mit der Apperatur in Abb. 4.27. Die Ordinate entspricht der FPI-Dispersion, die Abszisse der Monochromator-Dispersion in Abb. 4.27

Ringsystem durch den Spektrographen gelangt und – nach Wellenlängen getrennt – auf der Photoplatte, bzw. dem Detektoren-Diodenarray am Ausgang des Spektrographen abgebildet wird (Abb. 4.28b). Bei einem solchen kombinierten System von Spektrograph und FPI nutzt man die Dispersion des Spektrographen in x-Richtung zur *Trennung* der Linien aus, zur *Wellenlängenmessung* jedoch die viel größere Dispersion des FPI in y-Richtung.

Bei der Vermessung eines größeren Wellenlängenbereiches sind die Wellenlängen-abhängigen Phasensprünge $\Delta\phi(\lambda)$ – siehe (4.40) und [4.28] – nicht mehr zu vernachlässigen. Besonders bei dielektrischen Vielfachschichten ändert sich $\Delta\phi(\lambda)$ stark mit der Wellenlänge. Man muss dann mithilfe bekannter Eichlinien λ_R [z. B. den Linien einer Thorium-Hohlkathodenlampe oder mit einem Farbstofflaser, dessen Wellenlängen mit einem Michelson-Lambdameter genau vermessen wurden (Abschn. 4.4)] die Wellenlängenabhängigkeit des Phasenunterschiedes

$$\delta(\lambda) = (4\pi/\lambda) nd\cos\beta + \Delta\phi(\lambda) \tag{4.66}$$

zwischen benachbarten Ringen bestimmen und die so geeichte Funktion $\delta(\lambda)$ benutzen zur Messung der unbekannten Wellenlängen [4.28]. Bei Verwendung von Silberspiegeln wird die Wellenlängenabhängigkeit von $\Delta\phi(\lambda)$ wesentlich geringer und kann für viele Anwendungen vernachlässigt werden.

4.2.4 Konfokales Interferometer

Ein **konfokales Interferometer** (KI) [4.29, 4.30] besteht aus zwei sphärischen Spiegeln mit gleichem Krümmungsradius r, die sich in einem Abstand $d = r$ gegenüberstehen. Ohne sphärische Aberration würde ein Lichtstrahl, der unter einem kleinen Winkel gegen die Achse in das Interferometer eintritt, nach vier Durchgängen wieder auf seinen Eintrittspunkt P_1 abgebildet werden (Abb. 4.29a). Berücksichtigt man die Aberration, so wird der Eintrittspunkt nicht genau wieder erreicht, sondern der Strahlenverlauf ist etwa wie in Abb. 4.29b gezeichnet. Alle Strahlen schneiden sich

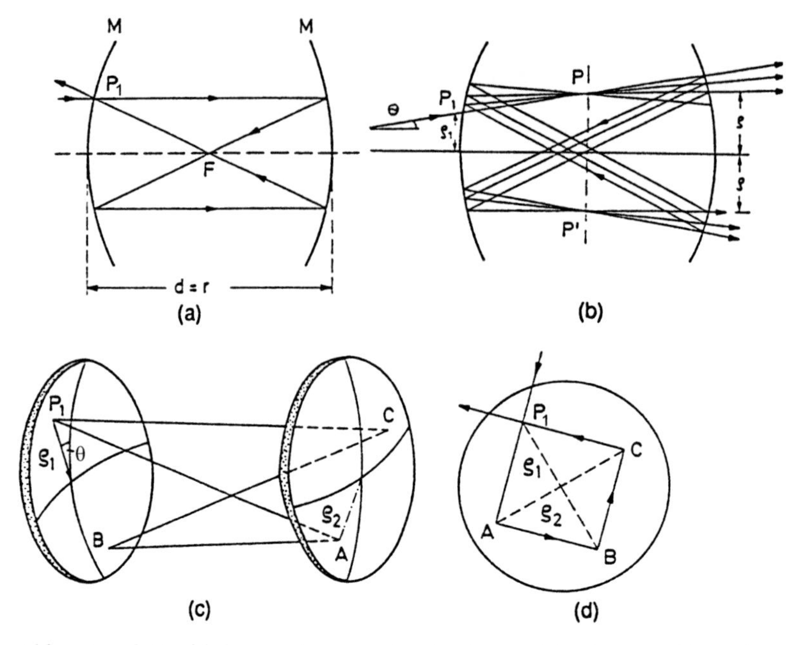

Abb. 4.29a–d. Konfokales Interferometer. (**a**) Strahlengang für achsenparallele Strahlen ohne Aberration, (**b**) geneigte Eingangsstrahlen, (**c**) perspektivische Ansicht und (**d**) Projektion der Strahlen in (**c**) auf eine Spiegelfläche

jedoch in der Mittelebene des Interferometers in den zwei Punkten P und P′, deren Abstand ρ von der Interferometerachse vom Achsenabstand ρ_1 des Eintrittspunktes und vom Eintrittswinkel θ abhängt.

Der optische Wegunterschied Δs zwischen einem direkt durch P gehenden Lichtstrahl und dem nach 4 Reflexionen wieder in P ankommenden Teilstrahl wäre für $\rho = 0{:}\,\Delta s = 4r$. Unter Berücksichtigung der Aberration gilt für achsennahe Eintrittsstrahlen $(\rho_1 \ll r)$ mit $\theta \ll 1$ [4.30]

$$\Delta s = 4r + \rho_1^2 \rho_2^2 \cos 2\theta / r^3 + \dots \,. \tag{4.67}$$

Wird die Mittelebene in die Detektorebene abgebildet, so entsteht dort bei Einstrahlung eines Lichtbündels ein Interferenzmuster aus Kreisringen, wobei sich die Intensität durch phasenrichtige Überlagerung der Teilamplituden analog zu (4.47) ergibt zu

$$I(\rho, \lambda) = \frac{I_0 T}{(1-R)^2 + 4R \sin^2(\delta/2)} \,, \tag{4.68}$$

und der Phasenunterschied $\delta = (2\pi/\lambda)\Delta s$ ist. Maxima der Intensität treten auf für $\delta = 2m\pi$, was für $\theta \ll 1$, d. h. $\cos 2\theta \simeq 1$, die Bedingung ergibt

$$4r + \rho^4/r^3 = m\lambda \quad \text{mit} \quad \rho^2 = \rho_1 \rho_2 \,. \tag{4.69}$$

Der **freie Spektralbereich** $\delta\nu$, d. h. der Frequenzstand zwischen zwei benachbarten Interferenzmaxima, ist daher für $\rho \ll r = d$

$$\boxed{\delta\nu = \frac{c}{4r + \rho^4/r^3} \simeq \frac{c}{4d}} \tag{4.70}$$

im Gegensatz zu $\delta\nu = c/2d$ beim ebenen FPI.

Für den Radius ρ_m des Interferenzringes m-ter Ordnung erhält man aus (4.69)

$$\rho_\mathrm{m} = \left[(m\lambda - 4r)r^3\right]^{1/4} . \tag{4.71}$$

Ist $4r = m_0\lambda$ (m_0: ganzzahlig), so wird der Radius ρ_p des p-ten Interferenzringes mit der Ordnung $m = m_0 + p$

$$\rho_p = (p\lambda r^3)^{1/4} . \tag{4.72}$$

Aus (4.71) ergibt sich die **radiale Dispersion** $\mathrm{d}\rho/\mathrm{d}\lambda$ des Ringes m-ter Ordnung

$$\frac{\mathrm{d}\rho}{\mathrm{d}\lambda} = \frac{mr^3}{4[(m\lambda - 4r)r^3]^{3/4}} \tag{4.73}$$

die unendlich groß wird für $m\lambda = 4r$, d. h. für $p = 0$, also $\rho = 0$. Die radiale Dispersion ist also *nichtlinear*. Sie ändert sich, wenn der Abstand $d = r + \epsilon$ von dem des genau konfokalen Interferometers ($d = r$) um den kleinen Betrag $\epsilon \ll r$ abweicht. Für die Ringradien erhält man dann

$$\rho_p = \left(-2\epsilon r \pm \sqrt{4\epsilon^2 r^2 + p\lambda r^3}\right)^{1/2} . \tag{4.74}$$

Dies zeigt, dass für $\epsilon < 0$ zwei Interferenzringe mit verschiedenem Radius ρ_p aber gleicher Interferenzordnung $m = m_0 - p$ auftreten können. Die Interpretation des Ringsystems wird dann nicht immer eindeutig. Man muss daher die Abweichung ϵ vom konfokalen Fall so wählen, dass $\epsilon > O$ ist.

Die große radiale Dispersion kann zur photoelektrischen Messung kleiner Linienbreiten von Lasern ausgenutzt werden (Abb. 4.30). Wenn man die zentrale Ebene des konfokalen FPI durch eine Linse abbildet auf eine Lochblende mit einem genügend kleinem Radius $b < (\lambda r^3)^{1/4}$ so wird nur die zentrale Interferenzordnung zum

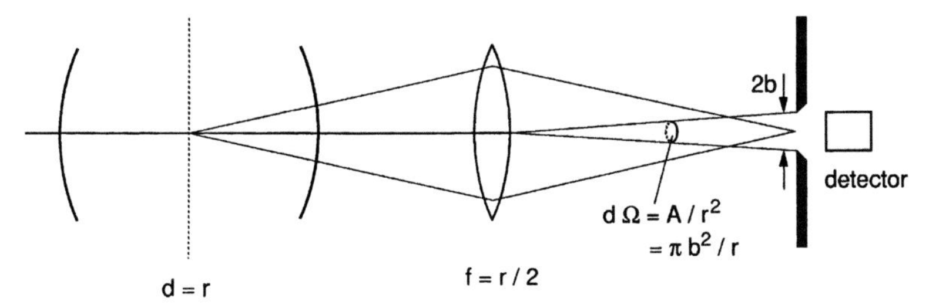

Abb. 4.30. Messung der durch ein durchstimmbares konfokales FPI transmittierten Lichtleistung mit einem Photodetektor

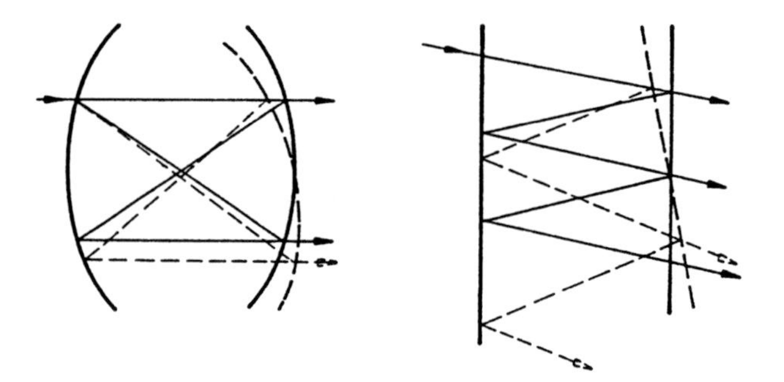

Abb. 4.31. Illustration der geringeren Verkippungsempfindlichkeit von Resonatoren mit sphärischen Spiegeln gegenüber ebenen FPI-Resonatoren

Detektor durchgelassen. Der optimale Radius b der Lochblende ist ein Kompromiss zwischen transmittierter Leistung und spektraler Auflösung. Mit einer Finesse F^* des Interferometers wird der optimale Radius der Lochblende $b = (r^3\lambda/F^*)^{1/4}$.

Beispiel 4.10

Mit $r = 4\,\text{cm}$, $\lambda = 600\,\mu\text{m}$, $F^* = 200$ wird $b = 3{,}7\,\text{mm}$.

Die Gesamtfinesse F^* des KI ist bei gleichem Reflexionsvermögen der Spiegel im Allgemeinen größer als die des ebenen FPI. Dies hat folgende Gründe:

a) Die Justierung sphärischer Spiegel ist wesentlich unkritischer als die ebener Spiegel, da eine Verkippung der Spiegel in erster Näherung die Richtung des reflektierten Strahls kaum ändert (Abb. 4.31).
b) Abweichungen der Spiegeloberfläche von einer idealen Kugelfläche bewirken nicht, wie beim ebenen FPI ein Auswaschen der Interferenzstruktur, sondern nur eine Verzerrung der Interferenzringe, da nach (4.69) für eine Änderung von r dasselbe Δs für andere Werte von ρ auftritt. Hinzu kommt, dass sich sphärische Spiegel genauer schleifen lassen als ebene Spiegel. Die Gesamtfinesse wird daher hauptsächlich durch die Reflexionsfinesse $F_R^* = \pi R^{1/2}/(1-R)$ bestimmt,
c) Beugungsverluste sind wesentlich geringer als beim ebenen FPI (Abb. 5.11)

Dies bedeutet, dass das spektrale Auflösungsvermögen des KI im Allgemeinen größer ist als das des ebenen FPI (Abschn. 4.3). Wegen dieser Vorteile wird das KI häufig zur Messung der schmalen Linienbreite von Einmoden-Lasern eingesetzt (Abschn. 5.3).

Beispiel 4.11

Mit $R = 0{,}99$ erhält man bereits eine Gesamtfinesse von $F^* > 250$, also wesentlich höher als beim ebenen FPI. Bei einem Spiegelabstand von $d = 3\,\text{cm}$ ist $\delta\nu = 2{,}5\,\text{GHz}$ und das spektrale Auflösungsvermögen würde $\Delta\nu = 10\,\text{MHz}$ bei $F^* = 250$ sein – also hoch genug, um die natürliche Linienbreite der meisten optischen Übergänge zu messen.

Eine detaillierte Darstellung des konfokalen Interferometers findet man in [4.29–4.31].

4.2.5 Dielektrische Vielfachschichten

Man kann die konstruktive Interferenz bei der Reflexion von Licht an planparallelen Grenzflächen ausnutzen, um hochreflektierende, weitgehend absorptionsfreie Spiegel herzustellen. Solche dielektrischen Spiegel haben ganz wesentlich zur Entwicklung der Lasertechnologie beigetragen [4.33, 4.34]. Das Reflexionsvermögen einer Grenzschicht zwischen zwei Medien mit den Brechungszahlen n_1 und n_2 ergibt sich bei senkrechtem Einfall aus der **Fresnel-Formel** zu [4.25]

$$R = \left(\frac{n_1 - n_2}{n_1 + n_2}\right)^2 . \tag{4.75}$$

Um R möglichst groß zu machen, wenn n_1 den kleinstmöglichen Wert $n_1 = 1$ hat, muss die Differenz $|n_1 - n_2|$, und damit n_2 möglichst groß sein. Leider ist bei großem n auch der Absorptionskoeffizient groß (Abschn. 2.6), so dass z. B. mit Metallschichten zwar ein Reflexionsvermögen von typisch $R = 0{,}9$ im Sichtbaren erreichbar wird, die restlichen 10% der einfallenden Intensität jedoch *nicht transmittiert, sondern absorbiert* werden. Nur mit frisch aufgedampften, im Vakuum konservierten Silberschichten erreicht man bis zu $R = 0{,}95$ [4.35]. Um die Absorption zu vermeiden, wählt man absorptionsarme Schichten mit möglichst kleinem Imaginärteil κ und möglichst großem Realteil n' des komplexen Brechungsindex $n = n' - \mathrm{i}\kappa$, die dann aber im Allgemeinen auch ein kleineres Reflexionsvermögen haben. Durch die Verwendung vieler Schichten mit abwechselnd kleinerem und größerem n kann man jedoch durch geeignete Wahl der Schichtdicken d_i und deren Brechungsindizes n_i konstruktive Interferenz zwischen den einzelnen reflektierten Teilbündeln erzielen und damit Reflexionswerte bis $R > 0{,}999$ erreichen [4.36]!

Wir wollen uns dies am Beispiel zweier dünner Schichten mit den Dicken d_1, bzw. d_2, die auf einer Glasplatte mit Brechungsindex n_3 aufgedampft wurden, klarmachen (Abb. 4.32). Um konstruktive Interferenz zwischen allen Teilbündeln zu erreichen, muss der Phasenunterschied zwischen benachbarten reflektierten Teilwellen 2π sein. Dies ergibt bei Berücksichtigung des Phasensprunges von π bei der Reflexion am optisch dichteren Medium für den Fall $n_1 > n_2 > n_3$

$$n_1 d_1 = \lambda/4 \quad \text{und} \quad n_2 d_2 = \lambda/2 . \tag{4.76}$$

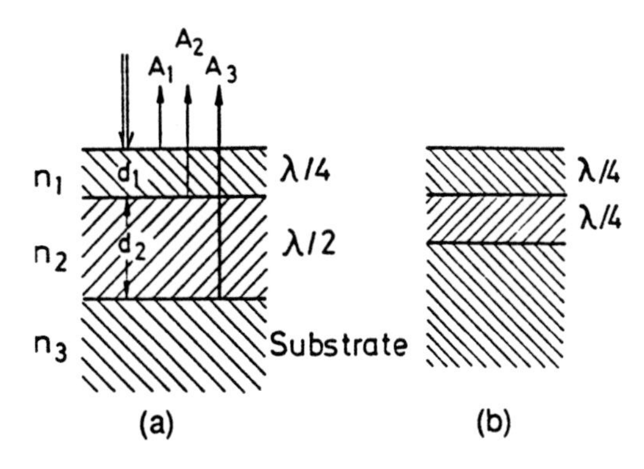

Abb. 4.32a,b. Erhöhung des Reflexionsvermögens durch konstruktive Interferenz bei einem dielektrischen Spiegel aus zwei Schichten, (**a**) $n_1 > n_2 > n_3$, (**b**) $n_1 > n_2 < n_3$

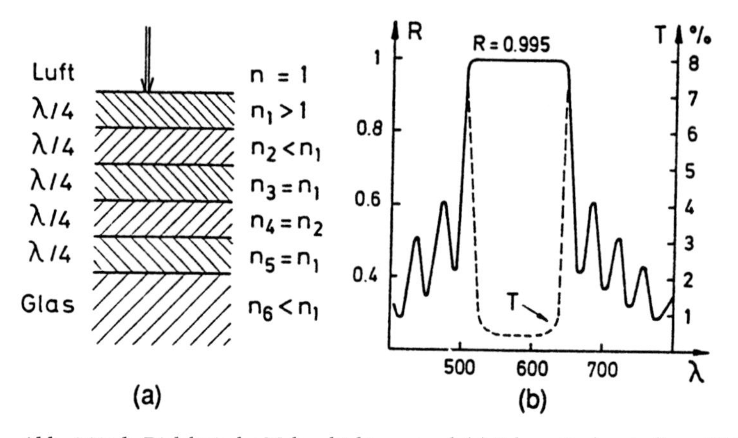

Abb. 4.33a,b. Dielektrische Mehrschichtenspiegel, (**a**) Schematischer Aufbau, (**b**) Reflexionskurve $R(\lambda)$ eines hochreflektierenden Spiegels

Die Gesamtreflexion erhält man durch phasenrichtiges Aufsummieren der verschiedenen Teilamplituden A_{ir}, wobei die Brechungsindizes der Schichten so gewählt werden müssen, dass gilt:

$$\left|\sum_i A_{\mathrm{ir}}\right|^2 = \text{maximal} .$$

Die Berechung und Optimierung von Mehrschichtenspiegeln (Abb. 4.31) mit bis zu 20 Schichten ist sehr mühsam und wird heute ausschließlich durch Computer bewerkstelligt [4.33, 4.34, 4.36].

Durch geeignete Wahl der verschiedenen Schichtdicken d_i kann man auch Breitbandspiegel herstellen, die über einen größeren Wellenlängenbereich (z. B. $\lambda \pm 0{,}1\lambda$) ein Reflexionsvermögen $R > 0{,}99$ haben. Als Laserspiegel werden heute dielektrische Spiegel hergestellt, die eine Absorption von $< 0{,}1\%$ bei einem Reflexionsvermögen von 0,999 haben [4.36].

Anstatt das Reflexionsvermögen einer dielektrischen Mehrfachschicht durch konstruktive Interferenz zu erhöhen, kann man es bei geeigneter Schichtdickenwahl durch *destruktive* Interferenz minimalisieren. Solche **Antireflex**-Beläge haben für die Herstellung reflexionsarmer, („vergüteter“) Photoobjektive eine große Bedeutung. In der Laserspektroskopie sind sie vor allem wichtig zur Vermeidung von Reflexionsverlusten optischer Komponenten im Laserresonator und zur Entspiegelung der Rückflächen von durchlässigen Laserspiegeln. Mit einer Einfachschicht lässt sich immer nur für eine Wellenlänge λ die Reflexion völlig zu Null machen. Aus Abb. 4.34 erhält man unter Berücksichtigung des Phasensprunges von π an der Grenzfläche $n_1|n_2$ die Gesamtreflexion $R = 0$ für eine optische Schichtdicke von $nd = \lambda/2$, falls das Reflexionsvermögen beider Grenzflächen gleich ist. Dies ergibt wegen $R_1 = [(n_1 - n_2)/(n_1 + n_2)]^2 = R_2 = [(n_2 - n_3)/(n_2 + n_3)]^2$ bei senkrechtem Einfall

$$n_2 = (n_1 n_3)^{1/2} . \tag{4.77}$$

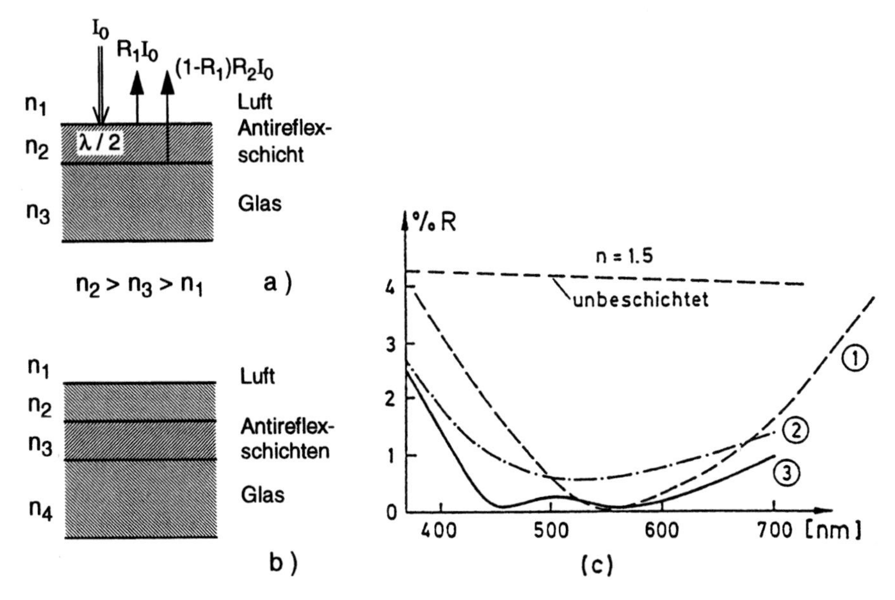

Abb. 4.34a–c. Antireflexbelag: (**a**) Einzelschicht, (**b**) Zweischichtenbelag mit $n_1 < n_2 < n_3 > n_4$. (**c**) Spektraler Verlauf der Restreflexion für eine Einzelschicht (1), eine Zweifachschicht (2) und eine Dreifachschicht (3)

Durch Verwendung von Mehrfachschichten kann man für einen größeren Wellenlängenbereich Rest-Reflexionswerte unter 0,1% erreichen (Breitbandentspiegelung) [4.37].

4.2.6 Interferenzfilter

Interferenzfilter werden zur selektiven Transmission eines schmalen Spektralbereiches benutzt, wobei die zu beiden Seiten angrenzenden Wellenlängenbereiche entweder reflektiert oder teilweise absorbiert werden. Man unterscheidet Interferenz-*Linienfilter* und *Bandfilter.*

Die **Linienfilter** stellen ein Fabry-Pérot-Etalon mit sehr kleinem optischem Abstand nd zwischen den beiden reflektierenden Flächen dar. Zu ihrer technischen Realisierung werden auf eine Glasunterlage zwei hochreflektierende dünne Schichten aufgedampft, zwischen denen eine Schicht der Dicke d mit kleinem Brechungsindex n liegt (Abb. 4.35a). Für $nd = 0{,}5\,\mu\text{m}$ z. B. liegen die Transmissionsmaxima nach (4.58) für senkrechten Lichteinfall bei $\lambda = 1\,\mu\text{m}$, $0{,}5\,\mu\text{m}$, $0{,}33\,\mu\text{m}$, usw. Im Sichtbaren gibt es bei diesem Wert von nd also nur einen Spektralbereich um $\lambda = 500\,\text{nm}$, der vom Filter durchgelassen wird. Seine Halbwertsbreite hängt von der Finesse F^*, d. h. vom Reflexionsvermögen R der reflektierenden Fläche ab (Abb. 4.23). Mit Silber- oder Aluminium-Schichten erreicht man $R = 90\%$ für die Einzelschicht und damit eine Finesse von etwa 30. Für unser Beispiel bedeutet dies bei einem freien Spektralbereich von $\delta\overline{\nu} = 1/(2nd) = 10^4\,\text{cm}^{-1}$ eine Halbwertsbreite von $330\,\text{cm}^{-1}$, was bei $\lambda = 500\,\text{nm}$ etwa $8\,\text{nm}$ entspricht.

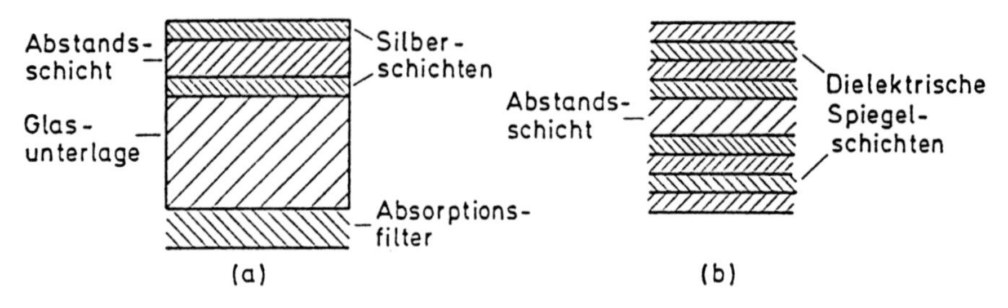

Abb. 4.35a,b. Fabry-Pérot-Interferenzfilter: (**a**) Mit zwei Silberschichten und (**b**) mit dielektrischen Mehrfachschichten

Wegen der relativ großen Absorption hoch reflektierender Metallschichten beträgt die maximale Transmission solcher Filter allerdings höchstens 30%, häufig weniger. Die nicht erwünschten Transmissionsordnungen werden durch absorbierende Filter, die mit dem Interferenzfilter verkittet werden, oder durch ein zweites Interferenzfilter (Doppelfilter) unterdrückt.

Für viele Anwendungen in der Laserspektroskopie ist die hohe Absorption der Metallschichten nicht tragbar. Man ersetzt diese Einfachschichten dann durch ab-

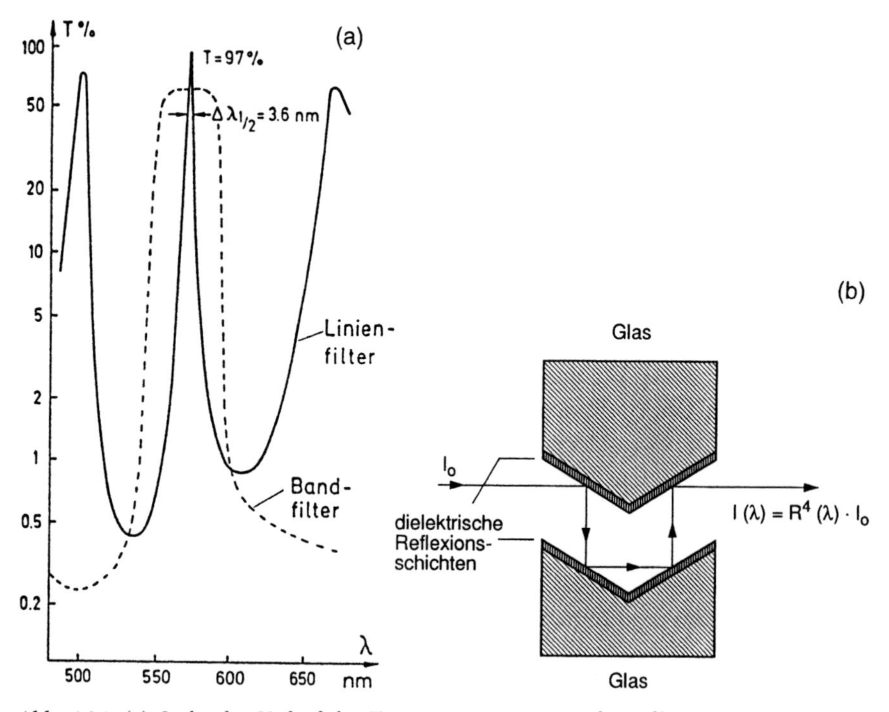

Abb. 4.36. (**a**) Spektraler Verlauf der Transmission eines Interferenzfilters. Die durchgezogene Linie repräsentiert ein typisches Linienfilter, die gestrichelte ein Bandfilter, (**b**) Reflexions-Interferenzfilter

sorptionsfreie dielektrische Vielfachschichten (Abb. 4.35b), deren höheres Reflexionsvermögen eine größere Finesse und damit eine schmalere Halbwertsbreite des Transmissionsbereiches ermöglichen. Ein weiterer Vorteil ist die geringere Resttransmission zwischen den Maxima (Abb. 4.36). Man erhält heute Filter mit Halbwertsbreiten von weniger als 2 nm bei einer maximalen Transmission von etwa 90% [4.33, 4.39]. Die Wellenlänge λ_{max} im Transmissionsmaximum kann nach (4.58) durch Verkippen des Interferenzfilters zu kleineren Werten hin verschoben werden.

Durch Verwendung dreier Reflexionsflächen mit dazwischen liegenden dielektrischen Abstandsschichten kann man Transmissionskurven mit steileren Flanken und breiterem Maximum erreichen (Abb. 4.36a). Man nennt solche Filter, in Analogie zu den Bandfiltern aus 2 gekoppelten Schwingkreisen in der Nachrichtentechnik, **optische Bandfilter**.

Statt der Transmission kann man natürlich auch die wellenlängenselektive Reflexion von Interferenzfiltern nach (4.48a) ausnutzen. Solche Reflexions-Interferenzfilter sind vor allem im UV vorteilhaft, weil hier die meisten Stoffe, die für dielektrische Schichten verwendet werden, absorbieren und daher der Transmissionsgrad sehr klein wird. Ein spezielles Reflexions-Interferenzfilter ist in Abb. 4.36b gezeigt. Hier fällt der Eingangsstrahl nacheinander auf 4 Interferenzschichten, die unter 45° gegen die Einfallsrichtung geneigt sind. Wenn das Reflexionsvermögen einer Schicht bei $\alpha = 45°$ $R(\lambda)$ ist, so wird die Ausgangsintensität $I_t(\lambda) = R^4(\lambda) \cdot I_0(\lambda)$, was eine wesentlich schmalere Spektralbreite der durchgelassenen Strahlung ergibt. Eine ausführliche Diskussion der einzelnen Filtertypen findet man in [4.33] und [4.38, 4.39].

4.2.7 Durchstimmbare Interferometer

Für viele Anwendungen in der Laserspektroskopie ist es notwendig, das Transmissionsmaximum eines Interferometers über das Profil einer Spektrallinie oder einer Laserlinie durchzustimmen. Bei photoelektrischer Registrierung kann dieses Profil dann direkt auf dem Oszillographenschirm bzw. dem Computerbildschirm sichtbar gemacht werden. Wir wollen uns daher in diesem Abschnitt mit der Realisierung durchstimmbarer Interferometer befassen.

Zur Wellenlängendurchstimmung des Transmissionsmaximums eines Interferometers können nach (4.58) folgende Methoden benutzt werden:

a) Änderung des optischen Weges $n \cdot d$ zwischen den Platten des FPI durch Variation von n bei Druckänderung.
b) Änderung des Plattenabstandes d mithilfe piezokeramischer oder magnetostriktiver Abstandshalter [4.40].
c) Verkippung von Etalons mit festem Abstand.
d) Änderung des optischen Wegunterschiedes in doppelbrechenden Kristallen durch Verdrehen des Kristalls oder durch äußere elektrische Felder [4.41].

Bei photoelektrischer Registrierung wird ein paralleles Lichtbündel parallel zur Interferometerachse durch das Interferometer geschickt und damit nur die zentrale Interferenzordnung registriert, da der Detektor sonst mehrere Interferenzordnungen

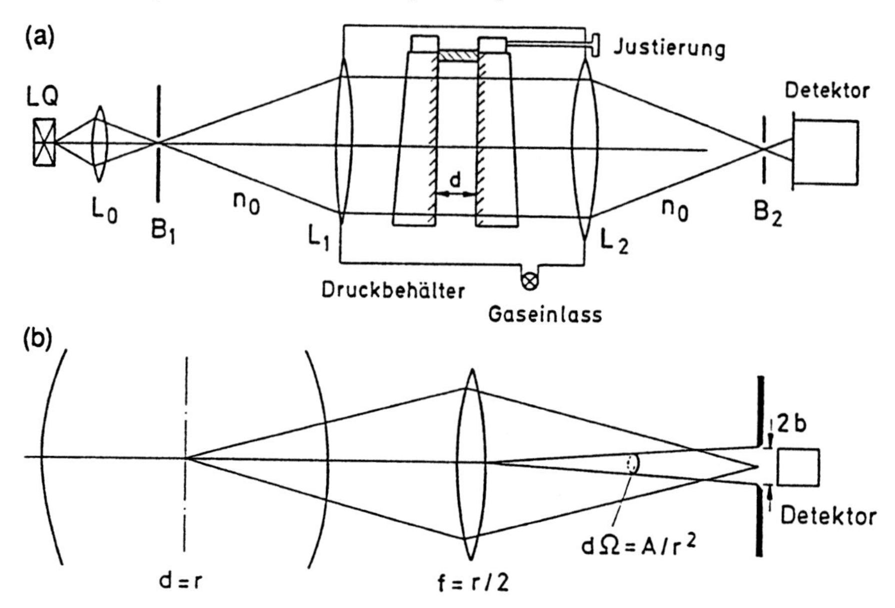

Abb. 4.37a,b. Photoelektrische Registrierung der von einem FPI transmittierten Intensität: (**a**) ebenes FPI und (**b**) konfokales Interferometer

gleichzeitig messen würde und dadurch die spektrale Auflösung vermindert würde. Man muss also entweder eine nahezu punktförmige Lichtquelle verwenden, deren Licht man durch die Linse L_1 genügend gut parallel machen kann (Abb. 4.37a), oder man muss eine entsprechende Blende in den Brennpunkt der Linse L_2 vor den Detektor setzen, so dass dieser nur ein kleines Flächenelement der Lichtquelle sieht. Der Detektor misst die transmittierte Intensität $I(\Delta s)$ als Funktion des optischen Gangunterschiedes

$$\Delta s = 2n_\mathrm{L} d \cos\beta \simeq 2n_\mathrm{L} d \, .$$

Abbildung 4.38 zeigt als Beispiel die Messung des Profils einer Doppler-verbreiterten Fluoreszenzlinie des Na_2-Moleküls durch Druckvariation in einem planparallelen FPI. Als Referenzwellenlänge wurde das Streulicht der schmalbandigen („Single mode") Argonlaserlinie $\lambda = 487{,}989\,\mathrm{nm}$ benützt.

Beim konfokalen Interferometer ist die photoelektrische Registrierung von besonderem Vorteil [4.31, 4.40]. Wegen der großen radialen Dispersion für kleine Abstände von der Achse erhält man eine besonders hohe spektrale Auflösung. Bildet man die Mittelebene des KI, in der die Interferenzringe entstehen (Abb. 4.29b), mithilfe einer Linse auf eine Ebene außerhalb des KI ab (Abb. 4.37b), so kann man durch eine kreisförmige Blende mit Radius b in dieser Ebene das zentrale Interferenzmaximum mit $p = 0$ durchlassen und alle anderen Ordnungen unterdrücken. Die spektrale Auflösung hängt vom Radius b der Blende ab. Mit dieser Anordnung lässt sich das instrumentelle Linienprofil beim Einstrahlen einer monochromatischen Welle messen, indem man den Spiegelabstand $d = 4r + \epsilon$ um einen kleinen Betrag ϵ variiert

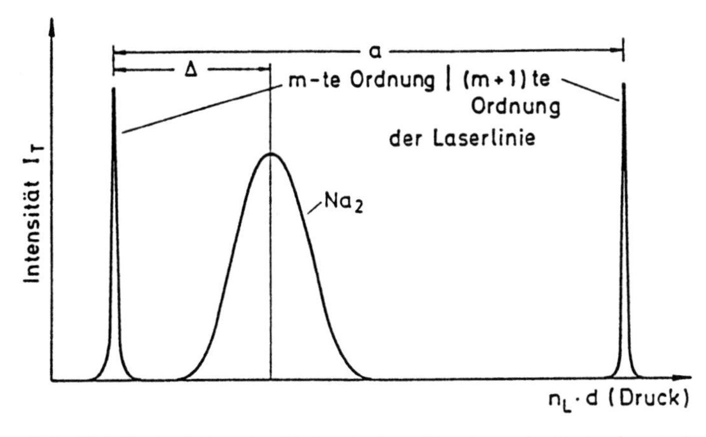

Abb. 4.38. Photoelektrischer Nachweis einer Doppler-verbreiterten laserinduzierten Fluoreszenzlinie und des Streulichtes von einem schmalbandigen Laser hinter einem durchstimmbaren ebenen FPI

und die durch die Blende durchgelassene Intensität $I(\lambda, \epsilon)$ als Funktion von ϵ misst, d. h.

$$I(\lambda, \epsilon, b) = 2\pi \int_{\rho=0}^{b} I(\rho, \lambda, \delta)\, \mathrm{d}\rho \,. \tag{4.78}$$

Dabei erhält man $I(\rho, \lambda, \delta)$ aus (4.68), und ϵ ist mit der Phasendifferenz $\delta = (2\pi/\lambda)\Delta s$ nach (4.69) durch $\Delta s = 4(r + \epsilon) + \rho^4/(r + \epsilon)^3$ verknüpft. Für $b = (r^3\lambda/F^*)^{1/4}$ wird das spektrale Auflösungsvermögen auf etwa 70% seines maximal möglichen Wertes bei $b = 0$ reduziert, wie man durch Einsetzen in (4.70) und Bestimmung der Halbwertsbreite $\delta\nu/F^*$ verifizieren kann. Die Finesse F^* ist dabei wie in (4.53) definiert.

4.2.8 Lyot-Filter

Ein spezieller Typ durchstimmbarer Interferometer ist das **Lyot-Filter** [4.42, 4.43]. Sein Prinzip beruht auf der Interferenz von *polarisiertem* Licht, das durch doppelbrechende Kristalle geschickt wird. Beim Eintritt in den Kristall spaltet eine Lichtwelle

$$\boldsymbol{E} = \boldsymbol{E}_0 \cos(\omega t - Kx)$$

auf in eine *ordentliche* Teilwelle mit der Wellenzahl $K_0 = Kn_0$ bzw. der Phasengeschwindigkeit $v_0 = c/n_0$ und in eine *außerordentliche* Teilwelle mit $K_\mathrm{a} = Kn_\mathrm{a}$ bzw. $v_\mathrm{a} = c/n_\mathrm{a}$. Beide Teilwellen sind senkrecht zueinander polarisiert. Bildet der elektrische Vektor $\boldsymbol{E}$ der einfallenden Welle den Winkel α mit der optischen Achse des Kristalls, die in die z-Richtung zeigen soll, so sind die beiden Komponenten von $\boldsymbol{E}_0 = (0, E_{0y}, E_{0z})$ gegeben durch (Abb. 4.39)

$$E_{0y} = E_0 \sin\alpha \,, \quad E_{0z} = E_0 \cos\alpha \,.$$

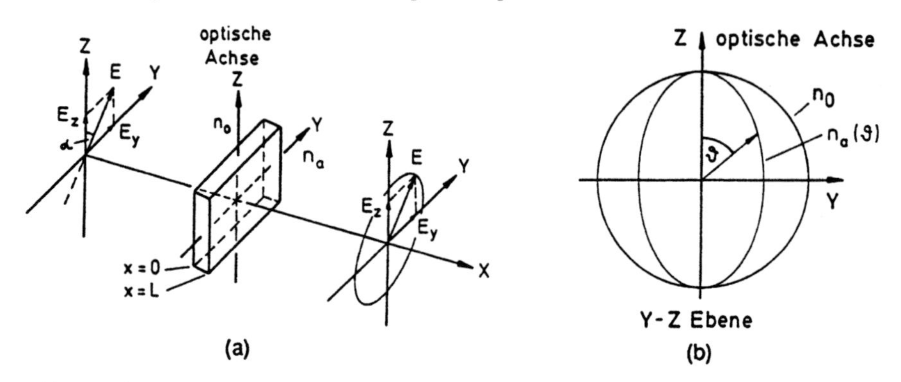

Abb. 4.39a,b. Lyot-Filter: (**a**) Schematische Anordnung, (b) Brechungsindex von ordentlichem und außerordentlichem Strahl als Funktion des Winkels ϑ der Ausbreitungsrichtung $\boldsymbol{K}$ gegen die optische Achse (Index-Ellipsoid)

Liegt die Eintrittsfläche bei $x = 0$ und hat der Kristall die Länge L, so sind die beiden Teilwellen am Ausgang

$$\begin{aligned} E_y(L) &= E_{0y}\cos(\omega t - K_a L), \\ E_z(L) &= E_{0z}\cos(\omega t - K_0 L) \end{aligned} \tag{4.79}$$

und zwischen ihnen besteht die Phasendifferenz

$$\delta = (2\pi/\lambda)\Delta n L = K(n_0 - n_a)L\,. \tag{4.80}$$

Die Überlagerung beider polarisierter Teilwellen ergibt im Allgemeinen elliptisch polarisiertes Licht, wobei die große Halbachse um den Winkel $\phi = \delta/2$ gegen die ursprüngliche Richtung gedreht ist. Nur für $\delta = 2m\pi$ erhält man linear polarisiertes Licht mit derselben Polarisationsrichtung wie die der einfallenden Welle. Für $\delta = (2m+1)\pi$ und $\alpha = 45°$ ist die Ausgangswelle linear, aber senkrecht zur Eingangswelle polarisiert.

Das einfachste Lyot-Filter besteht aus einem doppelbrechenden Kristall, der zwischen zwei parallel gestellte Linearpolarisatoren gesetzt wird. Lassen die Polarisatoren die Polarisations-Richtung $\boldsymbol{E}$ optimal durch, so wird bei einer Drehung von $\boldsymbol{E}$ um den Winkel ϕ nur die Komponente $E \times \cos\phi$, also die Intensität $I = I_0 \cos^2\phi$ durchgelassen. Schickt man weißes Licht durch das Lyot-Filter, so erhält man daher eine wellenlängenabhängige Transmission, d. h.

$$T(\lambda) = T_0 \cos^2(\pi \Delta n L/\lambda)\,. \tag{4.81}$$

Der freie Spektralbereich $\delta\nu$ ist mit $\nu = c/\lambda$

$$\delta\nu = \frac{c}{(n_0 - n_a)L}\,. \tag{4.82}$$

Schaltet man mehrere Lyot-Filter mit verschiedenen Längen L_m und Transmission $T_m(\lambda)$ hintereinander, so ist die Gesamttransmission

$$T = \prod_m T_m\,. \tag{4.83}$$

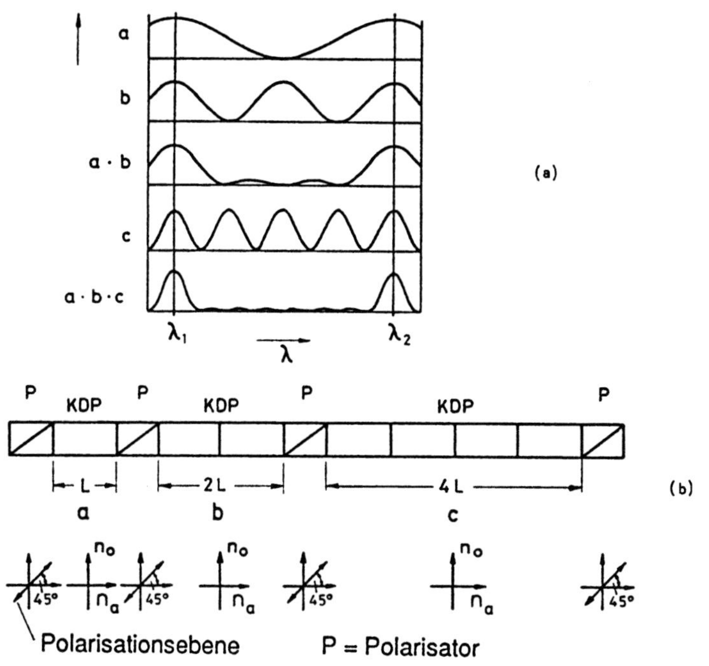

Abb. 4.40a,b. Transmissionsspektrum eines Lyot-Filters aus 3 Komponenten der Dicke $d = md_0$ mit $m = 1, 2, 4$

In Abb. 4.40 ist die Transmission für drei Filter mit den Längen $L_m = 2^m L_0$ aufgetragen $(m = 0, 1, 2)$. Der freie Spektralbereich ist gleich dem des kürzesten Filters, während die Halbwertsbreite der transmittierten Strahlung im wesentlichen durch die des längsten Filters bestimmt wird. Definiert man wie beim Fabry Pérot als Finesse F^* das Verhältnis von freiem Spektralbereich zur Halbwertsbreite, so erhält man aus (4.81 und 4.82)

$$F^* \simeq 2^{m+1} . \tag{4.84}$$

Man kann die Wellenlänge $\lambda_m = \Delta n \cdot L/m$ des Transmissionsmaximums eines Lyot-Filters auf verschiedene Weise kontinuierlich durchstimmen. Während der Brechungsindex n_0 für den ordentlichen Strahl unabhängig vom Winkel ϑ zwischen K und der optischen Achse ist (Abb. 4.39b), hängt der Brechungsindex n_a vom Winkel ϑ ab. Durch mechanisches Verdrehen der optischen Achse gegen den Ausbreitungsvektor K der Lichtwelle wird $n_a(\vartheta)$ und damit $\Delta n = n_0 - n_a$ variiert und deshalb auch das Transmissionsmaximum λ_m [4.44]. Zur Wellenlängendurchstimmung von Farbstofflasern werden z. B. 2–3 planparallele doppelbrechende Platten verschiedener Dicke innerhalb des Laserresonators verwendet, auf die der linear polarisierte Laserstrahl unter dem Brewster-Winkel α_B auftrifft (Abb. 4.41a). In Abb. 4.41 liegt die optische Achse in z-Richtung und der Kristall wird um die x-Achse gedreht. Im

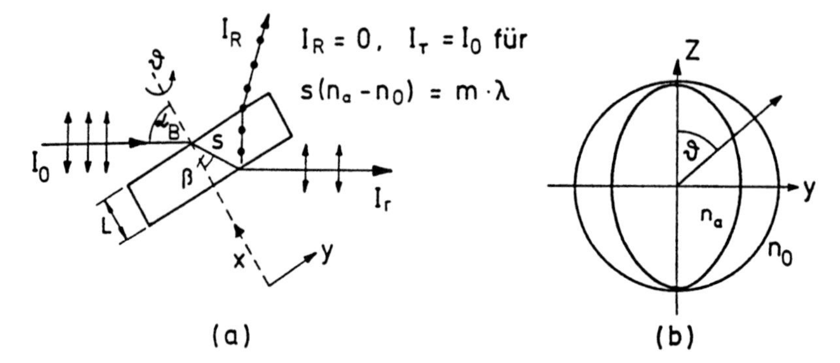

Abb. 4.41a,b. Mechanische Wellenlängendurchstimmung eines Lyot-Filters. (**a**) Unter dem Brewster-Winkel geneigte doppelbrechende planparallele Platte mit der z-Richtung als optische Achse, die um die x-Achse gedreht wird. (**b**) Zugehöriges Brechungsindex-Ellipsoid

Kristall wird aus der Überlagerung von ordentlichem und außerordentlichem Strahl elliptisch polarisiertes Licht. Für Wellenlängen, die der Bedingung

$$\frac{(n_0 - n_a)L}{\cos\beta} = m\lambda \quad (m: \text{ganzzahlig}) \tag{4.85}$$

genügen, ist die austretende Welle wieder in der Zeichenebene linear polarisiert und erleidet daher keine Reflexionsverluste.

Eine zweite Methode zur Wellenlängendurchstimmung benutzt ein äußeres elektrisches Feld, das entweder senkrecht oder parallel zur Ausbreitungsrichtung der durch den Kristall laufenden Lichtwelle angelegt wird (Abb. 4.42). Dieses elektrische Feld erzeugt in optisch einachsigen „elektrooptischen" Kristallen, wie z. B. KDP (Kalium-Dihydrogen-Phosphat) eine zusätzliche Doppelbrechung, die von der Orientierung der optischen Achse gegen die Feldrichtung abhängt (transversaler bzw. longitudinaler **elektrooptischer Effekt**) [4.45, 4.46]. Wenn z. B. in KDP die optische Achse (z-Richtung) parallel zur Feldrichtung gewählt wird und der Ausbreitungsvektor K der Lichtwelle senkrecht zu $E = \{0, 0, E_z\}$ ist, dann erhält man für in z-Richtung polarisiertes Licht eine feldabhängige Änderung des Brechungsindex n

$$\Delta n_{\text{el}}(E_z) = d_{\text{eo}} n^3 E_z/2 \,, \tag{4.86}$$

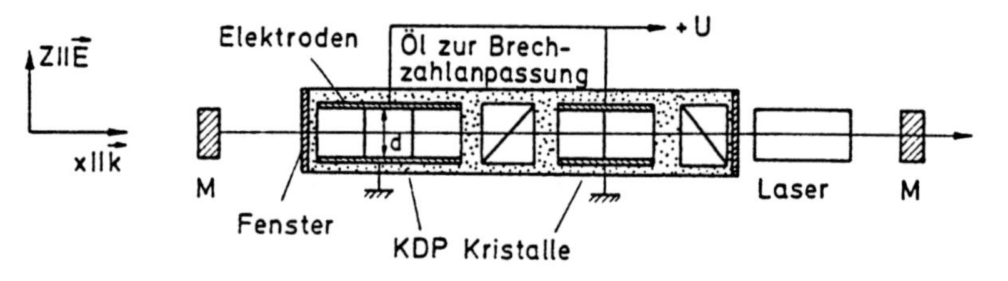

Abb. 4.42. Elektrisches Wellenlängendurchstimmen eines Lasers durch ein elektrooptisches Lyot-Filter im Laserresonator [4.47]

die proportional zur Feldstärke E_z ist. Für KDP ist der **elektro-optische Koeffizient** $d_{eo} = -10{,}7 \cdot 10^{-12}\,\mathrm{m/V}$ [4.45]. Maximale Transmission erhält man für die Wellenlängen

$$\lambda_m = (n_0 - n_a - 1/2 d_{eo} n_a^3 E_z) L/m \quad (m: \text{ganzzahlig}) . \tag{4.87}$$

Der Vorteil der elektro-optischen Lyot-Filter liegt in der Möglichkeit, die Wellenlänge sehr schnell durchzustimmen. Allerdings kann man nur kleine Abstimmbereiche erzielen [4.47].

Beispiel 4.12

Für einen KDP-Kristall mit $L = 2\,\mathrm{cm}$, $n_0 = 1{,}47$, $n_a = 1{,}51$, $d_{eo} = 1{,}07 \cdot 10^{-11}\,\mathrm{m/V}$ ist für $E_z = 0$ und $\lambda = 600\,\mathrm{nm}$ nach (4.87) $m = 1{,}33 \cdot 10^3$.

Der freie Spektralbereich ist gemäß (4.82) $\delta\nu = 375\,\mathrm{GHz} \rightarrow \delta\overline{\nu} \mathrel{\hat{=}} 12{,}5\,\mathrm{cm}^{-1} \mathrel{\hat{=}} \delta\lambda = 0{,}45\,\mathrm{nm}$.

Bei Variationen der Feldstärke von 0 auf $10^4\,\mathrm{V/cm}$ verschiebt sich λ_m um 0,277 nm, also um etwas mehr als einen halben freien Spektralbereich. Um bei fester Wellenlänge vom Transmissionsmaximum des Lyot-Filters (Abb. 4.41) ins Minimum zu schalten, d. h. die transmittierte Intensität vollständig zu modulieren, braucht man also für unser Beispiel eine Feldstärke von etwa 8 kV/cm.

4.3 Auflösungsvermögen und Lichtstärke von Spektrometern und Interferometern

Man kann die verschiedenen Ausdrücke, die wir bisher für das spektrale Auflösungsvermögen erhalten haben, für alle Spektralapparate, deren Wellenlängenselektion auf Interferenz beruht, auf einen gemeinsamen, einfachen physikalischen Zusammenhang zurückführen:

Es sei Δs_m die maximale, in einem Spektralapparat auftretende Wegdifferenz (Abb. 4.43). Dies ist z. B. die Wegdifferenz zwischen den Teilstrahlen in einem Gittermonochromator, die von der ersten bzw. letzten Furche des Beugungsgitters reflektiert werden, oder zwischen dem direkt durchgehenden Teilstrahl in einem Interferometer und dem, der m-mal hin und her reflektiert wurde. Nach dem Rayleigh-Kriterium können zwei Wellenlängen λ_1 und $\lambda_2 = \lambda_1 + \Delta\lambda$ gerade noch aufgelöst werden, wenn das Interferenzmaximum für die Wellenlänge λ_1 mit dem nächsten Interferenzminimum für λ_2 zusammenfällt. Dies ist genau dann der Fall, wenn für die maximale Wegdifferenz gilt

$$\Delta s_m = 2q\lambda_1 = (2q - 1)\lambda_2 \quad (q\text{: ganzzahlig}) , \tag{4.88}$$

weil dann z. B. alle q Teilwellen für λ_1 konstruktiv interferieren, für λ_2 jedoch die erste Hälfte aller Teilwellen mit der 2. Hälfte destruktiv interferiert. Aus (4.88) erhält man mit $\lambda^2 = \lambda_1\lambda_2$

$$\boxed{\frac{\lambda}{\Delta\lambda} \le \frac{\Delta s_m}{\lambda}} . \tag{4.89}$$

Das Auflösungsvermögen eines Spektralapparates ist also gleich der maximalen Wegdifferenz der interferierenden Teilstrahlen, gemessen in Einheiten der Wellenlänge.

Führt man statt der maximalen Wegdifferenz Δs_m die entsprechende Laufzeitdifferenz $\Delta T_m = \Delta s_m/c$ zwischen den interferierenden Teilwellen ein, so erhält man mit $\nu = c/\lambda$ für die höchste, noch auflösbare Frequenzdifferenz $\Delta\nu = -(c/\nu^2)\Delta\lambda$ aus (4.89)

$$\boxed{\Delta\nu \ge \frac{1}{\Delta T_{max}}} \quad \text{oder} \quad \boxed{\Delta\nu_{min}\Delta T_{max} = 1} . \tag{4.90}$$

Das Produkt aus dem kleinsten, noch auflösbaren Frequenzintervall $\Delta\nu_{min}$ und der maximalen Laufzeitdifferenz ΔT_{max} zwischen Teilstrahlen in einem Spektralapparat ist 1!

Dies ist ein ganz allgemeines Prinzip, das aus der Fourier-Transformation einer monochromatischen Welle folgt, die nur während der Zeitdauer ΔT_{max} gemessen wird. Ihre Frequenzprofil ist dann *nicht* mehr monochromatisch, sondern zeigt eine Frequenzverteilung der Breite $\Delta\nu = 1/\Delta T_{max}$.

Beispiel 4.13

a) **Gitterspektrograph**. Die maximale Wegdifferenz ist nach (4.15)

$$\Delta s_m = Nd(\sin\alpha \pm \sin\beta) = mN\lambda$$

wenn N die Zahl der beleuchteten Gitterfurchen ist und m die Beugungsordnung (Abb. 4.11 und 4.39a). Das spektrale Auflösungsvermögen kann daher nach (4.89)

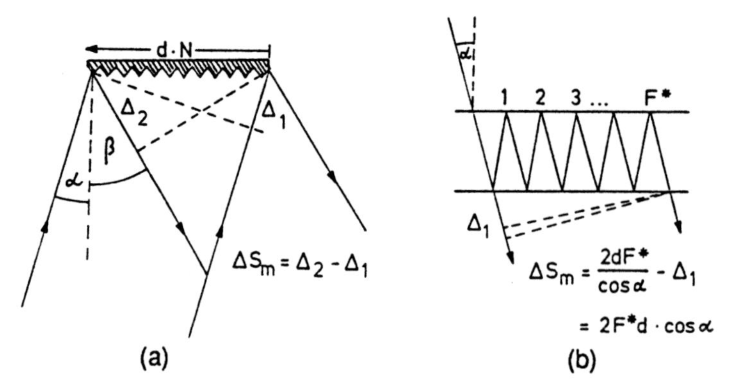

Abb. 4.43a,b. Maximale optische Wegdifferenz beim Gitter (**a**) und in einem FPI-Etalon (**b**)

höchstens

$$\frac{\lambda}{\Delta\lambda} \leq \frac{\Delta s_m}{\lambda} = mN \tag{4.91}$$

sein, also gleich dem Produkt aus Beugungsordnung m und der Gesamtzahl N der zur Interferenz gelangenden Teilstrahlen. Für $m = 2$ und $N = 10^5$ ergibt dies $\Delta\lambda = 5 \cdot 10^{-6}\lambda$. Wegen der Beugungseffekte (Abschn. 4.1.1) ist das tatsächlich erreichte Auflösungsvermögen kleiner.

b) **Michelson-Interferometer**. Während die Wegdifferenz Δs zwischen den beiden interferierenden Teilstrahlen von $\Delta s = 0$ bis $\Delta s = \Delta s_m$ variiert, werden die Interferenzmaxima gezählt. Sind im einfallenden Licht zwei Komponenten mit den Wellenlängen λ_1 und $\lambda_2 = \lambda_1 + \Delta\lambda$, so kann man die beiden Komponenten unterscheiden, wenn die Zählrate $m_1 = \Delta s_m/\lambda_1$ sich mindestens um 1 von $m_2 = \Delta s_m/\lambda_2$ unterscheidet. Dies führt wieder zu $\lambda/\Delta\lambda = \Delta s_m/\lambda$. Für $\lambda = 500\,\text{nm}$ und $\Delta s_m = 1\,\text{m}$ ergibt sich $\lambda/\Delta\lambda = 2 \cdot 10^6$, also eine Größenordnung höher als beim Gitterspektrometer (siehe jedoch Abschn. 4.4).

c) **Fabry-Pérot-Interferometer**. Die maximale Wegdifferenz Δs_m ist hier für senkrechten Einfall gegeben durch die Wegdifferenz $2nd$ zwischen benachbarten Teilstrahlen (4.36b) mal der effektiven Zahl der interferierenden Teilstrahlen, die gleich der Finesse F^* ist. Also ist

$$\left|\frac{\lambda}{\Delta\lambda}\right| = \frac{2ndF^*}{\lambda} = \frac{\nu F^*}{\delta\nu} = \left|\frac{\nu}{\Delta\nu}\right| , \tag{4.92}$$

wobei $\delta\nu = c/(2nd)$ der freie Spektralbereich des Interferometers ist. Für $nd = 1\,\text{cm}$, $\lambda = 500\,\text{nm}$ und $F^* = 50$ erhält man $\lambda/\Delta\lambda = 2 \cdot 10^6$, was vergleichbar mit der Auflösung eines Michelson-Interferometers mit $\Delta s_m = 100\,\text{cm}$ ist.

Das spektrale Auflösungsvermögen des konfokalen Interferometers

$$\frac{\nu}{\Delta\nu} = F^* \frac{\nu}{\delta\nu} = F^* \frac{4\nu d}{c} \tag{4.93}$$

nimmt mit dem Spiegelabstand $d = r$ zu.

Bei einem konfokalen Interferometer (KI) kann man eine Finesse $F^* = 300$ erreichen. Damit wird für $d = 5\,\text{cm}$ $|\nu/\Delta\nu| \simeq F^* 4nd/\lambda = 1{,}2 \cdot 10^8$. Man kann also bei $\nu = 6 \cdot 10^{14}\,\text{Hz}$ eine Frequenzauflösung von 5 MHz erreichen [4.40]!

Die Lichtstärke $U = A\Omega$ eines Spektralapparates (oft auch **Etendu** genannt) ist bestimmt durch das Produkt aus der die Strahlung durchlassenden Fläche A und dem Raumwinkel Ω, den das Instrument erfassen kann (Abb. 4.3). Bei einem Spektrographen mit der Eintrittsspaltfläche $A_s = b \cdot h$ und dem Raumwinkel $\Omega = A_G/f^2$ mit A_G: Gitterfläche, f: Brennweite des Spiegels Sp_1 in Abb. 4.2 wird

$$U = A_G bh/f^2 . \tag{4.94}$$

Für das konfokale Interferometer in Abb. 4.3b ergibt sich bei einer Detektorblende mit dem Radius b eine vom Detektor erfasste Fläche πb^2. Mit einem Raumwinkel

$\Omega = \pi b^2/r^2$ und $b = (r^3\lambda/F^*)^{1/4}$ erhält man daher für die Lichtstärke des KI

$$U = A \cdot \Omega = \pi^2 b^4/r^2 = \pi^2 r\lambda/F^* \; .$$

Mit $F^* = \delta\nu/\Delta\nu = \dfrac{c}{4r\Delta\nu}$ führt das zu

$$\boxed{U = \frac{4\pi^2 r^2}{\nu/\Delta\nu}} \quad \text{(konfokales Interferometer)}. \tag{4.95}$$

Lichtstärke und Auflösungsvermögen sind also einander umgekehrt proportional, beide nehmen jedoch mit dem Spiegelabstand $d = r$ zu.

Wir wollen uns zum Vergleich die entsprechenden Daten beim *ebenen* FPI ansehen, wenn wir dieses, wie in Abb. 4.37a, zur photoelektrischen Detektion der zentralen Ordnung benutzen. Aus (4.64) ergibt sich mit $\sin\beta \approx \beta$ durch Integration über β

$$\frac{\Delta\lambda}{\lambda} = \frac{\beta^2}{2} \; . \tag{4.96}$$

Bei vorgegebener Auflösung $\lambda/\Delta\lambda$ erhält man für die nutzbare Fläche der Blende mit dem Radius b vor dem Detektor

$$A = \pi b^2 = \pi f^2 \beta^2 = 2\pi f^2 \Delta\lambda/\lambda \; . \tag{4.97}$$

Der Raumwinkel Ω ist bei einem ausnutzbaren Durchmesser D der FPI-Platten

$$\Omega = \frac{\pi D^2}{4 f^2} \; . \tag{4.98}$$

Damit wird die Lichtstärke $U = A\Omega$ wegen $|\lambda/\Delta\lambda| = |\nu/\Delta\nu|$

$$\boxed{U = \frac{\pi^2 D^2}{2|\nu/\Delta\nu|}} \quad \text{(planparalleles FPI)} \; . \tag{4.99}$$

Ein Vergleich mit (4.95) zeigt, dass bei gleicher spektraler Auflösung die Lichtstärke beim KI für $r^2 > D^2/8$ größer wird als beim ebenen FPI. Anders ausgedrückt: **Bei vergleichbarer Lichtstärke hat das KI für $r > D/8^{1/2}$ eine höhere spektrale Auflösung als das FPI.**

4.4 Moderne Methoden der Wellenlängen-Messung

Nach (4.89) ist die spektrale Auflösung eines Interferometers

$$\frac{\lambda}{\Delta\lambda} \geq \frac{\Delta s_{\mathrm{m}}}{\lambda}$$

durch die maximale Wegdifferenz Δs_m der miteinander interferierenden Teilstrahlen in Einheiten der Wellenlänge λ gegeben ist. Um überhaupt noch deutliche Interferenz zu erhalten, kann jedoch Δs_m nicht größer als die Kohärenzlänge Δs_c der einfallenden Strahlung gemacht werden (Abschn. 2.8). Da z. B. die Doppler-Breite von Spektrallinien im sichtbaren Gebiet von der Größenordnung $(1-3)\cdot 10^9$ Hz ist (was einer Kohärenzlänge von etwa 30 – 10 cm entspricht), ist die maximale Wegdifferenz und damit das Auflösungsvermögen der Interferometer in der Doppler-limitierten klassischen Spektroskopie prinzipiell beschränkt.

Die Situation ändert sich bei der Messung von Laserwellenlängen, da man mit genügend schmalbandigen und frequenzstabilen Lasern (Kap. 5) Kohärenzlängen von vielen Metern erreichen kann. Deshalb sind in den letzten Jahren eine Reihe verschiedener Geräte zur genauen Messung von Laserwellenlängen entwickelt worden, die in der Literatur je nach Autor als „Lambdameter", „Wavemeter" oder „Sigmameter" (weil $\sigma = 1/\lambda$ in der Spektroskopie die Wellenzahl angibt) bezeichnet werden [4.48]. Die wichtigsten Typen sollen hier kurz behandelt werden.

4.4.1 Das Michelson-Lambdameter

Bei der Wellenlängen-Messung im Michelson-Interferometer [4.49, 4.50] wird die unbekannte Wellenlänge λ_x eines monochromatischen („Single mode") Lasers bestimmt, indem sie gleichzeitig mit der bekannten Wellenlänge λ_R eines Referenzlasers gemessen und verglichen wird. Als Referenz kann z. B. ein HeNe-Laser verwendet werden, dessen Wellenlänge auf eine Hyperfein-Komponente eines Überganges bei $\lambda = 632{,}9\,\mathrm{nm}$ im I_2-Molekül stabilisiert ist (Bd. 2, Abschn. 2.3) und die durch unabhängige Messungen mit einer relativen Unsicherheit von $\Delta\lambda/\lambda < 10^{-10}$ bekannt ist [4.51].

Das Prinzip der Messung wird in Abb. 4.44 verdeutlicht: Der HeNe-Laserstrahl mit der Wellenlänge λ_R wird aufgeweitet, damit die Beugungsdivergenz verkleinert wird und die Wellenfronten angenähert durch ebene Wellen beschrieben werden können. Der Strahlteiler ST1 erzeugt zwei Teilstrahlen mit etwa gleicher Intensität, von denen der eine (gestrichelt) den festen Weg ST1-P1-P2-P1-ST2 durchläuft, der andere den zeitlich variablen Weg ST1-P3-M3-M4-P4-ST2. Am Strahlteiler ST2 werden beide Teilstrahlen wieder überlagert, und die Photodiode PD1 misst die Interferenz-Intensität. Die beiden Retroreflexionsprismen P3 und P4 sind auf einem Wagen befestigt, der mit der konstanten Geschwindigkeit v über polierte Schienen oder auf einer Luftkissenfahrbahn gleitet.

Mit der optischen Wegdifferenz

$$\Delta s(t) = n_\mathrm{L}(\Delta s_0 + 4vt)$$

zwischen den beiden Teilstrahlen in Luft mit dem Brechungsindex n_L erhält man nach (4.33) für die Interferenz-Intensität am Ort des Detektors

$$I(t) = I_0(1 + \cos\delta)/2 = I_0\cos^2(\delta/2) \tag{4.100}$$

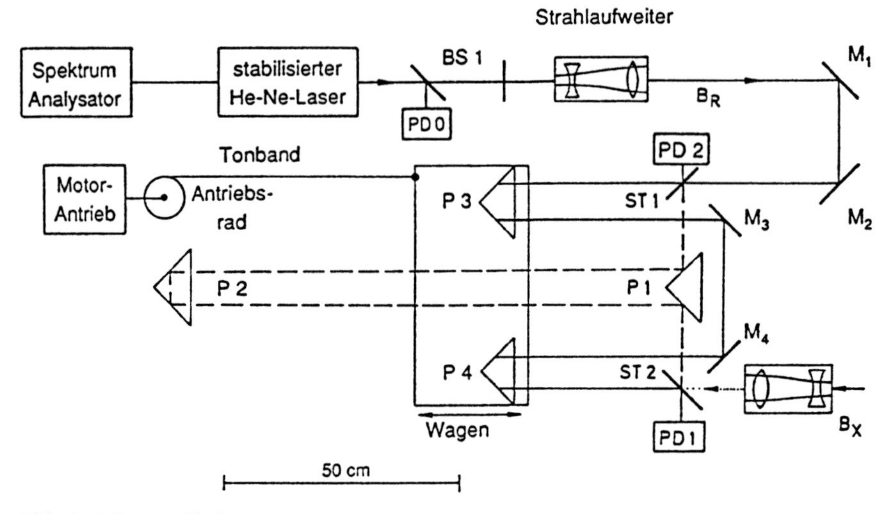

Abb. 4.44. Laserwellenlängen-Messung mit einem Michelson-Interferometer durch Vergleich mit einem stabilisierten HeNe-Laser

mit der Phasendifferenz

$$\delta = (2\pi/\lambda)\Delta s = (n_L 2\pi/\lambda_R)(\Delta s_0 + 4vt) = (n_L 2\pi/\lambda_R)4vt + \delta_0 \quad (4.101)$$

wobei λ_R die Vakuumwellenlänge des Referenzlasers ist.

Die Ausgangsspannung $U(t) = aI(t)$ des Detektors PD1 triggert jedes Mal beim steilsten Anstieg $(\delta/2 = \pi(m + \frac{3}{4}))$, also zu den Zeiten

$$t_m = \frac{(m + 3/4)\lambda_R}{4n_L v} - t_0 \quad \text{mit} \quad t_0 = \frac{\Delta s_0}{4v}$$

einen Pulsformer, dessen Normpulse mit der Zählrate $4n_L v/\lambda_R$ von einem Zähler Z1 gezählt und gespeichert werden.

Der Ausgangsstrahl des Lasers mit der zu messenden Wellenlänge λ_x wird nun genau antiparallel zum Referenzlaserstrahl durch das Interferometer geschickt. Die Photodiode PD2 misst die zeitabhängige Interferenzintensität (4.100) mit λ_x statt λ_R, und der Zähler Z2 registriert die Zählrate $4n_L v/\lambda_x$. Durch einen Startpuls werden die Signalwege zu beiden Zählern zu einem Zeitpunkt freigegeben, an dem von PD1 gerade ein Normpuls getriggert wird, und sie werden wieder gesperrt, so bald Z1 eine vorwählbare ganze Zahl m_1 erreicht hat.

Die unbekannte Wellenlänge λ_x erhält man dann aus dem Verhältnis der Zählraten m_R und m_x

$$\lambda_x = \frac{m_R}{m_x + \epsilon} \frac{n_L(\lambda_x, p_{\text{Luft}}, p_{H_2O}, T)}{n_L(\lambda_R, p_{\text{Luft}}, p_{H_2O}, T)} \lambda_R \,. \quad (4.102)$$

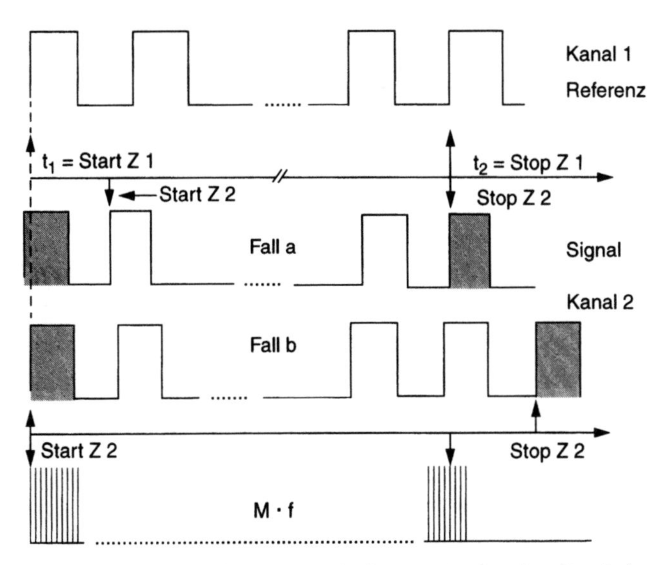

Abb. 4.45. Zeitliche Folge von Signalpulsen im Messkanal und im Referenzkanal

Die unbekannte Größe $\epsilon < 2$ berücksichtigt, dass beim Start und Stop der beiden Zähler zwar für den Referenzkanal die Phase der Interferenzintensität bekannt ist, aber nicht für den Signalkanal (Abb. 4.45). Im ungünstigsten Fall würde ein Signalpuls geformt gerade kurz vor dem Startzeitpunkt t_1 beider Zähler oder kurz nach dem Stopzeitpunkt t_2, so dass die gemessene Zählrate um bis zu zwei Pulse variieren kann. So werden z. B. die beiden, in Abb. 4.45 schraffiert gezeichneten Pulse im Signalkanal nicht gezählt. Bei einer Zählrate von $m_x = 10^7$ kann dadurch ein relativer Fehler von bis zu $2 \cdot 10^{-7}$ entstehen.

Es gibt verschiedene Möglichkeiten, diese Fehlerquelle zu beseitigen: Eine Methode basiert auf einer Koinzidenzschaltung: In beiden Kanälen werden aus dem Interferenzsignal kurze Normpulse (≈ 50 ns Dauer) geformt, die, bevor sie die beiden Zähler erreichen, durch einen Schalter laufen, der von einer Koinzidenzstufe geöffnet, bzw. geschlossen wird. Die Koinzidenzstufe öffnet beide Schalter, sobald nach einem Startsignal die Normpulse in beiden Kanälen gleichzeitig an der Koinzidenzstufe ankommen. Sie schließt die Schalter, sobald diese Gleichzeitigkeit nach einem Stopsignal wieder auftritt. Dadurch ist gesichert, dass sowohl zum Start- als auch zum Stop-Zeitpunkt beide Signale dieselbe Phase (innerhalb der Auflösungszeit) haben. Dies gibt bei einer Zeitauflösung von 50 ns und einer Zählrate von 200 kHz einen maximalen Phasenfehler von etwa $\pi/50$.

Eine andere Methode benutzt eine phasengekoppelte Multiplikation der Eingangsfrequenz f_x im Signalkanal mithilfe eines phasengekoppelten Oszillators [4.52], der eine Ausgangsfrequenz $M f_x$ erzeugt, deren Phase synchron mit der des Eingangssignals durch Null geht. Im Signalkanal entsteht dadurch eine Pulsrate $M f_x$ und die Unsicherheit ϵ wird um den Faktor M verkleinert.

Aus (4.102) erhält man für den maximalen relativen Fehler der Wellenlängenbestimmung mit der Abkürzung $V = n_L(\lambda_x)/n_L(\lambda_R)$

$$\left|\frac{\Delta\lambda_x}{\lambda_x}\right| \leq \left|\frac{\Delta\lambda_R}{\lambda_R}\right| + \left|\frac{\Delta m_x}{m_x}\right| + \left|\frac{\Delta V}{V}\right| + \left|\frac{\delta s}{\Delta s}\right| . \tag{4.103}$$

Der letzte Term, der in (4.102) nicht enthalten ist, berücksichtigt, dass z. B. durch ungenaue Justierung die Wegdifferenzen Δs im Interferometer sich um den Betrag δs für die beiden nicht exakt antiparallel laufenden Strahlen des Referenzlasers und des zu messenden Lasers unterscheiden. Wir wollen kurz die Größenordnung der vier Terme abschätzen:

a) Die Referenzwellenlänge λ_R ist in mehreren Labors mit einer Reproduzierbarkeit von besser als 10^{-10} gemessen worden [4.53]. Ihren Absolutwert erhält man z. B. durch Wellenlängenvergleich des I_2-stabilisierten HeNe-Lasers mit einem CH_4-stabilisierten HeNe-Laser bei $\lambda = 3{,}39\,\mu m$, dessen Frequenz $\nu = c/\lambda_{CH_4}$ absolut gemessen wurde. **Man beachte, dass seit 1983 die Lichtgeschwindigkeit c definiert ist, und die Wellenlänge $\lambda = c/\nu$ allein durch Messung der Frequenz ν bestimmbar ist** [4.54]! Die relative Frequenzstabilität eines Jod-stabilisierten HeNe-Lasers ist bei sorgfältigem experimentellem Aufbau (Abschn. 5.4 und Bd. 2, Abschn. 2.3) besser als 10^{-10}. Der Beitrag des 1. Terms in (4.103) ist daher kleiner als $2 \cdot 10^{-10}$ und vernachlässigbar gegenüber den anderen Termen [4.55].

b) Der 2. Term in (4.103) berücksichtigt, dass, wie oben bereits diskutiert wurde, die Zahl m_R der Referenz-Interferenzperioden zwischen Start- und Stop-Zeitpunkt ganzzahlig ist, die der Signal-Interferenzperioden $m_x + \epsilon$ jedoch nicht notwendigerweise. Der durch die unbekannte Größe ϵ verursachte relative Fehler ist bei der Koinzidenzmethode $< 2f_x\Delta\tau/m_x$, wenn $\Delta\tau$ die Zeitauflösung ist. Bei der Verwendung einer „phase-locked loop" mit einem Multiplikationsfaktor M ist der relative Fehler $< 2/(Mm_x)$. Für $f_x = 2 \cdot 10^5$, $m_x = 10^7$, $\Delta\tau = 50\,ns$ und $M = 100$ erhält man bei beiden Methoden für den 2. Term in (4.103) den Wert $2 \cdot 10^{-9}$.

c) Der 3. Term $\delta V/V$ ist durch die Genauigkeit begrenzt, mit der man das Verhältnis der Brechungszahlen $n_L(\lambda_x)/n_L(\lambda_R)$ in Luft beim Druck p_L, der Temperatur T und dem Wasser-Partialdruck p_{H_2O} bestimmen kann. Man misst den Totaldruck p (auf etwa 0,5 mb genau) die Temperatur T (auf 0,1 °C genau) und die relative Luftfeuchtigkeit (auf 5% genau) und kann dann mithilfe von Formeln, die von *Edlen* [4.56] und *Owens* [4.57] angegeben wurden, die Brechzahlen $n(\lambda_x, p_L, p_{H_2O}, T)$ und $n(\lambda_R, p_L, p_{H_2O}, T)$ berechnen. Mit den oben angegebenen Messgenauigkeiten für p_L, p_{H_2O} und T wird der Beitrag des 3. Terms in (4.103)

$$\frac{\Delta V}{V} \simeq 1 \cdot 10^{-3} |n_0(\lambda_x) - n_0(\lambda_R)| , \tag{4.104}$$

wobei n_0 die Brechzahl für trockene Luft bei Normalbedingungen ($T_0 = 15\,°C$, $p_0 = 760\,torr$) ist. Der relative Fehler hängt von der Wellenlängendifferenz $\Delta\lambda = |\lambda_x - \lambda_R|$ ab und ist für $\Delta\lambda = 1\,nm$ kleiner als 10^{-11}, steigt aber für $\Delta\lambda = 200\,nm$ ($\lambda_x = 430\,nm$ bei $\lambda_R \approx 630\,nm$) auf $5 \cdot 10^{-9}$ an.

d) Der Beitrag des letzten Terms in (4.103) hängt von der erreichbaren Justiergenauigkeit ab, mit der die beiden Laserstrahlen im Interferometer parallel gemacht werden können. Wenn zwischen beiden Strahlen ein Neigungswinkel α auftritt, unterscheiden sich die beiden optischen Wegdifferenzen um

$$\Delta s(\lambda_R) - \Delta s(\lambda_x) = \Delta s_R(1 - \cos\alpha) \simeq \Delta s \alpha^2/2 , \tag{4.105}$$

so dass bei der Wellenlängenbestimmung ein systematischer Fehler $\Delta\lambda/\lambda \simeq \alpha^2/2$ auftritt. Um diesen Fehler unter $5 \cdot 10^{-9}$ zu halten, muss also $\alpha < 10^{-4}$ rad = 20″ sein. Man muss daher die Parallelität beider Strahlen sehr sorgfältig prüfen.

Die obige Diskussion hat gezeigt, dass ein solches Michelson-Lambdameter Wellenlängen mit einer relativen Genauigkeit von besser als 10^{-8} zu messen gestattet. Im Frequenzmaß bedeutet dies bei einer Frequenz $\nu = 5 \cdot 10^{14}\,\mathrm{s}^{-1}$ eine Absolutgenauigkeit von besser als 5 MHz. Dies ist in der Tat erreichbar [4.58–4.60].

Ein miniaturisiertes Michelson-Lambdameter, bei dem die periodische Bewegung der Primen P3 und P4 über einen Exzenter mithilfe einer Motordrehung angetrieben wird, wird inzwischen kommerziell vertrieben und erreicht eine Messgenauigkeit von $\Delta\lambda/\lambda < 3 \cdot 10^{-8}$ [4.61]. Es gibt inzwischen viele Variationen eines solchen „Wavemeters" [4.62].

Bei kommerziellen Michelson-Lambdametern ist der Referenzlaser fest im Gerät eingebaut und der Signallaser wird über eine optische Einmoden-Faser eingekoppelt. Da das Faserende in eine feste Fassung gesteckt wird, ist die Parallelität von Signal- und Referenzlaserstrahl durch die genaue Vorjustierung gewährleistet [4.63].

4.4.2 Sigmameter

Ein Nachteil des im Abschnitt 4.4.1 beschriebenen Michelson-Interferometers mit einem zeitlich variablem Wegunterschied ist seine Beschränkung auf kontinuierliche (CW) Laser. Mit dem, am Aimé Cotton in Orsay entwickelten Sigmameter [4.64], das aus vier Zwei-Kanal Michelson-Interferometern mit unterschiedlichen, aber festen Wegdifferenzen besteht, können die Wellenlängen von CW und auch von gepulsten Lasern mit einer Genauigkeit von 10^{-8} gemessen werden.

Das Funktionsprinzip ist in Abb. 4.46 erläutert: Ein Teil des eintretenden Laserstrahls wird zur Grobmessung der Wellenlängen in einen Monochromator geschickt. Der Hauptstrahl läuft durch eine achromatische Strahlteilerfläche zwischen zwei Platten. Der durchgehende Strahl wird an einem Spiegel M_2 reflektiert. Der an der Strahlteilerfläche reflektierte Strahl läuft in ein Prisma, wird an dessen unterer Fläche totalreflektiert und vom Spiegel M_0 wieder in sich zurückreflektiert. Bei der Totalreflexion tritt ein Phasensprung auf, der von der Polarisationsrichtung der Lichtwelle abhängt; die Phasen für die zwei Polarisationsrichtungen senkrecht bzw. parallel zur Einfallsebene pro Totalreflexion unterscheiden sich um $\pi/4$ [4.25]. Nach der Überlagerung der beiden an M_2 bzw. an M_0 reflektierten Teilstrahlen erhält man für die Stellung $M_2 = M_0'$ die Wegdifferenz Null und für die um $\delta/2$ versetzte Position von M_2 eine Phasendifferenz $(2\pi\sigma\delta + \phi_0)$ bzw. $(2\pi\sigma\delta + \pi/2 + \phi_0)$ für die beiden Polarisationsrichtungen, wobei $\sigma = 1/\lambda$ und δ der optische Wegunterschied zwischen den beiden Teilstrahlen ist. Trennt man die beiden Polarisationskomponenten durch zwei gekreuzte Polarisatoren vor den Detektoren, so registrieren diese

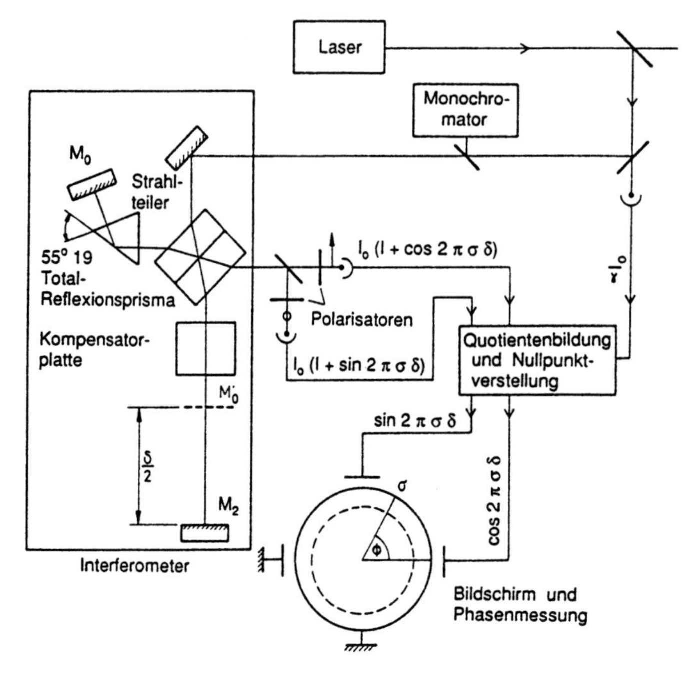

Abb. 4.46. Sigma-Meter

die Interferenzintensitäten

$$I_1 = I_0 \cos(2\pi\sigma\delta + \phi_0) \quad \text{und} \quad I_2 = I_0 \sin(2\pi\sigma\delta + \phi_0) , \tag{4.106}$$

wobei ϕ_0 die Summe aller Phasensprünge bei der Reflexion im Strahlteiler angibt.

Gibt man die Ausgangssignale der beiden Detektoren auf die x- und y-Ablenkplatten eines Oszillographen, so erscheint auf dem Schirm ein heller Punkt, der mit sich ändernder Wegdifferenz δ auf einem Kreis umläuft. Aus der Position dieses Punktes kann die Interferenzphase $(2\pi\sigma\delta + \phi_0)$ abgelesen werden. Die Wellenzahl $\sigma = 1/\lambda$ kann daraus allerdings nur modulo $1/\delta$ bestimmt werden, da alle Wellenzahlen $\sigma_K = \sigma_0 + m/\delta$ (m ganzzahlig) eine äquivalente Phase ergeben.

Um die Vieldeutigkeit von σ zu beseitigen, werden 4 solcher Interferometer mit Wegdifferenzen von $\delta = 0{,}1; 1; 10$ und 100 cm verwendet. Bei einer Genauigkeit der Phasenmessung von $2\pi/100$ erlaubt das Interferometer mit der kürzesten Wegdifferenz eine eindeutige Bestimmung der Wellenzahl mit einer Genauigkeit von $0{,}1\,\text{cm}^{-1}$, falls die Wellenzahl schon auf $\pm 10\,\text{cm}^{-1}$ bekannt ist. Deshalb wird zur Vormessung ein kleiner Monochromator verwendet. Die endgültige Genauigkeit des Sigmameters wird durch das Interferometer mit der längsten Wegdifferenz bestimmt und beträgt dann etwa $10^{-4}\,\text{cm}^{-1}$, d. h. 3 MHz im Frequenzmaß.

Natürlich müssen alle Wegdifferenzen entsprechend gut zeitlich konstant sein. Sie werden mithilfe eines Jod-stabilisierten HeNe-Lasers über die Position der Endspiegel M_N $(N = 1, 2, 3, 4)$, die auf Piezoelementen montiert sind, stabilisiert.

Man sieht, dass der experimentelle Aufwand recht groß ist, und die Anforderungen an die Präzision der optischen Elemente sehr hoch sind. Dafür hat man allerdings ein sehr genaues, schnelles und für alle schmalbandigen Laser geeignetes Wellenzahlmessgerät.

4.4.3 Computergesteuertes Fabry-Pérot-Wellenlängenmessgerät

Wir haben im Abschnitt 4.2.2 gesehen (Abb. 4.23), dass alle Wellenlängen $\lambda_\mathrm{m} = \lambda_i + m \cdot \delta\lambda$, die sich um m freie Spektralbereiche $\delta\lambda$ unterscheiden ($m = 1, 2, 3, \ldots$), das gleiche Interferenzbild hinter dem Fabry-Pérot Interferometer zeigen, also mit dem FPI allein nicht unterscheidbar sind. Man muss deshalb durch zusätzliche Messungen die ganze Zahl m bestimmen, d. h. die größte Zahl von ganzen Wellenlängen λ, die bei senkrechtem Einfall zwischen die beiden Spiegelflächen des FPI mit Abstand d passen. Diese Zusatzmessungen geschehen wie beim Sigmameter auch beim von *Byer* vorgeschlagenen Fabry-Pérot-Lambdameter gleichzeitig [4.65]. Das Messprinzip ist in Abb. 4.47 schematisch dargestellt:

Der durch die Aperturblende A1 in das Gerät eintretende Laserstrahl wird am Strahlteiler St1 aufgespalten in einen Anteil (≈ 2%), der auf den Eintrittsspalt eines kleinen Monochromators abgebildet wird, und in den Hauptanteil (≃ 98%), der dann nochmals in drei Teilstrahlen aufgeteilt wird, die divergent durch drei unterschiedlich dicke FPI geschickt werden.

Der Austrittsspalt des Monochromators ist durch eine Diodenanordnung („**diode array**“) D0 ersetzt, die aus 1024 Siliziumdioden im Abstand von 25 μm mit je 15 μm Breite und 26 μm Höhe besteht, so dass aus dem Monochromator ein Polychromator

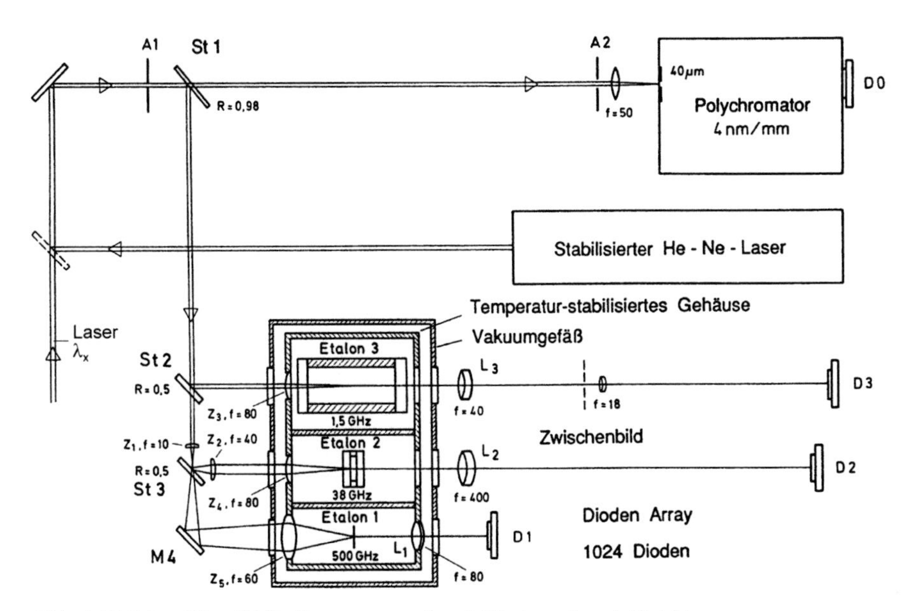

Abb. 4.47. Fabry-Pérot-Wellenlängenmessgerät mit Diodenzeilen als Detektoren

wird. Fällt monochromatisches Licht auf den 60 μm breiten Eintrittsspalt, so werden höchstens drei der 1024 Dioden beleuchtet. Aus der „Kanal-Nummer" der beleuchteten Dioden dieses **Vielkanaldetektors** kann die Wellenlänge λ mit einer Unsicherheit von $\Delta\lambda_p = (\mathrm{d}\lambda/\mathrm{d}x) \cdot \Delta x$ bestimmt werden, wenn Δx die Unsicherheit angibt, mit der die Lage der Linienmitte gegeben ist (Δx entspricht etwa der halben Breite einer Diode) und $\mathrm{d}\lambda/\mathrm{d}x$ die reziproke lineare Dispersion des Monochromators ist (Abschn. 4.4.1).

Beispiel 4.14

Mit $\mathrm{d}\lambda/\mathrm{d}x = 5\,\mathrm{nm/mm}$ und $\Delta x = 10\,\mu\mathrm{m}$ erhält man $\Delta\lambda_p = 0{,}05\,\mathrm{nm}$.

Die Interferenz-Ringsysteme hinter den drei FPI werden durch drei Linsen auf drei weitere Diodenanordnungen D1 – D3 abgebildet, die so justiert werden, dass sie das Ringsystem zentral schneiden (Abb. 4.48). Wenn der freie Spektralbereich $\delta\lambda_1$ des dünnsten FPI größer ist als $2 \cdot \Delta\lambda_p$, kann aus der Monochromatormessung die integrale Ordnung m_{01}, in (4.60) eindeutig bestimmt werden. Erfasst das Diodenarray D1 etwa 4–5 Ringdurchmesser, so kann durch einen „least-squares-fit" der Durchmesserquadrate D_p^2 mittels (4.63) der Exzess ϵ_1 auf etwa 0,01 genau ermittelt werden. Mithilfe von (4.61) erhält man dann die Wellenlänge λ mit einer gegenüber der Monochromatormessung um den Faktor $100(\Delta\lambda_p/\delta\lambda_1)$ höheren Genauigkeit. Dadurch ist es nun möglich, die wesentlich größere integrale Ordnung m_{02} des dickeren zweiten FPI eindeutig zu bestimmen. Aus dem durch die Diodenanordnung D2 gemessenen Ringsystem des FPI2 lässt sich der Exzess ϵ_2 wieder auf etwa 0,01 ermitteln. Die Genauigkeit der Wellenlängenmessung steigt weiter um den Faktor $\delta\lambda_1/\delta\lambda_2$, so dass die integrale Ordnung m_{03} des dritten FPI mit dem kleinsten freien Spektralbereich eindeutig bestimmt werden kann.

Das Auslesen der Diodenanordnungen wird von einem Mikroprozessor gesteuert, der auch die Berechnung der Ringdurchmesser, der Exzesse ϵ_i und schließlich der Wellenlänge λ durchführt.

Die endgültig erreichte Genauigkeit des FPI Lambdameters ist

$$\Delta\lambda = \Delta\epsilon_3\delta\lambda_3 + \Delta\lambda_{\mathrm{Eichung}} + (\mathrm{d}\lambda/\mathrm{d}T)\Delta T\,, \tag{4.107}$$

wobei $\Delta\epsilon_3 \simeq 0{,}01$ die Unsicherheit bei der Bestimmung des Exzesses ϵ_3 ist und $\delta\lambda_3$ der freie Spektralbereich des dritten FPI. Das ganze System muss natürlich einmal

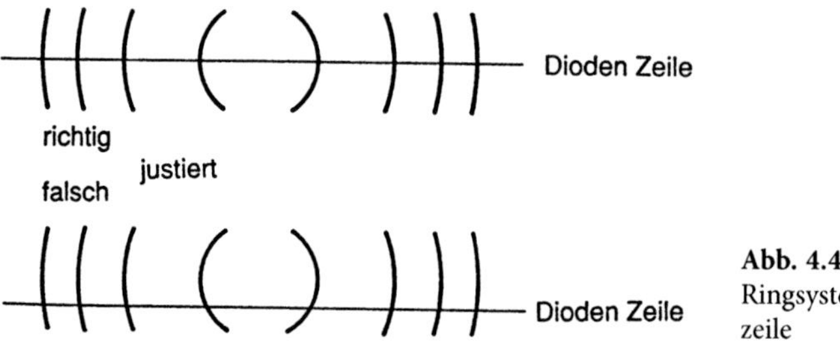

Abb. 4.48. Messung des FPI-Ringsystems mit einer Diodenzeile

für den zu verwendenden Spektralbereich geeicht werden, um die unbekannten optischen Abstände $n_i d_i$ zwischen den Spiegelflächen der einzelnen FPI zu bestimmen. Dies geschieht z. B. mit cw-Farbstofflaserwellenlängen, die gleichzeitig mit dem Michelson-Lambdameter gemessen werden. Der zweite Term in (4.107) berücksichtigt die bei dieser Eichung auftretenden Fehler.

Da die Abstände $n_i d_i$ der FPI von der Temperatur T und vom Luftdruck p abhängen, muss das System der drei FPI temperaturstabilisiert und druckdicht sein. Bei einer Temperaturabweichung ΔT wird der optische Abstand nd sich um

$$\Delta(nd) = d\frac{\partial n}{\partial T}\Delta T + n\frac{\partial d}{\partial T}\Delta T \tag{4.108}$$

ändern und damit nach (4.60) der Messwert für die Wellenlänge λ. Bei Quarzetalons ist der erste Term in (4.108) bei weitem dominant, während bei evakuierten FPI mit

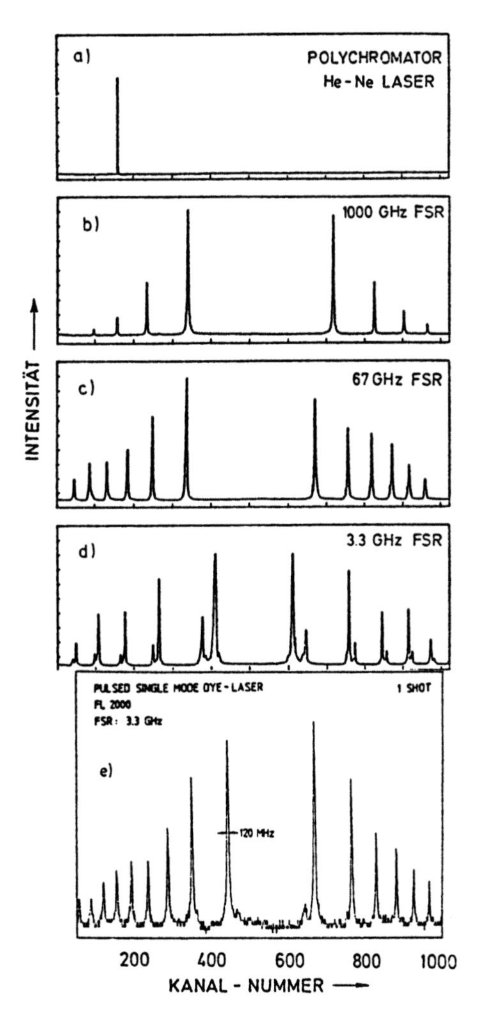

Abb. 4.49a–e. Ausgangssignale des Polychromators und der 3 Diodenanordnungen D1–D3 bei Beleuchtung mit einem HeNe-Laser, der auf 2 axialen Moden mit $\delta\nu$ = 500 MHz oszilliert (**a**–**d**). Die Modenaufspaltung wird erst beim FPI 3 sichtbar. Das untere Bild (**e**) zeigt die Intensitätsverteilung des Ringsystems eines Excimer-Laser gepumpten Farbstofflasers, gemessen mit D3

zwei Spiegeln im Abstand *d* die Längenänderung der Abstandshalter, d. h. der zweite Term, den Hauptbeitrag liefert. Man kann die Stabilität des Systems kontrollieren und regeln, indem zusätzlich bei jeder Längenbestimmung das Ringsystem eines stabilisierten HeNe-Lasers hinter dem letzten FPI gemessen wird.

Der Vorteil des FPI-Lambdameters ist seine Verwendbarkeit für gepulste und für Dauerstrich (CW) Laser. Während das Michelson-Lambdameter „single-mode" CW Laser verlangt, kann hier die Bandbreite des Lasers beliebig sein. Man kann z. B. die von den Diodenanordnungen gemessenen Schnitte durch die Ringsysteme direkt auf einen Oszillographen geben und damit das Linienprofil des Lasers beobachten. Zur Illustration sind in Abb. 4.49 die von den Diodenanordnungen aufgenommenen Signale für einen in zwei Moden oszillierenden HeNe-Laser hinter D1 – D3 gezeigt und im unteren Teil das von D3 aufgenommene Linienprofil eines gepulsten Ein-Moden-Farbstofflasers ($\Delta \approx 12\,\mathrm{ns}$), dessen Fourier-Breite $\Delta\nu \approx 1/\pi \cdot \Delta T$ hier sichtbar wird [4.58]. Die notwendige Eingangslaserenergie beträgt einige µJ. Man kann einzelne Pulse beobachten oder über viele Pulse mitteln.

Für nähere Einzelheiten über dieses, für die Praxis des Laserspektroskopikers überaus nützliche Instrument wird auf die Speziallliteratur [4.58, 4.66, 4.67] verwiesen.

4.4.4 Fizeau-Lambdameter

Analog zu den beiden vorherigen Lambdameter-Typen ist das „**Fizeau wavemeter**" [4.68–4.70] sowohl für gepulste als auch für CW Laser zu verwenden. Der optische Aufbau (Abb. 4.50) ist relativ einfach. Der Laserstrahl wird durch ein Mikroskop-Objektiv auf eine Lochblende fokussiert (4.50b). Der divergente Strahl wird dann durch einen Parabolspiegel in ein paralleles, stark aufgeweitetes Lichtbündel trans-

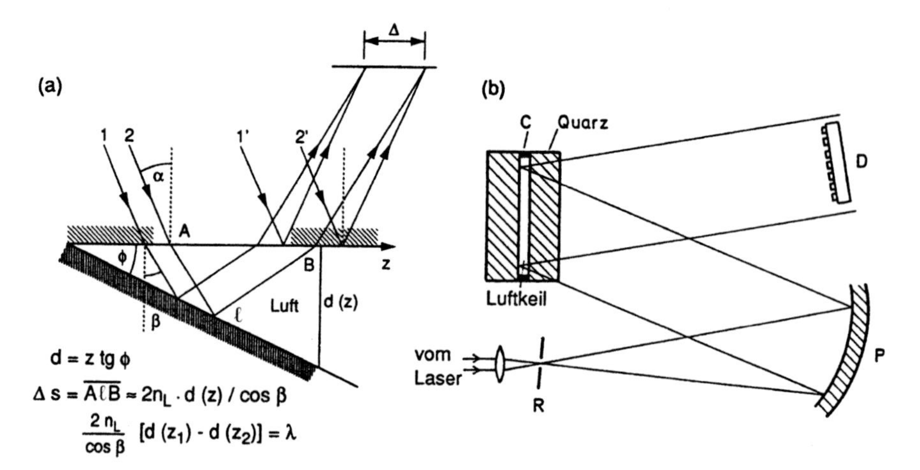

Abb. 4.50a,b. Fizeau-Interferometer. (**a**) Grundprinzip der Interferenz an einer keilförmigen Luftschicht. Der Keilwinkel ϕ ist hier stark übertrieben dargestellt. (**b**) Schematischer Aufbau (R: Raumfilter, P: Parabolspiegel, D: Diodenarray, C: Zerodurabstandshalter)

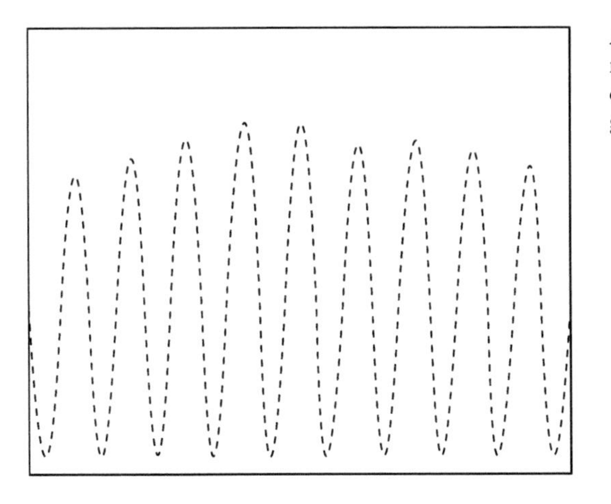

Abb. 4.51. Densitometer-Aufnahme des Interferenz-Streifensystems eines Fizeau-Wellenlängen-Messgerätes [4.69]

formiert, das schräg auf ein Fizeau-Interferometer [4.13] trifft. Dieses besteht aus zwei Quarzplatten, die einen leicht keilförmigen Luftspalt von etwa 1 mm Dicke mit einem Keilwinkel $\phi \simeq 0{,}05°$ einschließen. Im reflektierten Lichtbündel entsteht dann durch Interferenz ein Muster von parallelen Streifen, deren Abstand Δ vom Einfallswinkel α, vom Brechungsindex n_L im Luftspalt, dem Keilwinkel ϕ und der Wellenlänge λ abhängt (Abb. 4.51). Man erhält [4.13]

$$\Delta = z_2 - z_1 = \frac{d(z_2) - d(z_1)}{\tan\phi} = \frac{\lambda}{2n_\mathrm{L}\tan\phi\cos\beta}\,. \tag{4.109}$$

Verändert man λ, so verschiebt sich das Streifensystem und der Abstand Δ ändert sich. Nach einer Veränderung $\Delta\lambda$, die dem freien Spektralbereich $\delta\lambda = \lambda^2/(2n_\mathrm{L}\cdot d\cos\alpha)$ entspricht, ist die Verschiebung gerade gleich dem Streifenabstand, und daher ist das Streifensystem für die beiden Wellenlängen λ und $\lambda + \delta\lambda$ fast identisch – abgesehen von dem nach (4.109) nur geringfügig abweichendem Abstand Δ. Man muss also die Wellenlänge λ besser als bis auf $\pm\delta\lambda/2$ kennen. Diese Vorkenntnis kann man aus der Messung von Δ gewinnen. Misst man das Streifensystem mit einer Anordnung von 1024 Dioden, so kann man Δ und damit λ auf etwa 10^{-4} genau durch einen „least-squares-fit" an die gemessene Interferenzstreifenstruktur bestimmen [4.69].

Bei einem Plattenabstand von 1 mm ist die Interferenzordnung m für sichtbares Licht etwa 3000. Die Messung von Δ ist daher genau genug, um die Interferenzordnung eindeutig festzulegen. Aus der Lage der Interferenzstreifen lässt sich nach Eichung des Systems mit bekannten Wellenlängen die gesuchte Wellenlänge auf etwa $1\cdot 10^{-7}$ bestimmen.

Der Vorteil des Fizeau-Lambdameters ist seine kompakte Bauweise [4.70] und sein gegenüber den anderen Typen von Wellenlängenmessgeräten einfacherer Aufbau, der auch einen geringeren Preis bedingt. Man kann allerdings zwei oder mehr Fizeau-Interferometer mit unterschiedlichen Plattenabständen kombinieren, um die Genauigkeit zu erhöhen [4.71].

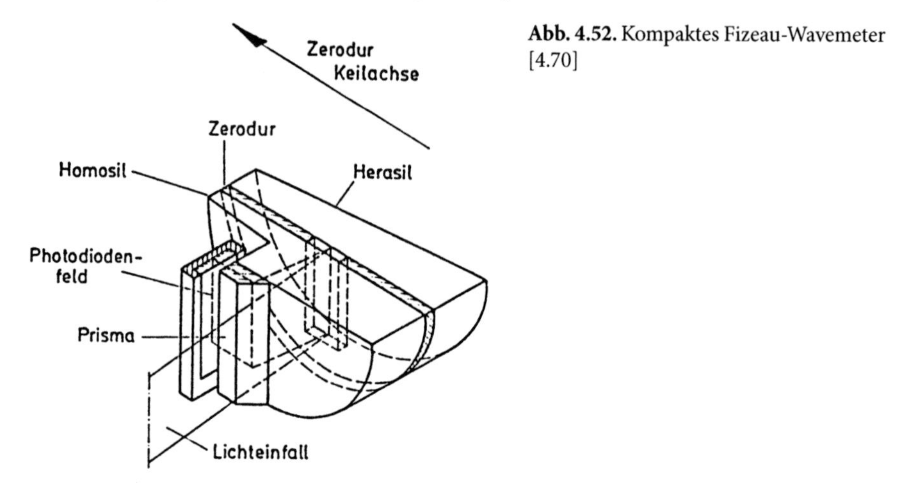

Abb. 4.52. Kompaktes Fizeau-Wavemeter [4.70]

Seine Genauigkeit ist allerdings nicht so hoch wie die des FPI-Gerätes. Eine besonders elegante technische Lösung, die in Abb. 4.52 gezeigt ist, wurde von *Gardner* entwickelt [4.72]. Der Luftkeil wird durch ein Zerodurabstandsstück zwischen zwei Quarzplatten gebildet, die optisch aufgesprengt sind, so dass das Keilvolumen luftdicht abgeschlossen ist. Das reflektierte Licht wird über ein totalreflektierendes Prisma auf das Diodenarray umgelenkt. Auch hier wird – wie beim FPI-System – die Auswertung des Diodenarraysignals mit einem Computer durchgeführt. Die Justierung wird einfacher, wenn man den Laserstrahl über eine optische Faser einkoppelt [4.73].

Für die Wellenlängenmessung von Multimode-Lasern hat sich ein „Fourier transform-wavemeter" als sehr nützlich erwiesen [4.74]. Seine Genauigkeit erreicht $\Delta\lambda/\lambda \leq 10^{-8}$, wenn als Referenz ein polarisations-stabilisierter Laser verwendet wird.

4.5 Detektoren

Für viele spektroskopische Probleme ist der empfindliche Nachweis von Licht und die genaue Messung seiner Intensität von entscheidender Bedeutung. Die richtige Auswahl des geeigneten Detektors muss folgende charakteristische Eigenschaften von Strahlungsdetektoren berücksichtigen:

1) Die spektrale Empfindlichkeitskurve $\eta(\lambda)$, die den Wellenlängenbereich festlegt, in dem der Detektor benutzt werden kann, und die man kennen muss, um aus zwei gemessenen Ausgangssignalen $S_1(\lambda_1)$ und $S_2(\lambda_2)$ die entsprechenden auf den Detektor fallenden Strahlungsleistungen $P_1(\lambda_1) = S_1/\eta(\lambda_1)$ bzw. $P_2(\lambda_2) = S_2/\eta(\lambda_2)$ bestimmen zu können. Wird das Signal am Ausgang als Spannung V_s abgenommen, so wird die Empfindlichkeit

$$\eta(\lambda) = \frac{V_s}{P} = \frac{V_s}{A \cdot I}\left[\frac{\mathrm{V}}{\mathrm{W}}\right] \tag{4.110a}$$

in Einheiten von Volt pro Watt auf die Detektorfläche A auffallende Strahlungsleistung P mit der Intensität $I = P/A$ angegeben. Ist das Ausgangssignal eine Strömänderung Δi (z. B. bei Photowiderständen oder Photomultipliern), so gilt für die Empfindlichkeit entsprechend

$$\eta(\lambda) = \frac{\Delta i}{P}\left[\frac{A}{W}\right] \tag{4.110b}$$

2) Das erreichbare Signal/Rausch-Verhältnis V_S/V_R ist prinzipiell begrenzt durch das Rauschen der einfallenden Strahlung. In der Praxis ist jedoch häufig das Eigenrauschen des Detektors (z. B. Dunkelstrom des Photomultipliers) die limitierende Größe. Man gibt das Detektorrauschen als **rauschäquivalente Strahlungsleistung** NEP (vom engl. „Noise Equivalent input Power") an. Darunter versteht man diejenige Eingangsstrahlungsleistung P, die am Ausgang des Detektors ein Signal V_S erzeugt, das genauso groß ist wie das ohne Strahlung gemessene mittlere Rausch-Ausgangssignal V_R

$$\text{NEP} = \frac{P}{V_S/V_R} = \frac{V_R}{\eta} \tag{4.111}$$

Die Detektivität $D = 1/\text{NEP} = \eta/V_R$ ist das Inverse der rauschäquivalenten Strahlungsleistung.

Oft wird die **spezifische Detektivität**

$$D^* = \frac{(A\Delta f)^{1/2}}{P}\frac{V_S}{V_R} = \frac{(A\Delta f)^{1/2}}{\text{NEP}} \tag{4.112}$$

als Maß für die Güte eines Detektors angegeben. Sie entspricht bei einer Detektorfläche $A = 1\,\text{cm}^2$ und einer Bandbreite von $\Delta f = 1\,\text{Hz}$ im Nachweissystem der inversen rauschäquivalenten Strahlungsleistung NEP und ist daher ein Maß für das mit dem spezifischen Detektor erreichbare Signal/Rausch-Verhältnis bei gegebener Eingangsleistung P.

3) Beim Vergleich stark unterschiedlicher Strahlungsleistungen P muss man sicher sein, dass der Detektor im verwendeten Leistungsbereich linear bleibt, d. h. dass die Empfindlichkeit η *nicht* von P abhängt und daher immer $S \propto P$ gilt.

4) Das Zeitverhalten des Detektors, insbesondere seine Ansprechzeit, ist für die Messung gepulster Signale von entscheidender Bedeutung. Fällt Strahlung, die mit der Frequenz f periodisch moduliert ist, auf einen Detektor, so zeigen viele Detektoren ein Frequenzverhalten, das man durch das Ersatzschaltbild (Abb. 4.53) beschreiben kann, in dem eine Wechselspannungsquelle einen Kondensator C über einen Widerstand R_1 auflädt, der über R_2 wieder entladen wird. Mit der Eingangsspan-

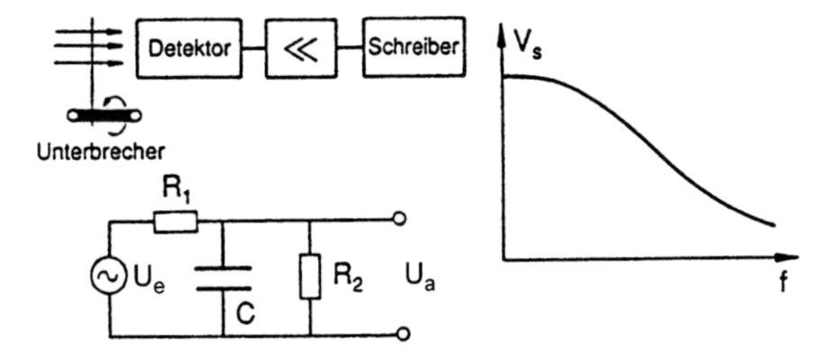

Abb. 4.53. Ersatzschaltbild eines Detektors

nung $U_e = U_0 \cos \omega t$ wird die Amplitude U_a der Ausgangsspannung

$$U_a = U_0 \cdot \frac{R}{R_1 + R} \quad \text{mit} \quad \frac{1}{R} = \frac{1}{R_2} + \mathrm{i}\omega C \,. \tag{4.113a}$$

Der Realteil dieser komplexen Spannung ergibt dann das Ausgangssignal $S(f)$ bei der Frequenz $f = \omega/2\pi$

$$S(f) = \frac{S(0)}{\sqrt{1 + (2\pi f \tau)^2}} \,, \tag{4.113}$$

wobei $\tau = CR_1R_2/(R_1 + R_2)$ die so genannte **„Zeitkonstante"** des Detektors ist, die für $R_1 \gg R_2$ in $\tau \simeq CR_2$ übergeht. Wir werden bei den einzelnen Detektortypen erläutern, welche Detektorgrößen den Ersatzgrößen R_1, R_2 und C entsprechen.

5) Natürlich ist der Preis eines Detektors eine wichtige Größe, die oft die Auswahl des optimalen Detektors begrenzt.

Wir wollen in den folgenden Abschnitten kurz die wichtigsten Detektortypen behandeln, die man grob in zwei Klassen einteilen kann:

a) Thermische Detektoren.
b) Direkte Photodetektoren.

Beim ersten Typ wird die Temperaturerhöhung durch die Absorption der einfallenden Strahlung direkt oder indirekt als Messgröße benutzt. Die direkten Photodetektoren beruhen entweder auf der Photoemission von Elektronen aus Festkörperoberflachen (**äußerer Photoeffekt**), auf der Änderung der Leitfähigkeit von Halbleitern bei Lichteinfall (**innerer Photoeffekt**) oder auf der Erzeugung einer Photospannung an der Grenzfläche zwischen unterschiedlich dotierten Halbleitern (**photovoltaischer Effekt**).

Während die Empfindlichkeit thermischer Detektoren *unabhängig* von der Wellenlänge ist (solange das gesamte Spektrum der einfallenden Strahlung absorbiert wird), haben Photodetektoren eine spektrale Empfindlichkeit $\eta(\lambda)$, die bei der Photoemission von der Austrittsarbeit des Photokathodenmaterials oder bei Photoleitern vom Bandabstand des Halbleiters und seiner Dotierung abhängt.

In den letzten Jahren hat die Entwicklung sehr empfindlicher Detektoren große Fortschritte gemacht, die nicht zuletzt durch militärische Anwendungen vorangetrieben wurden. Als Beispiele werden neue Photokathoden, Bildverstärker und so genannte **„optische Vielkanalanalysatoren"** (im Engl. OMA's) und CCD-Detektoren kurz behandelt.

Für ausführlichere Darstellungen des in diesem Abschnitt behandelten Themas wird auf spezielle Monographien [4.75–4.85] und auf die an den entsprechenden Stellen angegebene Literatur verwiesen.

4.5.1 Thermische Detektoren

Die charakteristischen Größen eines thermischen Detektors (Abb. 4.54) sind seine Wärmekapazität H und seine thermischen Verluste $G \cdot \Delta T$, die bei einer Tempera-

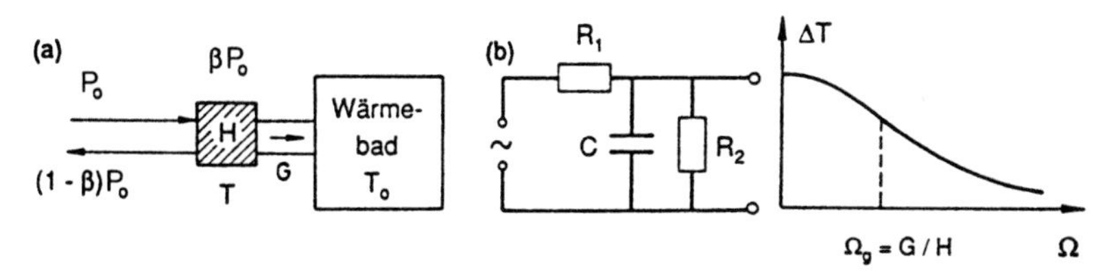

Abb. 4.54a,b. Grundprinzip eines thermischen Detektors (**a**) und Ersatzschaltbild (**b**)

turdifferenz $\Delta T = T - T_0$ gegenüber der Umgebungstemperatur T_0 durch Wärmeleitung oder Strahlung auftreten. Wird der Bruchteil β der zu messenden Strahlungsleistung P vom Detektor absorbiert, so steigt dessen Temperatur auf einen Wert T, der durch die Leistungsbilanz

$$\beta P = H\frac{\mathrm{d}T}{\mathrm{d}t} + G(T - T_0) \tag{4.114}$$

bestimmt wird. Bei zeitlich konstanter Strahlungsleistung P_0 wird $\mathrm{d}T/\mathrm{d}t = 0$, und man erhält eine stationäre Temperaturerhöhung

$$\Delta T = T - T_0 = \beta P_0/G\,, \tag{4.115}$$

die nur von den Wärmeverlusten des Detektors, nicht von seiner Wärmekapazität abhängt!

Schaltet man zur Zeit $t = 0$ eine konstante Strahlungsleistung P_0 ein, so ergibt sich die Lösung von (4.114)

$$T = T_0 + \frac{\beta P_0}{G}(1 - \mathrm{e}^{-tG/H})\,. \tag{4.116}$$

Der Detektor erreicht exponentiell seinen asymptotischen Endwert $T(\infty)$ mit der „Zeitkonstanten" $\tau = H/G$. Man sieht daraus, dass eine gute thermische Isolierung mit kleinen Wärmeverlusten G den Detektor zwar empfindlich, aber auch langsam macht.

Lässt man eine periodisch modulierte Strahlungsleistung

$$P = P_0(1 + a\cos\Omega t)$$

auf den Detektor fallen, so erhält man aus (4.114) den Temperaturverlauf

$$T = T_0 + \frac{\beta P_0 a\cos(\Omega t + \phi)}{(G^2 + \Omega^2 H^2)^{1/2}} = T_0 + \Delta T\cdot\cos(\Omega t + \phi)\,. \tag{4.117}$$

Die Phasenverschiebung ϕ der Temperaturmodulation ist durch

$$\tan\phi = \boldsymbol{\Omega H/G} \tag{4.118}$$

bestimmt. Bei der Grenzfrequenz $\Omega_g = G/H$ wird $\phi = 45°$ und die Amplitude ΔT sinkt auf $2^{-1/2}$ ihres Wertes bei $\Omega = 0$. In dem Ersatzschaltbild für den thermischen

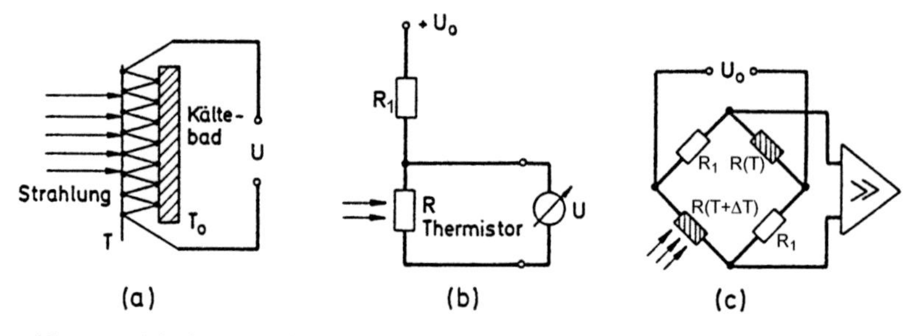

Abb. 4.55. (**a**) Thermosäule. (**b**) Thermistor als temperaturabhängiger Widerstand, (**c**) Brückenschaltung mit Differenzverstärker

Detektor (Abb. 4.54b) entsprechen sich folgende Größen: $C \leftrightarrow H$; $R_2 \leftrightarrow 1/G$ für $R_1 \gg R_2$; Ladestrom $i \leftrightarrow$ Strahlungsleistung P.

Thermische Detektoren, bei denen die Temperaturerhöhung ΔT in ein elektrisches Ausgangssignal umgewandelt wird, heißen **Bolometer**. Wir wollen zwei Typen kurz besprechen.

Die erste verwendet den thermoelektrischen Effekt in Thermoelementen. In solchen thermoelektrischen Bolometern sind auf der Rückseite eines dünnen, auf der Frontseite geschwärzten Bleches, das die Strahlung absorbiert, N Thermoelemente in Reihe gelötet (Abb. 4.55a). Man erhält dann eine Thermospannung

$$V_{\mathrm{th}} = N \cdot a(T - T_0) + N \cdot b(T - T_0)^2 + \ldots , \tag{4.119}$$

wobei die thermoelektrischen Koeffizienten a und b von den beiden Materialien der Thermoelemente abhängen.

Beispiel 4.15

Für Eisen-Konstantan z. B. ist $a = 5 \cdot 10^{-2}\,\mathrm{mV/°C}$ und $b \simeq 3 \cdot 10^{-5}\,\mathrm{mV/(°C)^2}$, was bei $N = 20$ eine Thermospannung von $1\,\mathrm{mV/°C}$ ergibt.

Empfindlicher ist die Ausnutzung der Abhängigkeit des elektrischen Widerstandes R von der Temperatur. Bei einer Temperaturänderung ΔT ändert sich R um

$$\Delta R = \frac{\mathrm{d}R}{\mathrm{d}T}\Delta T\,. \tag{4.120}$$

Der Faktor $\mathrm{d}R/\mathrm{d}T$ wird besonders groß bei Halbleitern, bei denen die Ladungsträgerkonzentration n_{e} im Leitungsband durch

$$n_{\mathrm{e}} = C \exp\left(\frac{-\Delta E_{\mathrm{g}}}{2kT}\right) \tag{4.121}$$

beschrieben werden kann, wenn ΔE_{g} der Bandabstand ist. Bei einer Temperaturänderung ΔT ändert sich n_{e} gemäß

$$\frac{n_{\mathrm{e}}(T)}{n_{\mathrm{e}}(T + \Delta T)} \approx \exp\left(\frac{-\Delta E_{\mathrm{g}} \Delta T}{2kT^2}\right). \tag{4.122a}$$

Die Leitfähigkeit und damit $1/R$ ist proportional zu n_e. Legt man eine kleine Spannung U_0 an, so fließt ein Strom $i = U_0/(R_1 + R)$ und man misst bei einer Temperaturänderung ΔT in Abb. 4.55b die Signalspannung

$$U = i \cdot \Delta R = \frac{U_0}{R_1 + R} \cdot \frac{\mathrm{d}R}{\mathrm{d}T}\Delta T \tag{4.122b}$$

$$\frac{\mathrm{d}R}{\mathrm{d}T}\Delta T \propto \exp\left(\frac{+\Delta E_g \Delta T}{2kT^2}\right) . \tag{4.122c}$$

Die relative Widerstandsänderung

$$\frac{1}{R}\frac{\mathrm{d}R}{\mathrm{d}T}\Delta T \propto \mathrm{e}^{(\Delta E_g/2k)(\frac{\Delta T}{T^2} - \frac{1}{T})} \tag{4.122d}$$

wird daher bei tiefen Temperaturen größer. Solche Halbleiter-Photowiderstände werden in einer Schaltung nach Abb. 4.55b oder noch empfindlicher in einer Brückenschaltung nach Abb. 4.55c verwendet.

Der Faktor $\mathrm{d}R/\mathrm{d}T$ in (4.120) wird besonders groß an der Sprungtemperatur T_c eines Supraleiters im Bereich zwischen Normal- und Supraleitung. Sorgt man durch eine Temperatur-Regelung dafür, dass das Bolometer immer bei der Temperatur T_c gehalten wird, so ist die Größe des Regelsignals ein Maß für die vom Bolometer absorbierte Leistung [4.86–4.88]. Durch die Entwicklung der neuen Hochtemperatur-Supraleiter werden die technischen Anforderungen an ein so betriebenes Bolometer wesentlich vereinfacht.

Tiefe Temperaturen erhöhen die Empfindlichkeit eines Bolometers aus folgendem Grund:

Selbst bei perfekter Isolierung lassen sich Strahlungsverluste nicht vermeiden. Nach dem Stefan-Boltzmann-Gesetz strahlt ein Detektor mit der Fläche A und der Emissivität ϵ einen Netto-Strahlungsfluss

$$\Delta\phi = 4\epsilon\sigma AT^3\Delta T = G\Delta T \tag{4.123}$$

an seine Umgebung ab, wenn seine Temperatur T um ΔT höher als die der Umgebung ist. Die Größe $G = G_{\mathrm{WSt}} + G_{\mathrm{WL}}$ für den Wärmeverlust in (4.114) wird durch die Wärmestrahlung ($\propto T^3$) und die Wärmeleitung ($\propto \Delta T$) bestimmt. Dies begrenzt die Empfindlichkeit $\eta \propto (1/T^3 \propto (1/T^3 + 1/G_{\mathrm{WL}})$ bei Zimmertemperatur auf etwa 10^{-10} W. Durch Kühlen des Detektors auf 1,6 K kann man jedoch den 1. Term sehr klein machen, so dass man Strahlungsleistungen von unter 10^{-13} W noch messen kann, wenn man auch die Wärmeleitung durch geeignete Konstruktion des Bolometers minimal macht. In Abb. 4.56 ist ein solches bei tiefen Temperaturen betriebenes Bolometer gezeigt. Es wird mit flüssigem Stickstoff vorgekühlt und dann mit flüssigem Helium auf 4,2 K heruntergekühlt. Durch Abpumpen des verdampfenden Heliums kann die Temperatur durch Verdampfungs-kühlung weiter auf etwa 1,5 K gesenkt werden. Der eigentliche Detektor ist auf den Kupferboden des Heliumgefäßes geschraubt und nimmt dadurch samt dem Vorverstärker die Temperatur von 1,5 K an. Die zu messende Strahlung fällt durch mehrere ebenfalls kalte Abschirmungs-

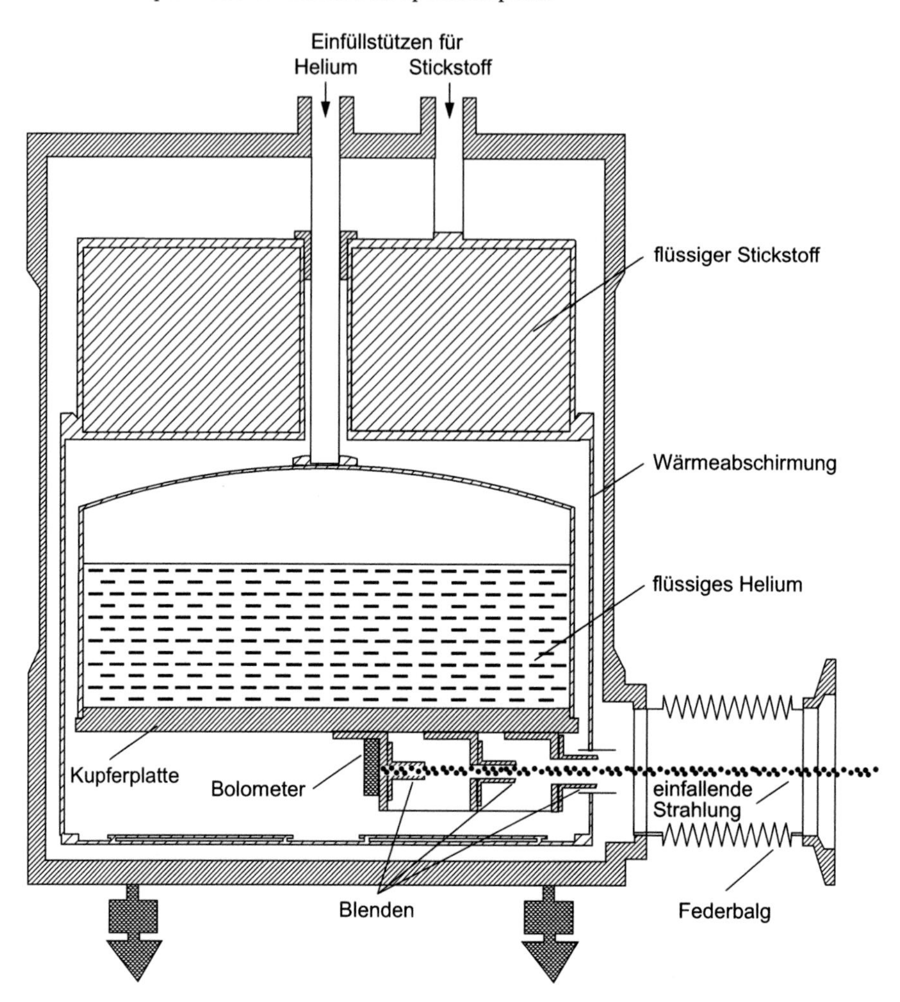

Abb. 4.56. Bolometer mit nHelium-Kryostat

Blenden auf das Bolometer. Die Zeitkonstante eines solchen Detektors beträgt etwa 5 ms und die kleinste noch messbare Strahlungsleistung, bei der diese gleich dem Rauschen des Detektors ist, beträgt etwa 10^{-13} W.

In den letzten Jahren sind thermische Detektoren technisch weiter entwickelt worden, die auf dem bereits seit langem bekannten pyroelektrischen Effekt beruhen [4.89, 4.90]. Pyroelektrische Materialien besitzen in bestimmten Kristallrichtungen ein makroskopisches elektrisches Dipolmoment, das vom Gitterabstand im Kristall und daher von der Temperatur abhängt. Das von dieser dielektrischen Polarisation erzeugte elektrische Feld im Innern des Kristalls wird kompensiert durch eine entsprechende Verteilung von Oberflächenladung, die bei einem guten elektrischen Isolator stabil bleibt und nicht abfließen kann. Eine Änderung der dielek-

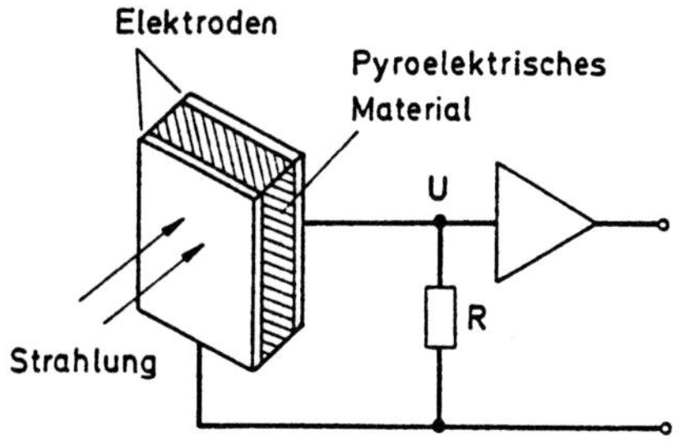

Abb. 4.57. Pyroelektrischer Detektor

trischen Polarisation durch Änderung der Temperatur bewirkt eine Änderung der Oberflächenladung, die über aufgebrachte Elektroden durch kapazitive Kopplung eine Ausgangsspannung erzeugt (Abb. 4.57).

Im Gegensatz zu den bisher besprochenen thermischen Detektoren sprechen diese **pyroelektrischen Detektoren** auf die Größe $\mathrm{d}T/\mathrm{d}t$ der zeitlichen Änderung der Temperatur an, nicht auf die Temperatur selbst. Man muss daher eine zeitlich konstante Strahlung modulieren, um sie mit pyroelektrischen Detektoren nachweisen zu können. Die Ausgangsspannung V_s wird bei einer Unterbrecherfrequenz Ω, einer Detektorfläche A, einem elektrischen Widerstand R des pyroelektrischen Materials zwischen den Elektroden und einem pyroelektrischen Koeffizienten p

$$V_\mathrm{s} = \Omega p A R \Delta T (1 + \Omega^2 \tau^2)^{-1/2} , \tag{4.124}$$

wobei die Zeitkonstante $\tau = RC$ des Detektors durch die Kapazität C des Elektrodenpaares und den Widerstand R bestimmt wird. Die Unterbrecherfrequenz sollte daher $\Omega \leq 1/\tau$ sein, um das Signal groß zu machen. Die Zeitkonstanten τ liegen im Bereich von $10^{-3}-10^{-4}$ s, obwohl mit speziellen Anordnungen schon Zeitauflösungen unter 1 ns erreicht wurden [4.91].

Die Nachweisgrenzen moderner pyroelektrischer Detektoren erreichen $\Delta T \leq 10^{-6}\,°\mathrm{C}$. Ihre Detektivität ist etwa $D \approx 10^8-10^9\,[\mathrm{cm\,s^{-1/2}W^{-1}}]$ und kann mit Bolometern bei $T = 70\,\mathrm{K}$ konkurrieren. Ihr Vorteil ist eine robuste Bauweise und eine relativ einfach Handhabung [4.90].

Zur **Absoluteichung** eines thermischen Detektors kann man eine bekannte Leistung P (z. B. durch elektrische Heizung) zuführen (Abb. 4.58). Fällt die zu messende Strahlung mit der Leistung P_s auf den Detektor, so verringert man die elektrische Heizleistung um einen solchen Betrag ΔP_el, dass die Temperatur T des Detektors konstant bleibt, so dass gilt: $P_\mathrm{s} = \Delta P_\mathrm{el}$. Bei dieser Eichmethode ist sichergestellt, dass die Wärmeverluste $G(T - T_0)$ sich nicht ändern.

Soll bei gepulsten Lasern die Energie eines Pulses gemessen werden, so lässt sich bei gleichmäßiger Pulsfolgenfrequenz f die *mittlere* Leistung $\overline{P}$ wie bei kontinuierlichen Lasern messen, solange die Zeitkonstante τ des Bolometers groß ist gegen den zeitlichen Abstand $\Delta t = 1/f$ zwischen zwei Pulsen. Die Energie W eines Pulses ist dann $W = \overline{P}/f$. Für die Messung eines einzigen Pulses wirkt der thermische Detektor als Integrator. Es gilt nach (4.114)

$$\int_0^{t_0} \beta P \,\mathrm{d}t = H \Delta T + \int_0^{t_0} G(T - T_0)\,\mathrm{d}t . \tag{4.125}$$

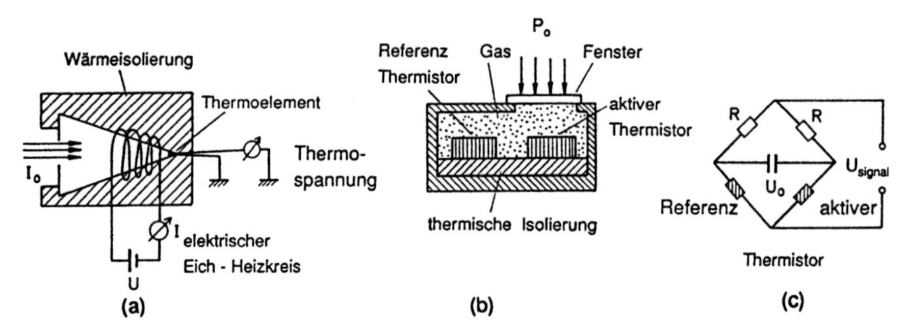

Abb. 4.58a–c. Absoluteichung eines thermischen Detektors, (**a**) Kalorimeter mit externer Referenzheizung, (**b**) bestrahlter Thermistor mit unbestrahltem Referenzthermistor in einer Brückenschaltung (**c**)

Ist die Pulsdauer t_0 klein gegen die Zeitkonstante τ des Detektors, so kann man bei thermisch gut isoliertem Detektor den zweiten Term vernachlässigen und erhält

$$\Delta T = \frac{1}{H} \int \beta P \mathrm{d}t = \beta W / H \,. \tag{4.126}$$

Wegen ihrer wellenlängenunabhängigen Empfindlichkeit (wenn $\beta \simeq 1$ nicht von λ abhängt), kann man thermische Detektoren benutzen, um die spektrale Empfindlichkeit $\eta(\lambda)$ anderer Detektoren zu eichen.

4.5.2 Photodioden

Photodioden sind Halbleiterelemente, die bei Bestrahlung entweder ihre Leitfähigkeit ändern und damit als Photowiderstände verwendet werden können oder eine Photospannung erzeugen und daher als lichtabhängige Spannungsquellen eingesetzt werden können [4.75–4.78, 4.85, 4.92].

a) Photoleiter

Die Photoleitung eines reinen Halbleiters (z. B. Si) lässt sich im Bändermodell vereinfacht wie in Abb. 4.59 darstellen. Durch Absorption eines Photons mit $h\nu > E_G$ kann ein Elektron den Bandabstand E_G überwinden und aus dem Valenzband in das Leitungsband gebracht werden. Sowohl das dadurch entstehende „Loch" im Valenzband als auch das bewegliche Elektron im Leitungsband können zur Leitfähigkeit beitragen. Die Wahrscheinlichkeit für eine solche Absorption und damit der Absorptionskoeffizient α hängt von den Zustandsdichten im Valenz- und Leitungsband ab. In der Nähe der unteren Bandkante erhält man für einen idealen Halbleiter [4.78]

$$\alpha(\nu) = \begin{cases} C(h\nu - E_G)^{-1/2} & \text{für } h\nu > E_G \\ 0 & \text{für } h\nu < E_G \end{cases} \,. \tag{4.127}$$

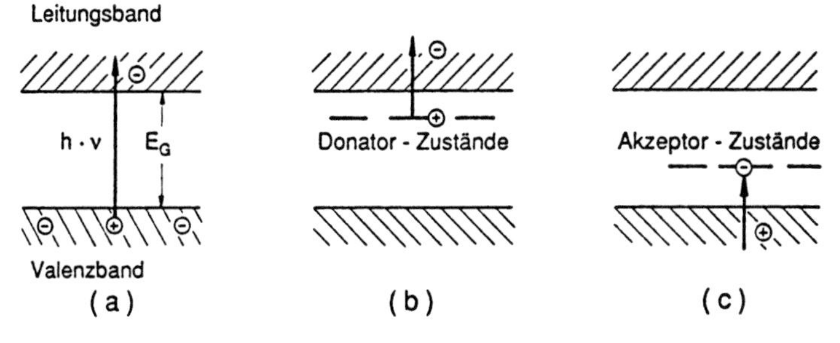

Abb. 4.59a–c. Direkte Bandabsorption in einem undotierten Halbleiter (**a**) und Übergänge durch Photoabsorption auf Übergängen zwischen Störstellen (Donatoren (**b**) oder Akzeptoren (**c**)) und Leitungs- bzw. Valenzband

In Abb. 4.60 ist $\alpha(\nu)$ für Silizium (indirekter Bandübergang) und GaAs (direkter Bandübergang) aufgetragen. Man beachte, dass die Eindringtiefe von Licht für $\alpha = 10^4\,\text{cm}^{-1}$ nur etwa $10^{-4}\,\text{cm} = 1\,\mu\text{m}$ beträgt!

Durch Dotierung von Halbleitern mit Atomen, deren Wertigkeit größer (Donatoren) bzw. kleiner (Akzeptoren) als die der Wirtsgitteratome ist, werden neue Elektronenzustände innerhalb der Bandlücke geschaffen, so dass die Lichtabsorption bereits bei kleineren Photonenenergien einsetzen kann (Abb. 4.59b,c). Solche dotierten Halbleiter können zur Detektion langwelliger Strahlung bis etwa $\lambda < 200\,\mu\text{m}$ noch verwendet werden. Sie müssen allerdings auf Temperaturen von 70 K bzw. 4 K gekühlt werden, damit die thermische Ionisation der Donator- bzw. Akzeptorzustände unwahrscheinlich bleibt. Für längere Wellenlängen kann man Indium-Antimonid

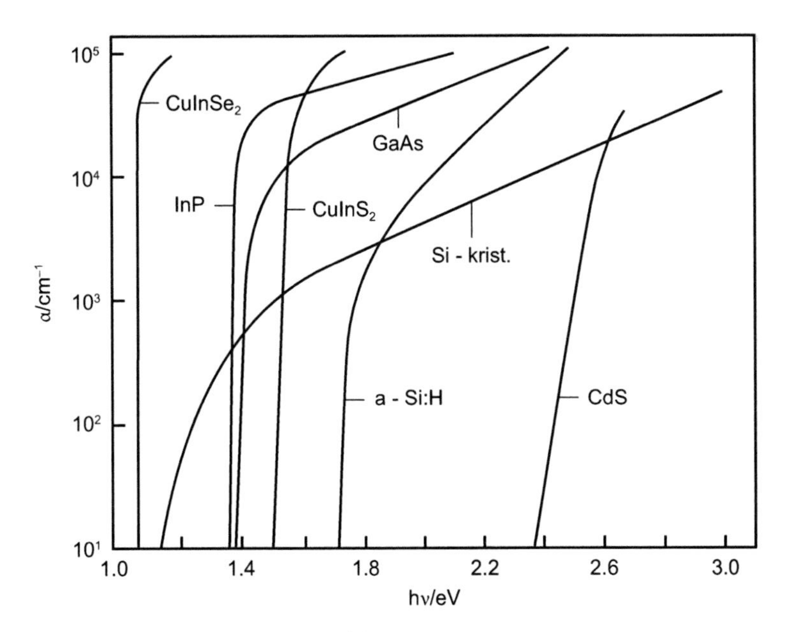

Abb. 4.60. Absorptionskoeffizient $\alpha(\nu)$ für einige Halbleiter

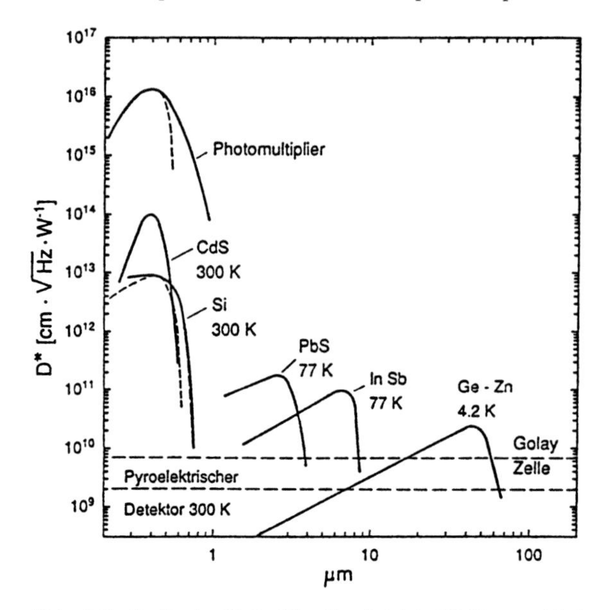

Abb. 4.61. Spektraler Verlauf der Detektivität D^* für verschiedene photoleitende Infrarotdetektoren

bei 4 K verwenden, wo die Absorption der Strahlung Elektronen von tiefen Zuständen des Leitungsbandes in höhere Zustände anregt. Diese **„Intraband"**-Übergänge innerhalb des Leitungsbandes verändern die Beweglichkeit der Leitungselektronen und damit die Leitfähigkeit.

In Abb. 4.61 ist der spektrale Verlauf der Detektivität D^* einiger Photodetektoren dargestellt.

Abbildung 4.62 zeigt eine typische Schaltung für den Einsatz eines Photoleiters, dessen Widerstand bei Bestrahlung mit Licht vom Dunkelwert R_D auf den Wert R_I sinkt. Bei einer Versorgungsspannung U_0 wird die Änderung ΔU der Ausgangsspannung

$$\Delta U = \frac{U_0 R_\mathrm{D}}{R_\mathrm{D} + R} - \frac{U_0 R_\mathrm{I}}{R_\mathrm{I} + R} = \frac{R \Delta R}{(R + R_\mathrm{D})(R + R_\mathrm{I})} U_0 \tag{4.128}$$

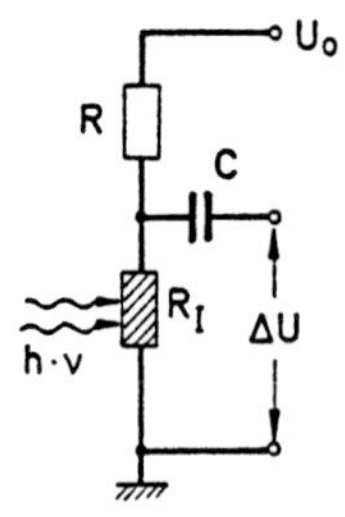

Abb. 4.62. Schaltung eines Photoleiters

maximal für

$$R = R_D(1 - \Delta R/R_D)^{1/2} = (R_D R_I)^{1/2} . \qquad (4.129)$$

Wenn $\Delta R \ll R_D \Rightarrow R \simeq R_D$.

Die Zeitkonstante eines Photoleiters ist durch die mittlere Lebensdauer der Ladungsträger bestimmt, die durch Elektron-Loch-Rekombination und durch die Diffusionszeit der Träger durch das Material bedingt ist. PbS-Detektoren haben z. B. typische Zeitkonstanten zwischen 0,1 – 1 ms, während InSb Detektoren bis etwa 1 μs hinuntergehen. Zur Messung sehr schneller Signale sind photovoltaische Dioden besser geeignet.

b) Photovoltaische Detektoren

Während Photoleiter passive Elemente darstellen, die eine äußere Spannungsquelle brauchen, sind die photovoltaischen Detektoren aktive Elemente, die bei Beleuchtung ihre eigene Photospannung erzeugen. Ihr Grundprinzip wird aus Abbildung 4.63 deutlich: In der Grenzschicht zwischen p-dotiertem und n-dotiertem Teil eines unbeleuchteten pn-Halbleiters ohne äußere Spannung baut sich durch Diffusion der Elektronen in die p-Region, bzw. der Löcher in die n-Region, eine Raumladung soweit auf, dass die dadurch entstehende Potenzialdifferenz V_D (Diffusionsspannung) einen Feldstrom erzeugt, der entgegengesetzt zum Diffusionsstrom ist und diesen gerade kompensiert. Beim Anlegen einer äußeren Spannung U wird der Feldstrom so beeinflusst, dass die Diffusionsspannung verringert wird (Abb. 4.61c), und man erhält die in Abbildung 4.64 gezeigte typische Strom-Spannungscharakteristik (Kurve *1*) der unbeleuchteten Diode.

Wird der Detektor beleuchtet, so entstehen durch Photonenabsorption in der Grenzschicht Elektron-Loch-Paare (für $h\nu > \Delta E_G$). Die Diffusionsspannung treibt die Elektronen in die n-Zone, die Löcher in die p-Zone. Dies vermindert die Raumladung und damit die Spannung V_D um einen Betrag ΔV, der als Photospannung

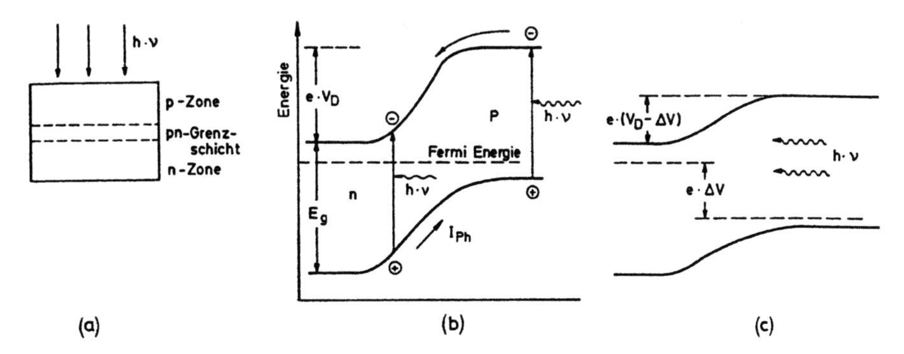

Abb. 4.63a–c. Photovoltaisches Element, (**a**) Schematischer Aufbau, (**b**) Erzeugung eines Elektron-Loch-Paares durch Absorption eines Photons in der pn-Grenzschicht. (**c**) Reduktion der Diffusionsspannung V_D bei offenem Schaltkreis

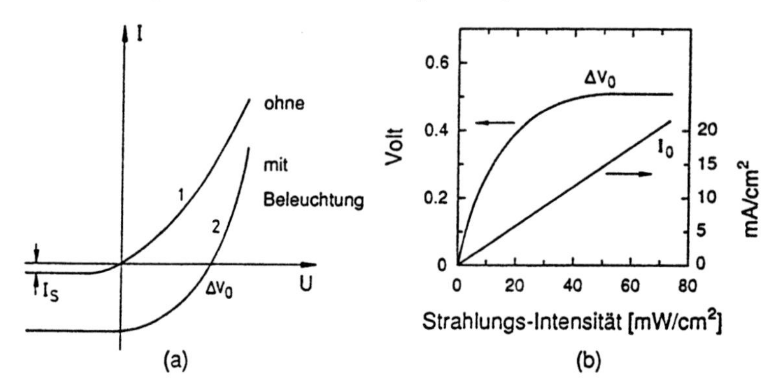

Abb. 4.64. (**a**) Strom-Spannungs-Charakteristik einer unbeleuchteten und einer beleuchteten Photodiode. (**b**) Leerlaufspannung und Kurzschlussstrom einer Photodiode als Funktion der Beleuchtungsstärke

$U_{\mathrm{Ph}} = \Delta V_0$ an den offenen Elektroden des Halbleiters gemessen wird (Leerlaufspannung). Sind diese kurzgeschlossen, so entsteht der Kurzschluss-Photostrom

$$i_{\mathrm{Ph}} = -\eta e A \phi \,, \tag{4.130}$$

wobei η die Quantenausbeute des Detektors, e die Elementarladung, A die photoempfindliche Fläche des Detektors und $\phi = I/h\nu$ die Flussdichte der einfallenden Photonen ist. Legt man eine äußere Spannung U an, so wird der Gesamtstrom

$$i = CT^2 \mathrm{e}^{-eV_\mathrm{D}/kT} (\mathrm{e}^{eU/kT} - 1) - i_{\mathrm{Ph}} \,, \tag{4.131}$$

der durch die Kurve *2* in Abbildung 4.64a dargestellt ist [4.92]. Bei offenem Schaltkreis wird $i = 0$, und man erhält aus (4.131) die Leerlaufspannung

$$U_{\mathrm{Ph}}(i = 0) = \frac{kT}{\mathrm{e}} \ln \left(\frac{i_{\mathrm{Ph}}}{i_\mathrm{s}} + 1 \right) , \tag{4.132}$$

wobei $i_\mathrm{s} = CT^2 \exp(-\mathrm{e}V_\mathrm{D}/kT)$ der Sättigungsdunkelstrom der unbeleuchteten Diode in Sperr-Richtung ($\mathrm{e}^{\mathrm{eV/kT}} \ll 1$) ist.

Man beachte, dass die Photospannung $U_{\mathrm{Ph}} < \Delta E_\mathrm{G}/\mathrm{e}$ immer kleiner als der Bandabstand $\Delta E_\mathrm{G}/\mathrm{e}$ ist. Die Leerlaufspannung wird im Allgemeinen schon bei kleinen Beleuchtungsstärken erreicht (Abb. 4.64b). Man muss deshalb die Photodiode mit einem geeigneten Widerstand R abschließen, so dass die Ausgangsspannung $U = iR$ immer kleiner als die Sättigungsspannung U_s bleibt. Abbildung 4.65 zeigt Bandabstände und Spektralbereiche für einige Halbleiter.

c) Lawinendioden

Größere Ausgangsspannungen und Ströme lassen sich in Lawinendioden (engl. *avalanche diodes*) [4.75] durch einen internen Verstärkungsmechanismus erreichen. Eine Lawinendiode wird mit einer so großen Gegenspannung betrieben, dass die durch

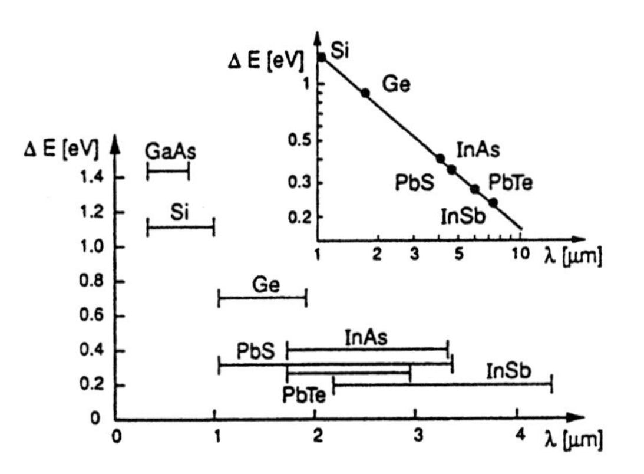

Abb. 4.65. Bandabstand und nutzbarer Wellenlängenbereich einiger Halbleiter-Detektoren

Photoabsorption erzeugten Ladungsträger in der Grenzschicht durch das elektrische Feld $\mathcal{E}$ genügend beschleunigt werden, um durch Stöße mit den Gitteratomen weitere Ladungsträger zu erzeugen (Abb. 4.66a). Der Ausgangsstrom wird dadurch um den Faktor M größer. Man erreicht Multiplikationsfaktoren von $M \leq 10^6$ (Abb. 4.66b). Dadurch lassen sich einzelne Photonen nachweisen.

Um Elektronenlawinen durch die in entgegengesetzte Richtung beschleunigten Löcher zu vermeiden, die zu zusätzlichem Rauschen führen würden, muss die Verstärkung für die Löcher wesentlich kleiner gemacht werden als die für die Elektronen. Dies erreicht man durch eine Schichtenstruktur mit einem in Feldrichtung sägezahnförmigen variablen Bandabstand (Abb. 4.66c). Dadurch werden die Löcher bei ihrer Bewegung in Feldrichtung immer wieder gebremst, so dass sie nicht genügend Energie zur Stoßionisation erhalten (Abb. 4.66d). Dadurch erreicht man, dass in einem

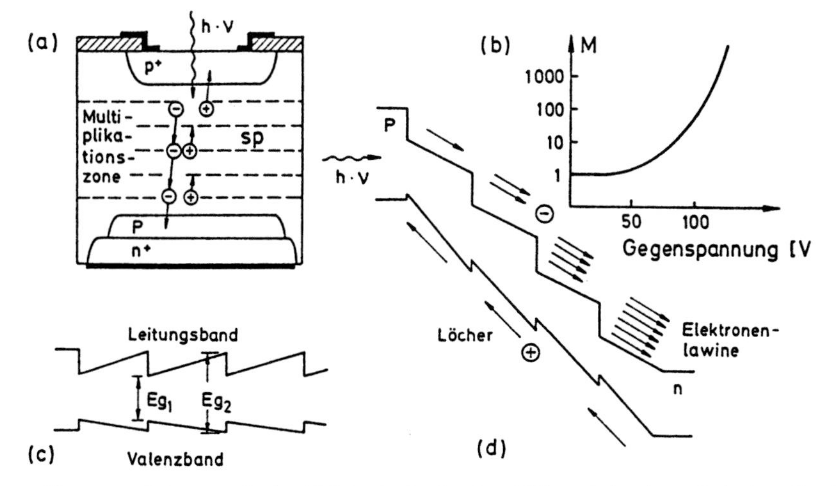

Abb. 4.66a–d. Lawinendiode, (**a**) Prinzip der Lawinenbildung (n^+, p^+: stark dotierte Bereiche), (**b**) Verstärkungsfaktor M als Funktion der Gegenspannung einer Si-Avalanche-Diode. (**c**) Ortsabhängigkeit des Bandabstandes ohne äußeres Feld, (**d**) im äußeren Feld

äußeren Feld der Verstärkungsfaktor für Elektronen etwa 50–100 mal größer wird als für Löcher [4.93].

Solche modernen Lawinendioden sind praktisch das Festkörper-Analogon zu Photomultipliern (Abschn. 4.5.4), brauchen aber eine wesentlich geringere Spannung (etwa 10–20 V). Die Quantenausbeute kann bis zu 70% betragen und das Produkt $M \cdot \Delta f$ aus Verstärkung M mal Bandbreite bis zu $10^{12} \cdot 1$ Hz. Der Nachteil gegenüber Photomultipliern ist eine kleine empfindliche Fläche, die bei der Detektion von Fluoreszenzlicht ausgedehnter Lichtquellen wesentlich weniger Photonen empfängt als eine Photokathode.

d) Schnelle Photodioden

Um den zeitlichen Verlauf kurzer Laserpulse im Bereich 10^{-6}–10^{-10} s direkt messen zu können, muss der Photodetektor eine entsprechend große Zeitauflösung haben. Da diese durch die Diffusionszeit der Ladungsträger im Halbleiter und durch äußere Schaltelemente wie Kapazitäten und Widerstände bestimmt wird, muss man den Schaltkreis optimieren und die Diffusionszeit minimieren. Das letztere lässt sich erreichen durch eine große Gegenspannung U an der Diode, weil dann die Beschleunigung der Ladungsträger groß wird und ihre Diffusionszeit klein. Aus (4.131, 4.132) und Abb. 4.64 sieht man, dass für große negative Werte von U, wo $\exp(eU/kT) \ll 1$ wird, der Gesamtstrom

$$i = -i_s - i_{Ph} \tag{4.133}$$

unabhängig von der äußeren Gegenspannung U wird. Der Photostrom i_{Ph} erzeugt an einem äußeren Widerstand R_L (Abb. 4.67) eine Signalspannung $V_{Ph} = R_L \cdot i_{Ph}$, die über viele Größenordnungen hinweg proportional zur absorbierten Lichtleistung ist. (Man beachte, dass für diesen Fall $-U \gg E_G/e$ die Photospannung V_{Ph} *größer* als der Bandabstand E_G werden kann!) Berücksichtigt man die Eigenkapazität C_s der Diode und ihren Widerstand R_i, so erhält man aus dem Ersatzschaltbild in Abb. 4.67a die Ausgangsspannung

$$U_a = \frac{R_L \cdot U}{R_i + R_L + \frac{1}{i\omega C}}$$

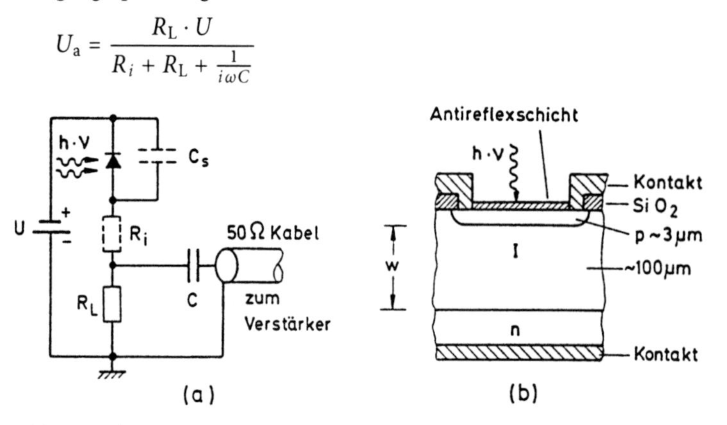

Abb. 4.67a,b. Ersatzschaltbild einer Photodiode mit Streukapazität C_s, Innenwiderstand R_i und Lastwiderstand R_L (**a**) und schematischer Aufbau einer PIN-Diode (b)

und daraus die Grenzfrequenz

$$f_g = \frac{1}{2\pi C_s(R_i + R_L)}, \qquad (4.134)$$

bei der U_a auf $\frac{1}{2}U$ gesunken ist.

Um Reflexionen bei der Übertragung des Signals von der Photodiode zum Oszillographen durch ein 50 Ω Kabel zu vermeiden, wird im Allgemeinen $R_L = 50\,\Omega$ gewählt. Man muss für hohe Grenzfrequenzen, d. h. kurze Signalanstiegzeiten deshalb C_s klein machen. Dies bedingt z. B., dass die Fläche der Diode klein ist. Besonders schnelle Photodioden sind die **PIN-Dioden** (Abb. 4.67b), bei denen die p- und n-Zonen durch eine undotierte Zone I getrennt sind. Weil die Raumladung in dieser Zone sehr klein ist, herrscht infolge der von außen angelegten Sperrspannung in dieser Zone ein konstantes elektrisches Feld, das die durch Absorption von Photonen erzeugten Ladungsträger beschleunigt und dadurch ihre Sammelzeiten verkürzt. Außerdem wird durch diese Trennschicht die Kapazität der Diode verkleinert. Man erreicht heute Anstiegzeiten von etwa 50 ps, die man mit entsprechend schnellen Speicheroszillographen auch sichtbar machen kann (Abb. 4.68). Auch bei Verwendung von Lawinendioden können Ausgangsimpulse im Voltbereich mit Pulsbreiten unter 100 ps erhalten werden [4.94, 4.95].

Sehr hohe Grenzfrequenzen bis in den Terahertz-Bereich lassen sich mit **MIM** (Metall-Isolatoren-Metall) **Dioden** realisieren, die aus einem Metall (Nickel) mit einer dünnen Oxydschicht (Isolator) und einer feinen Wolframspitze, die auf die Oxydschicht gepresst wird, bestehen [4.96]. Fokussiert man die Strahlung zweier Laser mit den Frequenzen f_1 und f_2 auf die Kontaktstelle zwischen der Nickelfläche und der scharfen Wolframspitze (Abb. 4.69), so wirkt die MIM-Diode als Antenne und Gleichrichter und erzeugt im Nachweisschaltkreis ein Signal der Differenzfrequenz $f_1 - f_2$. Auch mit **Schottky-Dioden** (Metall-Halbleiter-Dioden) wurden Differenzfrequenzen bis zu 900 GHz zwischen zwei Farbstofflasern im sichtbaren Spektralbereich gemessen, indem diese Frequenzen mit den Oberwellen einer 90 GHz Mikrowellenstrahlung gemischt wurde [4.97]. Solche hohen Frequenzen lassen sich auch mit sehr kleinen GaAs-Schottky-Grenzflächen-Dioden erreichen [4.98].

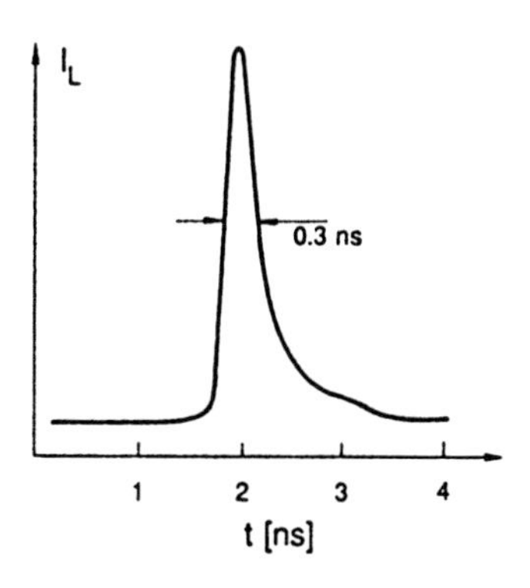

Abb. 4.68. Puls eines modengekoppelten Farbstofflasers, aufgenommen mit einer schnellen Photodiode. Die kleinen Oszillationen in der Abfallflanke kommen von nicht völlig unterdrückten Kabelreflexionen

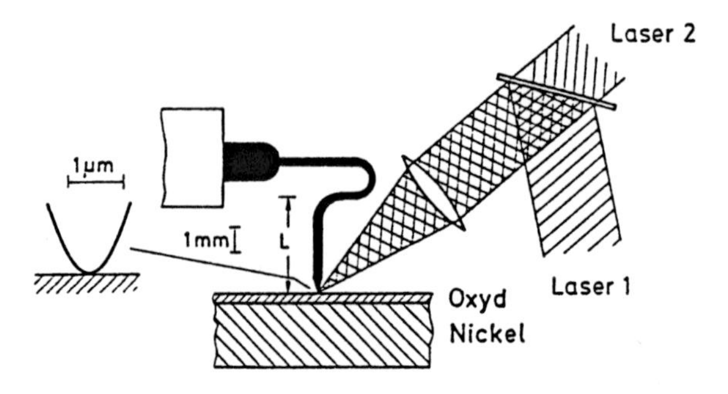

Abb. 4.69. Aufbau einer Metall-Isolator-Metall (MIM) Diode und Frequenzmischung zweier Laserfrequenzen an dieser Diode

4.5.3 Diodenanordnungen und CCD-Detektoren

Durch einen integrierten Aufbau vieler Halbleiterphotodioden und der entsprechenden elektronischen Schaltelemente auf einer gemeinsamen Unterlage ist es möglich, eindimensionale Diodenreihen oder auch zweidimensionale Anordnungen vieler Reihen herzustellen, die eine räumliche Auflösung der einfallenden Lichtintensität gestatten. Man nennt solche Diodenanordnungen im Englischen **„diode arrays"**.

In Abb. 4.70 sind Aufbau und Schaltung eines eindimensionalen Diodenarrays schematisch dargestellt. Die *pn*-Dioden mit der Fläche A und der Kapazität C_s werden auf eine Sperrspannung U aufgeladen. Bei Beleuchtung mit der Intensität I fließt der Photostrom $i_{Ph} = \eta AI$, der sich dem Dunkelstrom i_D überlagert (Abb. 4.64). Während der Zeit ΔT fließt daher die Ladung

$$Q = \int_t^{t+\Delta T} [i_D + A\eta I(t)] \mathrm{d}t \tag{4.135}$$

aus der Kapazität C_s ab. Durch ein Schieberegister werden MOS-Feldeffekt-Transistoren periodisch im Zeitabstand ΔT geöffnet, so dass die Kapazität C_s wieder auf ihre ursprüngliche Spannung aufgeladen wird. Der dabei entstehende Aufladungspuls $\Delta U = Q/C_s$ erscheint als Spannungspuls auf einer allen Dioden gemeinsamen Videoleitung und dient als Signal für die auf die entsprechende Diode eingefallene, über die Zeit ΔT integrierte Lichtleistung $A\eta I(t)$, wenn man den Dunkelstrom i_D kennt.

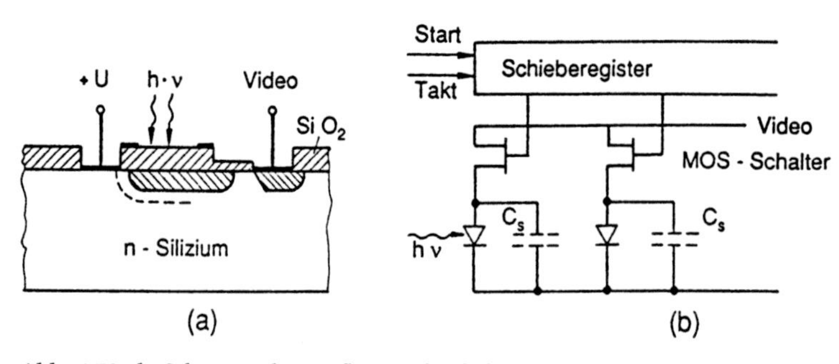

Abb. 4.70a,b. Schematischer Aufbau und Schaltung einer eindimensionalen Diodenanordnung, (**a**) Technische Ausführung einer Einzelzelle. (**b**) Prinzipschaltbild [4.77]

Die maximale Integrationszeit ΔT ist durch den Dunkelstrom i_D begrenzt, dessen Rauschen das erreichbare Signal/Rausch-Verhältnis bestimmt. Typische Integrationszeiten liegen bei Zimmertemperatur bei einigen ms, können aber durch Kühlung der Diodenanordnung auf mehrere Sekunden gesteigert werden. Die minimal noch nachweisbare Lichtleistung ist durch den kleinsten, noch über dem Rauschen messbaren Spannungsimpuls ΔU bestimmt. Die Nachweisempfindlichkeit wächst daher mit sinkender Temperatur wegen der längeren möglichen Integrationszeit. Bei ungekühlten Diodenarrays liegt die Nachweisgrenze bei etwa 5000 Photonen pro Sekunde und Kanal.

Beispiel 4.16

Typische Abmessungen einer aus 1024 Dioden bestehenden eindimensionalen Anordnung sind: Höhe der Dioden: $h = 20\,\mu\text{m}$, Breite: $b = 15\,\mu\text{m}$, Abstand zwischen den Mitten benachbarter Dioden: $d = 25\,\mu\text{m}$, Fläche des ganzen Arrays: $h \cdot D = 20\,\mu\text{m} \times 25\,\text{mm}$.

Ersetzt man den Austrittsspalt eines Monochromators durch ein solches Diodenarray, so kann das Spektralintervall

$$\delta\lambda = \frac{\mathrm{d}\lambda}{\mathrm{d}x} D\,, \tag{4.136}$$

das durch die reziproke lineare Dispersion $\mathrm{d}x/\mathrm{d}\lambda$ des Spektrometers bestimmt ist, gleichzeitig gemessen werden (Abschn. 4.1). Der kleinste noch auflösbare Wellenabstand zweier Spektrallinien ist

$$\Delta\lambda = \frac{\mathrm{d}\lambda}{\mathrm{d}x} b \tag{4.137}$$

und wird durch die Diodenbreite b begrenzt. Die Bestimmung der Linienmitte einer Spektrallinie ist genauer möglich, wenn das Linienprofil mehr als eine Diode überdeckt.

Während bei den Photodiodenarrays das „Auslesen“ der beleuchteten Dioden über MOS-Feldeffekt-Transistoren erfolgt, werden bei den CCD-Arrays (Charge-Coupled Devices) [4.77], welche aus einer Reihe dicht benachbarter MOS-Kapazitäten bestehen, die durch Belichtung der Siliziumphotodioden in der Verarmungszone entstehenden Ladungsträger gesammelt. Durch Anlegen geeigneter zeitlich getakteter Potenziale (Abb. 4.71) werden diese Ladungen dann von einer Kapazität zur nächsten taktweise verschoben, bis sie an einer Ausgangsdiode in Form eines Strompulses als Videosignal erscheinen (Abb. 4.72). Der Vorteil der CCD-Arrays ist die größere Flächenausnützung der Photodetektoren, weil hier Detektor- und Ausleseelement ineinander integriert sind.

Die Quantenausbeuten der CCD-Arrays hängen vom Material ab, erreichen aber für Silizium z. B. Werte über 80% und sind im ganzen Spektralbereich von 350 – 900 nm überall größer als 10% (Abb. 4.73). Sie sind größer als bei Photokathoden! Es ist günstiger, die CCD-Arrays von hinten, durch das transparente Substrat

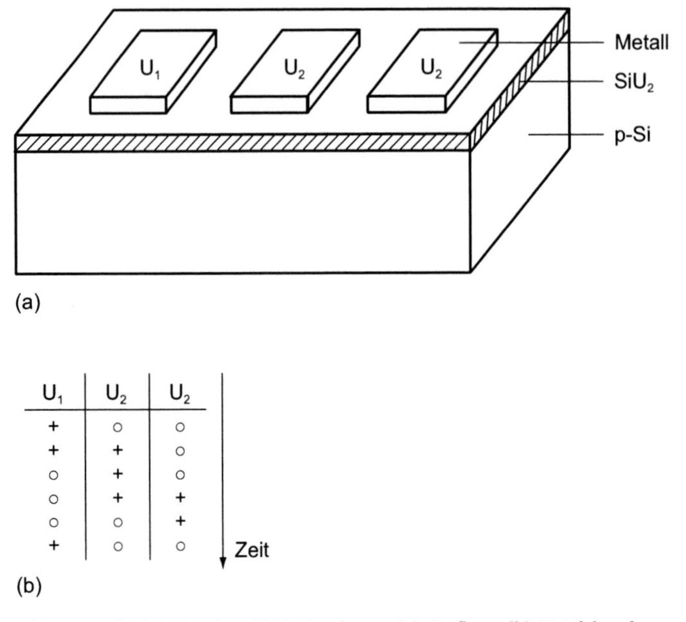

Abb. 4.71a,b. Prinzip des CCD-Detektors. (**a**) Aufbau; (**b**) Zeitfolge der angelegten Spannungen zum Ladungstransport von *links* nach *rechts*

zu belichten, weil man dann eine höhere Ausbeute erreicht, als bei Belichtung von vorne durch die Schutzschicht hindurch (Abb. 4.73). Der nutzbare Spektralbereich vieler CCDs reicht von 0,1 – 1000 nm. Sie sind daher auch im VUV und im Röntgengebiet verwendbar. Der Dunkelstrom gekühlter CCD-Arrays liegt bei 10^{-2} Elektronen pro Sekunde und Detektorelement. Auch das „Ausleserauschen“ ist kleiner als bei anderen Siliziumdetektoren. Deshalb ist die Empfindlichkeit sehr hoch. Die minimale Photonenrate pro Detektorelement, die man braucht, um ein Signal/Rausch-Verhältnis von 2 zu erreichen, übertrifft z. B. im sichtbaren Spektralbereich bei gekühlten CCD-Arrays in ihrer Empfindlichkeit sogar noch den Photomultiplier! Ein

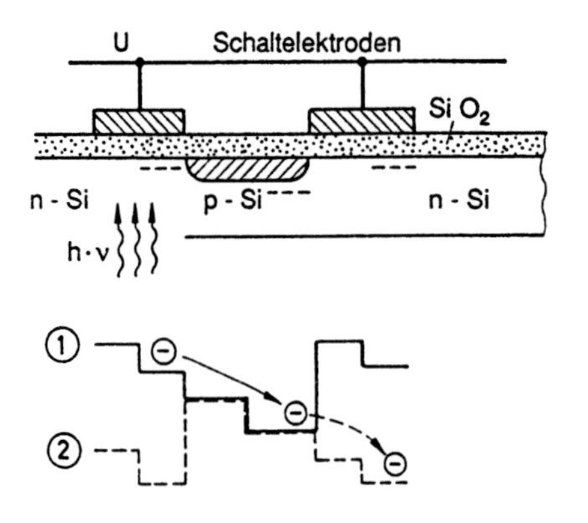

Abb. 4.72. Aufbau und Funktionsprinzip eines CCD-Arrays. An die Metallelektroden wird abwechselnd eine positive (Potenzialdiagramm *1*) und eine negative (*2*) Spannung gegeben, so dass die durch Photonen erzeugten Ladungen mit der Taktfrequenz der Schaltelektroden jeweils um eine Diode nach rechts verschoben werden.

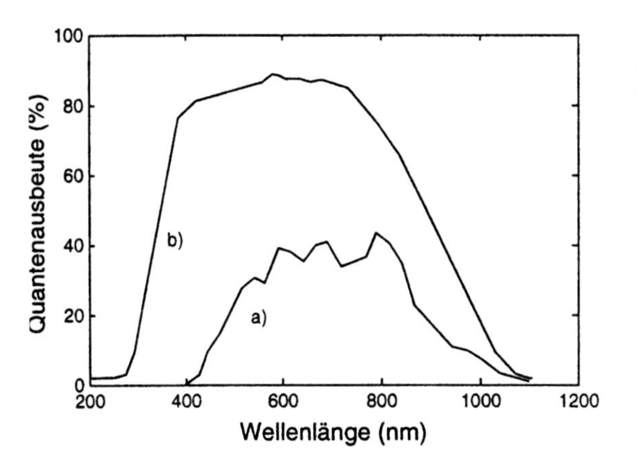

Abb. 4.73. Spektraler Verlauf der Quantenausbeute eines CCD-Arrays bei Beleuchtung von vorne (*Kurve a*) und von hinten (*Kurve b*)

besonderer Vorteil der CCD-Detektoren ist ihr großer dynamischer Bereich, der mehr als 5 Größenordnungen umfassen kann [4.99] und die Möglichkeit, die auftreffende Strahlungsleistung über längere Zeit aufzuintegrieren.

4.5.4 Photomultiplier

In einem Photomultiplier (Sekundärelektronenvervielfacher SEV) lösen die auf die Photokathode treffenden Photonen mit der Wahrscheinlichkeit $\eta < 1$ Photoelektronen aus, die durch ein elektrisches Feld auf eine Elektrode (1. Dynode) hin beschleunigt werden. Dort erzeugt jedes Elektron im Mittel $\delta > 1$ Sekundärelektronen, die auf die nächste Dynode beschleunigt werden, dort δ^2 Sekundärelektronen freisetzen, usw. Das geht so weiter, bis an der Anode eine Elektrolawine ankommt (Abb. 4.74), deren Ladung Q pro Photoelektron bei m Dynoden, einem mittleren Verstärkungsfaktor δ, einer Sammelwahrscheinlichkeit g der Photoelektronen auf der 1. Dynode

$$Q = g\delta^m \mathrm{e} = G\mathrm{e} \tag{4.138}$$

ist. Der Multiplikationsfaktor δ steigt mit zunehmender Beschleunigungsspannung. Mit typischen Werten von $g = 0{,}9$, $\delta = 3{,}5$ und $m = 12$ wird der gesamte Verstärkungsfaktor des Multipliers $G = 3 \cdot 10^6$.

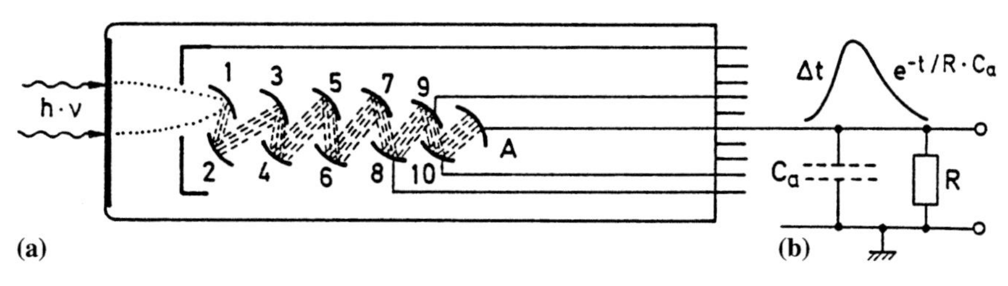

Abb. 4.74. (**a**) Schematischer Aufbau eines Photomultipliers, (**b**) zeitlicher Verlauf eines durch einen sehr kurzen Lichtpuls ausgelösten Ausgangspulses

An der Anode erzeugt dieses Photoelektron einen Spannungspuls

$$U(t) = \frac{Q(t)}{C_a} = \left(\frac{1}{C_a}\int_0^{\Delta t} i_{Ph}\, dt\right)\cdot e^{-t/RC_a}\,, \tag{4.139}$$

dessen Größe durch die Streukapazität C_a (Kapazität der Multiplieranode, der Leitungen und der Eingangskapazität des nachfolgenden Verstärkers gegen Erde) bestimmt wird, und dessen Anstiegzeit durch die Laufzeitverschmierung Δt der Elektronen im Multiplier begrenzt ist. Die Abklingzeit des Spannungspulses ist durch den Abschlusswiderstand R in weiten Grenzen variierbar (Abb. 4.74b).

Wenn ein Laserpuls an der Kathode N Photolektronen auslöst, ist die Ladung $Q(t)$ um den FaktoR N größer. Wenn die Dauer ΔT des Laserpulses kurz ist gegen die Laufzeitverschmierung Δt im Multiplier, ist das Zeitprofil des Augangspulses nur durch die Daten des Multipliers bestimmt und man kann deshalb aus diesem Zeitprofil nicht die Pulsform des Laserpulses ermitteln. Ist die Dauer länger, dann wird die Pulsform des Ausgangspulses die Faltung aus Laserzeitprofil und Multiplier-Zeitprofil, was bei $\Delta T \gg \Delta t$ praktisch die Pulsform des Laserpulses ergibt.

Der überwiegende Teil der Laufzeitverschmierung kommt von den unterschiedlichen Wegen der Photoelektronen von verschiedenen Teilen der Photokathode bis zur ersten Dynode [4.100]. Um diese Laufzeitunterschiede klein zu halten, muss die beleuchtete Kathodenoberfläche klein und die Beschleunigungsspannung zwischen Kathode und 1. Dynode so groß wie möglich sein. Typische Pulsanstiegzeiten liegen zwischen 0,4 – 10 ns.

Beispiel 4.17

Der Photomultiplier Typ 1P28 hat z. B. die Daten: $m = 9$, $\delta \approx 5{,}1$, $G = 2{,}5 \cdot 10^6$ bei einer Gesamtspannung von 1250 V; Ausgangskapazität bei sorgfältiger Schaltung: $C_a = 15\,\text{pf}$. Ein Photoelektron erzeugt dann an der Anode die Pulshöhe 27 mV, Anstiegzeit des Ausgangspulses: 2 ns

---

Beim Einsatz des Photomultipliers in der Spektroskopie kann man bei zeitlich kontinuierlich einfallender Lichtleistung P, bei der im Mittel also $N = P/h\nu$ Photonen der Wellenlänge $\lambda = c/\nu$ pro sec auf die Kathode fallen, den mittleren Anodenstrom

$$i_A = N\eta(\lambda)eG = P\eta(\nu)eG/h\nu \tag{4.140}$$

messen. Das Verhältnis $\eta(\lambda) = N_{PE}/N$ von Zahl der erzeugten Photoelektronen pro Sekunde zu Zahl N der einfallenden Photonen pro Sekunde heißt die **„Quantenausbeute"** der Photomultiplierkathode, deren Größe und Spektralverlauf vom Kathodenmaterial abhängt. Nach dem Spektralverlauf von $\eta(\lambda)$ werden die verschiedenen Kathodentypen mit speziellen Abkürzungen (S1. . . S20) gekennzeichnet. Die Abbildung 4.76 zeigt die spektrale Empfindlichkeit einiger Kathodentypen, die entweder als Quotient $S(\lambda)$ [mA/W] aus Kathodenstrom durch einfallende Lichtleistung angegeben wird, oder als Photonenausbeute durch den Quotienten $\eta = N_{PE}/N_{Ph}$ (Quantenausbeute) aus Photoelektronenzahl und einfallenden Photonenzahl [4.101].

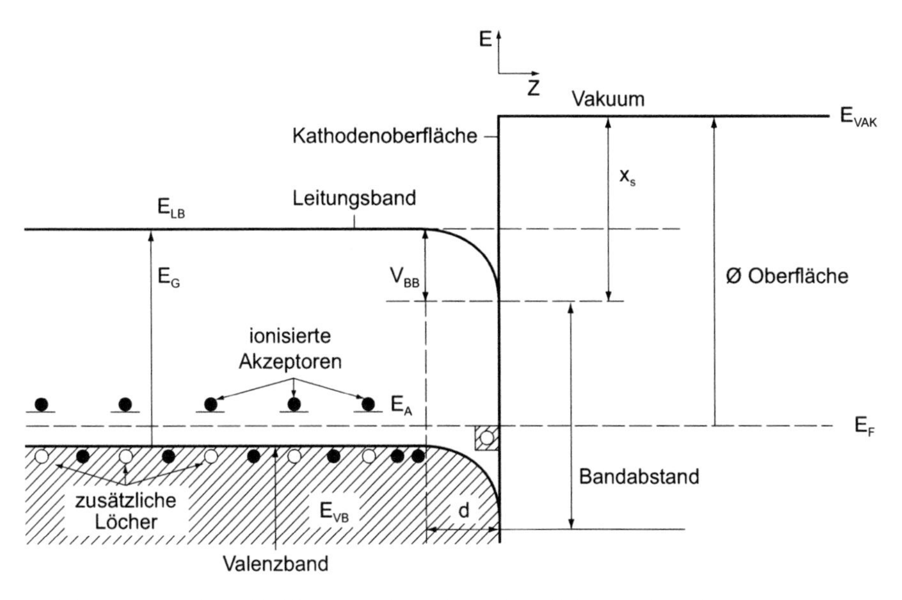

Abb. 4.75. Niveauschema für Photokathoden mit negativer Elektronenaffinität

Photoelektronen können nur ausgelöst werden, wenn die Photonenenergie $h \cdot \nu$ größer ist als die Austrittsarbeit der Elektronen, die vom Kathodenmaterial abhängt. Vor mehreren Jahren wurde ein neues Kathodenmaterial aus Halbleiterverbindungen entwickelt, um einen Zustand negativer Elektronenaffinität zu erreichen: In diesem Zustand liegt die tiefste Energie des Leitungsbandes oberhalb der Energie $E = 0$ eines freien Elektrons im Vakuum (Abb. 4.75). Wird daher ein Elektron durch Absorption eines Photons ins Leitungsband angehoben, so kann es zur Oberfläche diffundieren und dort die Photokathode verlassen, auch wenn es auf dem Wege dahin innerhalb des Leitungsbandes relaxiert ist [4.102, 4.103].

Diese **NEA** (Negative Electron Affinity) Kathoden haben eine große Quantenausbeute $\eta(\lambda)$, die sich über einen weiten Spektralbereich (von 0,3 bis 0,9 µm) nicht stark ändert. Spezielle Kathoden sind sogar bis $\lambda = 1{,}2\,\mu\mathrm{m}$ empfindlich (Abb. 4.76b).

Beim Nachweis sehr kleiner Lichtleistungen setzt für die Nachweisempfindlichkeit das Rauschen des Ausgangssignals eine Grenze. Um diese Grenze möglichst weit herabzudrücken, muss man die Ursachen für das Signalrauschen kennen [4.104–4.106]. Es gibt im wesentlichen vier Rauschquellen:

a) Zeitliche Schwankungen der einfallenden Lichtleistung

Hier lassen sich durch geeignete Stabilisierungsmaßnahmen an der Lichtquelle (z. B. Intensitätsstabilisierung des Lasers, Abschn. 5.4.3) Intensitätsschwankungen bis auf das Photonenrauschen herabdrücken. Da die Photonenemission ein statistischer Prozess ist, ist die mittlere Schwankungsbreite der pro Sekunde emittierten N Photonen mindestens $N \pm N^{1/2}$. Es gibt Vorschläge, auch dieses Photonenrauschen noch

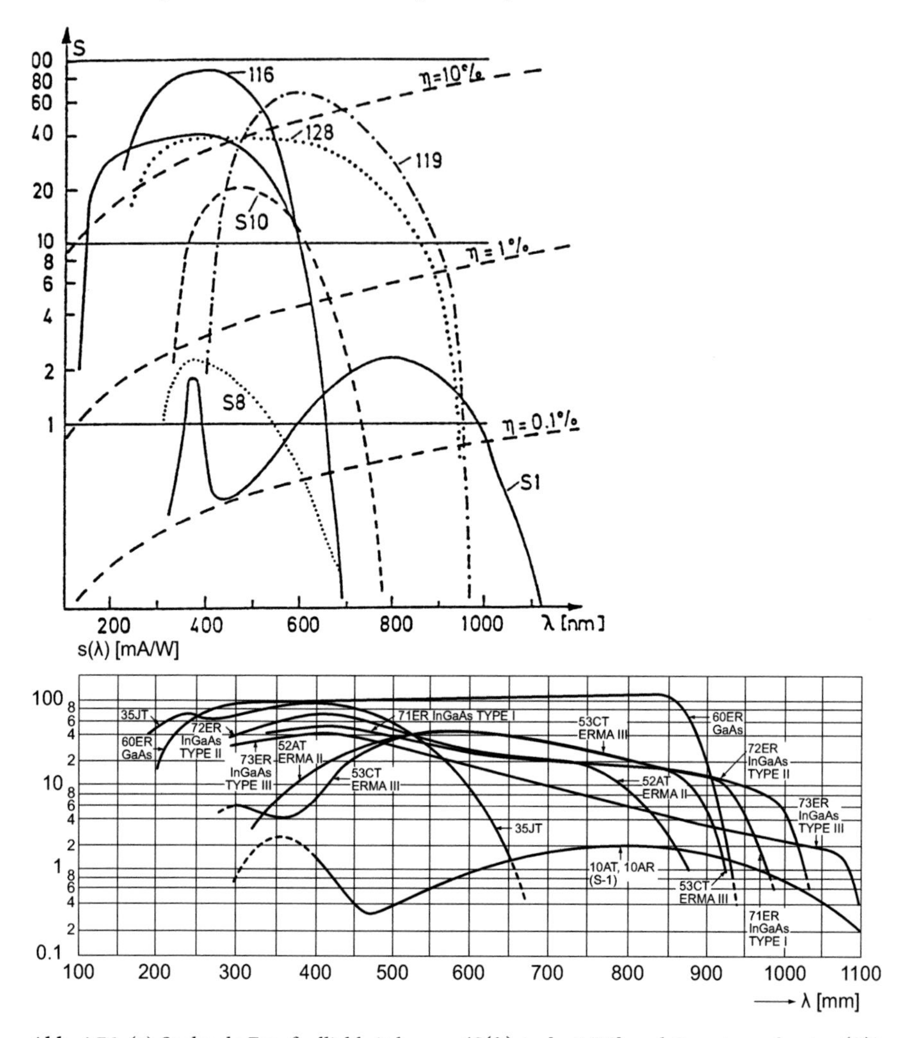

Abb. 4.76. (**a**) Spektrale Empfindlichkeitskurven ($S(\lambda)$ in [mA/W] und Quantenausbeute $\eta(\lambda)$) einiger Kathodentypen; (**b**) Absolute spektrale Empfindlichkeitskurven für einige Breitband-Kathoden (NEA-Materialien) [RCA-Informationsblatt]

zu verringern (squeezing, Bd. 2, Abschn. 9.8.2), deren praktische Realisierung aber noch in den Anfängen steckt.

b) Dunkelstrom des Photomultipliers

Auch wenn kein Licht auf die Kathode fällt, werden einige Elektronen aus der Kathode emittiert sowohl durch thermische Emission als auch durch Höhenstrahlung oder durch Strahlung radioaktiver Isotope, die als Spurenelemente im Multipliermaterial enthalten sind. Der thermische Emissionsstrom wächst gemäß der **Richardson-**

Gleichung

$$i_{\text{th}} = C_1 T^2 \exp(-C_2\phi/kT) \tag{4.141}$$

stark mit steigender Temperatur an. Eine Kühlung der Kathode auf −15° bis −50 °C reduziert den thermischen Dunkelstrom erheblich. Für infrarotempfindliche Kathoden (z. B. S1) ist die Austrittsarbeit ϕ der Photoelektronen klein. Deshalb werden solche Kathoden zur Verringerung des Dunkelstroms bis auf Flüssigstickstoff-Temperaturen ($\approx 70\,\text{K}$) gekühlt. Zu starkes Kühlen hat jedoch unerwünschte Nebeneffekte, wie z. B. eine Verringerung der Kathodenleitfähigkeit, so dass die Kathodenfläche keine Äquipotenzialfläche mehr ist [4.107].

Für Photomultiplier hinter Monochromatoren sind inzwischen spezielle Typen erhältlich, deren Kathodenfläche sehr klein ist (z. B. $1 \cdot 10\,\text{mm}^2$ zur Anpassung an den Austrittspalt des Monochromators), und die deshalb einen kleinen Dunkelstrom haben [4.108].

c) Statistische Schwankungen des Multiplikationsfaktors δ und daher auch des Verstärkungsfaktors G

Das statistische Rauschen der Photoelektronen wird im Multiplier verstärkt. Bei einem Kathodenstrom i_K ist das mittlere Rauschen der Ausgangsspannung am Widerstand R innerhalb der Bandbreite Δf

$$\langle \Delta U_\text{s} \rangle = \sqrt{\overline{(\Delta U_\text{s})^2}} = GR\sqrt{2ei_\text{K}\Delta f} + R\bar{i}_\text{K}\Delta G\,. \tag{4.142}$$

Der Verstärkungsfaktor multipliziert das Rauschen des Kathodenstromes und fügt durch seine eigene Schwankung noch einen weiteren Anteil zum Rauschen des Kathodenstromes hinzu.

d) Widerstandsrauschen

Wenn der Anodenstrom i_A durch einen Widerstand R fließt, entsteht eine Spannung $U = Ri_\text{A}$, deren mittleres Schwankungsquadrat im Frequenzintervall Δf

$$\langle \Delta U^2 \rangle = 4kTR\Delta f \tag{4.143}$$

beträgt (**thermisches** oder **Nyquist-Rauschen** genannt).

Die mittlere Schwankung des Verstärkungsfaktors G ist

$$\langle \Delta G \rangle = \frac{1}{n\langle P \rangle}\left(\sum_{i=1}^{n} \langle P \rangle - P_i\right)$$

wobei P_i die Pulshöhe der i-ten Messung und $\langle P \rangle$ die mittlere Pulshöhe ist. Übliche Werte von $\langle \Delta G \rangle$ sind maximal 1%.

4.5.5 Photonenzählmethode

Man kann einige dieser Rauschquellen eliminieren, wenn man statt der Messung des zeitlich gemittelten Anodenstromes die von den einzelnen Photoelektronen initiierten Spannungspulse an der Anode direkt zählt. Die Zählrate $N_p = \eta \cdot N$ der Pulse, die auf die Kathode treffen, ist gleich dem Produkt aus Quantenausbeute η und Photonenrate N. Bei einem Verstärkungsfaktor G wird der von einem einzelnen Photoelektron erzeugte Spannungspuls an der Anode

$$U = \mathrm{e} \cdot G / C_\mathrm{a} \,.$$

Beispiel 4.18

$G = 5 \cdot 10^6$, $C_\mathrm{a} = 100\,\mathrm{pF} \Rightarrow U = 1{,}6 \cdot 10^{-19} \cdot 5 \cdot 10^6 / (10^{-10})\,\mathrm{V} = 8\,\mathrm{mV}$.

In Abbildung 4.77 ist schematisch der elektronische Aufbau für das Photonenzählverfahren gezeigt, wobei parallel über einen Digital/Analog-Wandler (DAC) auch das analoge Signal $\langle i_\mathrm{A} \rangle = \eta N_p G$ aufgezeichnet werden kann. Mit schnellen Pulsverstärkern und Diskriminatoren lassen sich regelmäßige Pulsfolgen von 100 MHz verarbeiten, so dass bei statistischer Pulsfolge mindestens 10^7 Pulse/s noch sicher gezählt werden können, ohne dass zwei Pulse mit kleinem zeitlichen Abstand nicht mehr aufgelöst werden.

Das Photonenzählverfahren hat gegenüber der analogen Messung des Photostromes die folgenden Vorteile:

1) Schwankungen des Multiplier-Verstärkungsfaktors G spielen hier keine Rolle, solange die Pulshöhe die Diskriminatorschwelle übersteigt.

2) Der Teil des Dunkelstroms, der durch Höhenstrahlung oder Partikelemission radioaktiver Isotope im Kathodenmaterial entsteht und der jeweils zur Emission von $n\,\mathrm{e}$ Photoelektronen mit $n \gg 1$ führt, kann durch Fensterdiskriminatoren fast völlig unterdrückt werden. Ebenso lassen sich Pulse, die durch thermische Emission von den Dynoden erzeugt werden, unterdrücken, weil ihre Pulshöhe geringer ist.

3) Da die Signale in Digitalform vorliegen, können sie unmittelbar von einem Computer weiter verarbeitet werden. Dies ist für die Computeranalyse von Spektren sehr vorteilhaft.

Für nähere Informationen über Photon-Counting siehe [4.109–4.112].

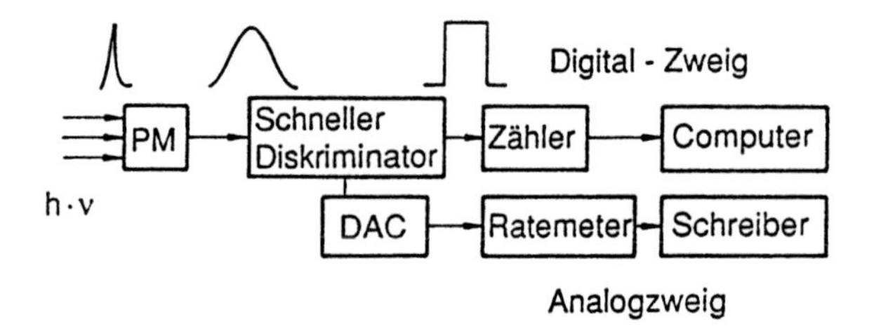

Abb. 4.77. Blockdiagramm der Elektronik zum Photonenzählen mit parallelem Analog-Nachweis

4.5.6 Bildverstärker und optische Vielkanal-Analysatoren

Ein entscheidender Nachteil der Photodiodenarrays gegenüber Photomultipliern und CCD-Detektoren ist ihre geringere Empfindlichkeit. Während man mit gekühlten Photomultiplieren und CCD-Detektoren bei Integrationszeiten von 1 s noch Lichtleistungen von wenigen Photonen/s nachweisen kann, liegt die Nachweisgrenze bei Photodioden bei etwa 2000 – 5000 Photonen/Sekunde.

Die Empfindlichkeit lässt sich durch vorgeschaltete Bildverstärker steigern, die auf verschiedene Weise realisiert werden können [4.113, 4.114]. Beim Bildverstärker mit magnetischer Fokussierung wird das Licht auf eine Photokathode P fokussiert (Abb. 4.78). Die Photoelektronen, die von einem Punkt der Photokathode ausgehen, werden durch ein elektrisches Feld beschleunigt und durch ein magnetisches Längsfeld auf einen Fluoreszenzschirm P′ fokussiert. Dort erzeugt jedes Elektron sehr viele Photonen, die entweder durch eine Linse oder durch ein System vieler paralleler, dünner Lichtleiter auf ein Diodenarray abgebildet werden. Der Verstärkungsfaktor des Bildverstärkers, definiert als das Verhältnis der im Leuchtschirm erzeugten Photonenzahl zur Zahl der auf die Kathode treffenden Photonen, erreicht in einer Stufe Werte von 100 – 500. Für höhere Verstärkungen kann man mehrere solcher Stu-

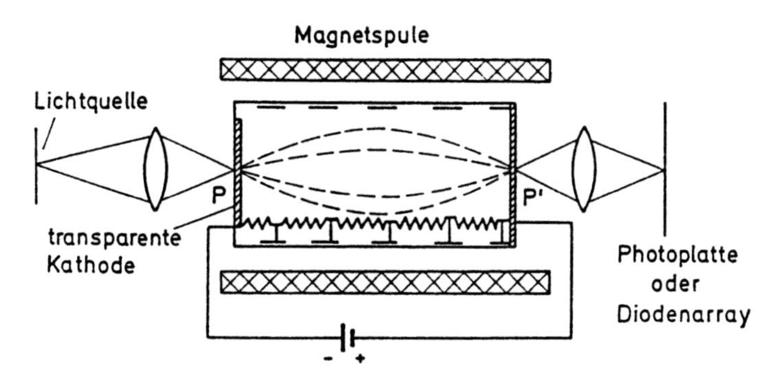

Abb. 4.78. Bildverstärker mit magnetischer Fokussierung

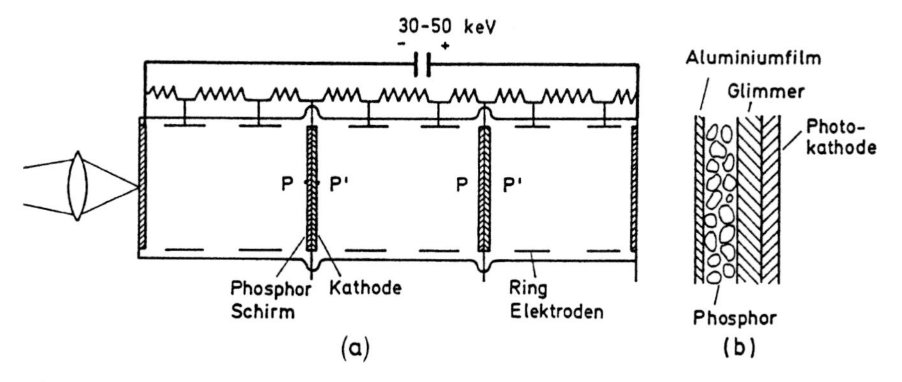

Abb. 4.79a,b. Dreistufiger Bildverstärker

fen hintereinanderschalten, d. h. der Leuchtschirm der 1. Stufe dient als Kathode der zweiten Stufe (Abb. 4.79).

In einer anderen Version (**Vidicon**) [4.92] werden die Photoelektronen aus der Photokathode eines Bildverstärkers durch ein elektrisches Feld beschleunigt und auf die Siliziumdioden eines Arrays abgebildet (Abb. 4.80a). Dort erzeugen sie Elektron-Loch-Paare, die wegen der angelegten Spannung zu den Elektroden driften und damit die Kapazität der Diode entladen (Abb. 4.80c). Durch einen mithilfe einer Elektronenoptik ablenkbaren Elektronenstrahl werden die einzelnen Elemente des Arrays abgetastet und ihr Ladungszustand wird abgefragt, indem die auftreffenden Elektronen jede Diode wieder bis auf die ursprüngliche Spannung aufladen. Der resultierende Ladungsstrom wird genau wie bei den Photodiodenarrays als Spannungspuls auf der gemeinsamen Videoleitung als Signal ausgewertet (Abb. 4.80b).

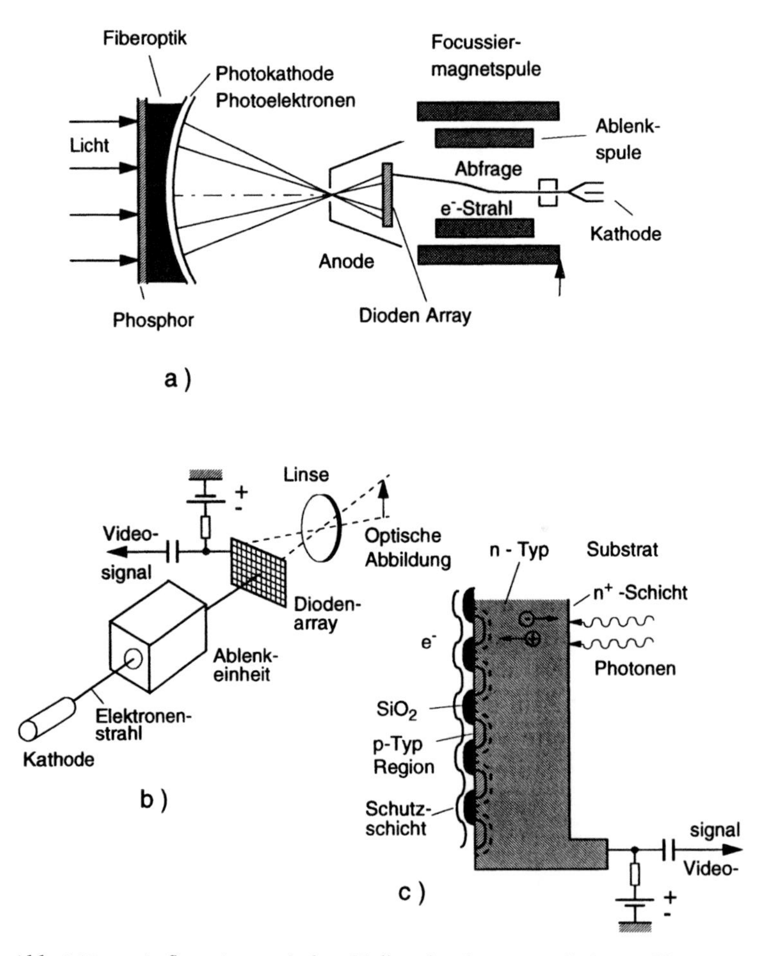

Abb. 4.80a–c. Aufbau eines optischen Vielkanalanalysators nach dem Vidikonprinzip und vorgeschaltetem Bildverstärker: (**a**) Gesamtsystem, (**b**) schematisches Funktionsprinzip, und (**c**) Einzelheiten der Diodenanordnung

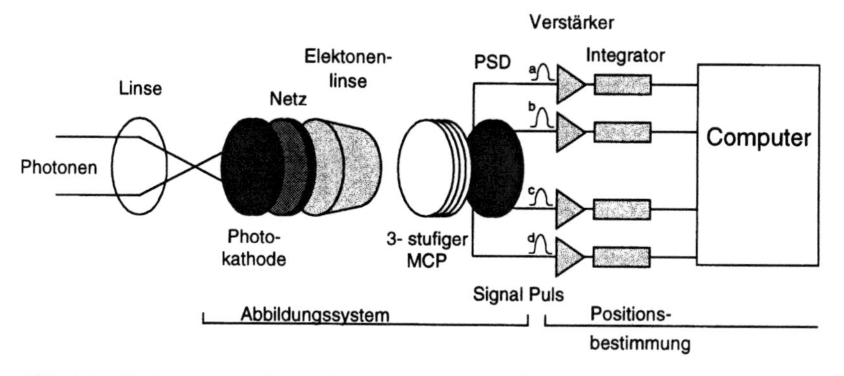

Abb. 4.81. Blockdiagramm des PIAS-Systems, eines abbildenden Bildverstärkersystems mit Photonenzählverfahren

Solche Photodiodenarrays mit Vidiconprinzip und vorgeschaltetem Bildverstärker erreichen eine Empfindlichkeit, die nur durch die Quantenausbeute der Bildverstärkerkathode begrenzt wird und diejenige guter Photomultiplier erreicht.

Diese Geräte, welche Information, die im einfallenden Licht enthalten ist, gleichzeitig in vielen Kanälen speichern und verarbeiten können, heißen **optische Vielkanalanalysatoren** und werden, je nach Hersteller als **OMA** (Optical Multichannel Analyser) oder **OSA** (Optical Spectrum Analyser) bezeichnet [4.115]. Sie liefern zweidimensionale Abbildungen von sehr lichtschwachen, ausgedehnten Lichtquellen und können statt der Photoplatte in der Abbildungsebene eines Spektrographen bei einer Ausdehnung D einen Spektralbereich

$$\Delta\lambda = \frac{\mathrm{d}\lambda}{\mathrm{d}x} D \tag{4.144}$$

gleichzeitig aufnehmen, über die Zeit t integrieren und elektronisch verarbeiten.

Ein Beispiel für ein solches System ist das in Abb. 4.81 schematisch dargestellte PIAS-Modell („Photocounting Image Aquisition System") von Hamamatsu. Die auftreffenden Photonen werden in einem Bildverstärker in ein ortsaufgelöstes Elektronensignal umgewandelt, das in einem Mehrkanal-Plattenverstärker („multichannelplate MCP") weiterverstärkt und auf einen positionsempfindlichen Detektor abgebildet wird, der dann mit entsprechender Software ausgelesen wird.

Weitere Informationen findet man in [4.116–4.118].

4.5.7 Kanal-Photomultiplier

Ein neuer Multiplier Typ ist der Kanal-Photomultiplier, dessen Prinzip in Abb. 4.82 erläutert wird. Die von der Photokathode emittierten Elektronen werden durch eine elektrische Spannung beschleunigt und durchlaufen einen gekrümmtem engen halbleitenden Kanal. jedesmal, wenn ein Photoelektron auf die innere Wand dieses Kanals trifft, werden q Sekundärelektronen ausgelöst, wobei der ganzzahlige Faktor q von der Spannung zwischen Kathode und Anode abhängt. Die gekrümmte

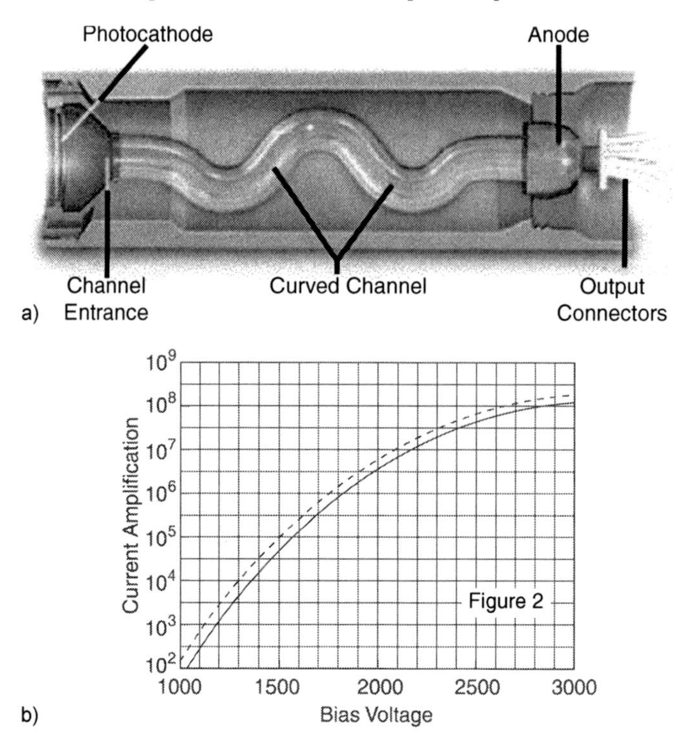

Abb. 4.82a,b. Kanalphotomultiplier. (**a**) Schematische Darstellung (**b**) Verständigungsfaktor als Funktion der Spannung zwischenKathode und Anode (von Olympics Fluo View Resource Center)

Geometrie des Kanals bewirkt einen streifenden Einfall der Elektronen, was den Sekundäremissions-Koeffizienten q erhöht. Der gesamte Verstärkungsfaktor $M = q^n$ bei n Zusammenstößen mit der Wand kann Werte von $M = 10^8$ erreichen und ist damit im Allgemeinen höher als bei normalen Photomultiplieren mit Dynoden.

Die Hauptvorteile des Kanal-Multipliers gegenüber normalen PM sind ihre kompakte Bauweise, die höhere Verstärkung, der größere dynamische Bereich und der kleinere Dunkelstrom, der hauptsächlich durch thermische Emission der Photokathode bewirkt wird. die hier aber im Allg. eine kleinere Fläche und damit eine kleinere thermische Emission hat.

Weitere Einzelheiten findet man in [4.119, 4.120].

4.5.8 Kanalplatten-Verstärker

Kanalplatten-Verstärker (engl.: *microchannel plates*) bestehen aus einer Photokathodenschicht, die auf eine dünne (0,5 – 1,5 mm) Glasplatte aufgedampft wird, welche mit einigen Millionen kleinen Löchern (Durchmesser 10 – 25 μm) perforiert ist (Abb. 4.83). Die Fläche aller Löcher beträgt etwa 60% der Gesamtfläche der Glasplatte.

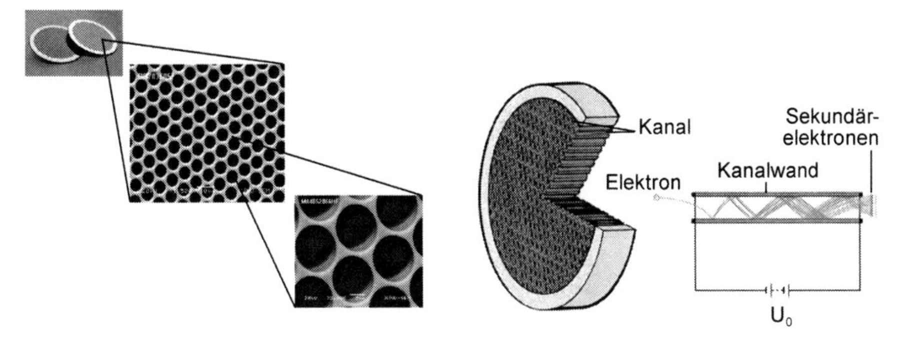

Abb. 4.83a,b. Mikrokanalplatte. (**a**) Mikrolöcher, (**b**) Aufbau, (**c**) Prinzip der Verstärkung [Tectra GmbH `www.tectra.de`]

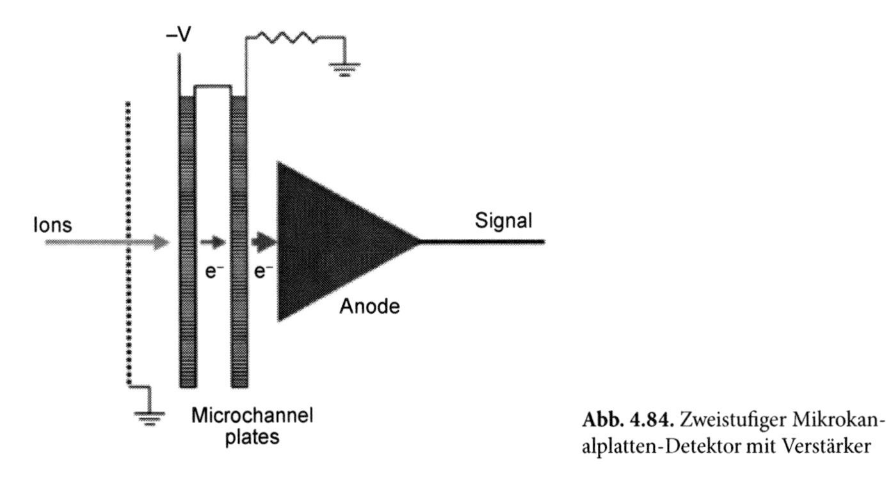

Abb. 4.84. Zweistufiger Mikrokanalplatten-Detektor mit Verstärker

Die innere Fläche der Lochkanäle hat einen großen Sekundärelektronen-Koeffizient q für Elektronen, die von der Kathode emittiert werden und durch eine Spannung zwischen Ober-und Unterseite der Platte beschleunigt werden. Bei einer elektrischen Feldstärke von 500 V/mm beträgt der Verstärkungsfaktor etwa $M = 10^3$. Will man höhere Verstärkungen erreichen, kann man zwei Mikrokanalplatten hintereinander anordnen (Abb. 4.84), sodass man dann Verstärkungen von $M = 10^6$ erreicht, was vergleichbar ist mit der Verstärkung von Photomultiplieren. Mit einem CCD-Detektor an der Unterseite der Kanalplatte kann die Elektronenlawine durch jeden Kanal ortsspezifisch in ein elektrisches Signal umgewandelt werden, sodass man ein ortsaufgelöstes Bild der Lichtquelle erhalten kann.

Der Vorteil der Mikrokanalplatte ist die kurze Anstiegszeit der Ausgangsimpulse (< 1 ns), die Möglichkeit der Ortsauflösung und die kleinen Dimensionen des Gerätes. Nähere Informationen findet man in [4.121–4.123].

5 Der Laser als spektroskopische Lichtquelle

In diesem Kapitel sollen diejenigen Eigenschaften von Lasern, die für ihre Anwendung in der Spektroskopie von Bedeutung sind, eingehender behandelt werden. Die allgemeinen physikalischen Grundlagen des Lasers werden nur kurz im Abschnitt 5.1 zusammengefasst, da es hierüber eine Reihe guter Monographien gibt [5.1–5.5], in denen auch die verschiedenen Lasertypen, ihre Eigenschaften und technischen Realisierungsmöglichkeiten erläutert werden [5.6, 5.7]. Weiterführende Darstellungen, in denen die Physik des Lasers auf quantentheoretischer Basis entwickelt wird, findet man in [5.8–5.10].

Der Hauptteil dieses Kapitels befasst sich mit Laserresonatoren, dem optischen Frequenzspektrum des Lasers, den technischen Möglichkeiten, schmalbandige Laser zu realisieren, und den Methoden, ihre Wellenlänge kontrolliert durchzustimmen. Ein solcher, praktisch monochromatischer, intensiv strahlender, intensitätsstabiler Laser, dessen Wellenlänge kontinuierlich durchstimmbar ist, stellt für den Spektroskopiker eine ideale Lichtquelle dar. Es lohnt sich daher, sich mit deren Eigenschaften und ihrer praktischen Realisierung vertraut zu machen.

5.1 Elementare Grundlagen des Lasers

Das Grundprinzip des Lasers lässt sich kurz folgendermaßen zusammenfassen (Abb. 5.1a): Ein Laser besteht im wesentlichen aus drei Komponenten: Dem *verstärkenden Medium*, in das von einer *Energiepumpe* selektiv Energie hineingepumpt wird, und einem *Resonator*, der einen Teil dieser Energie in Form elektromagnetischer Wellen in wenigen Resonatormoden speichert. Die Energiepumpe (z. B. Blitzlampe, Gasentladung, oder auch ein anderer Laser) erzeugt im Lasermedium eine vom thermischen Gleichgewicht extrem abweichende Besetzung eines oder mehrerer Energieniveaus (Abb. 5.1b). Bei genügend großer Pumpleistung wird zumindest für ein Niveau $|k\rangle$ mit der Energie E_k die Besetzungsdichte N_k größer als die Besetzungsdichte N_i für ein energetisch tiefer liegendes Niveau $|i\rangle$, das mit $|k\rangle$ durch einen erlaubten Übergang verbunden ist (**Inversion**). Da in einem solchen Fall die induzierte Emissionsrate $N_k B_{ki} \rho(\nu)$ mit $\nu = (E_k - E_i)/h$ auf dem Übergang $|k\rangle \to |i\rangle$ größer wird als die Absorptionsrate $N_i B_{ik} \rho(\nu)$ – siehe (2.16) – kann Licht beim Durchgang durch das aktive Medium verstärkt werden.

Die Aufgabe des Resonators ist es nun, Licht, das von den durch die Pumpe aktivierten Atomen des Lasermediums emittiert wird, durch selektive optische Rück-

DOI 10.1007/978-3-642-21306-9, © Springer 2011

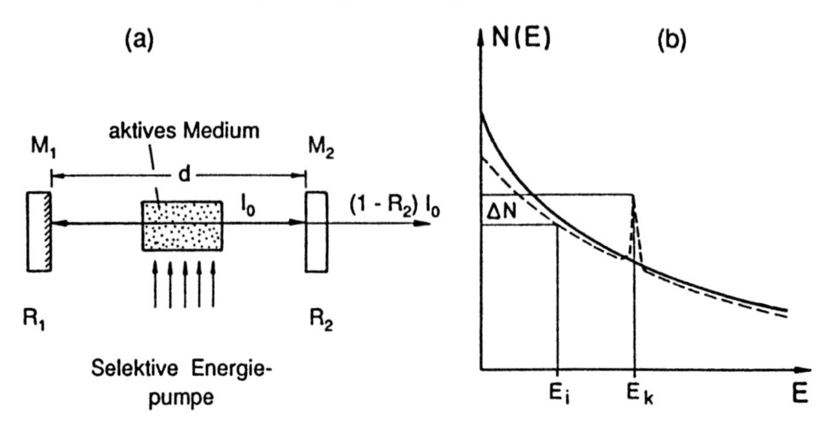

Abb. 5.1. (**a**) Schematischer Aufbau eines Lasers, (**b**) Thermische Besetzungsverteilung (*durchgezogene Kurve*) und Inversion (*gestrichelte Linie*)

kopplung wieder durch das verstärkende Medium zu schicken und dadurch aus dem Laserverstärker einen selbstschwingenden Oszillator zu machen. Mit anderen Worten: Der Resonator speichert das Licht in wenigen Resonatormoden, so dass in diesen Moden die Strahlungsdichte $\rho(\nu)$ so hoch wird, dass die induzierte Emission wesentlich größer als die spontane Emission werden kann – siehe Abschn. 2.3.

5.1.1 Schwellwertbedingung

Wir wollen dies nun quantitativ untersuchen: Läuft eine elektromagnetische Welle der Frequenz $\nu = (E_k - E_i)/h$ durch ein Medium, dessen Energieniveaus $|i\rangle$, $|k\rangle(E_k > E_i)$ die Besetzungsdichten N_i, N_k haben, so werden zwischen beiden Niveaus durch induzierte Absorption und Emission Übergänge $|i\rangle \leftrightarrow |k\rangle$ induziert. Für die Intensität der in z-Richtung laufenden Welle hatten wir in (2.39) die Beziehung erhalten

$$I(\nu, z) = I(\nu, z = 0)\,\mathrm{e}^{-\alpha(\nu)z}\,, \tag{5.1}$$

wobei der frequenzabhängige Absorptionskoeffizient

$$\alpha(\nu) = [N_i - (g_i/g_k)N_k]\sigma(\nu) \tag{5.2}$$

durch den optischen Absorptionsquerschnitt $\sigma(\nu)$ für den Übergang $E_i \rightarrow E_k$, die Besetzungsdichten N_i, N_k und die statistischen Gewichte g_i, g_k bestimmt wird.

Für $N_i < (g_i/g_k)N_k$ wird der Absorptionskoeffizient α negativ und die Welle wird beim Durchgang durch das Medium verstärkt. Als **Verstärkungsfaktor** bezeichnet man das Verhältnis

$$G_0(\nu, z) = \frac{I(\nu, z)}{I(\nu, 0)} = \mathrm{e}^{-\alpha(\nu)z}\,. \tag{5.3}$$

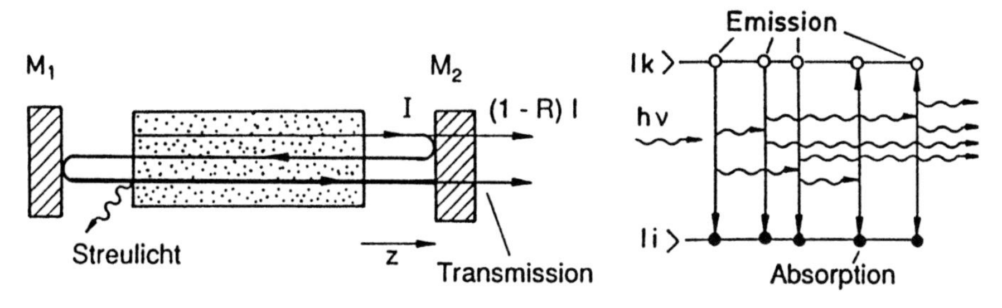

Abb. 5.2. Schematische Darstellung der Verstärkung und der Verluste pro Resonatordurchgang für eine Welle, die in Richtung der Resonatorachse z durch das aktive Medium läuft

Wird das aktive Medium in einen optischen Resonator gebracht, so kann die Welle infolge der Reflexion an den Spiegeln mehrmals durch das Medium hin und her laufen, so dass der Gesamtweg z und damit die Gesamtverstärkung G erhöht werden (Abb. 5.2). Nun treten aber beim Hin- und Herlaufen der Welle Verluste auf: Hat ein Spiegel das Reflexionsvermögen R, so wird nur der Bruchteil $R \cdot I$ der Intensität reflektiert. Außerdem tragen geringe Absorptionsverluste in den Fenstern der Zelle, Beugungsverluste (Abschn. 5.2) und Streuverluste durch Unebenheiten, wie z. B. Staub auf den Fenstern oder Spiegelflächen zur Verringerung der Intensität bei. Wir wollen die Gesamtverluste *pro Durchgang* (Hin- und Herweg zwischen den Spiegeln) in dem Faktor $-\exp(\gamma)$ zusammenfassen, so dass ohne Verstärkung im aktiven Medium die Intensität pro Durchgang um den Faktor

$$(I/I_0)_{\text{passiv}} = \mathrm{e}^{-\gamma}$$

kleiner werden würde. Hat das verstärkende Medium die Länge L, so wird die Nettoverstärkung pro Umlauf

$$G = (I/I_0)_{\text{aktiv}} = \mathrm{e}^{-2\alpha(\nu)L-\gamma} \tag{5.4}$$

nur dann größer als 1, wenn $-2\alpha(\nu)L > \gamma$ ist. Mit (5.2) erhält man daraus die **Schwellwertbedingung**

$$\boxed{\Delta N = N_k(g_i/g_k) - N_i > \Delta N_{\mathrm{s}} = \frac{\gamma}{2\sigma(\nu)L}} \tag{5.5}$$

für die minimale Besetzungsinversionsdichte ΔN_{s} (**Schwellwert-Inversion**).

Die Laseremission wird initiiert durch die spontane Emission vom oberen Laserniveau $|k\rangle$. Die Fluoreszenz-Photonen, die in Richtung der Resonatorachse emittiert werden, laufen am längsten durch das verstärkende Medium, erfahren die größte Verstärkung und erreichen daher zuerst die Schwelle. Da $\sigma(\nu)$ für die Mittenfrequenz ν_0 des verstärkenden Überganges maximal ist, wird die Laseremission bei der Frequenz ν in der Nähe von ν_0 einsetzen, für die γ/σ minimal wird (Abschn. 5.3.1). Für $\Delta N > \Delta N_{\mathrm{s}}$ wächst die Intensität gemäß (5.1) solange an, bis die mit I ansteigende induzierte Emissionsrate die Besetzung N_k des oberen Niveaus so weit reduziert und die des unteren Niveaus vergrößert, so dass $\Delta N = \Delta N_{\mathrm{s}}$ wird (**Sättigung**, siehe

Abschn. 5.3.3). Die dabei erreichte stationäre Leistung hängt davon ab, wie viele Moleküle durch den Pumpprozess pro Sekunde ins obere Laserniveau gebracht werden.

Unabhängig davon, wie hoch die Pumpleistung über der Schwellwertleistung liegt, stellt sich jedoch im stationären Betrieb eines Lasers immer die Schwellwertinversion ΔN_s ein, bei der die Verstärkung des aktiven Mediums gerade durch die Verluste kompensiert wird. Nach (5.5) hängt ΔN_s *nicht* von der Pumpleistung ab. Um eine niedrige Schwellwertinversion zu erreichen, muss der Verlustfaktor γ minimal gemacht werden, und der optische Wirkungsquerschnitt σ für den Laserübergang sollte möglichst groß sein.

5.1.2 Bilanzgleichungen

Man kann sich die Zusammenhänge im stationären Betrieb eines Lasers anhand der Bilanzgleichungen für die Besetzungsdichten N_2, N_1 und der Dichte n von Photonen der Energie $h\nu$ innerhalb des Resonators klar machen (Abb. 5.3). Mit der Pumprate P (= Zahl der pro Sekunde in das obere Niveau $|2\rangle$ gepumpten Atome pro cm^3), den Relaxationsraten $R_i N_i$ (= Zahl der pro Sekunde durch Stöße oder spontane Emission aus den Niveaus $|i\rangle$ in andere Niveaus als $|1\rangle$ oder $|2\rangle$ führenden Übergänge) und der spontanen Emissionswahrscheinlichkeit A_{21} pro Sekunde erhält man gemäß (2.15), (2.20), wenn wir für die statistischen Gewichte $g_1 = g_2$ annehmen,

$$\frac{\mathrm{d}N_1}{\mathrm{d}t} = (N_2 - N_1)B_{21}nh\nu + N_2A_{21} - N_1R_1\,, \tag{5.6a}$$

$$\frac{\mathrm{d}N_2}{\mathrm{d}t} = P - (N_2 - N_1)B_{21}nh\nu - N_2A_{21} - N_2R_2\,, \tag{5.6b}$$

$$\frac{\mathrm{d}n}{\mathrm{d}t} = -\beta n + (N_2 - N_1)B_{21}nh\nu\,. \tag{5.6c}$$

Der Verlustfaktor β für die Photonen gibt an, wie schnell die in einer Resonatormode gespeicherte Energie ohne aktives Medium abklingen würde. Aus (5.6c) erhält man für $N_2 = N_1$

$$n = n_0\,\mathrm{e}^{-\beta t}\,, \tag{5.7}$$

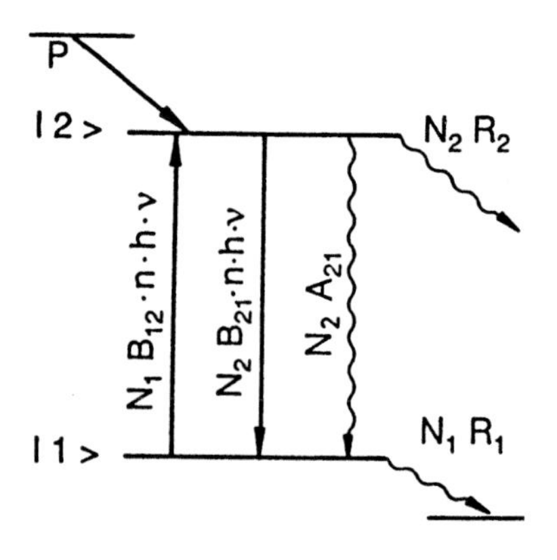

Abb. 5.3. Pumpprozess P, Relaxationsraten N_iR_i, induzierte und spontane Emission in einem Vierniveau-Lasersystem

und ein Vergleich mit der Definition des Verlustfaktors γ pro Resonatorumlaufszeit T in (5.4) zeigt, dass bei einer Resonatorlänge d gilt

$$\gamma = \beta T = \beta(2d/c)\,. \tag{5.8}$$

Im **stationären Betrieb** ist $\mathrm{d}N_1/\mathrm{d}t = \mathrm{d}N_2/\mathrm{d}t = \mathrm{d}n/\mathrm{d}t = 0$. Durch Addition von (5.6a) und (5.6b) erhält man dann für die Pumprate P:

$$P = N_1 R_1 + N_2 R_2\,. \tag{5.9a}$$

Die Pumprate sorgt also im stationären Betrieb für den Ersatz der Atome in den beiden Niveaus $|1\rangle$ und $|2\rangle$, die durch Relaxationsprozesse dem Laserübergang verloren gehen.

Eine andere Betrachtungsweise ergibt sich durch Addition von (5.6b) und (5.6c):

$$P = \beta n + N_2(A_{21} + R_2)\,. \tag{5.9b}$$

Die Pumprate ersetzt daher die Verlustphotonen und die durch spontane Emission und durch Stoßrelaxation abnehmende Besetzungszahl N_2 des oberen Niveaus. Ein Vergleich von (5.9a) und (5.9b) zeigt, dass die Relaxationsrate für die Entleerung des unteren Niveaus

$$N_1 R_1 = N_2 A_{21} + \beta n$$

im stationären Laserbetrieb ($n > 0$) gerade die spontane Emission plus die Verlustrate der induzierten Photonen kompensiert, also immer größer sein muss als seine Auffüllung durch spontane Emission aus $|2\rangle$.

Für die stationäre Besetzungsinversion ΔN_{stat} erhalten wir durch Multiplikation von (5.6a) mit R_2, von (5.6b) mit R_1 und nachfolgender Addition unter Verwendung von (5.9) die Relation

$$\Delta N_{\mathrm{stat}} = \frac{(R_1 - A_{21})P}{Bnh\nu(R_1 + R_2) + AR_1 + R_1 R_2}\,. \tag{5.10}$$

Hieraus folgt wieder, dass man die Bedingung $\Delta N_{\mathrm{stat}} > 0$ nur in Medien erfüllen kann, für die $R_1 > A_{21}$ gilt, bei denen also die Entleerung des unteren Niveaus schneller ist als seine Bevölkerung durch spontane Emission. Beim wirklichen Laserbetrieb trägt auch die induzierte Emission zur Bevölkerung des Niveaus $|1\rangle$ bei, so dass dann die schärfere Bedingung $R_1 > A_{21} + B_{21}\rho$ gelten muss. Kontinuierliche Laser können daher nur auf solchen Übergängen $|2\rangle \rightarrow |1\rangle$ realisiert werden, bei denen die effektive Lebensdauer des unteren Niveaus kleiner ist als $1/(A_{21} + B_{21}\rho)$.

Wir hatten weiter oben diskutiert, dass die Photonendichte n so lange anwächst, bis ΔN auf den Schwellwert ΔN_s reduziert ist. Aus (5.6c) erhalten wir für $\mathrm{d}n/\mathrm{d}t = 0$ mit (5.8) und (2.63) genau die Schwellwertbedingung (5.5).

5.2 Optische Resonatoren

Im Abschnitt 2.1 wurde gezeigt, dass bei der Temperatur T im Inneren eines „Hohlraum-Resonators" ein Strahlungsfeld existiert, dessen spektrale Energiedichte $\rho(\nu)$ im thermischen Gleichgewicht durch die Temperatur T und die möglichen Eigenfrequenzen der Hohlraum-Moden bestimmt wird. Für denjenigen Teil des Spektrums, für den die Wellenlängen sehr klein gegen die Resonatordimensionen sind, ergab sich für $\rho(\nu)$ eine Planck-Verteilung (2.11). Die Zahl der Moden $n(\nu) = 8\pi\nu^2/c^3$ pro Volumeneinheit und Frequenzintervall $\mathrm{d}\nu = 1\,\mathrm{Hz}$ ist in diesem Fall sehr groß ((2.7) und Beispiel 2.1). Bringt man eine Lichtquelle in den Hohlraum, so wird sich deren Strahlungsenergie so auf alle Moden verteilen, dass das System (bei entsprechend höherer Temperatur) wieder im thermischen Gleichgewicht ist. Wegen der großen Zahl der verfügbaren Moden wird aber die Zahl der Photonen, die auf eine Mode entfallen, im optischen Bereich sehr klein sein (Abb. 2.4). Ein solcher Resonator ist daher als Laserresonator nicht geeignet.

Um zu erreichen, dass sich das Strahlungsfeld im Inneren des Resonators nicht auf alle Moden verteilt, sondern auf wenige Moden konzentriert bleibt, muss der Resonator so beschaffen sein, dass er für wenige Moden eine starke Rückkopplung hat, während er die von der Strahlungsquelle (das ist das aktivierte Medium) in andere Moden emittierte Energie nicht reflektiert, sondern gleich nach außen abgibt. Man kann dies auch folgendermaßen beschreiben: Hat der Resonator für die k-te Mode den Verlustfaktor β_k, so gibt er auf dieser Mode, in der die Energie W_k gespeichert sein möge, im Zeitintervall $\mathrm{d}t$ die Energie

$$\mathrm{d}W_k = -\beta_k W_k \,\mathrm{d}t \tag{5.11}$$

ab. Nach Abschalten der Energiezufuhr wird daher die Strahlungsenergie in dieser Resonatormode exponentiell abnehmen, da aus (5.11) folgt

$$W_k(t) = W_k(0)\,\mathrm{e}^{-\beta_k t} \,. \tag{5.12}$$

Man definiert die **Resonatorgüte** Q_k für die k-te Resonatormode

$$Q_k = -2\pi\nu \frac{W_k}{\mathrm{d}W_k/\mathrm{d}t} \tag{5.13}$$

als 2π mal dem Quotienten aus gespeicherter Energie W_k und dem pro Schwingungsperiode $1/\nu$ auftretenden Energieverlust. Aus (5.12) ergibt sich

$$Q_k = +2\pi\nu/\beta_k \simeq 2\pi\nu\tau_k \,. \tag{5.14}$$

Durch $\tau_k = 1/\beta_k$ kann man eine mittlere Verweilzeit der Photonen im Resonator definieren. Hat der Resonator für wenige Moden kleine Verlustfaktoren β_k, für alle anderen aber große Verluste, so wird – auch bei gleicher Energiezufuhr in alle Moden – die Photonenzahl in den verlustarmen Moden größer als in den anderen Moden werden. Dadurch wird die Wahrscheinlichkeit für induzierte Emission in diesen Moden größer, so dass die Pumpenergie bevorzugt in Strahlungsenergie dieser Moden umgesetzt werden kann. *Ein solcher Resonator konzentriert also die Strahlungsenergie des aktiven Mediums auf wenige Moden!*

5.2.1 Offene Resonatoren

Optische Resonatoren, die aus zwei sich gegenüber stehenden planparallelen Spiegeln bestehen und in den beiden anderen Richtungen keine Wände haben sondern völlig offen sind (Abb. 5.2), können bei geeigneter Dimensionierung die oben geforderten modenselektiven Eigenschaften haben: Licht, das parallel zur Resonatorachse auf die Spiegel trifft, wird in sich reflektiert und durchläuft daher das aktive Medium öfter als Licht, das schräg auftrifft und bereits nach wenigen Reflexionen aus dem Resonator entweicht.

Der Verlustfaktor β pro Sekunde bzw. $\gamma = (2d/c)\beta$ pro Resonatorumlauf kann in mehrere Summanden zerlegt werden

$$\gamma = \gamma_R + \gamma_B + \gamma_A + \gamma_S\,, \tag{5.15}$$

wobei γ_R die Verluste durch Reflexion, γ_B die Verluste durch Beugung, γ_A die Verluste durch Absorption und γ_S die Verluste durch Lichtstreuung beschreiben.

Ist das Reflexionsvermögen der Spiegel R_1 bzw. R_2, so geht auch für Licht, das sich parallel zur Resonatorachse ausbreitet, bei jeder Reflexion der Bruchteil $(1 - R_i)$ der auf den Spiegel fallenden Intensität verloren. Nach einem Resonatorumlauf ist daher die Intensität aufgrund der Reflexionsverluste auf den Wert

$$I = I_0 R_1 R_2 = I_0\,\mathrm{e}^{-\gamma_R} \text{ mit } \gamma_R = -\ln(R_1 \cdot R_2) \tag{5.16}$$

abgesunken. Da die Umlaufzeit $T = 2d/c$ ist, ergibt sich für die Abklingkonstante in (5.12): $\beta_R = \gamma_R/T = \gamma_R \cdot c/2d$. Die mittlere Verweilzeit τ der Photonen im Resonator ist

$$\tau = -\frac{2d}{c\ln(R_1 \cdot R_2)}\,, \tag{5.17}$$

wenn nicht noch andere Verluste auftreten.

Solche offenen Resonatoren sind im Prinzip nichts anderes als die im vorigen Kapitel behandelten Fabry-Pérot-Interferometer, und wir können verschiedene der dort hergeleiteten Beziehungen hier verwenden. Es besteht jedoch ein wesentlicher Unterschied hinsichtlich der geometrischen Dimensionen: Während bei einem üblichen FPI der Abstand der beiden Spiegel kleiner ist als ihr Durchmesser, so dass Beugungseffekte im Allgemeinen *vernachlässigbar* sind, liegen die Verhältnisse bei den meisten Laserresonatoren gerade umgekehrt: Der Spiegelabstand d ist oft groß gegen den nutzbaren Durchmesser der Spiegel, so dass Beugungserscheinungen eine *wesentliche* Rolle spielen und zu Beugungsverlusten der zwischen den Spiegeln hin- und herreflektierten Welle führen, die in geschlossenen Resonatoren nicht auftreten und auch bei üblichen FPI bedeutungslos sind.

Die Größe dieser Beugungsverluste kann man anhand eines einfachen Beispiels abschätzen (Abb. 5.4). Eine ebene Welle, die senkrecht auf einen Spiegel mit dem Durchmesser $2a$ fällt, zeigt nach der Reflexion eine räumliche Intensitätsverteilung, die durch die Beugung beeinflusst wird und völlig äquivalent zur Intensitätsverteilung ist, die man beim Durchgang der Welle durch eine Blende mit dem Durchmesser

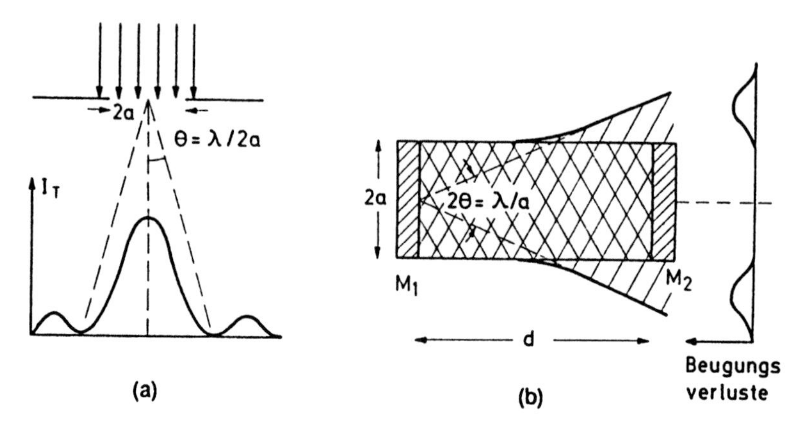

Abb. 5.4. (**a**) Beugung einer ebenen Welle an einer Blende. (**b**) Beugung an einem Spiegel

$2a$ erhält. Das zentrale Beugungsmaximum liegt zwischen den beiden ersten Minima bei $\sin\theta = \pm\lambda/(2a)$ (Abb. 5.4a). Ein Teil des vom Spiegel M_1 reflektierten Lichtes geht infolge der Beugung am Spiegel M_2 vorbei und damit dem Resonator verloren. Die Beugungsverluste hängen von den Größen a, d und der Wellenlänge λ ab, sowie von der Amplitudenverteilung der elektromagnetischen Welle auf der Spiegelfläche. Bei den meisten Lasern wird die Größe a nicht durch die Spiegelgröße festgelegt, sondern durch andere Begrenzungen im Resonator, wie z. B. dem Durchmesser des Laserrohres bei Gaslasern. Man kann den Einfluss der Beugung charakterisieren durch die **Fresnel-Zahl** F_N

$$F_N = \frac{a^2}{\lambda d}\,, \tag{5.18}$$

die angibt, wie viele Fresnel-Zonen auf einem Resonatorspiegel entstehen (Abb. 5.5a), wenn man um die Mitte A des gegenüber liegenden Spiegels Kreise mit den Radien $\rho_q = q\cdot\lambda/2$ (q: ganzzahlig) konstruiert (Abb. 5.5b). Lässt man eine ebene Welle in Abb. 5.5c von rechts auf den Spiegel M_1 fallen, so schneidet der Beugungskegel mit

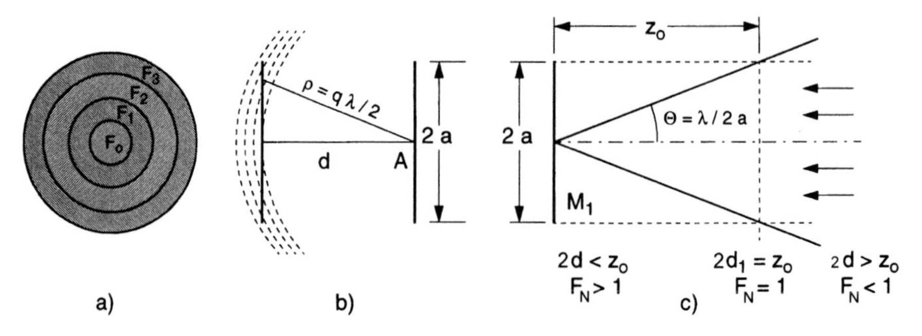

Abb. 5.5. (**a**) Anschauliche Darstellung, (**b**) physikalische Bedeutung der Fresnel Zonen, und (**c**) Abhängigkeit der Fresnel-Zahl F_N von den Resonatordimensionen (siehe Text)

dem Öffnungswinkel $2\theta = \lambda/a$ der reflektierten Welle die gestrichelt eingezeichnete geometrische Schattengrenze (, die entstehen würde, wenn man M_1 von links mit paralellem Licht beleuchtet) in einer Entfernung z_0. Ist der Spiegelabstand $d < z_0/2$, so ist die Fresnel-Zahl $F_N > 1$, für $d = z_0/2$ ist $F_N = 1$, und für $d > z_0/2$ ist $F_N < 1$.

Wenn ein Photon m Umläufe im Resonator macht, muss der maximale Beugungswinkel 2θ kleiner sein als $a/(md)$, damit die Beugungsverluste klein bleiben. Für $2\theta = \lambda/a$ ergibt dies mit (5.18) die Bedingung

$$F_N > m$$

für die Fresnel-Zahl.

Resonatoren mit großer Fresnel-Zahl haben kleine Beugungsverluste. Man kann zeigen [5.11], dass *alle ebenen Resonatoren mit gleicher Fresnel-Zahl F die gleichen Beugungsverluste haben, unabhängig von der speziellen Wahl für a, λ, und L!*

Man kann zeigen, dass der Beugungsverlustfaktor $\gamma \approx 1/F_N$ ist.

Beispiel 5.1

a) Ebenes FPI: $d = 1\,\text{cm}$, $a = 3\,\text{cm}$, $\lambda = 500\,\text{nm} \rightarrow F_N = 1{,}8 \cdot 10^5$, $\gamma_B \simeq 5{,}6 \cdot 10^{-6}$

b) Gaslaser-Resonator mit ebenen Spiegeln: $d = 50\,\text{cm}$, $a = 0{,}1\,\text{cm}$, $\lambda = 500\,\text{nm} \rightarrow F_N = 4$, $\gamma_b = 25\%$!

Im Beispiel 5.1a sind die Beugungsverluste also völlig vernachlässigbar, und eine einfallende ebene Welle bleibt praktisch eben, während im Beispiel 5.1b die Beugung einen so großen Einfluss hat, dass die Abweichung von der ebenen Welle beträchtlich wird, und die Verluste für viele Laserübergänge bereits zu groß wären.

5.2.2 Räumliche Modenstrukturen im offenen Resonator

Wegen der Beugungseffekte können ebene Wellen in offenen Resonatoren nicht zu stationären Feldverteilungen führen, da ihre Beugungsverluste am Rande der Spiegel größer als in der Mitte sind und sich daher die räumliche Feldstärkeverteilung bei jeder Reflexion ändern würde. Außerdem weichen wegen der Beugung die Flächen gleicher Phase von Ebenen ab. Die wirkliche Feldverteilung im Resonator entsteht durch eine Überlagerung aller beim Hin- und Herlaufen der Welle von den beiden Spiegeln reflektierten Beugungsordnungen. Eine stationäre Feldverteilung stellt sich dann ein, wenn sich bei der Reflexion die räumliche Feldstärkeverteilung über den Resonatorquerschnitt nicht mehr ändert, wobei die absolute Feldenergie natürlich wegen der auftretenden Verluste im Laufe der Zeit abnimmt, falls die Verlustenergie nicht wieder nachgeliefert wird. *Solche stationären Feldverteilungen sind die Moden des offenen Resonators, analog zu den Moden des geschlossenen Resonators*, die durch ebene Wellen dargestellt werden konnten.

Man kann die Modenstrukturen eines offenen Resonators durch ein iteratives Verfahren mithilfe der Kirchhoff-Fresnel'schen Beugungstheorie [5.12, 5.13] berechnen. Dazu ersetzt man den Resonator mit zwei ebenen Spiegeln durch eine äquivalente Anordnung von Lochblenden mit dem Durchmesser $2a$ im Abstand d voneinander (Abb. 5.6). Fällt von links eine Lichtwelle in z-Richtung ein, so ändert sich

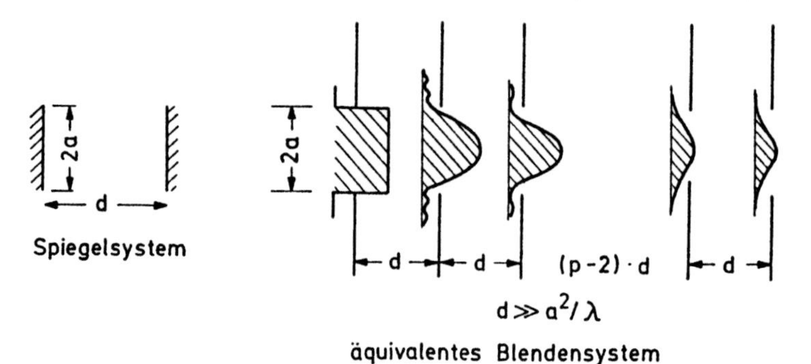

Abb. 5.6. Äquivalenz eines ebenen Spiegelresonators und einer äquidistanten Folge von Blenden für die Behandlung der Beugung

infolge der Beugung ihre Feldverteilung beim Durchgang durch die Blenden sukzessiv. Die räumliche Amplitudenverteilung $A_p(x, y)$ in der Ebene der p-ten Blende ist durch die Verteilung $A_{p-1}(x', y')$ über die $(p-1)$-te Blende bestimmt (Abb. 5.7).

Die Amplitude im Punkt $P(x, y)$ ist dann [5.12]

$$A_\mathrm{p}(x, y) = \frac{-\mathrm{i}}{2\lambda} \int_{x'} \int_{y'} A_{\mathrm{p}-1}(x', y') \frac{1}{\rho} \mathrm{e}^{-\mathrm{i}k\rho} (1 + \cos\vartheta) \, \mathrm{d}x' \, \mathrm{d}y' . \tag{5.19}$$

Für die stationäre Feldverteilung muss gelten

$$A_p(x, y) = C A_{p-1}(x, y) \quad \text{mit} \quad C = \mathrm{e}^{\mathrm{i}\phi} (1 - \gamma_\mathrm{B})^{1/2} , \tag{5.20}$$

wobei das Betragsquadrat $|C|^2 = 1 - \gamma_\mathrm{B}$ des *ortsunabhängigen* Faktors C den Intensitätsverlust durch Beugung angibt und ϕ die Phasenverschiebung der Welle infolge der Beugung.

Setzt man (5.20) in (5.19) ein, so erhält man eine Integralgleichung für die Amplitude $A(x, y)$, deren Lösung mit den entsprechenden Randbedingungen die stationären Feldverteilungen der Blendenanordnung und damit auch die Moden des äquivalenten Resonators beschreiben.

Solche Rechnungen wurden von *Fox* und *Li* [5.14] für Resonatoren mit ebenen Spiegeln durchgeführt und später von *Boyd* und *Kogelnik* [5.15] auf Resonato-

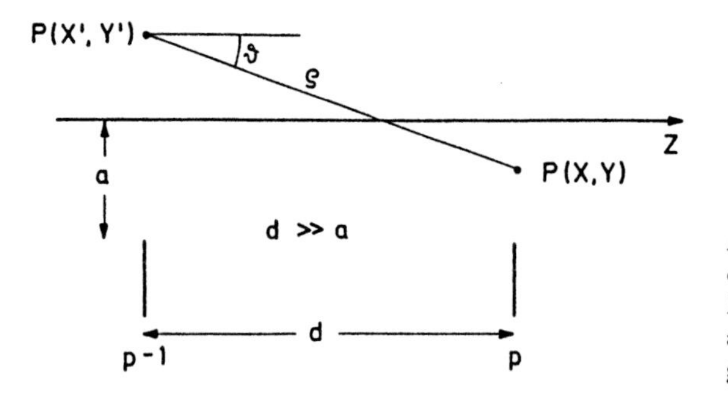

Abb. 5.7. Zur Bestimmung der Feldamplitude im Punkte $P(x, y)$ aus der Feldverteilung auf einer Fläche $F'(x', y')$ gemäß (5.18)

ren mit sphärisch gekrümmten Spiegeln mit beliebigem Krümmungsradius erweitert. Es zeigte sich, dass die Integralgleichung im Allgemeinen nicht exakt, sondern nur numerisch lösbar ist. Nur für den Fall des konfokalen Resonators, bei dem der Abstand d der Spiegel gleich ihrem Krümmungsradius b ist, gibt es in der Fresnel-Näherung [5.13] eine analytische Lösung [5.16], die von *Boyd* und *Gordon* [5.17] zuerst angegeben wurde für den Fall, dass die Feldverteilung einen Radius $a \ll d = b$ hat (Abb. 5.7), damit in (5.19) $\cos \vartheta \simeq 1$ und $1/\rho \simeq 1/d$ gesetzt werden kann.

Legen wir den Koordinatenursprung in das Zentrum des Resonators, so lässt sich die stationäre Amplitudenverteilung in einer beliebigen Ebene z = const. innerhalb des konfokalen Resonators ($d = b$) in dieser Näherung darstellen als ein Produkt von Funktionen nur einer Variablen [5.17]

$$A_{m,n}(x,y,z) = C_{mn} H_m(x^*) \cdot H_n(y^*) \cdot \mathrm{e}^{-(x^{*2}+y^{*2})/4}\, \mathrm{e}^{-\mathrm{i}\phi(x,y,z)} , \tag{5.21}$$

wobei C_{mn} ein Normierungsfaktor ist, H_m und H_n sind die Hermitischen Polynome m-ter bzw. n-ter Ordnung; $x^* = 2^{1/2}x/w$ und $y^* = 2^{1/2}y/w$ sind normierte Koordinaten und

$$w(z) = \sqrt{\lambda \cdot \frac{d}{2\pi}\left[1 + \left(\frac{2z}{d}\right)^2\right]} \tag{5.22}$$

ist ein Maß für die radiale Amplitudenverteilung. Für die Phase $\phi(x,y,z)$ ergibt sich mit der Abkürzung $\xi = 2z/d$

$$\begin{aligned}\phi(x,y,z) = \frac{2\pi}{\lambda}\left[\frac{b}{2}(1+\xi^2) + \frac{(x^2+y^2)\xi}{b(1+\xi^2)}\right] \\ - (1+m+n)\left(\frac{\pi}{2} - \arctan\frac{1-\xi}{1+\xi}\right) .\end{aligned} \tag{5.23}$$

Abbildung 5.8 zeigt als Beispiele einige stationäre Feldverteilungen, die man TEM_{mn}-Moden nennt, da sie trotz der Beugungseffekte in guter Näherung transversale elektromagnetische Wellen darstellen. Aus der Definition der Hermitischen Polynome folgt, dass die ganzen Zahlen m und n die Zahl der Feldstärke-Knoten in der x- bzw. y-Richtung angeben. Moden mit $m = n = 0$ heißen **Fundamentalmoden** oder auch **axiale Moden**. Ihre Intensitätsverteilung $I(x,y) \propto |A_{mn}|^2$ wird mit (5.21) wegen $H_0(x) = 1$

$$I_{00}(x,y) = I_0\, \mathrm{e}^{-(x^2+y^2)/w^2} . \tag{5.24}$$

Die Fundamentalmoden haben ein radial-symmetrisches Gauß'sches Intensitätsprofil. Senkrecht zur Resonatorachse sinkt die Intensität $I(x,y,z)$ für $r = (x^2+y^2)^{1/2} = w$ auf $1/\mathrm{e}^2$ ihres Wertes I_0 auf der Achse. Man nennt w den Radius der TEM_{00}-Mode. Der minimale Radius w_0 liegt gemäß (5.22) bei $z = 0$, d. h. in der Mitte des konfokalen Resonators (Abb. 5.9).

$$w_0 = w(z=0) = (\lambda d/2\pi)^{1/2} \tag{5.25}$$

heißt die **Strahltaille** der Resonatormode. Die Größe der Strahltaille hängt vom Abstand d der Spiegel und von der Wellenlänge λ ab.

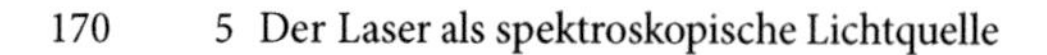

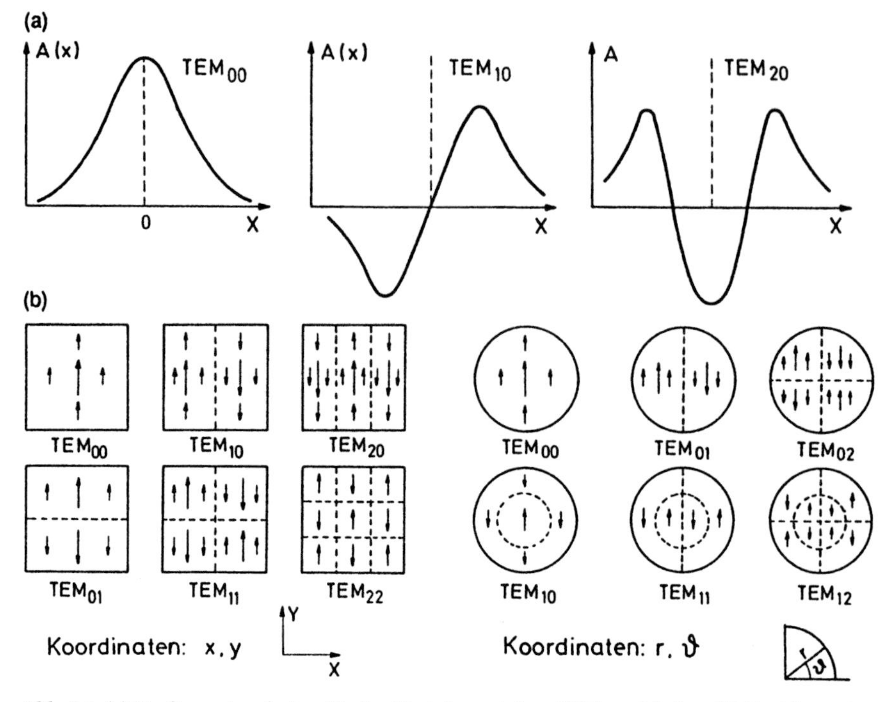

Abb. 5.8. (**a**) Eindimensionale Amplituden-Verteilung einiger $TEM_{m,n}$-Moden, (**b**) Zweidimensionale Amplituden-Verteilung einiger $TEM_{m,n}$-Moden in Kartesischen und in Zylinderkoordinaten

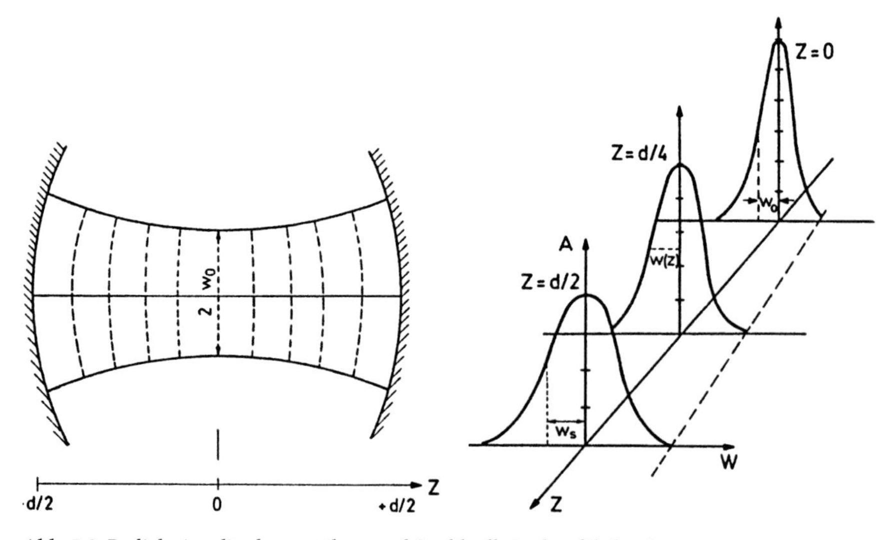

Abb. 5.9. Radiale Amplitudenverteilung und Strahltaille im konfokalen Resonator

Beispiel 5.2

a) Für einen HeNe-Laser ($\lambda = 633\,\text{nm}$) mit konfokalem Resonator ($b = d = 30\,\text{cm}$) ist die Strahltaille $w_0 = 0{,}17\,\text{mm}$.
b) Bei einem CO_2-Laser ($\lambda = 10\,\mu\text{m}$) mit $b = d = 2\,\text{m}$ ist $w_0 = 1{,}8\,\text{mm}$.

Um die Feldverteilung in einem beliebigen Resonator zu bestimmen, kann man folgendermaßen verfahren:

Der konfokale Resonator kann durch Resonatoren mit anderer Spiegelkonfiguration ersetzt werden, ohne dass sich die Feldverteilung ändert, wenn die Spiegel bei $z = z_1$ und $z = z_2$ genau dieselben Krümmungsradien b'_1, b'_2 haben wie die Wellenfronten eines konfokalen Resonators an diesen Stellen. Solche Resonatoren nennt man **äquivalent**. So erhält man z. B. den zum konfokalen Resonator äquivalenten semikonfokalen Resonator in Abb. 5.10d, wenn man in die Mitte des konfokalen Resonators bei $z = 0$ einen ebenen Spiegel stellt. Als Resonatorparameter wird die Größe $g_i = 1 - d/b_i$ gewählt.

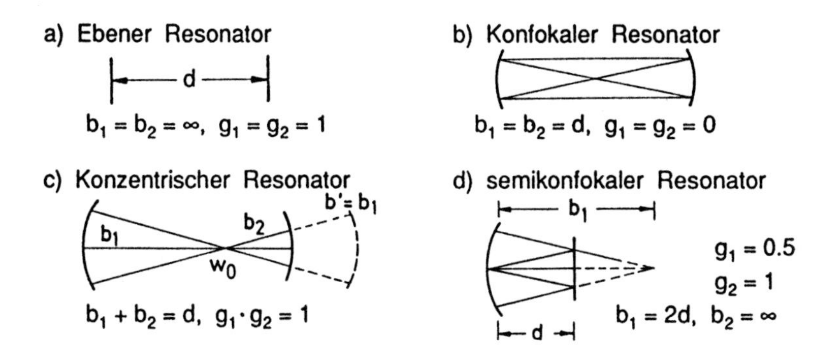

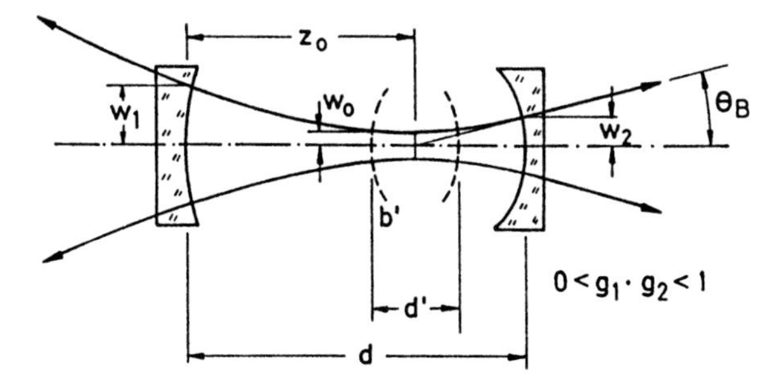

Abb. 5.10a–e. Beispiele für Resonator-Konfigurationen mit ihren äquivalenten konfokalen Resonatoren (*gestrichelt*)

Für **nicht-konfokale** Resonatoren mit zwei gleichen Spiegeln mit den Krümmungsradien $b > d/2$ hat der äquivalente konfokale Resonator die Krümmungsradien b' und den Spiegelabstand d nach [5.18, 5.19]

$$d' = b' = (2bd - d^2)^{1/2} . \tag{5.26}$$

Die Abbildungen 5.10a-e zeigen einige Beispiele für mögliche Laserresonatoren mit ihren äquivalenten konfokalen Resonatoren.

5.2.3 Beugungsverluste offener Resonatoren

Da bei allen stationären Feldverteilungen des offenen Resonators (Abb. 5.8) die Intensität am Rande der begrenzenden Apertur (Spiegel oder auch Blenden im Resonator) nicht Null ist, wird ein Teil der Intensität durch Beugung bei der Hin- und Her-Reflexion aus dem Resonator entfernt. Die Beugungsverluste hängen außer von der Fresnel-Zahl F_N des Resonators stark von der Feldverteilung $A(x, y)$ ab und sind für die einzelnen $\text{TEM}_{m,n}$-Moden verschieden groß. Abbildung 5.11 zeigt die Größe der Beugungsverluste γ_B als Funktion der Fresnel-Zahl für verschiedene $\text{TEM}_{m,n}$-Moden. Die Kurven illustrieren, dass γ_B für Moden des konfokalen Resonators wesentlich kleiner ist als für entsprechende Moden des ebenen Resonators. Das liegt daran, dass die sphärischen Spiegel das infolge der Beugung divergierende Licht bei jedem Resonatordurchgang wieder refokussieren, so dass die Beugungsverluste reduziert werden.

Man sieht aus Abb. 5.11 auch, dass durch geeignete Wahl der Fresnel-Zahl $F_N = a^2/d\lambda$ (entweder durch Reduzierung von a durch Blenden im Resonator oder durch

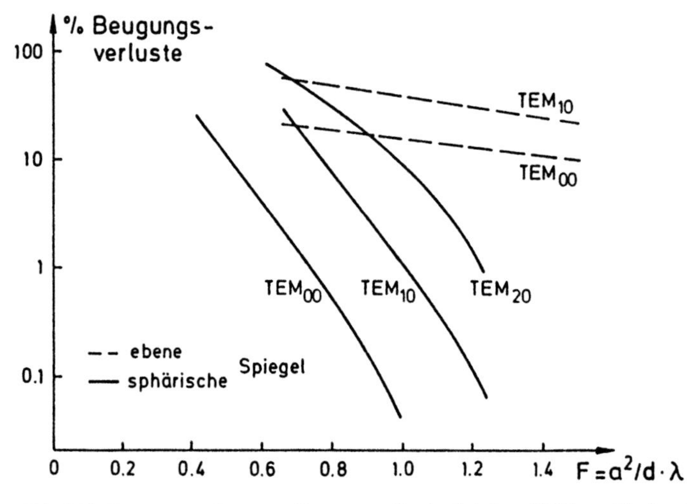

Abb. 5.11. Beugungsverluste pro Resonator-Umlauf einiger $\text{TEM}_{m,n}$-Moden des konfokalen Resonators, verglichen mit denen des Resonators mit ebenen Spiegeln

Vergrößern des Spiegelabstandes d) die Beugungsverluste für höhere $\mathrm{TEM}_{m,n}$-Moden so groß gemacht werden können, dass diese die Schwelle zur Laseroszillation nicht erreichen (Abschn. 5.4.2).

5.2.4 Stabile und instabile Resonatoren

In einem stabilen Resonator muss sich die Feldverteilung $A(x,y)$ nach jedem Umlauf der Welle reproduzieren, abgesehen von einem von x und y unabhängigen Faktor C, der die Gesamtverluste des Resonators angibt – siehe (5.20). Die Frage ist nun, in welchen Grenzen man Spiegelradien b_1, b_2 und Resonatorlänge d stabiler Resonatoren variieren kann, und wie die räumliche Modenstruktur des Resonators – insbesondere die Intensitätsverteilung der Gauß'schen Fundamentalmode von diesen Größen abhängt.

Dazu betrachten wir, wie sich ein Gauß-Strahl verändert, wenn er zwischen zwei Spiegeln (Abstand d, Krümmungsradien b_1, b_2) hin und her reflektiert wird. Ein Gauß-Strahl, der sich in z-Richtung ausbreiten möge, wird beschrieben durch die Amplitudenverteilung [5.18]

$$A(x,y,z) = A_0 \exp\left[\frac{-\mathrm{i}Kr^2}{2q(z)} + \mathrm{i}\phi(z)\right], \tag{5.27}$$

wobei $r^2 = x^2 + y^2$, $K = 2\pi/\lambda$, $\phi(z)$ die z-abhängige Phase und $q(z)$ der komplexe Strahlparameter ist, der sich mit

$$\frac{1}{q} = \frac{1}{R} - \frac{\mathrm{i}\lambda}{\pi w^2} \tag{5.28}$$

ausdrücken lässt durch den Krümmungsradius $R(z)$ der Phasenfläche und den Gauß-Radius w, der durch (5.22) definiert ist (Abb. 5.12).

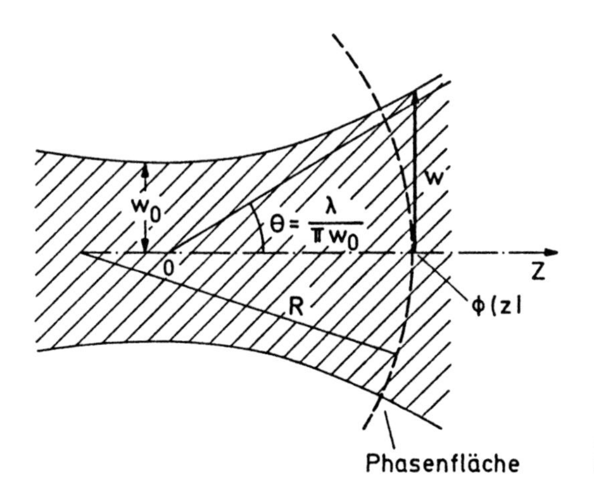

Abb. 5.12. Ausbreitung eines Gauß-Strahles

Verlangt man für eine stationäre Modenverteilung, dass sich der Gauß-Strahl bei dem Resonatorumlauf (also bei der Abbildung durch die zwei Spiegel) nicht ändert, so erhält man nach einiger Rechnung [5.13] mit den Abkürzungen

$$g_i = 1 - d/b_i \tag{5.29}$$

für die in (5.22) definierten Radien w_i bzw. Fleckgrößen πw_i^2 auf den Spiegeln M_1 und M_2 die Beziehungen

$$\pi w_1^2 = \lambda d \left(\frac{g_2}{g_1(1 - g_1 g_2)} \right)^{1/2} , \quad \pi w_2^2 = \lambda d \left(\frac{g_1}{g_2(1 - g_1 g_2)} \right)^{1/2} . \tag{5.30}$$

Man sieht hieraus, dass für $g_1 g_2 = 1$ und für $g_1 = 0$, $g_2 \neq 0$ oder $g_2 = 0$, $g_1 \neq 0$ die Fleckgröße auf einem oder auf beiden Spiegeln unendlich groß wird, d. h. der Gauß-Strahl divergiert für diese Fälle beim Umlauf durch den Resonator. Aus (5.30) folgt also die Stabilitätsbedingung

$$\boxed{0 < g_1 g_2 < 1 \quad \text{oder} \quad g_1 = g_2 = 0} . \tag{5.31}$$

Die Resonatoren g_i heißen *Stabilitätsparameter*. Resonatoren, die (5.31) erfüllen, heißen **stabil**. Tabelle 5.1 gibt einige spezielle Resonatoren mit ihren Stabilitätsparametern g_i an, und Abb. 5.13 zeigt ein entsprechendes Stabilitätsdiagramm. Manche der aufgeführten Resonatoren liegen auf der Grenze des Stabilitätsbereiches. Man könnte sie als „metastabil" bezeichnen. Der ebene Resonator ($g_1 = g_2 = 1$) ist hiernach metastabil. Bei kleinsten Störungen wird er instabil und dann kann sich in ihm keine stabile Gauß-Mode aufbauen.Seine Beugungsverluste sind auch wesentlich größer als bei den stabilen Resonatoren.

Tabelle 5.1. Einige Resonatortypen mit ihren Stabilitätsparametern

Typ	Spiegelradien	Stab. Parameter
konfokal ($b_1 \neq b_2$)	$b_1 + b_2 = 2d$	$g_1 + g_2 = 2g_1 g_2$
konzentrisch	$b_1 + b_2 = d$	$g_1 \cdot g_2 = 1$
symmetrisch	$b_1 = b_2$	$g_1 = g_2 = g < 1$
symmetrisch konfokal	$b_1 = b_2 = d$	$g_1 = g_2 = 0$
symmetrisch konzentrisch	$b_1 = b_2 = 1/2d$	$g_1 = g_2 = -1$
semikonfokal	$b_1 = \infty, b_2 = 2d$	$g_1 = 1, g_2 = 1/2$
eben	$b_1 = b_2 = \infty$	$g_1 = g_2 = +1$

Durch die Einführung der Abkürzung $G = 2g_1 g_2 - 1$ lässt sich die Stabilitätsbedingung vereinfachen zu $0 < |G| < 1$.

In stabilen Resonatoren ist das Volumen der Grundmode durch den Spiegelabstand d und die Krümmungsradien b_1, b_2 festgelegt – siehe (5.22), (5.30). Dies kann bei Lasern mit großem Querschnitt des aktiven Volumens (z. B. Festkörperlaser oder Excimerlaser) dazu führen, dass die Grundmode das aktive Volumen nur zum Teil ausfüllt. Im Betrieb auf der Fundamentalmode TEM_{00} kann dann die Laserleistung

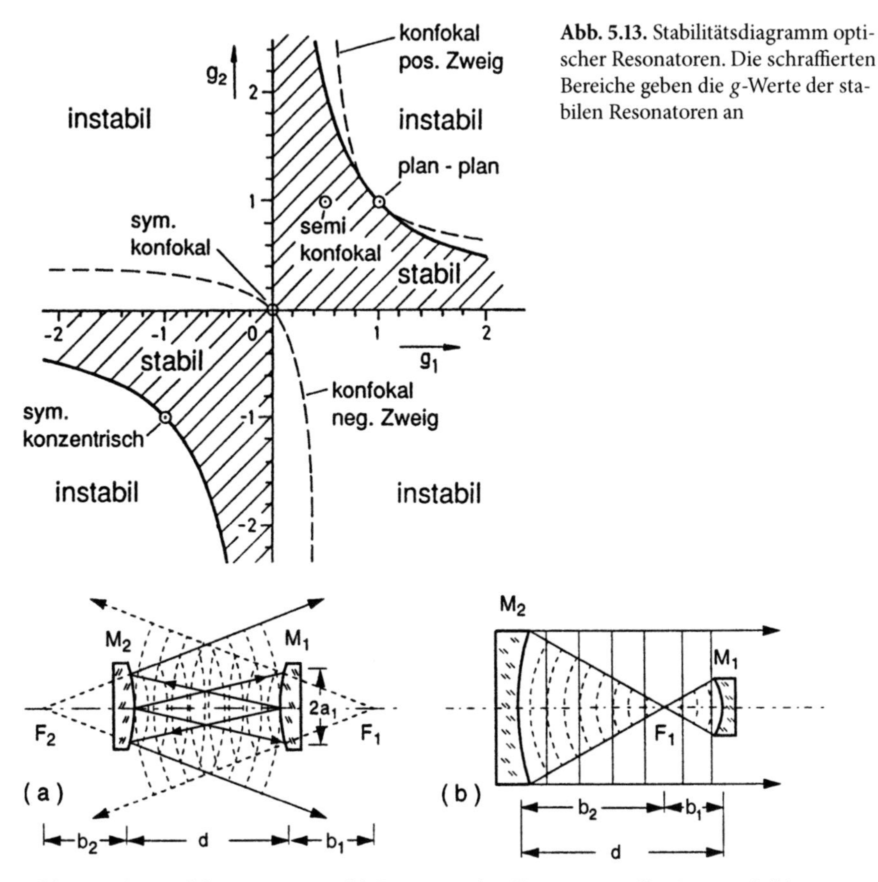

Abb. 5.13. Stabilitätsdiagramm optischer Resonatoren. Die schraffierten Bereiche geben die g-Werte der stabilen Resonatoren an

Abb. 5.14a,b. Instabile Resonatoren: (**a**) Symmetrischer Typ mit virtuellen Focii und (**b**) asymmetrischer Typ mit reellem Focus

nicht ihren größtmöglichen Wert erreichen, weil nur ein Teil der invertierten Atome zur Laserleistung beiträgt. Für solche Fälle ist die Verwendung *instabiler* Resonatoren vorteilhaft, bei denen $g_1g_2 > 1$ oder $g_1g_2 < 0$ gilt [5.13, 5.20, 5.21].

In instabilen Resonatoren treten stark divergierende Strahlenbündel auf, deren Durchmesser nur durch die Spiegelabmessungen gegeben sind (Abb. 5.14). Natürlich sind die Verluste entsprechend hoch, da eine Welle nur wenige Umläufe im Resonator machen kann. Instabile Resonatoren sind daher nur für Laser mit großer Verstärkung möglich. Um an einer Seite auszukoppeln, wählt man den Durchmesser eines Spiegels groß gegen den des anderen. Zwei spezielle konfokale instabile Resonatoren, für die $g_1 + g_2 = 2g_1g_2$ gilt, sind in Abb. 5.15 gezeigt. Für $g_1g_2 > 1$ gibt es nur einen virtuellen Fokus außerhalb des Resonators (Abb. 5.15a), während für $g_1g_2 < 0$ ein reeller Fokus im Resonator auftritt (Abb. 5.15b).

Das Verhältnis von Strahldurchmesser auf dem Spiegel nach einem Resonatorumlauf zum ursprünglichen Strahldurchmesser heißt **Vergrößerung** M. Man erhält

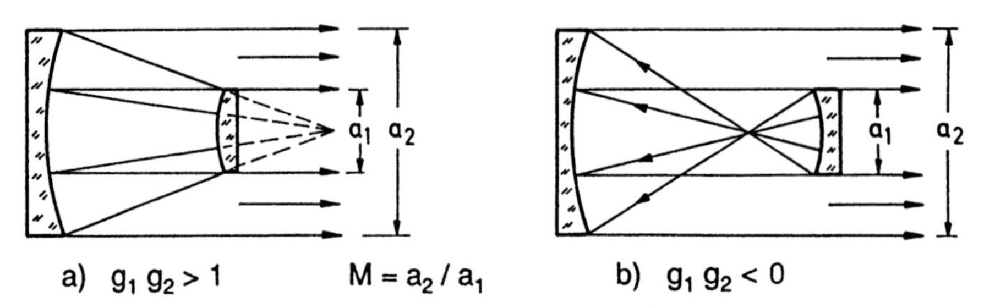

Abb. 5.15a,b. Zwei Versionen des konfokalen instabilen Resonators mit (**a**) $g_1 g_2 > 1$ und (**b**) $g_1 g_2 < 0$

aus Abb. 5.14 für die Vergrößerung beim Weg vom Spiegel M_1 nach M_2 bzw. von M_2 zurück nach M_1

$$M_{12} = \frac{d \pm b_1}{b_1} ; \quad M_{21} = \frac{d \pm b_2}{b_2} , \tag{5.32}$$

wobei für Abb. 5.14a das + Zeichen und für den Fall in Abb. 5.14b das − Zeichen gilt, so dass sich daraus mit (5.29) und $G = 2g_1 g_2 - 1$ ergibt

$$M_{\pm} = M_{12} M_{21} = G \pm \sqrt{G^2 - 1} . \tag{5.33}$$

Wenn die Intensität $I(x, y, z_0)$ in der Ebene $z = z_0$ des Auskopplungsspiegels nicht stark mit x, y variiert, ist der Bruchteil der ausgekoppelten Leistung gleich dem Verhältnis $\pi w_2^2 / \pi w_1^2$ der Modenquerschnittsflächen, und der Verlustfaktor pro Umlauf wird

$$\gamma = \frac{P_0 - P}{P_0} = \frac{M^2 - 1}{M^2} = 1 - M^{-2} , \tag{5.34}$$

wobei M^2 gleich dem Verhältnis der Strahlquerschnitte pro Umlauf ist.

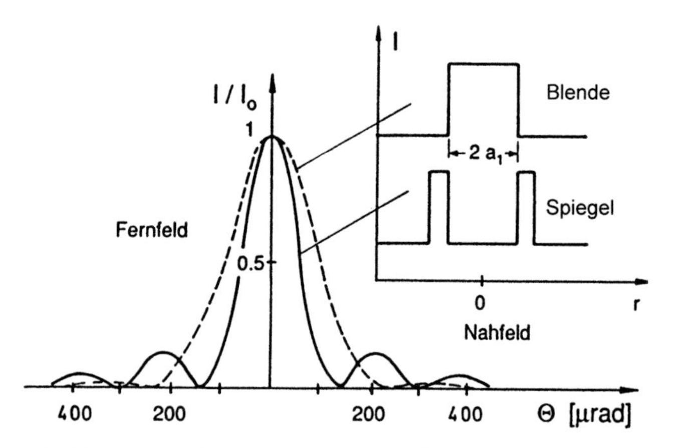

Abb. 5.16. Beugungsbedingte Intensitätsverteilung im Nah- und Fernfeld eines Lasers mit instabilem Resonator mit a = 0,66 cm, g_1 = 1,21, g_2 = 0,85 (*durchgezogene Kurve*) im Vergleich mit der einer Kreisblende (*gestrichelte Linie*)

Die Nahfeldverteilung der über einen Spiegel ausgekoppelten Welle ist ein Kreisring, während die Auskopplung durch eine Blende eine kreisförmige Intensitätsverteilung ergibt. Die Fernfeldverteilung erhält man aus der numerischen Lösung der entsprechenden Kirchhoff'schen Integralgleichung analog zu (5.19). Ein Beispiel für das Fernfeld eines instabilen Resonators mit $a_2 = 0{,}66\,\mathrm{cm}$, $g_1 = 1{,}21$, $g_2 = 0{,}85$, $g_1 g_2 = 1{,}03$ ist in Abb. 5.16 gezeigt. Man sieht aus dem Vergleich mit dem Beugungsbild einer Welle, die durch eine Kreisblende mit gleicher Fläche wie der Kreisring geht, dass das zentrale Beugungsmaximum des Kreisringes eine sehr schmale Winkelverteilung hat, d. h. dass im Fernfeld die Winkeldivergenz des Ausgangsstrahls eines instabilen Resonators bei geeigneter Wahl der Resonatorparameter kleiner sein kann als bei stabilen Resonatoren, allerdings ist die Intensität in den höheren Beugungsordnungen größer als bei dem stabilen Resonator, bei dem die Intensitätsverteilung der Ausgangsstrahlung der Beugung an einer Kreisblende entspricht.

5.2.5 Frequenzspektrum passiver optischer Resonatoren

Die Eigenfrequenzen der verschiedenen Resonatormoden erhält man aus der Bedingung, dass für die stationären Lösungen (5.21), die ja stehenden Wellen des Resonators entsprechen, der Phasenfaktor $\exp(-\mathrm{i}\phi)$ auf den Spiegeloberflächen gleich 1 sein muss, da diese Knotenflächen der stehenden Wellen sein müssen. Setzt man die daraus folgende Bedingung $\phi = q\pi$ (q ganzzahlig) in (5.23) ein, so erhält man für die Eigenfrequenzen $\nu = c/\lambda$ des **konfokalen Resonators**

$$\nu = \frac{c}{2d}\left[q + \frac{1}{2}(m+n+1)\right] . \tag{5.35}$$

Dies ist äquivalent zur Bedingung für den Spiegelabstand

$$d = \frac{p\lambda}{2} \quad \text{mit} \quad p = q + \frac{1}{2}(m+n+1) . \tag{5.36}$$

Man sieht, dass die Frequenzen der transversalen Moden mit $q = q_1$ und $m + n = 2q_2$ mit denen der axialen Moden ($m + n = 0$, $q = q_1 + q_2$) zusammenfallen. Das Frequenzspektrum des konfokalen Resonators ist daher entartet. Der Frequenzabstand zweier benachbarter transversaler Moden mit $m_1 + n_1 = q_2$ und $m_2 + n_2 = q_2 + 1$ ist

$$\delta\nu_{\text{konfokal}} = \frac{c}{4d} , \tag{5.37}$$

während für den Abstand zweier longitudinaler Moden mit $q = q_1$ bzw. $q = q_1 + 1$ gilt

$$\delta\nu = c/2d . \tag{5.38}$$

Weicht der Spiegelabstand d vom Krümmungsradius b der Spiegel ab, so wird die Entartung aufgehoben. Man erhält dann für das Frequenzspektrum [5.15]

$$\nu = \frac{c}{2d}\left[q + \frac{1}{2}(m+n+1)\left(1 + \frac{4}{\pi}\arctan\frac{d-b}{d+b}\right)\right] . \tag{5.39}$$

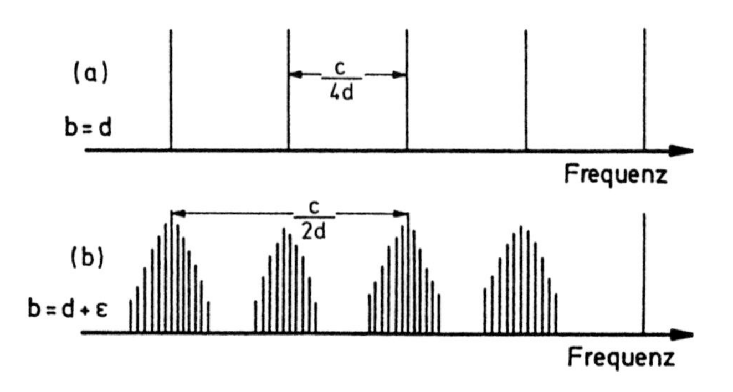

Abb. 5.17a,b. Frequenzspektrum eines konfokalen (**a**) und eines fast konfokalen Resonators (**b**)

Man sieht aus (5.39), dass die höheren transversalen Moden mit $m, n > 0$ wegen des arctan Terms nicht mehr länger mit den longitudinalen Moden entartet sind. Dies ist in Abb. 5.17 für die beiden Fälle $b = d$ und $d = b + \epsilon \quad (\epsilon \ll 1)$ illustriert.

Wegen der endlichen Güte Q des Resonators sind die Resonatorresonanzen nicht beliebig scharf. Nach einer Zeit $\tau = Q/2\pi\nu$ ist die Intensität im passiven Resonator auf 1/e ihres Wertes für $t = 0$ abgesunken. Daraus resultiert eine Frequenzunschärfe

$$\Delta\nu = \frac{1}{2\pi\tau} = \frac{\nu}{Q} \quad \text{oder} \quad \frac{\Delta\nu}{\nu} = \frac{1}{Q}. \tag{5.40}$$

Sind die Verluste überwiegend durch die Transmission der Resonatorspiegel bedingt, so erhält man, genau wie beim FPI – siehe (4.57) – für die transmittierte Intensität I_T einer einfallenden Welle der Intensität I_0

$$I_\mathrm{T} = I_0 \frac{T^2}{(1-R)^2(1+F\sin^2\delta/2)} \quad \text{mit} \quad F = \frac{4R}{(1-R)^2} \tag{5.41}$$

und daraus die Intensität *im* Resonator: $I_\mathrm{int} = I_\mathrm{T}/(1-R)$ mit den Resonatorresonanzen bei $\delta = 2m\pi$. Hieraus ergibt sich die Halbwertsbreite der Resonator-Resonanzen – siehe (4.52),(4.53)

$$\Delta\nu = \frac{c}{2d}\frac{1-R}{\pi R^{1/2}} = \frac{\delta\nu}{F^*} \quad \text{mit} \quad F^* = \frac{\pi R^{1/2}}{1-R}\,. \tag{5.42}$$

Beispiel 5.3

a) Ein Resonator mit $d = 100\,\mathrm{cm}$ hat einen Abstand der longitudinalen Moden von $\delta\nu = 150\,\mathrm{MHz}$.
b) Mit $R_1 = 0{,}995$ und $R_2 = 0{,}98$ ergibt sich wegen $R = (R_1R_2)^{1/2} = 0{,}988$ eine Reflexionsfinesse von $F^* = 250$ und eine Halbwertsbreite der Eigenresonanzen des passiven Resonators: $\Delta\nu = 0{,}6\,\mathrm{MHz}$. Dasselbe Ergebnis hätte man auch aus (5.17) mit $\tau = 330\,\mathrm{ns}$ und $\Delta\nu = (2\pi\tau)^{-1} = 0{,}6\,\mathrm{MHz}$ erhalten.

c) Wenn die Gesamtverluste inklusive Beugung und Streuung 5% pro Resonatorumlauf sind, wird die mittlere Verweilzeit der Photonen im Resonator $\tau \approx 20\mathrm{T} = 40d/c \approx 133\,\mathrm{ns}$ und die Resonanzbreite $\Delta\nu \simeq (2\pi\tau)^{-1} \simeq 1{,}20\,\mathrm{MHz}$.

Man beachte, dass wir hier die Eigenfrequenzen des passiven Resonators behandelt haben. Durch das aktive Medium in einem Laserresonator werden die Verluste des Resonators kompensiert, der Resonator wird „entdämpft", so dass für die Moden, für welche die Schwellwertgrenze überschritten wird und auf denen dann Laseroszillation einsetzt, die „aktive" Linienbreite wesentlich geringer werden kann (Abschn. 5.3, 5).

5.3 Laser-Moden

Erhöht man die Pumpleistung im aktiven Medium kontinuierlich, so wird die Schwellwertinversion zuerst für diejenigen Frequenzen ν_k erreicht, für welche die Nettoverstärkung pro Resonatorumlauf

$$G(\nu) = \exp[-2\alpha(\nu)L - \gamma(\nu)] \tag{5.43}$$

gemäß (5.4) maximal wird. Da die Verluste $\gamma(\nu)$ wesentlich durch die Eigenschaften des Resonators bestimmt werden, muss das Frequenzspektrum des Lasers mit dem Modenspektrum des Resonators verknüpft sein. Wir wollen uns diesen Zusammenhang klarmachen.

5.3.1 Frequenzspektrum des aktiven Resonators

Fällt eine ebene Welle mit der spektralen Intensitätsverteilung $I_0(\nu)$ auf den Laserresonator, in dem sich das aktive Medium mit der Nettoverstärkung $G(\nu)$ befindet, von außen ein, so erhält man, genau wie in Abschnitt 4.2 durch phasenrichtiges Aufsummieren aller Teilamplituden analog zu (4.57) die transmittierte Intensität

$$I_\mathrm{T} = I_0 \frac{T^2 G(\nu)}{[1 - G(\nu)]^2 + 4G(\nu)\sin^2 \delta/2} \,. \tag{5.44}$$

Die Gesamtverstärkung I_T/I_0 hat Maxima für $\delta = q \cdot 2\pi$. Dies entspricht gerade der Bedingung (5.36) für die Eigenfrequenzen des passiven Resonators, wenn wir die Resonatorlänge d ersetzen durch

$$d^* = (d - L) + n(\nu)L = d + (n-1)L \,, \tag{5.45}$$

wobei L die Länge des aktiven Mediums mit dem Brechungsindex n ist.

Für $G(\nu) \to 1$ wird die Gesamtverstärkung $I_\mathrm{T}/I_0 \to \infty$ für $\delta = q \cdot 2\pi$, d. h. schon ein beliebig kleines Eingangsignal, wie es z. B. durch die spontane Emission der Atome des aktiven Mediums geliefert wird, führt zu einer endlichen Ausgangsleistung, die dann wegen der Rückkopplung solange anwächst, bis der Abbau der Inversion durch induzierte Emission gerade die Pumprate kompensiert. Der Laserverstärker wird zum Oszillator, dessen Ausgangsleistung durch die Pumpleistung und nicht mehr durch die Eingangsleistung des Startsignals bestimmt wird. Im stationären Betrieb stellt sich eine **gesättigte Verstärkung** ein, die gerade so groß ist, dass alle Verluste kompensiert werden. Die Bedingung $G(\nu) \to 1$ ist wegen (5.4) äquivalent zur Schwellwertbedingung (5.5).

Aus (5.44) erhält man für die Halbwertsbreite $\Delta\nu$ einer Resonanz des aktiven Resonators mit dem freien Spektralbereich $\delta\nu$ den Ausdruck

$$\Delta\nu = \delta\nu \frac{1 - G(\nu)}{2\pi\sqrt{G(\nu)}} = \delta\nu / F_\alpha^* \,. \tag{5.46}$$

Die Finesse $F_\alpha^* = 2\pi\sqrt{G(\nu)}/[1 - G(\nu)]$ des aktiven Resonators erreicht einen unendlich großen Wert für $G(\nu) \to 1$. Obwohl die wirklich beobachtbare Laserlinienbreite in der Tat wesentlich schmaler als die Halbwertsbreite des passiven Resonators wird, wird sie jedoch nicht Null! Die Gründe dafür werden im Abschnitt 5.5 diskutiert.

Die Verstärkung $\exp[-2\alpha(\nu)L]$ pro Resonatorumlauf hängt vom Linienprofil $g(\nu)$, siehe (3.9), des Laserüberganges ab. Man nennt die spektrale Verteilung des Verstärkungskoeffizienten – siehe (5.2) und (2.63) –

$$-\alpha(\nu) = \Delta N (h\nu/c) g(\nu - \nu_0) B_{\mathrm{iK}} \tag{5.47}$$

das **Verstärkungsprofil** des Laserüberganges. Bei gasförmigen Lasermedien im sichtbaren Bereich ist dies ein Doppler-Profil (Abschn. 3.2)

$$\alpha(\nu) = \alpha(\nu_0) \exp\left[-\left(\frac{1{,}66(\nu - \nu_0)}{\Delta\nu_{\mathrm{D}}}\right)^2\right] , \tag{5.48}$$

während im infraroten Spektralgebiet (z. B. für $C0_2$-Laser) die Druckverbreiterung oft die Größenordnung der Doppler-Breite erreicht und das Verstärkungsprofil deshalb durch ein Voigt-Profil (siehe Abschn. 3.2) beschrieben werden kann. Festkör-

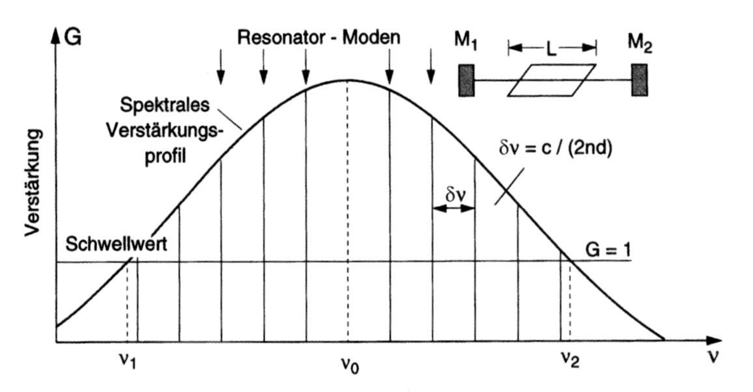

Abb. 5.18. Verstärkungsprofil $G(\nu)$ eines Laser-Überganges mit den Eigenfrequenzen der longitudinalen Lasermoden

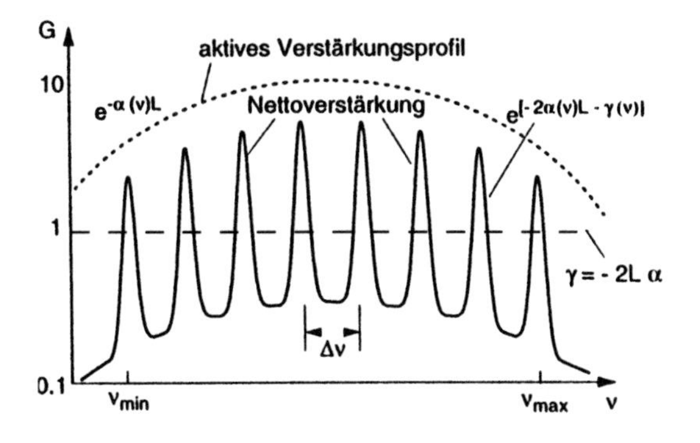

Abb. 5.19. Ungesättigte Nettoverstärkung $G = \exp[-2\alpha(\nu)L - \gamma]$ mit Verstärkungsprofil $\alpha(\nu)$ des aktiven Mediums und Schwellwertgerade $G = 1 \Rightarrow \gamma = -2\alpha L$

perlaser oder Flüssigkeitslaser (z. B. Farbstofflaser) zeigen im Allgemeinen ein wesentlich breiteres Verstärkungsprofil wegen zusätzlicher Verbreiterungsmechanismen (Abschn. 3.7).

Abbildung 5.18 illustriert schematisch das Verstärkungsprofil eines Laserüberganges mit den Frequenzen der longitudinalen Lasermoden im Abstand $\delta\nu = c/(2nd)$. Trägt man als Ordinate die Nettoverstärkung

$$G = e^{-2\alpha(\nu)L-\gamma} \quad \text{pro Umlauf}$$

auf und berücksichtigt die endliche Breite der Resonator-Resonanzen, so ergibt sich die Darstellung in Abb. 5.19. Die Schwelle $-2\alpha L - \gamma \geq 0$ zur Laseroszillation wird nur erreicht für Resonatormoden zwischen den Grenzen ν_1, ν_2. Die maximale Zahl p der longitudinalen Moden, auf denen der Laser oszillieren kann,

$$p = \frac{\nu_2 - \nu_1}{\delta\nu} = \frac{2nd}{c}(\nu_2 - \nu_1) \tag{5.49}$$

hängt ab von der Resonatorlänge d und von der maximalen Breite des Verstärkungsprofils oberhalb der Schwelle. Mit zunehmender Pumpleistung wird im Allgemeinen das Intervall $(\nu_2 - \nu_1)$ größer, und damit steigt die Zahl der oszillierenden Moden.

5.3.2 Beeinflussung der Modenfrequenz durch das aktive Medium

Das aktive Medium im Resonator ändert über den Brechungsindex n ein wenig die effektive Resonatorlänge d^* – siehe (5.45) – und deshalb sind die Frequenzen der Lasermoden im Allgemeinen etwas verschoben gegenüber denen der passiven Resonatorresonanzen. Der Brechungsindex $n(\nu)$ hängt vom Frequenzabstand $(\nu - \nu_0)$ von der Linienmitte ν_0 des Laserüberganges ab. Mithilfe der Kramers-Kronig-Relation (Abschn. 2.6.1) für homogen verbreiterte Linien

$$n(\nu) = 1 + \frac{\nu_0 - \nu}{\Delta\nu_m}\frac{c}{2\pi\nu}\alpha(\nu) \tag{5.50}$$

lässt sich der Brechungsindex $n(\nu)$ mit dem Verstärkungskoeffizienten $\alpha(\nu)$ verknüpfen, wobei $\Delta\nu_m = \gamma/2\pi$ die homogene Halbwertsbreite des Laserüberganges

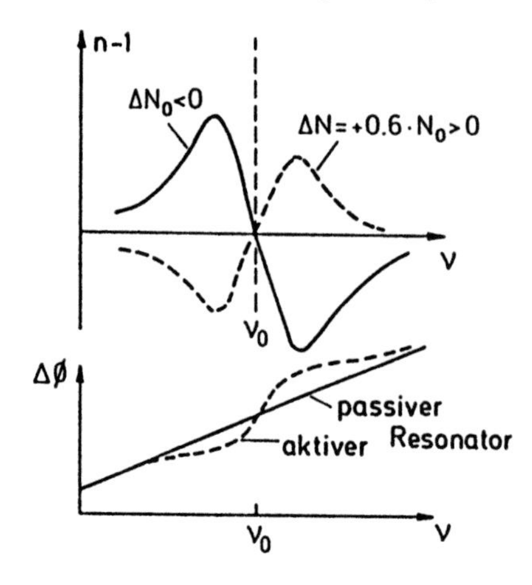

Abb. 5.20. Dispersionskurven für positive ($\Delta N \leq 0$) und negative ($\Delta N \geq 0$) Absorptionskoeffizienten $\alpha \propto -\Delta N$

ist. Bei einer Eigenfrequenz ν_p im passiven Resonator wird die Phasenverschiebung pro Umlauf

$$\phi_\text{p} = (2\pi/\lambda)2d = 4\pi\nu_\text{p}d/c\,. \tag{5.51}$$

Durch das verstärkende Medium tritt pro Umlauf eine Phasenverschiebung $\Delta\phi_\text{a}(\nu_\text{a})$ auf (Abb. 5.20), und die Frequenz ν_a der aktiven Lasermode stellt sich so ein, dass die gesamte Phasenverschiebung $\phi = \phi_\text{p} + \Delta\phi_\text{a}$ pro Umlauf den konstanten Wert $m \cdot 2\pi$ annimmt. Daraus folgt

$$\frac{\partial\phi}{\partial\nu}(\nu_\text{a} - \nu_\text{p}) + \Delta\phi_\text{a}(\nu_\text{a}) = 0\,. \tag{5.52}$$

Aus (5.50) und (5.52) erhält man für die Frequenz ν_a der Lasermode

$$\nu_\text{a} = \frac{\nu_p\Delta\nu_m + \nu_0\Delta\nu_\text{p}}{n(\nu)\Delta\nu_m + \Delta\nu_\text{p}}\,, \tag{5.53}$$

wobei n der Brechungsindex (5.50), $\Delta\nu_\text{p} = \nu/Q$ die Halbwertsbreite der passiven Resonatorresonanzen und $\Delta\nu_m$ die homogene Linienbreite des Laserüberganges ist. Mit den typischen Zahlenwerten $\Delta\nu_\text{p} \simeq 1\,\text{MHz}$ und $\Delta\nu_m \simeq 100\,\text{MHz}$ wird $\Delta\nu_\text{p} \ll \Delta\nu_m$, und (5.53) lässt sich mit

$$\nu_\text{a} \approx \frac{1}{n}\left(\nu_\text{p} + \nu_0\frac{\Delta\nu_\text{p}}{\Delta\nu_m}\right)\left(1 - \frac{\Delta\nu_\text{p}}{n \cdot \Delta\nu_m}\right)$$

übersichtlicher schreiben als

$$\nu_\text{a} = \frac{1}{n}\left[\nu_\text{p} + \frac{\Delta\nu_\text{p}}{\Delta\nu_m}\left(\nu_0 - \frac{\nu_\text{p}}{n}\right)\right]. \tag{5.54}$$

Man sieht aus (5.50), dass für die Mitte ν_0 des Verstärkungsprofils $n(\nu) = 1$ gilt, so dass aus (5.54) folgt: $\nu_\text{a} = \nu_\text{p}$. Die Differenz $(\nu_\text{a} - \nu_\text{p}/n)$ wächst proportional zum

Abstand $(\nu_0 - \nu_p/n)$ von der Linienmitte. Da für $\Delta N > 0$ gilt: $n < 1$ für $\nu < \nu_0$ und $n > 1$ für $\nu > \nu_0$, „zieht" das aktive Medium die passive Eigenfrequenz immer zur Linienmitte ν_0 hin („mode-pulling"). Eine ausführliche Diskussion findet man in [5.13, 5.22].

5.3.3 Verstärkungssättigung und Modenwechselwirkung

Ohne das Strahlungsfeld des Lasers würde sich im aktiven Medium eine Inversionsdichte ΔN_0 aufbauen, die von der Pumprate P und den Relaxationsraten $N_1 R_1$ und $N_2 R_2$ der beiden Laserniveaus abhängt (Abschn. 5.1.2). Diese Inversion führt zur so genannten „Leerlaufverstärkung" (**Kleinsignalverstärkung**)

$$G_0(\nu) = \mathrm{e}^{-\alpha(\nu)2L-\gamma}$$

wobei der Absorptionskoeffizient α nach (2.46a), (2.46b) (2.50), (2.59) und (3.9) durch

$$\alpha(\nu) = \Delta N_0 (h\nu/c) B_{ik} g(\nu - \nu_0) \tag{5.55}$$

mit dem Einsteinkoeffizienten B_{ik} verknüpft ist, wobei ΔN_0 die Besetzungsinversion ohne Laseremission ist. Durch das sich aufbauende Strahlungsfeld des Lasers mit der Intensität I_L wird ΔN_0 für die Frequenz ν reduziert auf seinen Sättigungswert ΔN_s, der gerade so groß ist, dass die zugehörige Verstärkung $2\alpha_s(\nu)L$ die vorhandenen Verluste γ kompensiert. Erhöht man die Verluste bei konstanter Pumpleistung P, so sinkt I_L, und ΔN_s steigt an bis maximal ΔN_0. Wächst γ weiter, so geht der Laser aus. Man kann also bei konstanter Pumpleistung die Inversion erhöhen, indem man die Verluste erhöht.

Das spektrale Verhalten des gesättigten Verstärkungsfaktors $\alpha_s(\nu)$ hängt davon ab, ob das Verstärkungsprofil des Laserüberganges homogen oder inhomogen verbreitert ist (Abschn. 3.4 und 5).

Bei einem **homogenen**Verstärkungsprofil können alle Atome im angeregten Zustand $|k\rangle$ zur Verstärkung beitragen. Es beginnt diejenige Lasermode zu oszillieren, deren Nettoverstärkung am größten ist. Sie baut dann durch induzierte Emission die gesamte Inversion bis auf den Schwellwert ab, so dass keine Verstärkung mehr für

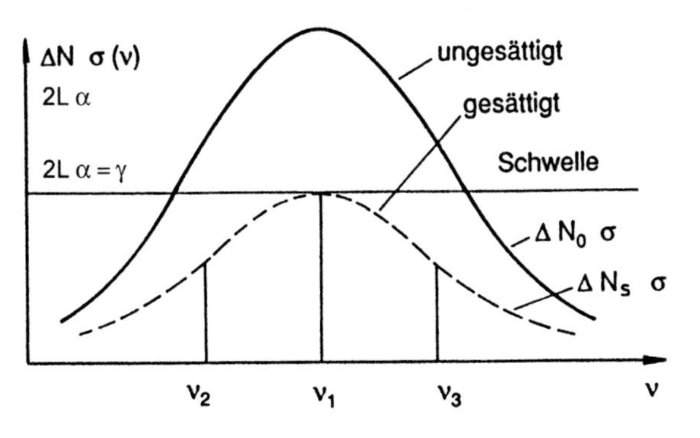

Abb. 5.21. Sättigung eines homogenen Verstärkungsprofils

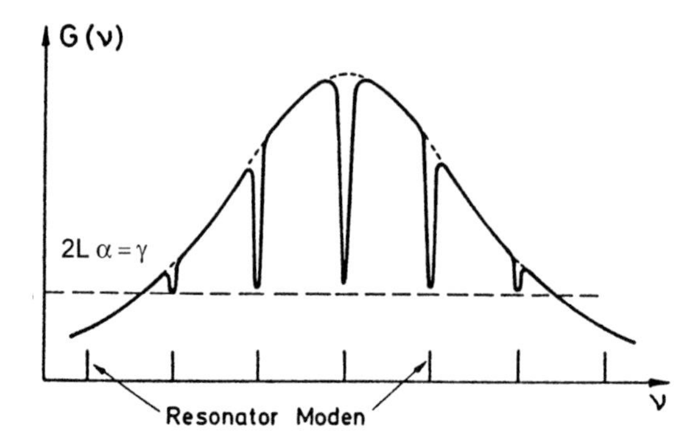

Abb. 5.22. Sättigung eines inhomogenen Verstärkungsprofils, wenn die homogene Linienbreite γ kleiner als der Abstand $\delta\nu_R = c/2d$ der Resonatormoden ist

andere Moden übrig bleibt (Abb. 5.21). Laser mit vollständig homogenem Verstärkungsprofil (z. B. Farbstoff- oder Farbzentrenlaser) sollten daher eigentlich immer nur auf einer Mode schwingen. Gründe, warum dies in der Praxis im Allgemeinen nicht beobachtet wird, sind:

a) Die oszillierende Mode füllt das aktive Medium räumlich nicht vollständig aus, so dass noch genügend invertierte Atome übrig bleiben, um andere Moden anschwingen zu lassen.

b) Durch Resonatorinstabilitäten (z. B. akustische Vibrationen der Resonatorspiegel) variiert die Frequenz für die maximale Verstärkung. Dies kann zu Modensprüngen führen, so dass der Laser im zeitlichen Mittel auf mehreren Moden schwingt, obwohl er zu jedem Zeitpunkt durchaus nur auf einer Mode oszilliert.

Bei einem vollständig **inhomogenen** Verstärkungsprofil (z. B. Doppler-Profil) tragen zu jeder Mode mit der Frequenz ω_q nur diejenigen Atome mit der Geschwindigkeit $\boldsymbol{v}$ bei, deren Doppler-verschobene Übergangsfrequenz ω_a die Bedingung $\omega_a = \omega_q + \boldsymbol{v} \cdot \boldsymbol{k}$ erfüllt (Abb. 3.2). Ist die homogene Breite des atomaren Überganges klein gegen den Abstand zwischen den Resonatormoden, so stören sich die verschiedenen Moden nicht, da jede nur mit „ihrem" Atomensemble wechselwirkt und der Laser auf allen Resonatormoden innerhalb des Verstärkungsprofils oszilliert. Jede Mode sättigt ihren Übergang bis auf die Schwellwertgerade (Abb. 5.22).

Für die Modenwechselwirkung spielt ein weiterer Effekt eine große Rolle, der im Englischen **„spatial hole burning"** genannt wird und auf der räumlich nicht homogen verteilten Sättigung des aktiven Mediums durch stehende Lichtwellen beruht.

Eine Lasermode in einem Laserresonator mit Spiegelabstand d stellt eine praktisch ebene, stehende Welle

$$E_q = E_0 \cos(k_q z) \cos(\omega_q t)$$

mit $k_q = 2\pi/\lambda q = \pi q/d$ dar (Abb. 5.23a). Die Inversion im aktiven Medium wird an den Stellen maximaler Feldstärke E_0 stärker gesättigt als in den Knoten der stehenden Welle („spatial hole burning") (Abb. 5.23c). Dies kann bei geringer Länge L des aktiven Mediums dazu führen, dass für eine andere Resonatormode mit dem Wellenvektor k_p, die ihre Maxima an den Stellen der Minima von E_q hat (Abb. 5.23b), genügend Inversion übrig bleibt, um die Laserschwelle zu erreichen.

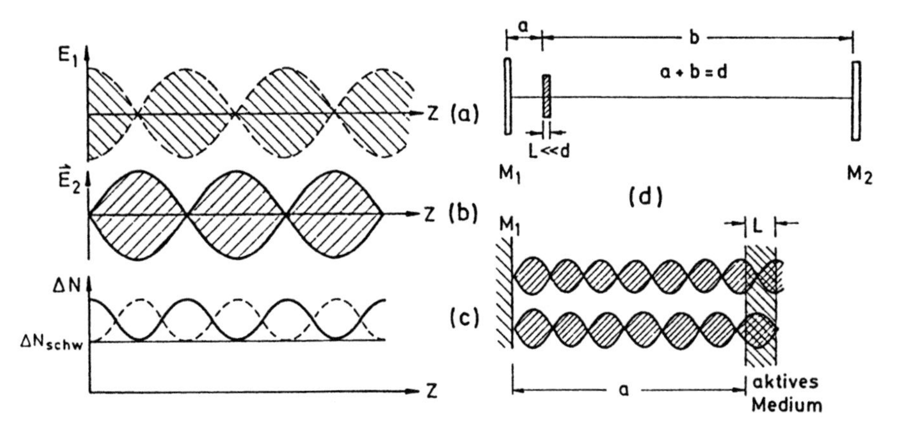

Abb. 5.23a–d. Räumliche Intensitätsverteilung zweier stehender Laserwellen mit etwas verschiedenen Wellenlängen (**a**,**b**) und räumliche Verteilung des Inversions-Abbaus, (**c**) „Spatial hole-burning" in einem aktiven Medium kleiner Länge L, das sich dicht an einem Resonator-Endspiegel befindet (**d**)

Wenn die Verstärkung groß genug ist, können im Allgemeinen sogar mehrere Moden aufgrund dieses „spatial hole burning "-Effektes gleichzeitig oszillieren. Jede Fluktuation der Laserwellenlänge – verursacht durch äußere Störungen (Brechungsindexfluktuationen im Flüssigkeitsstrahl eines Farbstofflasers, akustische und thermische Schwankungen) – führt zu einer entsprechenden Veränderung des räumlichen Inversionsprofils und damit zu einer Fluktuation von Intensität und Wellenlänge der gleichzeitig oszillierenden Moden. Die mit einem Spektrumanalysator gemessene zeitlich aufgelöste Intensitätsverteilung eines realen Lasers stellt daher oft ein zeitlich statistisch fluktuierendes, kompliziertes Modenspektrum dar.

Man kann den Einfluss des „spatial hole burning"-Effektes minimieren, wenn man das aktive Medium dicht an einen Resonator-Endspiegel setzt (Abb. 5.23d). Dazu betrachten wir zwei stehende Wellen mit den Wellenlängen λ_1 und λ_2, deren Feldstärkemaxima im dünnen aktiven Medium um $\lambda/p(p = 2, 3, \ldots)$ verschoben sind. Da alle stehenden Wellen auf der Spiegeloberfläche eine Nullstelle der Feldstärke haben müssen, ergibt sich

$$q\lambda_1 = a = (q + 1/p)\lambda_2 \,. \tag{5.56}$$

Daraus folgt für den minimalen Frequenzabstand $\delta\nu_{\mathrm{sp}} = \nu_2 - \nu_1 = c/\lambda_2 - c/\lambda_1$ zweier gleichzeitig oszillierender Moden

$$\delta\nu_{\mathrm{sp}} = \frac{c}{ap} \,. \tag{5.57}$$

Da der Frequenzabstand $\delta\nu_{\mathrm{R}}$ zweier Resonatormoden $\delta\nu_{\mathrm{R}} = c/2d$ ist, wird aus (5.57)

$$\delta\nu_{\mathrm{sp}} = \frac{2d}{ap}\delta\nu_{\mathrm{R}} \,. \tag{5.58}$$

Auch wenn die Inversionsdichte groß genug wäre, um z. B. drei „spatial hole burning"-Moden mit $p = 1, 2, 3$ gleichzeitig oszillieren zu lassen, kann doch nur eine Mode anschwingen, wenn die Linienbreite des Laserüberganges kleiner als $(2/3)(d/a)\delta\nu_R$ ist [5.23].

Beispiel 5.4

$d = 100\,\text{cm}$, $L = 0{,}1\,\text{cm}$, $a = 5\,\text{cm}$, $p = 3$. Der Modenabstand des Resonators ist $\delta\nu_R = 150\,\text{MHz}$. Der Abstand der „spatial hole burning" Moden ist jedoch $\delta\nu_{sp} = 2\,\text{GHz}$. Wenn die Spektralbreite des homogenen Verstärkungsprofils kleiner als 2 GHz ist, sollte dann trotz „spatial hole burning" nur eine Mode oszillieren.

Bei Gaslasern wird die räumlich periodische Verteilung der Inversionssättigung teilweise durch die thermische Geschwindigkeit der Atome ausgemittelt. Außerdem ist die Länge L des aktiven Mediums im Allgemeinen groß ($L \simeq d$), so dass zwei benachbarte Moden nur über einen Teil der Länge L gegenphasig sein können. Hier tritt daher kein „spatial hole burning" auf.

Man kann diese räumlich verteilte Sättigung bei Verwendung von Ringlasern vollständig vermeiden, wenn man durch eine optische Diode dafür sorgt, dass sich keine stehenden sondern nur in einer Richtung umlaufende Wellen ausbilden können (Abschn. 5.4).

5.3.4 Das Frequenzspektrum realer Mehrmoden-Laser

Die für das Verständnis des Frequenzspektrums realer Laser sehr wichtigen Überlegungen im vorhergehenden Unterabschnitt sollen durch einige Beispiele illustriert werden:

Beispiel 5.5

HeNe-Laser-Übergang bei $\lambda = 632{,}8\,\text{nm}$. Die Doppler-Breite des Neon-Überganges ist etwa 1500 MHz, die Breite des Verstärkungsprofils oberhalb der Schwelle möge 1000 MHz sein. Bei einer Resonatorlänge von $d = 100\,\text{cm}$ ist der Abstand longitudinaler Moden $\delta\nu_R = c/2d = 150\,\text{MHz}$. Wenn die höheren transversalen Moden durch Blenden im Resonator unterdrückt werden (Abschn. 5.4.2), können 7 longitudinale Moden die Laserschwelle erreichen. Die homogene Breite $\Delta\nu_{hom}$ wird bedingt: a) durch die natürliche Linienbreite $\Delta\nu_n = 20\,\text{MHz}$, b) durch Druckverbreiterung, die etwa die gleiche Größe erreicht und c) durch Sättigungsverbreiterung, die von der Intensität der einzelnen Moden abhängt (Abschn. 3.5). Für $I/I_s = 10$ erhält man z. B. eine Linienbreite von etwa 100 MHz. Dies ist immer noch kleiner als der Abstand $\delta\nu_R$ benachbarter Resonatormoden. Die Moden beeinflussen sich daher nicht wesentlich und stabiler Mehrmodenbetrieb auf allen 7 Resonatormoden ist möglich. Dies wird durch Abb. 5.24 bestätigt, wo das mit einem Spektrumanalysator gemessene Modenspektrum eines solchen HeNe-Lasers mit $d = 1\,\text{m}$ Resonatorlänge gezeigt wird.

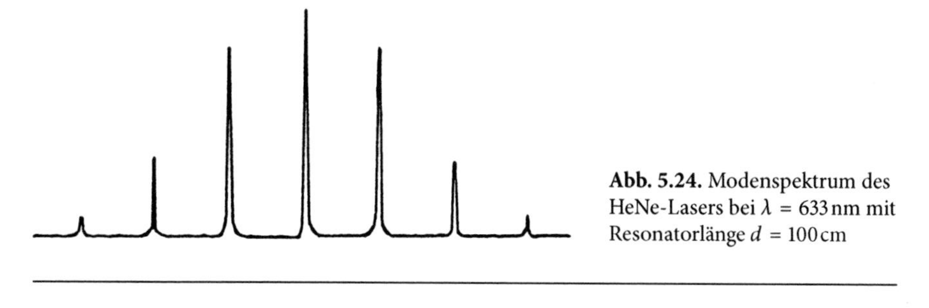

Abb. 5.24. Modenspektrum des HeNe-Lasers bei $\lambda = 633\,\text{nm}$ mit Resonatorlänge $d = 100\,\text{cm}$

Beispiel 5.6

Argon-Ionen-Laser.[1] Wegen der höheren Temperatur in der Hochstromentladung (etwa $10^3\,\text{A/cm}^2$), ist die Doppler-Breite der Ar^+-Übergänge mit 8–10 GHz sehr groß. Die homogene Breite ist auch wesentlich größer als beim HeNe-Laser, weil die Sättigungsverbreiterung wegen der höheren Laserleistung (1–100 W pro Mode innerhalb des Resonators) viel größer ist, und weil die Stoßverbreiterung wegen der Elektron–Ion-Stöße (langreichweitige Coulomb-Wechselwirkung) beträchtlich wird. Beide Effekte zusammen führen zu einer homogenen Breite von bis zu 800 MHz, die groß gegen den Modenabstand $\delta\nu_R = 125\,\text{MHz}$ bei einer Resonatorlänge $d = 120\,\text{cm}$ ist.

Die benachbarten Moden „fressen sich daher gegenseitig die Verstärkung weg", so dass nur die anfänglich intensivste Mode innerhalb der homogenen Breite überlebt. Diese starke Modenwechselwirkung in Kombination mit den bereits früher erwähnten Frequenzstörungen führen zu dem statistisch fluktuierenden Modenspektrum eines Mehrmoden-Argonlasers (Abb. 5.25).

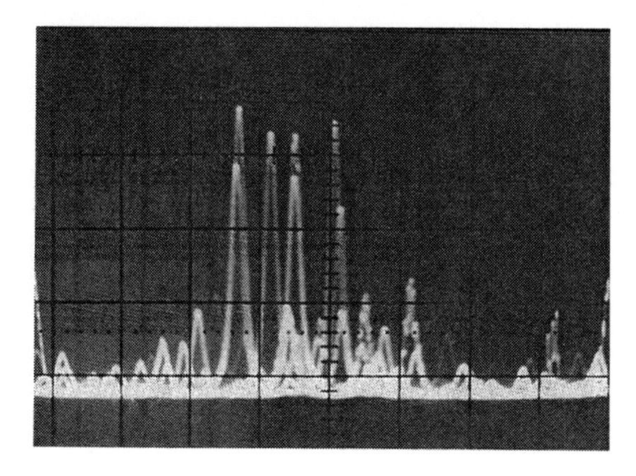

Abb. 5.25. Zwei Kurzzeitaufnahmen des Modenspektrums eines freilaufenden Argonlasers. Beide Aufnahmen wurden übereinander kopiert, um das statistisch fluktuierende Spektrum zu demonstrieren

---

[1] In der Literatur findet man oft die Abkürzung Argon-Laser.

Beispiel 5.7

Farbstofflaser. Die spektral sehr breiten Übergänge von Farbstoffmolekülen in einer Lösungsflüssigkeit sind überwiegend homogen verbreitert (Abschn. 3.4 und 5.6.5). Wegen der kleinen Länge $L \simeq 1\,\mathrm{mm}$ des aktiven Mediums in kontinuierlichen Farbstoffstrahl-Lasern spielt das „spatial hole burning" hier eine wichtige Rolle. Ohne frequenzselektierende Elemente wird daher ein Farbstofflaser in mehreren „spatial hole burning"-Moden gleichzeitig schwingen. Durch Fluktuation des Brechungsindex im Farbstoffstrahl schwanken Frequenzen und Kopplungen der Moden, so dass auch hier ohne frequenz-selektive Elemente im Laser-Resonator ein statistisch fluktuierendes Spektrum innerhalb eines Spektralbereiches von etwa 1 nm im Maximum des Verstärkungsprofiles in der Laseremission auftritt. Damit beim „Multimode"-Betrieb des Lasers die Moden im Zeitmittel die Bandbreite der Laseremission gleichmäßig ausfüllen, sollte man einen Resonatorspiegel wobbeln mit einer so hohen Frequenz f, dass $1/f$ kleiner ist als die Zeit, die bei der Aufnahme eines Spektrums für das Überfahren einer Spektrallinie gebraucht wird.

In Ringresonatoren lassen sich die „spatial hole-burning"-Effekte ausschalten, und man würde ohne äußere Störungen Laseroszillation auf nur einer Resonatormode im Zentrum des Verstärkungsprofils initiieren. Infolge von Dichtefluktuationen wird ohne zusätzliche Maßnahmen zur Modenselektion die Laseremission jedoch statistisch zwischen verschiedenen Resonatormoden springen.

5.4 Experimentelle Realisierung von stabilen Einmoden-Lasern

In den vergangenen Abschnitten haben wir gesehen, dass ohne weitere Maßnahmen ein Laser im Allgemeinen auf allen Moden $\mathrm{TEM}_{m,n,q}$ innerhalb eines Verstärkungsprofils oszillieren kann, für welche die Verstärkung die Gesamtverluste übersteigt. Um aus diesen vielen gleichzeitig oszillierenden Moden eine einzige zu selektieren, muss man alle anderen Moden unterdrücken, indem man ihre Verluste soweit erhöht, dass sie die Oszillations-Schwelle nicht erreichen können. Die Unterdrückung höherer *transversaler* Moden $(m, n \neq 0)$ erfordert andere Maßnahmen als die Selektion einer longitudinalen aus vielen $\mathrm{TEM}_{0,0,q}$-Moden.

Bei vielen Lasertypen, insbesondere den Gaslasern, gibt es oft mehrere atomare bzw. molekulare Übergänge, für die genügend große Inversion erreicht wird, um die Laserschwelle zu überschreiten. In solchen Fällen muss man zuerst dafür sorgen, dass der Laser nur auf einem einzigen Übergang oszilliert.

5.4.1 Linien-Selektion

Für Laser, welche die Laserschwelle für mehrere Übergänge erreichen, muss man wellenlängen-selektierende optische Elemente im Resonator verwenden. Wenn der Wellenlängenabstand zwischen den verschiedenen Linien groß genug ist, genügt eine selektive dielektrische Beschichtung der Resonatorspiegel, die für die gewünschte

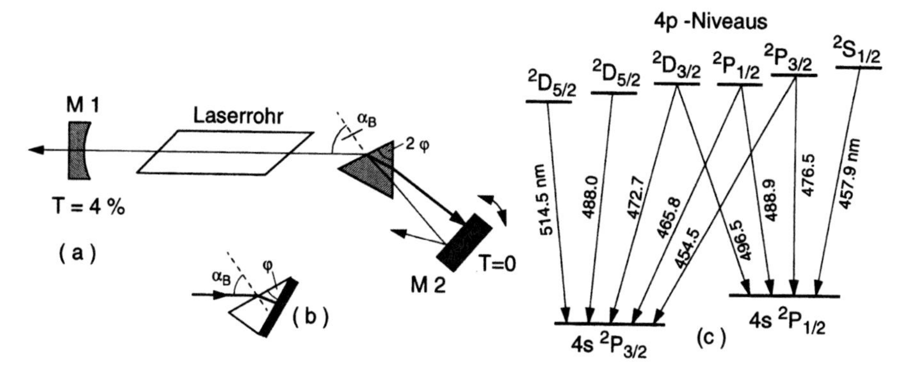

Abb. 5.26a–c. Linienselektion in einem Gaslaser mit einem Brewster-Prisma (**a**) oder einem Littrow-Prisma (**b**) mit $\tan\varphi = 1/n$ und (**c**) Termschema der Argonlaser-Übergänge

Linie großes, für alle anderen kleines Reflexionsvermögen hat, um Laseroszillatoren auf nur einer Linie zu gewährleisten. Ein Beispiel ist der HeNe-Laser, dessen stärkste Übergänge bei $\lambda_1 = 0{,}633\,\mu$m, $\lambda_2 = 1{,}15\,\mu$m und $\lambda_3 = 3{,}39\,\mu$m liegen und damit genügend weit getrennt sind. Bei enger benachbarten Linien kann ein Prisma im Resonator als Wellenlängenselektor dienen. In Abb. 5.26 sind zwei verschiedene Versionen gezeigt, die z. B. zur Trennung der starken Übergänge des Argonlasers zwischen 451 und 515 nm geeignet sind. Bei der 1. Version (Abb. 5.26a) wird ein gleichschenkliges Prisma mit Brechungsindex n und dem Prismenwinkel 2φ verwendet, der so gewählt wird, dass der eintretende und austretende Strahl jeweils den Brewster-Winkel $\alpha_B = 90° - \varphi(\tan\alpha_B = n$, bzw. $\tan\varphi = 1/n)$ mit den Prismenflächen-Normalen bildet und daher keine Reflexionsverluste auftreten. Durch Drehen des Endspiegels M_2 lässt sich die gewünschte Wellenlänge einstellen, weil der Laser nur auf derjenigen Wellenlänge oszilliert, bei der der Laserstrahl senkrecht auf M_2 trifft. Bei der zweiten Ausführung (Abb. 5.26b) ist das Brewster-Prisma entlang seiner Symmetrieebene aufgeschnitten und die Rückseite ist hochreflektierend verspiegelt. Diese „Sparversion" des **Littrow-Prismas** vereinigt also Prisma und Endspiegel.

Im infraroten Spektralgebiet (z. B. für den CO_2-Laser bei 10 µm) absorbieren Glas oder synthetischer Quarz bereits zu stark. Hier verwendet man deshalb besser Littrow-Gitter (Abschn. 4.1.3) zur Linienselektion. Abbildung 5.27 zeigt eine mögliche Anordnung für den CO_2-Laser, mit der einer von mehr als hundert möglichen Rotations-Schwingungs-Übergängen ausgesucht wird, auf denen der CO_2-

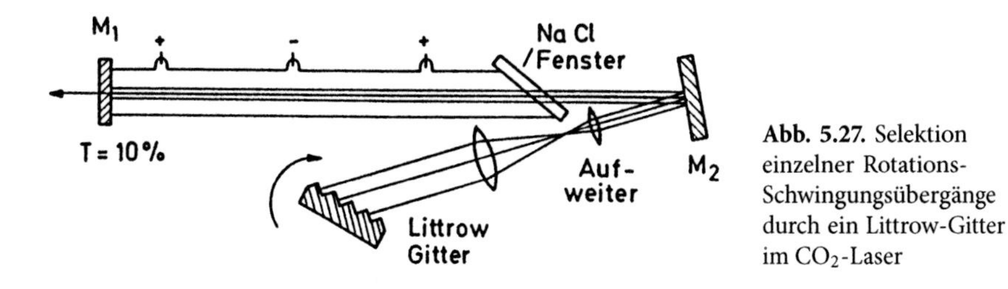

Abb. 5.27. Selektion einzelner Rotations-Schwingungsübergänge durch ein Littrow-Gitter im CO_2-Laser

Laser oszillieren kann. Es ist oft zweckmäßig, den Laserstrahl aufzuweiten, damit die Leistungsdichte auf dem Gitter nicht zu hoch wird. Außerdem steigt das spektrale Auflösungsvermögen mit der Zahl der beleuchteten Gitterstriche (Abschn. 4.1.3).

Auch wenn man einen einzelnen Übergang selektiert hat, wird der Laser im Allgemeinen noch auf mehreren Resonatormoden oszillieren.

5.4.2 Moden-Selektion

Wir wollen zuerst die Selektion transversaler Moden behandeln. Im Abschn. 5.2.2 wurde gezeigt, dass die $TEM_{m,n,q}$-Moden mit wachsendem Index m oder n immer weniger auf die Resonatorachse konzentriert sind, und dass sich ihre Intensitätsverteilung in radialer Richtung zu größeren Abständen von der Achse verschiebt. Dies bedeutet, dass bei gegebenen Resonator-Dimensionen ihre Beugungssverluste viel höher sind als die der Fundamental-Moden $TEM_{0,0,q}$. Durch eine Blende mit variablem Radius a im Resonator könnte man daher die Beugungsverluste so einstellen, dass nur die Fundamental-Moden mit Gauß'schem Intensitätsprofil (Abschn. 5.2.2 und 3) die Schwelle erreichen.

Beispiel 5.8

Bei einem Laser mit der Nettoverstärkung (ohne Beugungsverluste) von $1{,}05/m$ und einer Länge $L = 50\,\text{cm}$ des aktiven Mediums müssen die Beugungsverluste pro Umlauf für die unerwünschten Moden mindestens 5% sein, um diese zu unterdrücken. Wenn die TEM_{00}-Mode Beugungsverluste von 1%/Umlauf hat, muss man im konfokalen Resonator gemäß Abb. 5.11 die Fresnel-Zahl $F_N = a^2/d\lambda < 0{,}5$ wählen, damit $\gamma_{10}/\gamma_{00} > 5$ wird. Das bedeutet für $d = 1\,\text{m}$ und $\lambda = 500\,\text{nm}$ einen Blendenradius $a < 0{,}5\,\text{mm}$.

Bei kleinen Blendenradien nutzt man im Allgemeinen nicht mehr das gesamte aktive Volumen des Lasermediums aus. Dadurch sinkt die Leistung für die Grundmode. Es ist daher zweckmäßig, die Resonatorparameter (Spiegelabstand d, Spiegelradius b) so zu wählen, dass der Durchmesser $2a$ des aktiven Mediums selbst die begrenzende Blende darstellt. Bei Gaslasern ist dies der Kapillardurchmesser der Entladungsröhre, bei CW-Farbstofflasern der Fokusdurchmesser des Pumpstrahles. In Abb. 5.28 ist für Resonatoren mit Spiegelabstand d und gleichen Spiegelradien $b_1 = b_2 = b$ das Verhältnis der Beugungsverluste $\gamma(TEM_{10})/\gamma(TEM_{00})$ als Funktion der Fresnel-Zahl F_N für verschiedene Werte des Stabilitätsparameters $g = (1 - d/b)$ aufgetragen.

Da sich verschiedene *longitudinale* Moden TEM_{00q} nicht durch ihre räumliche Feldverteilung, sondern nur durch ihre Frequenz – siehe (5.39) – unterscheiden, braucht man zur Selektion einer einzigen longitudinalen Mode frequenz-selektive Elemente im Resonator. Dies können Interferometer, Prismen, Gitter, Transmissionsfilter oder Lyot-Filter oder auch eine Kombination dieser Elemente sein.

Die optimale Wahl hängt von der spektralen Breite des Verstärkungsprofils, vom absoluten Verstärkungsfaktor und vom Spektralbereich des Lasers ab. Wir wollen das Verfahren der longitudinalen Moden-Selektion an einigen Beispielen erläutern.

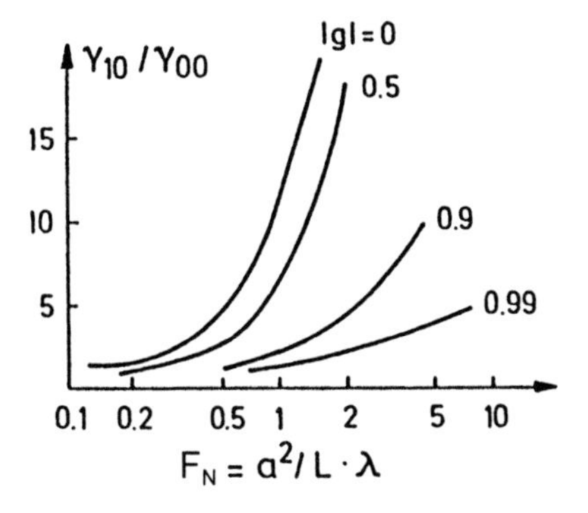

Abb. 5.28. Verhältnis γ_{10}/γ_{00} der Beugungsverluste der TEM_{10} bzw. TEM_{00}-Moden eines Resonators mit gleichen Spiegeln als Funktion der Fresnel-Zahl F_N für verschiedene Werte des Stabilitätsparameters $g = 1 - d/b$

Bei Lasern mit genügend schmalem spektralen Verstärkungsprofil (z. B. bei Gaslasern, bei denen die Doppler-Breite des atomaren Überganges von einigen GHz das Verstärkungsprofil bestimmt) genügt im Allgemeinen ein FPI-Etalon (Dicke d_e, Brechungsindex n, Finesse F^*), im Laser-Resonator, um eine einzelne Resonatormode zu selektieren (Abb. 5.29). Wird die Etalon-Normale um den Winkel θ gegen die Resonatorachse verkippt, so liegen seine Transmissionsmaxima nach (4.58) bei den Wellenlängen

$$\lambda_m = \frac{2d_e}{m}(n^2 - \sin^2\theta)^{1/2} = \frac{2nd_e}{m}\cos\beta \tag{5.59}$$

bzw. bei den Frequenzen $\nu_m = c/\lambda_m$. Die ganze Zahl m gibt die Interferenzordnung an. Der Winkel β, den der Laserstrahl im Etalon gegen die Etalonnormale bildet, ist durch $\sin\theta/\sin\beta = n$ gegeben.

Wählt man die Etalondicke d_e so klein, dass der Abstand

$$\Delta\nu = \nu_{m+1} - \nu_m = \frac{c}{2nd_e\cos\beta} . \tag{5.59a}$$

größer wird als die Breite $\nu_1 - \nu_2$ des Verstärkungsprofils (Abb. 5.30), so liegt nur ein Transmissionsmaximum im möglichen Spektralintervall des Lasers, das bei geeigneter Wahl des Kippwinkels θ mit einer Resonatormode in der Nähe des Maximums des Verstärkungsprofils zusammenfällt. Die Finesse F^* des Etalons muss so groß sein, dass die Gesamtverluste der Nachbar-Resonatormoden ihre Verstärkung übersteigen.

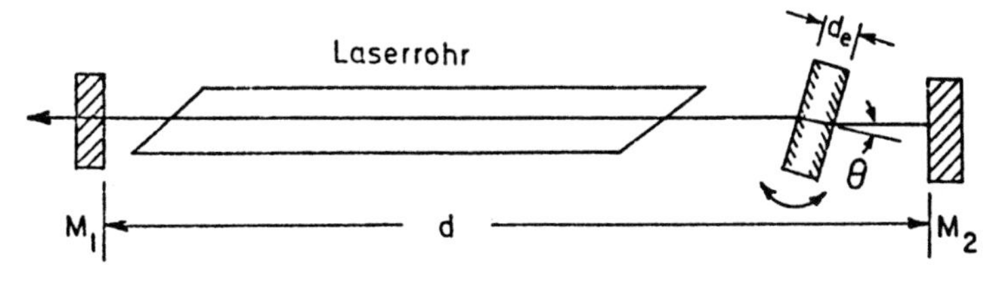

Abb. 5.29. Modenselektion durch ein Etalon im Laser-Resonator

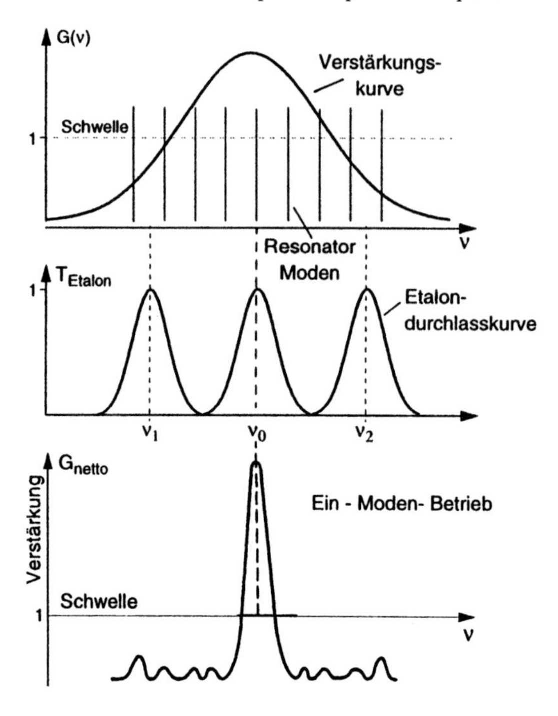

Abb. 5.30. Verstärkungsprofil mit Resonatormoden, Transmissionskurve des modenselektiven Etalons und Gesamt-Nettoverstärkung.

Beispiel 5.9

Beim Argon-Laser ist die Fußbreite des Verstärkungsprofils etwa 8 GHz. Mit einem Etalon der Dicke d_e = 1 cm und n = 1,5 wird für $\theta = 0°$ der freie Spektralbereich $\Delta\nu_e$ = 10 GHz und damit genügend groß. Die homogene Breite des aktiven Mediums ist etwa 800 MHz. Man braucht eine Finesse $F^* \geq 7$, um mögliche Nachbarmoden außerhalb der homogenen Breite zu unterdrücken. Dies bedeutet ein Reflexionsvermögen von R = 65% der Etalonspiegel.

Oft wird zur Modenselektion ein Michelson-Interferometer verwendet (Abb. 5.31), das durch einen Strahlteiler St an den Laser-Resonator gekoppelt ist (**Fox-Smith Cavity** [5.24] und Abschn. 4.2). Sein freier Spektralbereich $\delta\nu = c/[2(L_2 + L_3)]$ muss größer sein als die Breite des Verstärkungsprofils. Durch ein Piezoelement PE kann der Spiegel M_3 um einige μm verschoben werden, so dass man zwischen den gekoppelten Resonatoren M_1-M_2 und M_2-M_3 Resonanz erreicht. Dazu muss gelten

$$(L_1 + L_2)/m = (L_2 + L_3)/q; \quad m, q \in N . \tag{5.60}$$

Im Resonanzfall löschen sich die an der Strahlteilerfläche nach oben reflektierte Welle $M_1 \rightarrow$ St und die transmittierte Welle $M_3 \rightarrow$ St durch destruktive Interferenz gerade aus, so dass in diesem Fall die durch St eingeführten Verluste klein sind. Für alle anderen Wellenlängen sind diese Verluste groß und unterdrücken die Laseroszillation.

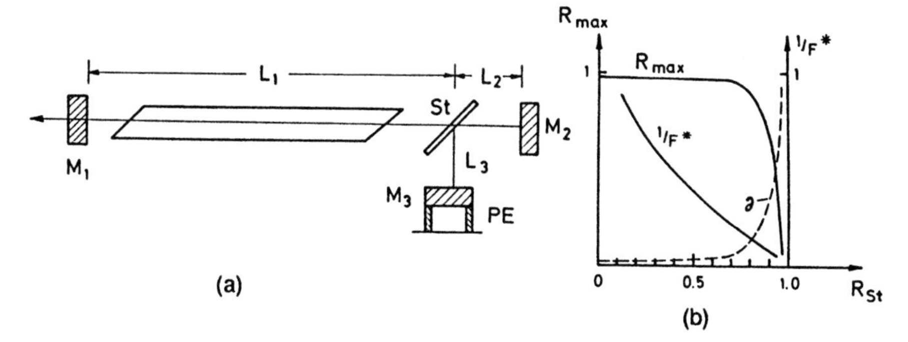

Abb. 5.31a,b. Modenselektion mit dem Fox-Smith Michelson-Selektor. (**a**) Experimentelle Anordnung; (**b**) Maximale Reflexion $R_{\max}$, reziproke Finesse $1/F$ des Resonators M_3-M_2 und Verluste γ des Laser-Resonators als Funktion des Strahlteiler-Reflexionsvermögens R_{st}

Bei Anwendung als Modenselektor kann man im Allgemeinen das Absorptionsvermögen A_{St} des Strahlteilers nicht mehr vernachlässigen. Es bewirkt, dass die maximale Reflexion des Fox-Smith Selektors kleiner als 1 wird. Analog zu (4.45) lässt sich das Reflexionsvermögen $R = I_{\mathrm{R}}/I_{\mathrm{einf}}$ der Anordnung berechnen [5.25] zu

$$R = \frac{T_{\mathrm{St}}^2 R_2 (1 - A_{\mathrm{St}})^2}{(1 - R_{\mathrm{St}}\sqrt{R_2 \cdot R_3})^2 + 4R_{\mathrm{St}}\sqrt{R_2 \cdot R_3}\sin^2 \delta/2} \,. \tag{5.61}$$

Abbildung 5.31b zeigt das maximale Reflexionsvermögen $R_{\max}$ für $\delta = m\pi$ und die für den Laser auftretenden Verluste $\gamma = 1 - R_{\max}$ des Fox-Smith-Selektors als Funktion des Reflexionsvermögens $R_{\max}$ des Strahlteilers für $R_2 = R_3 = 0{,}99$ und $A_{\mathrm{St}} = 0{,}5\%$. Die Breite $\Delta\nu$ der Reflexionsmaxima, die für die Selektion maßgeblich ist, wird durch die Finesse $F^* = \delta\nu/\Delta\nu$ des Resonators M_3-M_2 bestimmt ($\delta\nu$: freier Spektralbereich).

Man kann die Anordnung in Abb. 5.31 als einen Spezialfall zweier gekoppelter Resonatoren ansehen. Eine solche Kopplung kann auf verschiedene Weise erfolgen (Abb. 5.32). Sind die freien Spektralbereiche der beiden Resonatoren mit den Längen d_1, d_2 $\delta\nu_1 = c/2d_1$ bzw. $\delta\nu_2 = c/2d_2$, so heißen die Bedingungen für Laseroszillation bei Kopplung der beiden Resonatoren in Abb. 5.31a:

$$\frac{m_1}{d} = \frac{m_2}{d_1 + d_2} \quad \text{und} \quad p_1\delta\nu_1 = p_2\delta\nu_2 \,, \tag{5.62a}$$

wobei m_i, p_i ganze Zahlen sind. Der freie Spektralbereich $\delta\nu$ der Anordnung ist gleich $p\delta\nu_1$, wobei p die kleinste ganze Zahl ist, mit der man den Bruch p_2/p_1 durch Multiplikation ganzzahlig macht. In Abb. 5.32 sind einige Kopplungsmöglichkeiten angegeben mit dem schematischen Verlauf der entsprechenden Gesamtverluste γ, wenn die beiden Spiegel M_2 und M_3 hochreflektierend sind. Laseroszillation erhält man bei den Minima von γ. Um Einmoden-Betrieb zu erreichen, muss der Abstand der Minima, der gleich dem freien Spektralbereich der gekoppelten Resonatoren ist, größer als die Breite des Verstärkungsprofils sein. Für die Anordnung in Abb. 5.32b

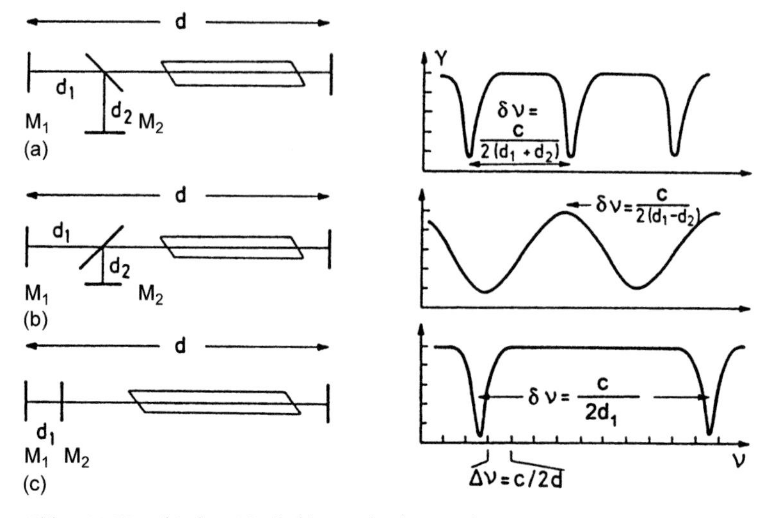

Abb. 5.32. Verschiedene Möglichkeiten für die Kopplung zweier Resonatoren, und der entsprechende Frequenzverlauf der Gesamtverluste

wird die Bedingung (5.62a):

$$\frac{m_1}{d} = \frac{m_2}{d - d_1 + d_2} \tag{5.62b}$$

und für Abb. 5.32c

$$\frac{m_1}{d - d_1} = \frac{m_2}{d_1} . \tag{5.62c}$$

Für Laser, die gleichzeitig auf mehreren Linien schwingen (z. B. Argonlaser) kann die Selektion der gewünschten Linie und die Modenselektion gleichzeitig durch eine Kombination von Prisma und Michelson-Interferometer erreicht werden. Abbildung 5.33 zeigt zwei mögliche Ausführungsformen. In Abb. 5.33b wirkt die Vorder-

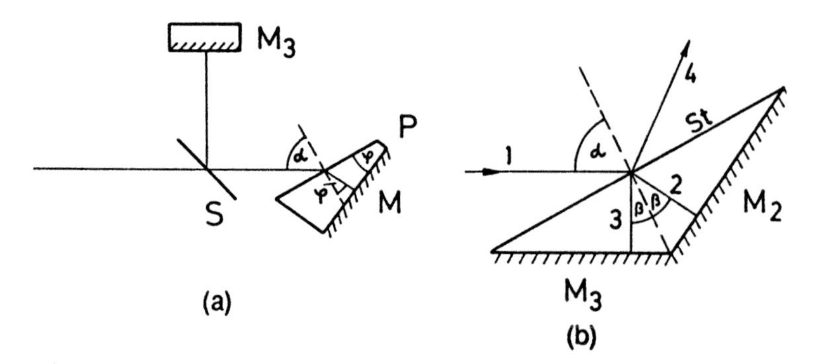

Abb. 5.33a,b. Kombination von Linien- und Modenselektion durch ein Prismen-Michelson-Interferometer

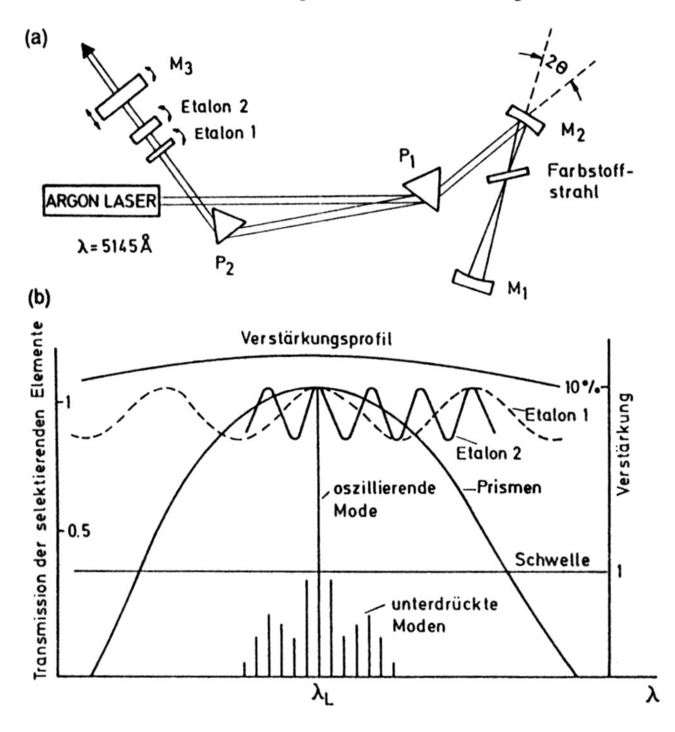

Abb. 5.34a,b. Einengung des Verstärkungsprofils eines Farbstofflasers durch zwei Brewster-Prismen aus Schwerflint und Modenselektion durch zwei Etalons. (**a**) Experimenteller Aufbau; (**b**) Erklärung der Modenselektion durch Überlagerung von Verstärkungsprofil und Verlusten der selektierenden Elemente

seite des Prismas als Strahlteiler St, die beiden verspiegelten Rückseiten als die Spiegel M_2, M_3. Die ankommende Welle wird aufgespalten in die Teilbündel *4* und *2*. Nach jeder Reflexion wird das Teilbündel *2* aufgespalten in *3* und *1*. Ist der optische Wegunterschied $2n(S_2 + S_3) = m\lambda$, so interferieren das Teilbündel *4* und der von M_3 reflektierte Anteil, der in Richtung *4* gebrochen wird, destruktiv und löschen sich bei gleicher Amplitude aus. Das bedeutet, dass dann alles Licht in Richtung *1* reflektiert wird. – Siehe auch (4.33) für $\delta = (2m + 1)\pi$.

Bei Lasern mit breiterem Verstärkungsprofil reicht ein einziges wellenlängenselektierendes Element nicht aus, und man muss eine geeignete Kombination verschiedener Elemente verwenden. Abbildung 5.34 zeigt als Beispiel eine leicht selbst zu bauende Version für den Einmoden-Betrieb beim Argonlaser-gepumpten Farbstofflaser. Die kommerziellen Systeme verwenden im Allgemeinen ein anderes Prinzip (Abb. 5.35). Durch ein dreistufiges Loyt-Filter (Abschn. 4.3), im Laserresonator, dessen 3 Platten unter dem Brewster-Winkel geneigt sind [5.26], wird die effektive Spektralbreite des Verstärkungsprofils bereits von etwa 80 nm ohne Filter auf 0,5 nm reduziert (Abschn. 5.6.4). Durch ein dünnes, verkippbares Etalon mit einem freien Spektralbereich von $\Delta\nu_1 = 100\,\text{GHz}$ ($\widehat{=}\ \Delta\lambda \approx 1\,\text{nm}$ bei $\lambda = 600\,\text{nm}$) und ein Prismen-

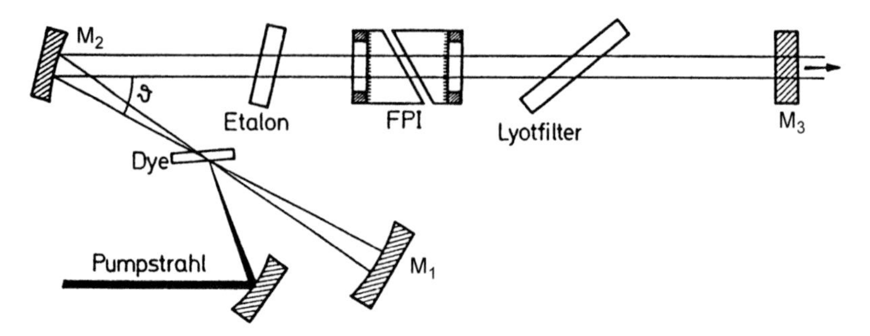

Abb. 5.35. Modenselektion beim linearen CW Farbstofflaser mit Lyot-Filter, einem Etalon und einem Prismen-FPI (Coherent Modell). Der Faltungswinkel ϑ wird so gewählt, dass der Astigmatismus durch die schräge Reflexion am sphärischen Spiegel M_2 gerade durch die Transmission durch den geneigten planparallelen Farbstoffstrahl kompensiert wird.

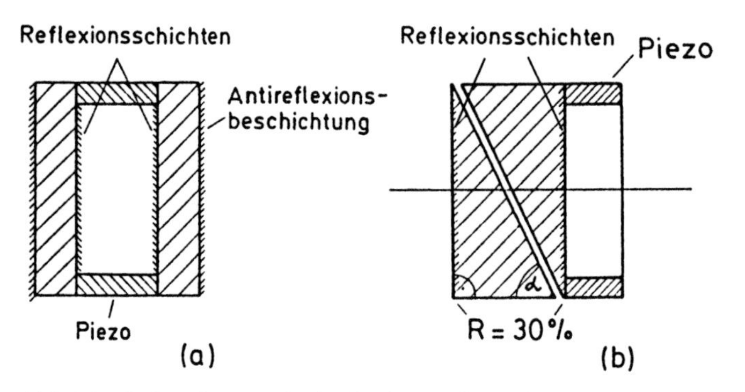

Abb. 5.36a,b. Durch Piezozylinder durchstimmbares ebenes FPI (**a**) und stabileres Prismen-Fabry-Pérot (**b**), bei dem der optische Weg durch die Atmosphärenluft minimiert wird

FPI (Abb. 5.36) mit durchstimmbarem Abstand und $\Delta\nu_2 \approx 10\,\text{GHz}$ erreicht man stabilen Einmoden-Betrieb des Farbstofflasers.

Die Transmissionsmaxima aller Elemente müssen natürlich so abgestimmt sein, dass sie alle mit derselben Resonatormode zusammenfallen. Beim Durchstimmen des Lasers müssen deshalb Resonatorlänge und alle Transmissionsmaxima synchron verändert werden (Abschn. 5.4.5).

Es gibt eine große Zahl anderer Möglichkeiten, Einmoden-Betrieb zu realisieren, und der Leser wird für Einzelheiten auf die umfangreiche Spezialliteratur verwiesen [5.24–5.28].

5.4.3 Intensitätsstabilisierung

Der zeitliche Verlauf $I(t)$ der Intensität eines zeitlich kontinuierlichen Lasers ist ohne besondere Maßnahmen nicht völlig konstant, sondern zeigt Schwankungen und Langzeitveränderungen. Eine Ursache für solche Schwankungen ist z. B. eine nicht genügend gefilterte Gleichrichtung der Versorgungsspannung für die Gasentladung,

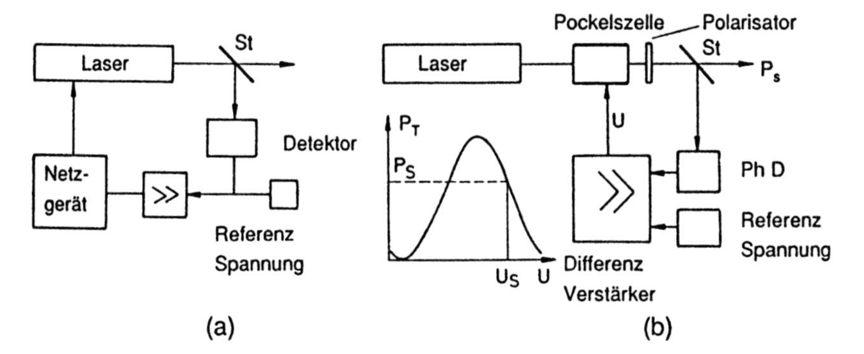

Abb. 5.37a,b. Intensitäts-Stabilisierung von Lasern, (**a**) Über die Regelung der Pumpleistung und (**b**) durch Regelung der Transmission einer Pockelszelle

so dass die Laserintensität mit der Netzfrequenz oder ihren Oberwellen moduliert ist. Andere Gründe für das Intensitätsrauschen sind Instabilitäten der Gasentladung, Vibration der Spiegel oder auch Staubteilchen, die durch den Laserstrahl im Resonator fliegen. Bei Farbstofflasern bilden Dichteschwankungen und Luftblasen im Farbstoff-Düsenstrahl eine Hauptquelle für Intensitätsschwankungen. Ursachen für Langzeitdrifts der Laserintensität sind Temperatur- und Druckänderung im Entladungsrohr oder Verschmutzung von Endfenstern und Spiegeln. Da solche Intensitätsänderungen für viele Experimente sehr störend sind, muss man Maßnahmen ergreifen, um die Intensität zu stabilisieren.

Hier sollen zwei Verfahren angegeben werden, die häufig verwendet werden und die in Abb. 5.37a und b schematisch dargestellt sind: Ein kleiner Teil der Ausgangsleistung wird durch den Strahlteiler St aus dem Hauptstrahl abgezweigt und mit einer Photodiode gemessen. Deren Ausgangssignal wird verstärkt und zur Steuerung von Transistoren in der Hauptstromversorgung für die Gasentladung benutzt. Bei einem Abfall der Laserintensität wird über den Regelkreis die Stromzufuhr erhöht. Die Regelung arbeitet in einem Bereich, in dem die Laserintensität noch mit wachsendem Strom ansteigt.

Bei kontinuierlichen Farbstofflasern wird dadurch die Leistung des Pumplasers (Argonlasers) so geregelt, dass die Farbstofflaser-Leistung auf dem Sollwert gehalten wird. Die obere Grenzfrequenz des Regelkreises ist bei Gaslasern durch die Verzögerungszeit zwischen der Änderung des Gasentladungsstroms und der daraus resultierenden Änderung der Laserleistung bestimmt. Sie ist, außer durch Kapazitäten und Induktivitäten im Regelkreis, prinzipiell begrenzt durch die Zeit, die die Gasentladung braucht, um sich bei einer Stromänderung auf einen neuen stationären Gleichgewichtszustand einzustellen. Man kann daher hochfrequente Intensitätsschwankungen, wie sie z. B. durch Fluktuationen der Gasentladung selbst entstehen, mit dieser Regelungsmethode nicht beseitigen. Für die meisten Anwendungen genügt jedoch dieses Verfahren, und man erreicht eine Stabilität, bei der die Intensität um weniger als 0,1% schwankt.

Um auch schnelle Fluktuationen wegregeln zu können, ist das 2. Verfahren geeignet (Abb. 5.37b). Der Ausgangsstrahl des Lasers wird durch eine Pockels-Zelle geschickt, deren Transmission durch eine äußere Spannung variiert werden kann. Die **Pockels-Zelle** ist eine Kombination aus zwei Linearpolarisatoren, zwischen denen sich ein optisch anisotroper Kristall befindet, der die Polarisationsebene des Lichtes um einen, von der angelegten Spannung abhängigen Winkel dreht. Man misst jetzt die Laserleistung hinter der Pockels-Zelle und benutzt die Ausgangsspannung der Photodiode PhD zur Regelung der Pockels-Zellen-Spannung und damit der transmittierten Leistung. Diese Regelung arbeitet bis zu Frequenzen im Megahertz-Bereich, hat jedoch den Nachteil, dass die nutzbare Laserleistung P_s auf etwa 50 – 70% herabgesetzt wird, da man auf der Flanke der Transmissionskurve der Pockels-Zelle arbeiten muss.

Eine optimale Regelung braucht einen elektronischen Regelkreis, der nicht nur schnell genug reagiert, sondern auch das richtige Zeitverhalten hat, weil er sowohl schnelle Änderungen der Laserfrequenz als auch langsame Drifts kompensieren muss. Hier hat sich eine PID-Regelung sehr bewährt, die aus drei parallelen Verstärkern besteht (Abb. 5.38):

1. Einem Proportional-Verstärker, dessen Ausgangssignal proportional zum Eingangssignal ist,
2. einem Integral-Verstärker, dessen Ausgangssignal proportional zum Zeitintegral über das Eingangssignal ist und
3. einem Differential-Verstärker, der das Eingangssignal verstärkt und differenziert.

Das Eingangssignal ist in allen Fällen eine Spannung. die proportional zur Abweichung der Stellgröße (Intensität oder Frequenz) vom Sollwert ist. Der Integral-Verstärker gibt ein Ausgangssignal, das immer weiter anwächst solange diese Abweichung von Null verschieden ist. Das Ausgangssignal des Differential-Verstärkers ist

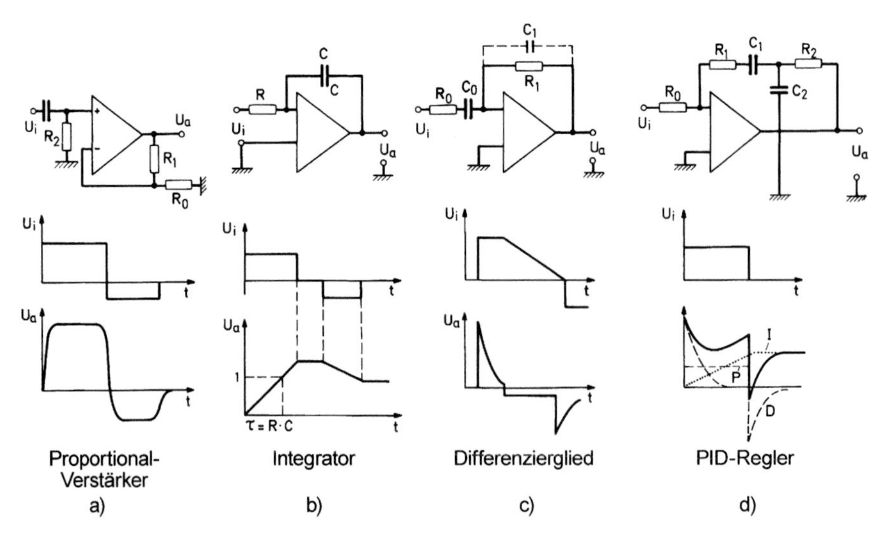

Abb. 5.38a–d. PID-Regler zur Frequenz-Stabilisierung

proportional zur zeitlichen Änderung der Abweichung. Er regelt deshalb besonders effektiv schnelle Änderungen aus.

Ein solcher PID Regler ist inzwischen als Baustein auf einem Chip kommerziell erhältlich. Man muß lediglich die Verstärkung der einzelnen Verstärker optimieren, bis die zu regelnde Größe möglichst gut konstant bleibt, d. h. ihre Schwankungen minimal sind. Hier muss man einen Kompromiss machen, weil eine zu große Verstärkung zwar die Frequenzabweichung schneller vermindert, aber leicht zu ungewollten Schwingungen des Systems führt.

5.4.4 Wellenlängenstabilisierung von Lasern

Für viele Anwendungen in der hochauflösenden Spektroskopie ist es wesentlich, dass die Wellenlänge des Lasers möglichst stabil ist und ihre Schwankungen klein bleiben gegenüber den aufzulösenden Linienbreiten. Für solche Aufgaben kommen also im Allgemeinen nur Laser in Frage, die auf nur einer Resonator-Eigenschwingung oszillieren (**Single-Mode-Laser**). Die Wellenlängenstabilität ist sowohl bei Festfrequenz-Lasern wichtig, wenn die Wellenlänge stabil auf einem zeitlich konstanten Wert gehalten werden soll, als auch bei durchstimmbaren Lasern, bei denen die Schwankungen um einen zeitlich veränderlichen Sollwert $\lambda(t)$ möglichst klein sein sollen. Wir wollen in diesem Abschnitt einige Methoden der Wellenlängenstabilisierung sowie ihre Vor- und Nachteile besprechen. Da die Laserfrequenz $\nu = c/\lambda$ mit der Wellenlänge λ über die Lichtgeschwindigkeit c direkt zusammenhängt, spricht man häufig auch von Frequenz-Stabilisierung des Lasers, obwohl man, zumindest im sichtbaren Gebiet, im Allgemeinen die Wellenlänge und nicht die Frequenz, direkt misst.

Inzwischen gibt es Verfahren, auch die optischen Frequenzen durch Vergleich mit der Frequenz des Cs-frequenzstandards absolut mit großer Genauigkeit zu messen (siehe Bd. 2, Abschn. 9.7).

Im Abschnitt 5.3 wurde gezeigt, dass die Wellenlänge bzw. Frequenz einer longitudinalen Mode durch die Resonatorlänge d und den Brechungsindex im Resonator festgelegt sind gemäß

$$m\lambda = 2nd \quad \text{oder} \quad \nu = \frac{mc}{2nd} . \tag{5.63a}$$

Verändern sich d oder n, so werden Wellenlänge und Laserfrequenz gemäß

$$\frac{\Delta\lambda}{\lambda} = -\frac{\Delta\nu}{\nu} = \frac{\Delta d}{d} + \frac{\Delta n}{n} \tag{5.63b}$$

variieren.

Beispiel 5.10

Will man z. B. die Frequenz eines Argonlasers, die bei $\nu = 6 \cdot 10^{14}\,\mathrm{s^{-1}}$ liegt, auf 1 MHz konstant halten, so verlangt dies eine relative Frequenzkonstanz $\Delta\nu/\nu = 1{,}5 \cdot 10^{-9}$. Man muss daher bei einer Resonatorlänge von 1 m den Spiegelabstand auf 15 Å konstant halten!

Es ist offensichtlich, dass die Erfüllung dieser Forderung keineswegs trivial ist. Bevor wir Methoden zur Lösung dieses Problems angehen, müssen wir nach den Ursachen für die Änderungen von Resonatorlänge und Brechungsindex fragen, um zu untersuchen, inwieweit man diese Ursachen verringern oder sogar völlig ausschalten kann. Wir unterscheiden zwischen einer **Langzeitdrift** der zu stabilisierenden Größen, die hauptsächlich durch langsame Temperatur- und Druck-Änderungen hervorgerufen wird, und **kurzzeitigen Schwankungen**, die z. B. durch akustische Vibrationen der Spiegel und der Atmosphärenluft im Resonator, oder durch Fluktuationen der Gasentladung im Laserrohr verursacht werden.

Wir wollen zur Illustration eine Abschätzung der *Langzeiteffekte* vornehmen: Sei α der thermische Ausdehnungskoeffizient des Materials, das den Abstand d zwischen den Resonatorspiegeln bestimmt (z. B. Quarz- oder Invarstäbe). Bei einer Temperaturänderung ΔT ist die relative Längenänderung bei Annahme einer linearen Längenausdehnung $d = d_0(1 + \alpha T)$

$$\frac{\Delta d}{d_0} = \alpha \Delta T \,. \tag{5.64}$$

Beispiel 5.11

Verwendet man z. B. Invar als Material für die Abstandhalter, mit $\alpha = 1 \cdot 10^{-6}$ /grad, so ergibt (5.64) bei einer Temperaturänderung von nur 0,1 °C bereits eine relative Längenänderung von 10^{-7}, was in unserem obigen Beispiel 5.10 schon zu einer Frequenzänderung von 60 MHz führt.

In (5.62) war angenommen worden, dass zwischen den Spiegeln überall der gleiche Brechungsindex vorliegt. In den meisten Laserausführungen nimmt das aktive Medium nur einen Teil L des Spiegelabstandes d ein, der Rest ist oft Atmosphärendruck ausgesetzt.

Läuft die Laserwelle im Resonator über eine Strecke $(d - L)$ in Luft bei Atmosphärendruck, so ändert sich bei Luftdruckschwankungen Δp der optische Weg nd zwischen den Spiegeln um den Betrag

$$\Delta(nd) = (d - L)(n - 1)\Delta p/p \,. \tag{5.65}$$

Beispiel 5.12

Setzt man den Brechungsindex von Luft bei Atmosphärendruck für $\lambda = 0{,}6\,\mu\text{m}$ ein ($n = 1{,}00027$) und nimmt z. B. für $(d - L)$ den bei Gaslasern häufig realisierten Wert von $(d - L) = 0{,}2\text{d}$ an, so erhält man bei täglich leicht auftretenden Luftschwankungen von 2 mbar bereits relative Frequenzänderungen von

$$\Delta\nu/\nu = 0{,}2\Delta n/n > 10^{-7} \,.$$

Bei CW-Farbstofflasern ist $d - L \simeq d$, da das aktive Medium nur etwa 1% des Resonators ausfüllt und die durch Luftdruckschwankungen verursachten Frequenzänderungen sind entsprechend größer.

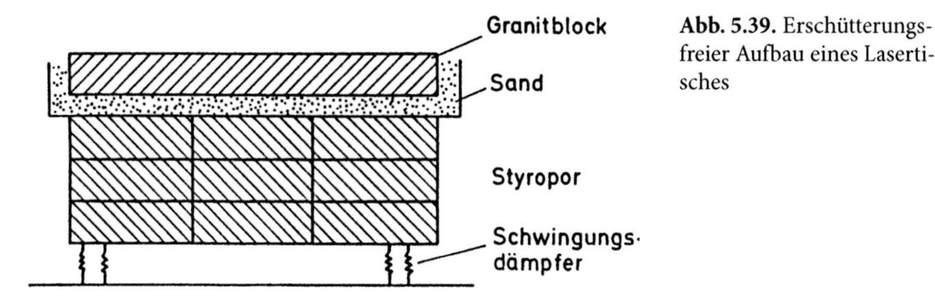

Abb. 5.39. Erschütterungsfreier Aufbau eines Lasertisches

Um diese Langzeiteffekte möglichst klein zu halten, muss man Abstandsstäbe für die Resonatorspiegel aus einem Material mit möglichst kleinen Ausdehnungskoeffizienten nehmen. Ideal wäre z. B. ein quarzähnliches Material, das unter dem Namen Cerodur von der Fa. Schott erhältlich ist. Dessen Zusammensetzung kann man so wählen, dass der an sich schon sehr kleine, aber temperaturabhängige Ausdehnungskoeffizient $\alpha(T)$ bei einer vorgegebenen Temperatur T_0 durch Null geht. Leider zeigt Cerodur Langzeit-Schrumpfeffekte, die das Idealverhalten beeinträchtigen. Oft benutzt man auch schwere Granitplatten, auf denen die Spiegel montiert sind, und deren Wärmekapazität so groß ist, dass Temperaturschwankungen im Stundenbereich weitgehend ausgeglichen werden. Um den Druckeffekt zu minimalisieren, müsste man die gesamte Länge im Resonator entweder druckdicht machen oder $(d - L)$ sehr klein wählen. Wir werden jedoch weiter unten sehen, dass die Langzeitdrifts weitgehend durch elektronische Regelung eliminiert werden können, solange man ein zeitlich konstantes Wellenlängenstandard hat, an das man die Laserwellenlänge ankoppeln kann.

Ein ernsteres Problem stellen die *Kurzzeitschwankungen* dar, da sie, je nach ihrer Ursache, ein breites Frequenzspektrum zeigen. Den größten Einfluss haben akustische Vibrationen der Spiegel. Man muss daher den gesamten Aufbau eines wellenlängenstabilisierten Lasers möglichst erschütterungsfrei gestalten. Abbildung 5.39 zeigt eine mögliche durch Eigenbau billige Ausführung: Der optische Aufbau steht auf einer großen Granitplatte, die in einer Sandwanne liegt, um die Eigenresonanzen der Platte zu dämpfen. Die Sandwanne selbst liegt auf Styroporblöcken auf einem Gestell, das durch Schwingungsdämpfer getragen wird. Durch diesen Aufbau wird weitgehend verhindert, dass die Gebäudeschwingungen auf den optischen Aufbau übertragen werden. Damit nicht Schallwellen durch die Luft auf die Spiegel treffen können, ist das optische System durch eine Haube abgedeckt, die gleichzeitig als Staubschutz für die verschiedenen optischen Komponenten dient. Man kann inzwischen speziell schwingungsisolierte Lasertische kommerziell erhalten, die durch ein Federsystem und eine elektronische Regelung von Gebäudeerschütterungen weitgehend isoliert sind. Als Staubschutz haben sich großflächige Strömungs-Staubfilter sehr bewährt, die über den Lasertisch aufgehängt werden und einen gefilterten, laminaren Luftstrom über dem gesamten Lasertisch erzeugen.

Zum hochfrequenten Störspektrum tragen vor allem Fluktuationen des Brechungsindex in der Gasentladung bei. Diese Störungen kann man nur in seltenen Fällen durch geeignete Wahl der Entladungsbedingungen beseitigen. Meistens muss man versuchen, sie durch elektronische Regelung zu kompensieren. Bei Farbstofflasern mit freitragenden Flüssigkeitsstrahlen („**jet stream**") sind Dichteschwankungen im Strahl, hervorgerufen durch thermische Effekte und Oberflächenwellen, die durch turbulente Anteile in der laminaren Strömung verursacht werden, die Hauptursachen für Fluktuationen von nd.

All diese Störungen bewirken Schwankungen der optischen Weglänge im Resonator, die im Nanometerbereich liegen. Um die Laserfrequenz stabil zu halten, muss man diese Schwankungen durch entsprechende geeignete Änderungen der Resonatorlänge kompensieren. Man muss also gegensinnige schnelle Längenänderungen um wenige Nanometer kontrolliert durchführen können. Dazu bedient man sich heute im Frequenzbereich bis 100 kHz fast ausschließlich piezokeramischer Elemente [5.29,5.30]. Sie bestehen aus einem Material, das im elektrischen Feld seine Längsdimension infolge des inversen piezoeletrischen Effekts ändert. Praktische Ausführungen benutzen zylindrische Platten, auf deren Endflächen dünne Metallschichten zum Anlegen der Spannung angebracht sind, oder Hohlzylinder, deren Innen- und Außenwand beschichtet sind und als Elektroden dienen (Abb. 5.40). Typische Längenänderungen solcher Piezoelemente (etwa 0,2–1 cm Länge) liegen bei 1–5 nm/V. Mit Paketen aus vielen Piezoscheiben kann man bis 100 nm/V erreichen. Befestigt man einen der Endspiegel des Laserresonators auf einem Piezoelement (Abb. 5.40b), so kann man die Resonatorlänge d durch eine elektrische Spannung kontrolliert um kleine Beträge Δd ändern.

Zur Kompensation hochfrequenter Schwankungen von nd ($f > 100\,\mathrm{kHz}$) benutzt man einen optisch anisotropen Kristall (wie z. B. KDP) im Laserresonator, der

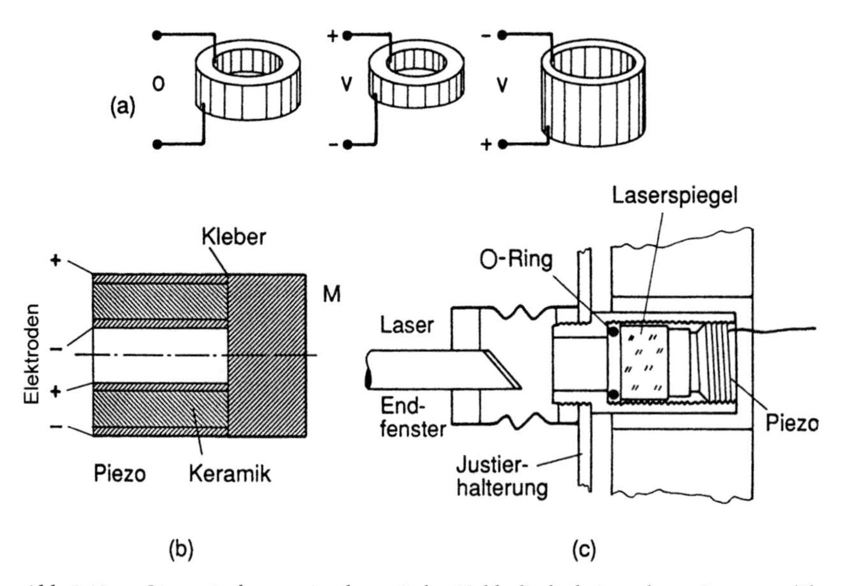

Abb. 5.40a–c. Längenänderung piezokeramischer Hohlzylinder bei angelegter Spannung (übertrieben dargestellt) (**a**) und Montage von Resonatorspiegeln auf solche Zylinder durch Kleben (**b**) oder durch Anpressen über einen Gummiring (**c**)

so orientiert ist, dass sein Brechungsindex n für die linear polarisierte Laserwelle durch Anlegen einer Spannung variiert wird, ohne dass sich die Polarisationsebene dreht.

Das Regelsystem zur Wellenlängenstabilisierung besteht aus drei Elementen:

1. Einem Vergleichsnormal, mit dem die zu stabilisierende Wellenlänge verglichen wird. Man kann entweder die Wellenlänge λ_0 im Transmissionsmaximum eines unter stabilen äußeren Bedingungen gehaltenen Fabry-Pérot-Interferometers benutzen, oder die Wellenlänge eines atomaren bzw. molekularen Überganges, oder die eines anderen stabilisierten Lasers.
2. Dem geregelten System, das in unserem Falle der Resonatorabstand ist, der die Laserwellenlänge bestimmt.
3. Dem Regelkreis, der die Abweichung der Laserwellenlänge λ vom Sollwert λ_0 misst und diese Abweichung möglichst weitgehend rückgängig macht.

Die Stabilität der Laserwellenlänge kann natürlich nie besser als die des Vergleichsnormals sein. Sie ist im Allgemeinen sogar schlechter, weil der Regelkreis in der Praxis nie ideal arbeiten kann und daher auftretende Abweichungen $\lambda - \lambda_0$ nicht sofort und völlig beseitigen kann, sondern mit einer endlichen Verzögerung auf diese Abweichungen reagiert. Wir wollen uns die Arbeitsweise der Regelung an zwei Beispielen verdeutlichen:

Abbildung 5.41 zeigt ein Prinzipschaltbild einer häufig verwendeten Regelung. Einige Prozent der Laserausgangsleistung werden über die Strahlteiler St_1 und St_3 auf zwei Interferometer geschickt. Das erste wird periodisch durchgestimmt und als optischer Spektrumanalysator zur Kontrolle der Modenqualität des Lasers benutzt. Das zweite Interferometer FPI2 dient als Wellenlängen-Referenz und befindet sich darum in einem druckdichten und temperaturstabilisierten Gehäuse, um den optischen Weg zwischen den Interferometerspiegeln und damit die Durchlasswellenlänge möglichst stabil zu halten (Abschn. 4.2). Einer der Spiegel ist auf einem Piezoelement montiert, an dem eine Gleichspannung U_0 liegt, die so eingestellt ist, dass die Sollwellenlänge λ_S des Lasers auf der Flanke der Transmissionskurve $I_T(\lambda)$ liegt.

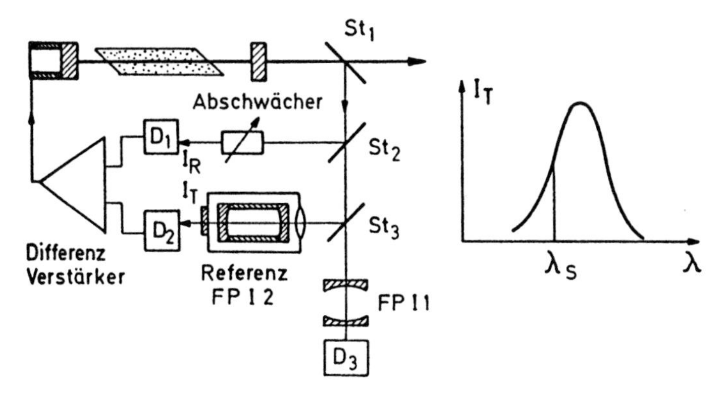

Abb. 5.41. Wellenlängen-Stabilisierung auf ein externes FPI mithilfe des Differenz-Verfahrens

Man vergleicht die durchgelassene Laserintensität $I_T(\lambda)$ mit der Intensität I_R eines Referenzstrahls vom selben Laser und gibt die Gleichspannungssignale von den beiden Photodioden D_1 und D_2 auf die zwei Eingänge eines Differenzverstärkers, den man so abgleicht, dass für $\lambda_L = \lambda_S$ die Ausgangsspannung Null wird. Sobald die Laserfrequenz von λ_S abweicht, entsteht eine Ausgangsspannung, die proportional zu $(\lambda_L - \lambda_S)$ ist und deren Vorzeichen davon abhängt, ob λ_L größer oder kleiner als λ_S geworden ist. Diese Spannung wird nach weiterer Verstärkung wieder auf das Piezoelement des Laserresonators gegeben.

Stabilisierungsmethoden, bei denen als Referenznormal ein stabiles Interferometer benutzt wird, haben den Vorteil, dass man die Sollwellenlänge durch Anlegen einer Gleichspannung an das Piezoelement dieses Interferometers oder durch Drehen einer planparallelen Glasscheibe im Interferometer beliebig verschieben kann. Das bedeutet, dass man den Laser auf jede Wellenlänge, die innerhalb seines Verstärkungsprofils liegt, stabilisieren kann. Zur Korrektur von Kurzzeitschwankungen sind die Methoden auch gut geeignet, weil das Regelsignal der Photodioden eine große Amplitude hat und daher ein gutes Signal/Rausch-Verhältnis gewährleistet. Trotz der Temperaturstabilisierung kann man jedoch Langzeitdrifts der Sollwellenlänge nicht völlig vermeiden, da bereits Temperaturänderungen von 0,01 °C nach (5.64) zu relativen Abstandsänderungen von 10^{-8} führen. Deshalb wählt man zur Langzeitstabilisierung häufig einen atomaren oder molekularen Übergang als Wellenlängennormal [5.31].

Abbildung 5.42 zeigt eine mögliche Realisierung mithilfe der Doppler-freien Absorption in einem kollimierten Molekülstrahl (siehe Bd. 2, Abschn. 4.1). Der Laserstrahl wird senkrecht mit einem Molekularstrahl gekreuzt, und die Laserwellenlänge auf die Mitte einer Absorptionslinie der Moleküle abgestimmt, wobei die Intensität der von den absorbierenden Molekülen emittierten Fluoreszenz als Monitor benutzt wird. Weicht die Laserwellenlänge von der Linienmitte ab, so wird das Fluoreszenzsignal kleiner. Das Ausgangssignal des Fluoreszenzdetektors kann nun benutzt werden, um entweder direkt den Abstand des Laserresonators zu korrigieren oder um

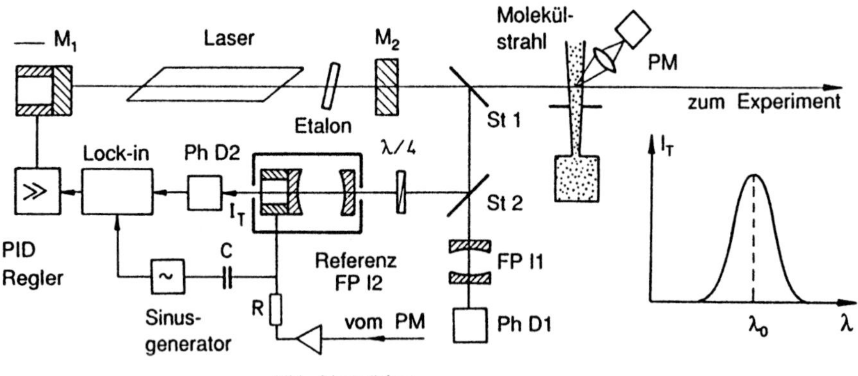

Abb. 5.42. Wellenlängen-Stabilisierung auf einen molekularen Übergang

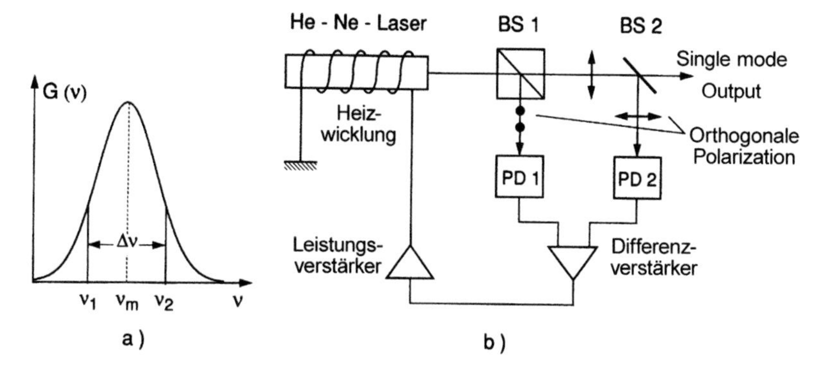

Abb. 5.43a,b. Polarisations-stabilisierter HeNe-Laser. (**a**) Symmetrische Resonatormoden mit Frequenzen ν_1, ν_2 und $(\nu_1 + \nu_2)/2 = \nu_m$ (**b**) Experimentelle Anordnung

das Referenz-Interferometer, auf das der Laser stabilisiert wird, langzeitig konstant zu halten. Um zu unterscheiden, ob λ_L kleiner oder größer als die Linienmitte λ_0 wurde, muss entweder die Laserfrequenz moduliert oder ein digitaler Regelkreis verwendet werden, der die Laserwellenlänge in kleinen Schritten verstimmt und auswertet, ob die Fluoreszenzintensität kleiner oder größer wurde.

Die Genauigkeit bei der Stabilisierung auf molekulare Übergänge ist natürlich umso größer, je schmaler die Linienbreite der Absorptionslinie ist und je unabhängiger ihre Wellenlänge von äußeren Einflüssen wie z. B. von elektrischen oder magnetischen Feldern, Temperatur oder Druck ist. Deshalb wählt man für eine sehr gute Stabilisierung bei niedrigem Druck Moleküle in kollimierten Strahlen, um die Doppler-Breite zu reduzieren (Bd. 2, Kap. 4) oder man benutzt nichtlineare Techniken, um die Doppler-Breite völlig zu eliminieren (**Lamb-Dip-Stabilisierung**, siehe Bd. 2, Abschn. 2.2). Eine einfache Methode zur Wellenlängen-Stabilisierung eines HeNe-Lasers nutzt die orthogonale Polarisation zweier benachbarter longitudinaler Moden aus. Ihr Prinzip ist in Abb. 5.43 dargestellt. Der Ausgangsstrahl des Lasers, der zwei Moden oberhalb und unterhalb der Linien-Mittenfrequenz enthält, wird durch einen Polarisations-Strahlteiler auf die beiden Photodetektoren PD 1 und PD 2 gelenkt. Deren Ausgangssignale sind die Eingangssignale für einen Differenzverstärker, dessen Ausgang auf eine Heizspule um das Laserrohr gegeben wird. Solange die Amplituden der beiden Moden unterschiedlich sind, wird das Laserrohr geheizt, dehnt sich dadurch aus und verschiebt die Lage der Moden relativ zum Linienzentrum solange, bis die beiden Amplituden gleich sind. Hinter dem Strahlteiler BS 2 erscheint dann nur eine Mode als Ausgangssignal des Lasers, deren Frequenz stabil ist, aber gegen die Mittenfrequenz um den halben Modenabstand $\Delta\nu = c/(4d)$ verschoben ist. Weitere Verfahren findet man in dem Übersichtsartikel [5.32] und in dem Buch [5.33].

Zur Illustration ist in Abb. 5.44 die Frequenzstabilität eines Argon-Ionenlasers gezeigt, in (a) ohne Stabilisierungsmaßnahmen, in (b) mit der in Abb. 5.41 angegebenen Stabilisierungstechnik und in (c) mit einer auf eine molekulare Linie stabilisier-

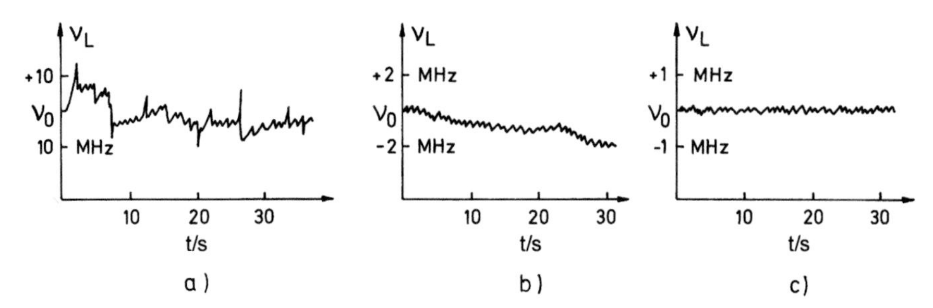

Abb. 5.44a–c. Frequenzstabilität eines Einmoden-Argonlasers (**a**) nicht stabilisiert, (**b**) stabilisiert auf ein externes FPI, (**c**) zusätzliche Langzeitstabilisierung auf einen molekularen Übergang. Man beachte die unterschiedlichen Ordinaten-Skalen

tem Laser (Abb. 5.42), welche die langsame Drift der Frequenz des Stabilisierungs-Interferometers in (b) beseitigt.

Die erreichbare Frequenzstabilität hängt ab vom Lasertyp, von der Qualität des elektronischen Regelkreises und vom Aufbau des Laserresonators. Mit mittlerem Aufwand lassen sich Frequnzstabilitäten von 100 kHz bis 1 Mhz erreichen. Mit erheblich größeren Anstrengungen sind in speziellen Labors inzwischen Stabilitäten von besser als 0,01 Hz erzielt worden [5.34].

Eine Aussage über die erzielte Frequenzstabilität erfordert die Angabe der Mittelungszeit und des Frequenzspektrums der Störungen. Ein geeignetes Maß ist die **Allan Varianz** [5.35], die definiert ist als

$$\sigma_y^2(\Delta t) = \frac{1}{2}(y_{n+1} - y_n)^2 \quad \text{mit} \quad y_n = \langle \delta\nu/\nu \rangle_{\Delta t} \tag{5.66}$$

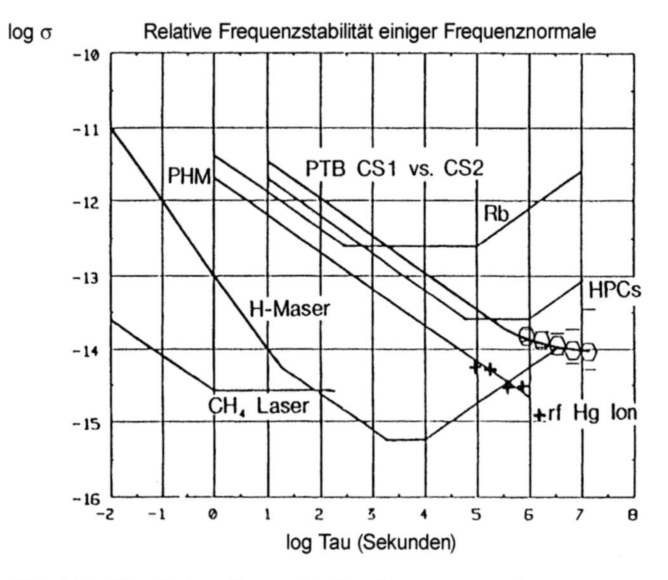

Abb. 5.45. Allan Varianz für verschiedene Frequenznormale

wobei Δt die Periode der Messungen ist, d. h. man misst an n Zeitpunkten $t_i = t_0 + i\Delta t$ $(i = 1, 2, 3, n)$ die relative Frequenzdifferenz $\delta \nu_i / \nu_R$ zwischen zwei Lasern, die auf dieselbe Referenzfrequenz ν_R stabilisiert sind, gemittelt über das Zeitintervall Δt. Die gesamte Frequenzabweichung nach der Zeit $n \cdot \Delta t$ ist dann

$$x_n = x_0 + \Delta t \cdot \sum y_i \,. \tag{5.67}$$

Abbildung 5.45 zeigt zur Illustration die Allan Varianz für einige Frequenzstandards (Cs-Atomuhr, Wasserstoff-Maser, den auf einen Methan-Übergang stabilisierten HeNe-Laser. Eine besonders hohe Frequenzstabilität erreicht man mit dem optischen Frequenzkamm (siehe Bd. 2, Abschn. 9.7), dessen Allan Varianz in Abb. 5.46 gezeigt wird. Man sieht daraus, dass man heute relative Frequenz-Stabilitäten $\Delta\nu/\nu$ von besser als 10^{-15} erreichen kann [5.36].

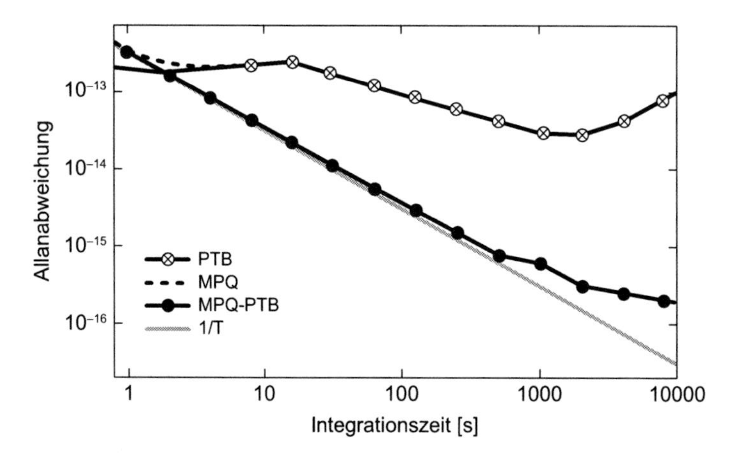

Abb. 5.46. Allan Varianz für zwei unabhängige, auf einen optischen Frequenzkamm stabilisierte Laser [5.36]. Die *obere Kurve* gibt die Varianz für die beiden Laser an, die *untere* für die Differenz $\nu_1 - \nu_2$

5.4.5 Kontrollierte Wellenlängendurchstimmung

Da die Wellenlänge λ eines Einmoden-Lasers nach (5.62) durch die optische Resonatorlänge $n \cdot d$ bestimmt wird, muss man zur Wellenlängenabstimmung n oder d kontinuierlich ändern, was man z. B. durch einen linearen Spannungsanstieg am Piezoelement eines Resonatorspiegels oder durch Drehen einer planparallelen Glasplatte im Resonator erreichen kann.

Nun haben wir im Abschnitt 5.4.2 diskutiert, dass man bei den meisten Lasern zusätzlich wellenlängenselektierende Elemente im Resonator benötigt, um Einmoden-Betrieb zu erreichen. Bei einer Änderung der Resonatorlänge wandert die oszillierende Lasermode vom Transmissionsmaximum dieser Elemente weg (Abb. 5.30). Sobald die benachbarte Resonatormode diesem Transmissionsmaximum genügend nahe kommt, werden für sie die Verluste kleiner als für die oszillierende Mode, und es beginnt die Laseroszillation auf dieser Mode. Infolge der Kopplung zwischen den Moden (Abschn. 5.3) wird die Verstärkung auf der ursprünglich schwingenden Mode kleiner, ihre Oszillation wird unterdrückt, d. h. der Laser „springt" zurück auf die Wellenlänge in der Nähe des Transmissionsmaximums. Man kann also auf diese Weise nur Durchstimmbereiche realisieren, die etwa dem Abstand zwischen benachbarten Resonatormoden entsprechen. Um über weitere Bereiche durchstimmen zu können, muss man die Transmissionsmaxima der Wellenlängenselektoren synchron mit der Resonatorlänge verändern.

Verwendet man als selektierende Elemente z. B. Etalons der Dicke d mit dem Brechungsindex n, und dem Winkel θ gegen die Resonatorachse, so kann man deren Transmissionsmaxima, die nach (4.39) gegeben sind durch

$$\Delta s = m\lambda = 2nd\cos\beta \quad \text{mit} \quad n = \sin\theta / \sin\beta ,$$

dadurch verschieben, dass man den Kippwinkel θ und damit auch β kontinuierlich verändert. Da θ in allen praktischen Fällen sehr klein ist, kann man $\cos\beta \simeq 1 - \beta^2/2$ setzen und erhält für die Wellenlängenverschiebung $\Delta\lambda = \lambda_0 - \lambda$ gegenüber $\lambda_0 = \lambda(\beta = 0)$

$$\Delta\lambda = \frac{-2nd\beta^2}{2m} = \frac{-\lambda_0\beta^2}{2} . \tag{5.68}$$

Diese Gleichung zeigt, dass die Wellenlängenverschiebung unabhängig von der Dicke d des Etalons ist! Zwei verschieden dicke Etalons können daher auf derselben Kippeinrichtung gleichzeitig verkippt werden, wenn man sie für $\beta = 0$ richtig justiert hat. Diese Verkippung kann über eine Mikrometerschraube durch einen Motor geschehen, der gleichzeitig ein Potenziometer antreibt, an dessen Abgriff man eine Spannung erhält, die proportional zum Kippwinkel ist. Diese Spannung wird elektronisch quadriert, verstärkt und auf das Piezoelement des Laserendspiegels gegeben. Bei geeignet gewählter Verstärkung kann man damit erreichen, dass die Wellenlängenverschiebungen $\Delta\lambda_R = \lambda\Delta L/L$ der Resonatormode und $\Delta\lambda_E = \lambda_0\beta^2/2$ der Transmissionsmaxima des Etalons genau synchronisiert sind. Dies lässt sich relativ leicht mithilfe eines Mikrocomputers steuern.

Leider steigen die Reflexionsverluste eines Etalons stark an mit steigendem Kippwinkel θ. Dies liegt an dem endlichen Durchmesser des Laserstrahls, der bewirkt, dass sich die an Vorder- und Rückseite reflektierten Teilbündel räumlich nicht mehr vollständig überdecken und daher auch nicht mehr völlig zu Null weginterferieren können („walk-off losses", siehe Abschn. 4.2.3). Das bedeutet, dass für $\theta \neq 0$ auch im Transmissionsmaximum die Transmission $T < 1$ ist; ein Teil des Lichtes wird schräg aus dem Laserstrahl herausreflektiert und geht verloren. Diese Verluste wachsen proportional zu $d \cdot \theta$ und beschränken den Durchstimmbereich dieser Kippmethode (siehe Gl. (4.59)).

Beispiel 5.13

Bei einem Durchmesser des Laserstrahls $D = 1\,\text{mm}$ und einer Etalondicke $d = 1\,\text{cm}$ ergeben sich bei $R = 0{,}5$ z. B. für $\theta = 0{,}01\,\text{rad}$ bereits Verluste von 13%. Die Frequenzverschiebung des Transmissionsmaximums ist dabei $\Delta\nu = \nu_0 \cdot \theta^2/2 \simeq 30\,\text{GHz}$. Für einen Farbstofflaser mit einer Verstärkung $< 13\%$ wäre damit der Durchstimmbereich durch Verkippung auf $< 30\,\text{GHz}$ beschränkt.

Um größere Durchstimmbereiche zu realisieren, kann man z. B. Interferometer mit einem Luftspalt anwenden, die bei festem Kippwinkel θ durch Variation des Abstandes d zwischen den beiden reflektierenden Flächen durchgestimmt werden. Dadurch bleiben die Reflektionsverluste beim Durchstimmen konstant. Da man jetzt vier Oberflächen hat, muss man die Rückseiten entspiegeln, um unnötige Reflexionsverluste zu vermeiden (Abb. 5.36a). Nachteilig ist ferner, dass man die beiden reflektierenden Flächen des Interferometers sorgfältig parallel zueinander justieren muss, was bei festen Etalons bereits bei der Herstellung zu geschehen hat.

Um Schwankungen des Transmissionsmaximums durch Luftdruckschwankungen minimal zu halten, macht man den Luftspalt so klein wie möglich. Abbildung 5.36b zeigt eine elegante Realisierung mit einem Prismen-Etalon, die auch gleich die Reflexionsverluste an den schrägen Seiten der Prismen dadurch vermeidet, dass diese unter einem Brewster-Winkel gegen die Resonatorachse angeschliffen sind.

Um auch während des Durchstimmens die Schwankungen der Laserwellenlänge λ_L um den vorprogrammierten Sollwert $\lambda_S(t)$ möglichst klein zu halten, kann man die Laserwellenlänge auf eine Referenzwellenlänge eines stabilen, äußeren Interferometers stabilisieren (Abschn. 5.4.4), und diese Referenzwellenlänge synchron mit den Transmissionsmaxima der Interferometer im Laserresonator durchstimmen. Dazu wird z. B. die oben erwähnte Potenziometerspannung nicht direkt auf den Laserspiegel, sondern auf ein Piezoelement gegeben, das den Abstand der Spiegel im Referenz-Interferometer verändert (Abb. 5.42).

Größere Durchstimmbereiche erzielt man durch Verkippen einer planparallelen Glasplatte im Resonator. Um einen Strahlversatz beim Verkippen zu vermeiden, kann man zwei gegensinnig verkippbare Platten benutzen, die über Galvanometerantriebe gedreht werden (Abb. 5.47). Die optische Wegverlängerung Δs, die durch die

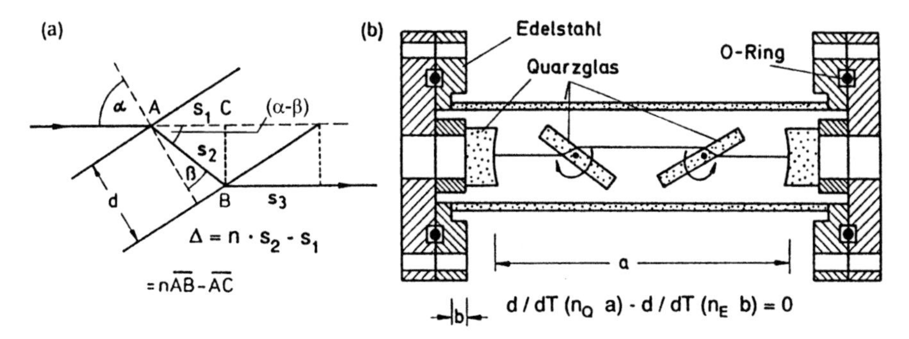

Abb. 5.47a,b. Durchstimmen eines Interferometers durch gegensinnige Drehung zweier Brewsterplatten. (**a**) Wegunterschied Δs (die Strecke AC würde ohne Glasplatte auftreten) und (**b**) mechanische Ausführung mit einem Ausdehnungs-Kompensierten FPI

beiden Glasplatten erzeugt wird, ist nach Abb. 5.47a

$$\Delta s = 2(ns_2 - s_1) = 2(n \cdot \overline{AB} - \overline{AC}) = \frac{2d}{\cos\beta}[n - \cos(\alpha - \beta)] . \tag{5.69a}$$

Dies geht wegen $\sin\alpha = n \cdot \sin\beta$ über in

$$\Delta s = 2d\left(\sqrt{n^2 - \sin^2\alpha} - \cos\alpha\right) . \tag{5.69b}$$

Durch Verkippen beider Platten um den Winkel $\Delta\alpha$ ändert sich der optische Weg s also um

$$\delta s = \frac{ds}{d\alpha}\Delta\alpha = 2d\sin\alpha\left(\frac{1 - \cos\alpha}{\sqrt{n^2 - \sin^2\alpha}}\right)\Delta\alpha . \tag{5.70}$$

Beispiel 5.14

Mit $d = 3\,\text{mm}$, $n = 1{,}5$ und einer Verkippung $\Delta\alpha = \pm 1°$ um den Brewster-Winkel $\alpha_B = 52°$ (d. h. von 51° bis 53°) ändert sich nach (5.70) mit $\Delta\alpha = 3 \cdot 10^{-2}$ die optische Weglänge um

$$\frac{ds}{d\alpha}\Delta\alpha \approx 70\,\mu\text{m}$$

Die Reflexionsverluste pro Fläche betragen dabei durch die Abweichung vom Brewster-Winkel maximal 0,01%, sind also vernachlässigbar!

In einem Resonator mit freiem Spektralbereich $\delta\nu$ ist die Frequenzverschiebung

$$\Delta\nu = 2(\delta s/\lambda)\delta\nu \approx 223\,\delta\nu \quad \text{bei} \quad \lambda = 600\,\text{nm} .$$

Mit einem Piezozylinder erreicht man dagegen bei einer spezifischen Wellenlängenänderung $dL/dU = 3\,\text{nm/V}$ mit $U = 500\,\text{V}$ nur eine Verschiebung von $\Delta\nu = 5\,\delta\nu$.

Die Abbildungen 5.35 (Stehwellen-Resonator) und 5.48 (Ringresonator) zeigen als Beispiele den vollständigen Aufbau zweier kommerziell erhältlicher stabilisiert durchstimmbarer Einmoden-Farbstofflaser. Abbildung 5.49 illustriert eine experimentelle Anordnung für die hochauflösende Spektroskopie mit einem solchen, durch einen Computer kontrolliert durchstimmbaren Laser, bei der neben einer Aufnahme der Spektren auch Frequenzmarken und absolute Wellenlängen gemessen werden.

Zur Illustration des experimentellen Aufwandes für ein System, bei dem hochauflösende Spektroskopie mit kontinuierlich durchstimmbaren Lasern betrieben wird, ist in Abb. 5.50 ein Ausschnitt aus dem Doppler-freien Spektrum des Naphtalen-Moleküls gezeigt, das mit einem frequenzverdoppelten Farbstofflaser aufgenommen

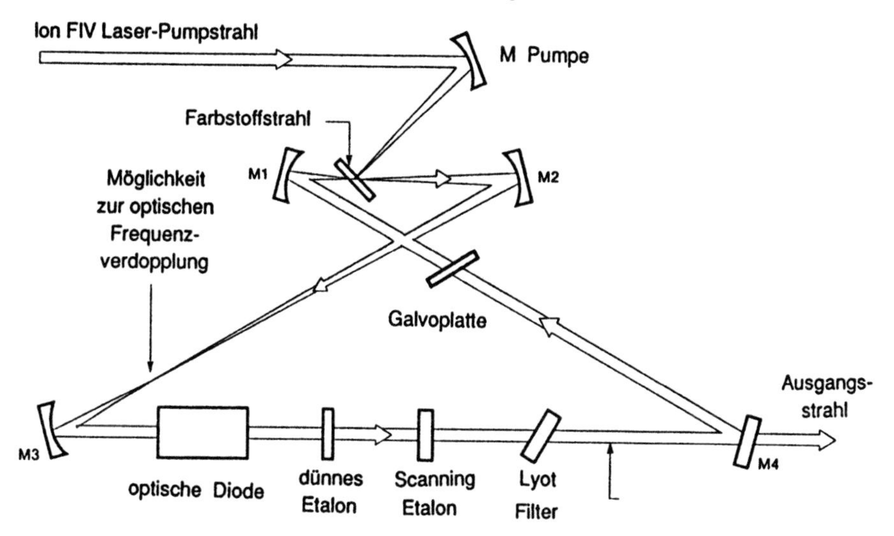

Abb. 5.48. Stabilisiert durchstimmbarer Ein-Moden CW-Ring-Farbstofflaser (Spectra Physics)

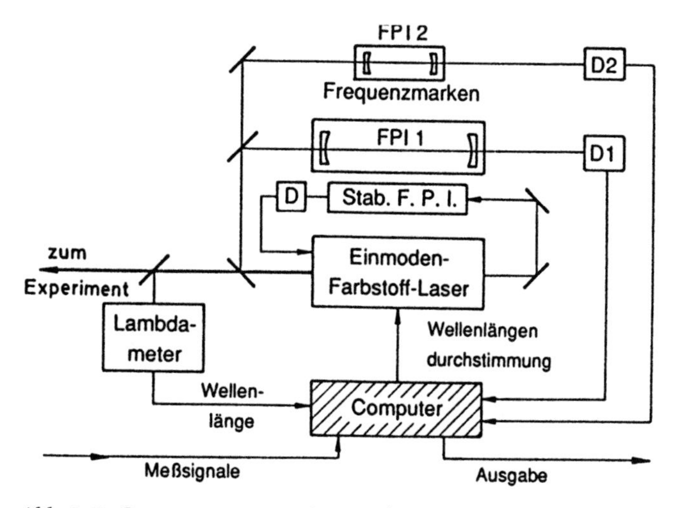

Abb. 5.49. Computergesteuertes Laserspektrometer mit Frequenzmarken zweier verschieden langer Interferometer, Absolutmessung der Wellenlängen durch ein „Lambda-Meter" und Digitalaufnahme des Spektrums

wurde (unteres Spektrum). Die oberste Zeile zeigt Frequenzmarken eines temperaturstabilisierten Fabry-Pérot-Interferometers mit einem freien Spektralbereich von $0{,}01\,\mathrm{cm}^{-1}$ (300 MHz). Die zweite Zeile zeigt eine Doppler-verbreiterte Rotationslinie eines elektronischen Überganges im I_2 Jodmolekül, deren Doppler-freies Spektrum mit aufgelöster Hyperfeinstruktur in der dritten Zeile zu sehen ist. Dieses Jodspektrum dient als Wellenlängenreferenz und die FPI Frequenzmarken erleichtern die Interpolation zwischen zwei Jodlinien.

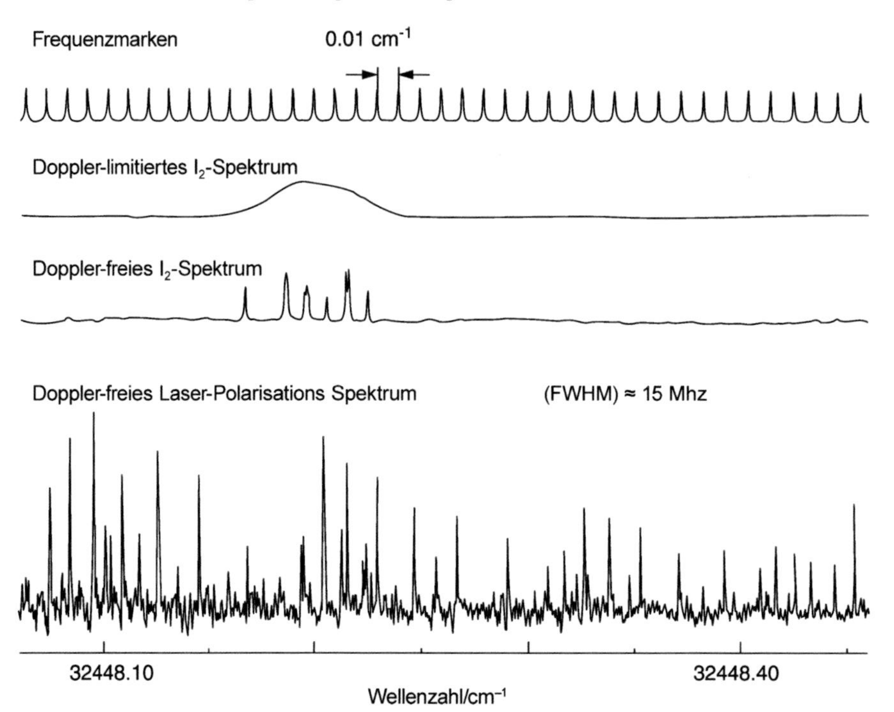

Abb. 5.50. Doppler-freies Spektrum des Naphthalen-Moleküls. *Oben*: Frequenzmarken eines Etalons mit 300 MHz $\hat{=}$ 0,01 cm^{-1} freiem Spektralbereich. *2. Zeile*: Doppler-limitiertes Spektrum des I_2-Moleküls. *3. Zeile*: Doppler-freies Spektrum von I_2 als Referenzspektrum

5.4.6 Wellenlängeneichung

Ein wesentliches Ziel der Laserspektroskopie ist die genaue Bestimmung der Energie atomarer und molekularer Zustände und deren Aufspaltung durch äußere Felder. Dazu muss man beim Durchstimmen eines Einmoden-Lasers die Wellenlängen und die Abstände zwischen verschiedenen Absorptionslinien mit großer Genauigkeit absolut messen können. Es gibt mehrere Methoden zur Lösung dieses Problems:

Zur Messung von Linienabständen in Spektren wird häufig ein möglichst langes, temperatur- und druckstabiles Interferometer mit festem Spiegelabstand d verwendet, durch das ein Teil des Laserausgangsstrahls geschickt wird. Die äquidistanten Transmissionsmaxima des Interferometers, $T_m(\lambda)$, werden von der Photodiode D_2 (Abb. 5.49) aufgenommen. Diese „Wellenlängenmarken" haben für ein konfokales FPI im Frequenzmaß den Abstand $\delta\nu = c/4nd$ und werden zusammen mit den Absorptionslinien registriert.

Zur **Absolutmessung** der Wellenlänge atomarer und molekularer Übergänge kann man den Laser auf die Mitte λ_0 der zu bestimmenden Linie stabilisieren und dann seine Wellenlänge $\lambda_L = \lambda_0$ mit einem der in Abschn. 4.4 beschriebenen „Lambdameter" messen. Ein Computer, der den Laser kontrolliert durchstimmt, kann gleichzeitig die Frequenzmarken des Referenz-Interferometers aufnehmen, die Absolutmessung speichern, das zu bestimmende Spektrum registrieren und über die Zahl $(m + \epsilon)$ der Frequenzmarken zwischen der absolut bestimmten Wellenlänge und der zu messenden Linie jeder Linie im Spektrum ihre Wellenlänge zuordnen. Bei „Doppler-freien“ Spektren (Bd. 2, Kap. 2 und 4) erreicht man dadurch Genauigkeiten der absoluten Wellenzahlbestimmung von besser als $10^{-3}\,\mathrm{cm}^{-1}$ ($\widehat{=}\ 2 \cdot 10^{-5}\,\mathrm{nm}$ bei $\lambda = 500\,\mathrm{nm}$).

Benutzt man gleichzeitig zwei stabilisierte Interferometer mit verschiedenen Längen d_1 und d_2, deren Verhältnis $d_1/d_2 = p/q$ ein rationaler Bruch mit möglichst großen teilerfremden ganzen Zahlen p, q sein soll, so lässt sich aus der relativen Verschiebung der Wellenlängenmarken beider Interferometer die Absolutwellenlänge λ genau bestimmen, wenn man sie bereits mit einer Unsicherheit $\Delta\lambda$ kennt. Die Größe von $\Delta\lambda$ hängt ab von der Wahl der Längen d_1, d_2. Sind z. B. für eine Wellenlänge λ_1 die beiden Wellenlängenmarken koinzident, d. h.

$$\left.\begin{aligned} m_1\lambda_1 &= d_1 \\ m_2\lambda_1 &= d_2 \end{aligned}\right\} \quad \text{mit} \quad \frac{m_1}{m_2} = \frac{p}{q}\,, \tag{5.71a}$$

so tritt die nächste Koinzidenz bei $\lambda_2 = \lambda_1 + \Delta\lambda$ auf, wenn gilt

$$(m_1 - p)\lambda_2 = d_1\,, \quad (m_2 - q)\lambda_2 = d_2\,. \tag{5.71b}$$

Aus (5.71a), (5.71b) folgt wegen $m_1 \gg p$

$$\frac{\Delta\lambda}{\lambda} = \frac{p}{m_1 - p} \simeq \frac{p}{m_1} = \frac{q}{m_2}\,. \tag{5.72}$$

Misst man bei einer Wellenlänge λ_x eine Verschiebung zwischen den beiden Wellenlängenmarken, die den Bruchteil ϵ des Abstandes $\Delta\lambda$ zwischen zwei aufeinander folgenden Marken eines Interferometers beträgt, so ist

$$\lambda_x = \lambda_1 + \epsilon\Delta\lambda \tag{5.73}$$

Mithilfe eines Computerprogramms, in das die Werte für λ_1, p, q, d_1, d_2 eingespeichert sind, lässt sich so die unbekannte Wellenlänge λ_x sofort ermitteln.

Bei dem obigen Verfahren werden die Laserwellenlänge und damit auch die Wellenlängen von Spektrallinien durch eine lineare Interpolation zwischen den Wellenlängenmarken der Interferometer bestimmt. Häufig hängt die Laserwellenlänge jedoch nichtlinear von der Piezospannung ab, die den Laser durchstimmt, so dass die lineare Interpolation zu Ungenauigkeiten führt, die aber durch das folgende Verfahren vermieden werden können (Abb. 5.51).

Der Teil der Laserausgangsintensität, der für die Stabilisierung abgezweigt ist, wird (z. B. durch eine Pockels-Zelle) mit der Frequenz f moduliert. Dadurch entstehen neben der Trägerwelle mit der Frequenz ν_L zwei Seitenbänder $\nu_L \pm f$. Das stabilisierende Referenz-Interferometer wird nun auf eines dieser Seitenbänder, z. B. auf $\nu_L - f$ eingestellt und stabilisiert die Laserfrequenz so, dass sie immer um f gegenüber seiner Sollfrequenz verschoben ist. Durch Variation der Modulationsfrequenz f

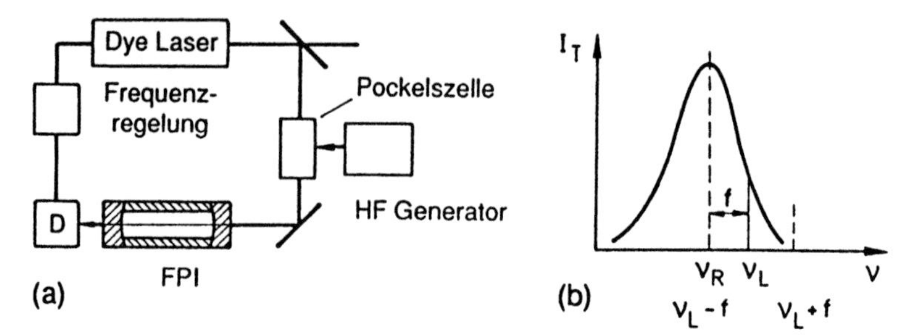

Abb. 5.51. (**a**) Sehr genau kontrollierte Durchstimmung der Laserfrequenz durch Amplitudenmodulation mit durchstimmbarer Modulationsfrequenz und Stabilisierung auf einem Seitenband, (**b**) Frequenz-Offset-Verfahren, bei der ein durchstimmbarer Laser einen elektronisch einstellbaren „Frequenz-Offset" gegenüber einem frequenzstabilen Laser hat

kann man daher bei *festem* Referenz-Interferometer die Laserfrequenz durchstimmen. Die Messgenauigkeit ist durch die Genauigkeit von f bestimmt und darum sehr hoch. Der Durchstimmbereich ist begrenzt durch die maximal mögliche Modulationsfrequenz, die bei einigen hundert Megahertz liegt.

Diese kontrollierbare Frequenzversetzung des Lasers gegenüber einer Sollfrequenz kann man auch durch elektronische Elemente im Regelkreis erzeugen. Man spart dadurch die Modulation des vorigen Verfahrens. Ein solcher Aufbau („**frequency offset locking**"), bei dem ein durchstimmbarer Laser an einen hochstabilen HeNe-Laser mit variabler Frequenzversetzung gekoppelt ist, wurde zuerst von *Hall* beschrieben [5.37] und wird inzwischen in vielen Labors verwendet.

Die genausten Absolutmessungen basieren auf direkten Messungen optischer Frequenzen. Hierzu wird die Differenzfrequenz

$$\Delta\nu = \nu_{\mathrm{x}} - m\nu_{\mathrm{R}} \tag{5.74}$$

zwischen der unbekannten Frequenz $\nu_x = c/\lambda_x$ des zu messenden Lasers und der m-ten Oberwelle eines Referenzlasers der Frequenz ν_{R} direkt gezählt. Die Genauigkeit der Bestimmung von ν_x erreicht dabei in günstigen Fällen Werte von $\Delta\nu/\nu \leq 10^{-10}$! Bei Verwendung eines optischen Frequenzkamms kann eine Genauigkeit von $\Delta\nu/\nu < 10^{-13}$!! erzielt werden. Für nähere Einzelheiten dieser Verfahren und die Details des Aufbaus einer Frequenzkette vom Mikrowellengebiet bis in den optischen Spektralbereich oder des direkten Vergleichs über den Frequenzkamm wird auf Bd. 2, Abschn. 9.7 und auf die umfangreiche Spezialliteratur [5.38–5.40] verwiesen.

5.5 Linienbreiten von Einmoden-Lasern

In den vorhergehenden Abschnitten wurde gezeigt, wie man durch geeignete Stabilisierungsmaßnahmen die „technischen" Fluktuationen der Laserfrequenz, die durch Schwankungen von Brechungsindex oder Resonatorlänge verursacht werden, weitgehend beseitigen kann. Die Ausgangswelle eines so stabilisierten Lasers, der in einer

TEM_{00q}-Mode schwingt, lässt sich in guter Näherung als monochromatischer Gauß-Strahl beschreiben, dessen elektrische Feldstärke im Abstand r von der z-Achse als Strahlachse durch

$$\boldsymbol{E}(r,z) = \boldsymbol{E}_0 \exp\left[-r^2\left(\frac{1}{w^2}+\frac{\mathrm{i}K}{R(z)}\right)\right]\mathrm{e}^{\mathrm{i}[\omega t-\varphi(z,t)]} \tag{5.75}$$

gegeben ist (Abschn. 5.2.4). Die Frage ist nun, ob man wirklich streng monochromatische Laser realisieren kann, oder ob es selbst nach Eliminieren aller „technischen" Fluktuationen eine prinzipielle, physikalisch bedingte, untere Grenze für die Laser-Linienbreite gibt.

In Kapitel 3 haben wir gesehen, dass jede Fluktuation von Amplitude E_0 oder Phase φ zu einer Linien Verbreiterung führt, deren Profil sich aus einer Fourier-Transformation des zeitlichen Verhaltens von $E_0(t)$ und $\varphi(t)$ ergibt. Beim Laser gibt es im wesentlichen drei „physikalische" Ursachen für solche Fluktuationen:

Der erste Anteil ist die vom oberen Laserniveau $|k\rangle$ emittierte spontane Emission. Ihre Gesamtleistung auf dem Laserübergang $|k\rangle \to |i\rangle$ pro cm^3 aktives Volumen ist

$$P_{\mathrm{Fl}} = N_k A_{ki} h\nu_{ki} \; . \tag{5.76}$$

Diese Fluoreszenz wird in alle Richtungen emittiert, d. h. in alle Moden des elektromagnetischen Feldes innerhalb der Fluoreszenzlinienbreite. Im Falle einer Doppler-Breite von 1 GHz bei $\lambda = 500\,\mathrm{nm}$ sind dies gemäß Beispiel 2.2 etwa $3 \cdot 10^8$ Moden/cm^3. In den kleinen Raumwinkel $\mathrm{d}\Omega \approx 10^{-7}$, in den die Laserstrahlung emittiert wird, gelangt daher nur etwa 10^{-7} der gesamten Fluoreszenz, die sich außerdem hinsichtlich ihrer Frequenz über die ganze Doppler-Breite verteilt.

Wenn der Laser die Oszillationsschwelle erreicht, nimmt die Zahl der induzierten Photonen in einer Mode schnell zu, und aus dem schwachen Dopplerverbreiterten Untergrund wächst die schmale Laserlinie (Abb. 5.52). Weit über der Schwelle ist die Laserleistung in dieser Mode um viele Größenordnungen höher als der spontane Untergrund; wir können daher diesen Anteil zum Rauschen des Lasers vernachlässigen.

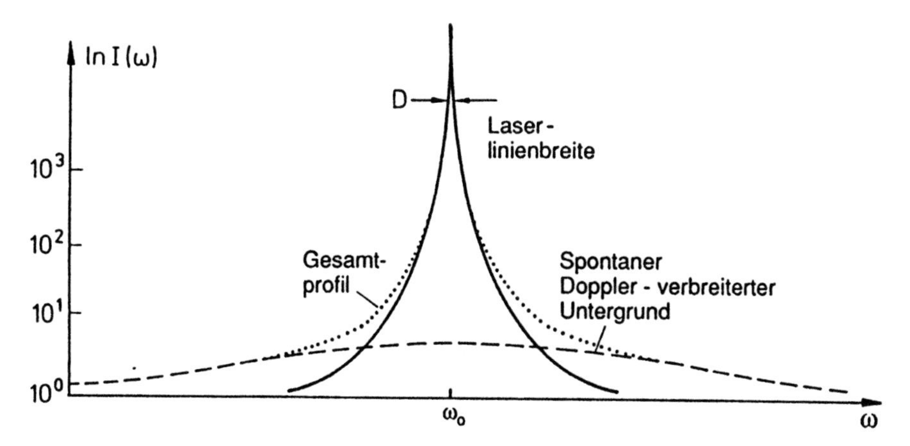

Abb. 5.52. Linienbreite eines Ein-Moden-Lasers mit Dopplerverbreitertem spontanen Untergrund

---

Beispiel 5.15

Beim HeNe-Laser ist die stationäre Besetzungsdichte des oberen Laserniveaus $N_k \simeq 10^{10}\,\mathrm{cm}^{-3}$. Mit $A_{ki} = 10^8\,\mathrm{s}^{-1}$ werden dann 10^{18} Fluoeszenzphotonen pro Sekunde und cm^3 emittiert. Diese verteilen sich auf $3 \cdot 10^8$ Moden/cm^3, so dass in jede Mode etwa $3 \cdot 10^9$ Photonen/s emittiert werden, was einer mittleren Photonendichte von 10^{-1} pro Mode entspricht. Dies ist bei 1 mW Laserausgangsleistung zu vergleichen mit einer Dichte der induzierten Photonen von 10^7/Mode (Beispiel 2.2).

Der zweite Anteil, der zum Laser-Rauschen und damit zu einer Linienverbreiterung beitragen kann, rührt her von Amplitudenschwankungen δE_0 der Laserwelle, die durch statistische Fluktuationen der induzierten Photonenzahl in der Lasermode um einen Mittelwert $\overline{n}$ verursacht werden. Genügend weit oberhalb der Laserschwelle ist die Wahrscheinlichkeit $p(n)$, dass n Photonen pro Sekunde in die Lasermode emittiert werden, durch die **Poisson-Verteilung**

$$p(n) = \frac{\mathrm{e}^{-\overline{n}}(\overline{n})^n}{n!} \tag{5.77}$$

gegeben [5.41].

Bei einer Laserausgangsleistung von 1 mW bei $\lambda = 633\,\mathrm{nm}$ wird $\overline{n} \approx 8 \cdot 10^{15}$. Da bei konstanter Pumpleistung mit größerer Photonenzahl n die Verstärkung infolge Sättigung sinkt (Abschn. 5.3.3), stabilisiert sich die emittierte Leistung auf einen Wert $\overline{n}h\nu$, der von der Pumprate abhängt und die Amplitude fluktuiert um den Wert $E_0 \approx (\overline{n})^{1/2}$.

Der größte Beitrag zur restlichen Laserlinienbreite stammt von Phasenfluktuationen. Jedes Photon, das spontan in die Lasermode emittiert wird, kann durch induzierte Emission verstärkt werden und führt dann zu einer Photonenlawine, die sich der Laserwelle überlagert. Dies ändert die Gesamtamplitude der Welle wegen der oben erwähnten Verstärkungs-Sättigung nur wenig, aber die Phasen dieser spontan erzeugten Photonenlawinen sind statistisch verteilt, und deshalb zeigt auch die Phase der Gesamtwelle statistische Fluktuationen. Da es für diese Phasenfluktuationen keinen stabilisierenden Mechanismus wie für die Amplitudenfluktuationen gibt, „diffundiert" die Phase der Laserwelle. Im Polardiagramm (Abb. 5.53) ist die Amplitude auf dem schmalen Bereich $|\delta A| \ll |A|$ der Dicke des Kreisringes beschränkt, während die Phase φ alle Werte zwischen Null und 2π annehmen kann. In einem thermodynamischen Modell lässt sich diese „Phasendiffusion" durch einen Diffusionskoeffizienten D beschreiben [5.7, 5.42], und man erhält für das spektrale Profil der Laserintensität im Idealfall, dass alle technischen Fluktuationen völlig eliminiert wurden, das **Lorentz-Profil**

$$|E(\nu)|^2 = E_0^2 \frac{(D/2)^2}{(\nu - \nu_0)^2 + (D/2)^2} \text{ mit } E_0 = E(\nu_0) \tag{5.78}$$

genau wie für einen klassischen Oszillator, dessen Linienbreite durch phasenstörende Stöße verursacht wird (Abschn. 3.3). Die Linienbreite $\Delta\nu = D$ in (5.78) nimmt mit

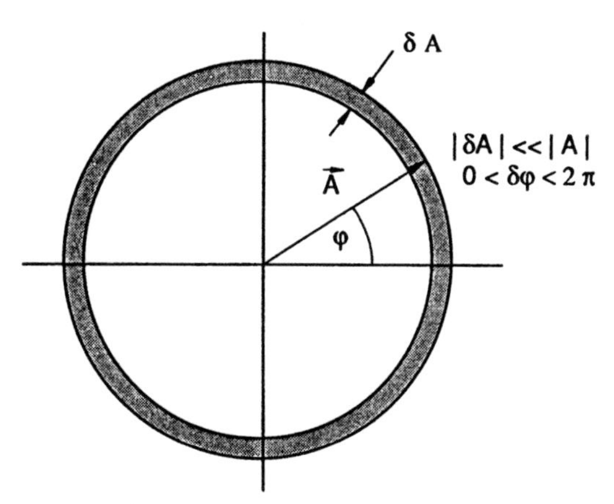

Abb. 5.53. Polardiagramm des Zustandsvektors ***A*** der Laseramplitude zur Illustration der Phasendiffusion

zunehmender Laserleistung ab, weil die relativen Beiträge der spontan emittierten Photonenlawinen zur Gesamtwelle mit wachsender Gesamtamplitude immer unbedeutender werden.

Auch die Halbwertsbreite $\Delta\nu_c$ der Resonator-Resonanzen muss die Linienbreite $\Delta\nu$ beeinflussen, weil sie das spektrale Intervall bestimmt, in dem positive Nettoverstärkung auftritt. Je kleiner $\Delta\nu_c$ ist, umso kleiner wird der Bruchteil aller spontan innerhalb der Doppler-Breite emittierten Photonen, die genügend Nettoverstärkung finden, um eine Photonenlawine aufzubauen. Wenn man alle diese Überlegungen berücksichtigt, erhält man als unteren, möglichen Grenzwert für die Laserlinienbreite

$$\Delta\nu_L = \frac{\pi h \nu_L (\Delta\nu_c)^2 (N_{sp} + N_{th} + 1)}{2P_L} , \tag{5.79}$$

wobei N_{sp} und N_{th} die Dichte der spontanen Photonen bzw. der Photonen des thermischen Strahlungsfeldes in der Lasermode und P_L die Laserausgangsleistung bedeuten. Im sichtbaren Spektralbereich ist bei Zimmertemperatur $N_{th} \ll 1$ (Abb. 2.4). Mit $N_{sp} \geq 1$ (mindestens 1 spontanes Photon startet die Photonenlawine) erhält man aus (5.79) die berühmte **Schawlow-Townes Beziehung** [5.43]

$$\boxed{\Delta\nu_L \geq \frac{\pi \cdot h\nu_L \Delta\nu_C^2}{P_L}} . \tag{5.80}$$

Beispiel 5.16

a) Für einen HeNe-Laser mit $\nu_L = 5 \cdot 10^{14}\,\mathrm{s}^{-1}$, $\Delta\nu_c = 1\,\mathrm{MHz}$, $P_L = 1\,\mathrm{mW}$ folgt: $\Delta\nu_L \approx 3 \cdot 10^{-4}\,\mathrm{Hz}$!

b) Für einen Einmoden-Argonlaser mit $\nu_L = 6 \cdot 10^{14}\,\mathrm{s}^{-1}$, $\Delta\nu_c = 3\,\mathrm{MHz}$, $P_L = 1\,\mathrm{W}$ würde die theoretische untere Grenze für die Linienbreite $\Delta\nu_L = 3 \cdot 10^{-6}\,\mathrm{Hz}$ sein.

Diese Grenzen sind jedoch bisher in der Praxis bei weitem nicht erreicht worden, weil die „technischen" Fluktuationen nicht völlig eliminierbar sind. Mit mäßigem experimentellen Aufwand lassen sich Linienbreiten von $\Delta\nu_L = 10^4 - 10^6\,s^{-1}$ erreichen. Nur in speziell ausgerüsteten Labors wurden mit erheblichem Aufwand Linienbreiten von unter 1 Hz [5.44–5.46, 5.46, 5.47, 5.49–5.51] mit Frequenzschwankungen von < 1 mHz erzielt.

5.6 Durchstimmbare Laser

Wegen ihrer besonderen Bedeutung für die Spektroskopie sollen in diesem Abschnitt verschiedene Realisierungsmöglichkeiten für durchstimmbare Laser kurz besprochen und anhand einiger Beispiele illustriert werden [5.52, 5.53].

Kohärente Lichtquellen mit durchstimmbarer Wellenlänge lassen sich auf verschiedene Weise realisieren:

Wenn das Verstärkungsprofil des aktiven Mediums einen breiten Spektralbereich überdeckt, kann die Laseremission durch wellenlängen-selektierende Elemente im Laserresonator auf ein schmales Intervall $\Delta\lambda$ oder sogar auf eine einzige Resonatormode eingeengt werden (Abschn. 5.4.2). Durch synchrones Verändern der Transmissionsmaxima aller dieser Elemente kann dann die Laserwellenlänge kontinuierlich innerhalb des Verstärkungsprofils durchgestimmt werden. Farbstofflaser, Farbzentrenlaser und vibronische Festkörperlaser sind Beispiele, bei denen dieses Durchstimmverfahren angewandt wird.

Eine andere Möglichkeit der Wellenlängendurchstimmung beruht auf der Verschiebung von Energieniveaus im aktiven Medium, die eine entsprechende spektrale Verschiebung des Verstärkungsprofils und damit der Laserwellenlänge bewirkt. Diese Niveauverschiebung kann durch ein äußeres Magnetfeld, wie beim Spin-Flip-Raman-Laser, oder durch Temperatur- oder Druckänderung im aktiven Medium, wie beim Halbleiterlaser erfolgen. Die Durchstimmgrenzen für die Laserwellenlänge sind durch die maximal erreichbare Differenz der Energieverschiebung für oberes und unteres Laserniveau bedingt.

Eine dritte Möglichkeit, monochromatische Strahlung mit durchstimmbarer Wellenlänge in ausgedehnten Spektralbereichen zu erzeugen, basiert auf dem Prinzip der optischen Frequenzmischung. Überlagert man die Ausgangswellen zweier Laser mit den Frequenzen ν_1 und ν_2 in einem Medium mit nichtlinearer Polarisation, so entstehen am Ort jedes Atoms Wellen mit der Summen- und Differenzfrequenz, die man bei geeigneter Brechungsindexanpassung phasenrichtig überlagern und damit verstärken kann. Ist die Frequenz einer der beiden Laser durchstimmbar, so lassen sich damit auch Summen- bzw. Differenzfrequenz entsprechend durchstimmen. Ein besonders weiter Durchstimmbereich lässt sich mit optischen parametrischen Oszillatoren (**OPO**) erreichen.

Die technische Realisierung durchstimmbarer Lichtquellen hängt natürlich von dem Spektralbereich ab, in dem sie eingesetzt werden sollen. Man muss für das zu untersuchende spektroskopische Problem entscheiden, welche der oben aufgezählten Möglichkeiten optimal ist. Der experimentelle Aufwand hängt dabei von der gewünschten Bandbreite, der Ausgangsleistung und den Grenzen des erforderlichen Durchstimmbereiches ab. Kohärente Lichtquellen mit Bandbreiten von $1-0{,}01\,\mathrm{cm}^{-1}$, die quasi-kontinuierlich über weite Bereiche durchgestimmt werden können, sind heute bereits kommerziell erhältlich. Einmoden-Laser lassen sich jedoch bisher echt kontinuierlich, d. h. ohne Modensprünge, nur über begrenzte Bereiche durchstimmen. Durch den Einsatz von Computern zur sychronen Durchstimmung aller für die Wellenlänge relevanten Resonatorparameter ist es möglich, viele solcher begrenzten „Scans“ nahtlos aneinanderzufügen, so dass mit solchen „Autoscan“-Farbstofflasern weite Spektralbereiche im Sichtbaren auch im Einmoden-Betrieb durchfahren werden können. Wir wollen im Folgenden die in der Paxis wichtigsten durchstimmbaren Laser vorstellen. Dies sind Halbleiterlaser und Spin-Flip-Raman-Laser, vibronische Festkörperlaser und Farbzentrenlaser für das mittlere Infrarot, Farbstofflaser und Titan-Sapphir-Laser für den sichtbaren und ultravioletten Spektralbereich und Excimerlaser für begrenzte Bereiche im kurzwelligen UV. Die Erweiterung des Durchstimmbereiches auf das ferne Infrarot und das Vakuum-UV durch Anwendung nichtlinearer Techniken wird in Abschn. 5.7 behandelt. Einen besonders weiten Spektralbereich kann man mit „freien-Elektronen-Lasern“ erreichen, deren Wellenlänge vom fernen Infrarot bis in den Röntgenbereich durch Variation der Elektronenenergie durchstimmbar ist.

Die Übersicht in Abb. 5.54 zeigt die Spektralbereiche der verschiedenen Lasertypen. Für nähere Einzelheiten wird auf die jeweils angegebene Literatur verwiesen.

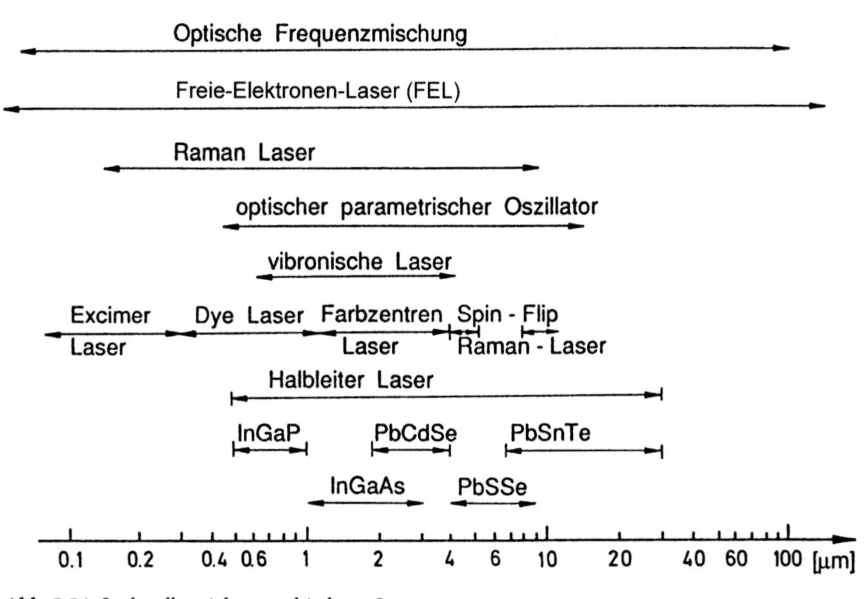

Abb. 5.54. Spektralbereiche verschiedener Lasertypen

5.6.1 Halbleiterlaser

Der bisher wichtigste durchstimmbare Infrarotlaser ist der Halbleiterlaser. Er arbeitet nach dem folgenden Prinzip. (Eine detaillierte Darstellung findet man in Monographien über Halbleiterlaser [5.54–5.56]): Wenn man durch einen dotierten *pn*-Halbleiter in Durchlassrichtung einen Strom schickt, können Elektronen und Löcher in der *pn*-Grenzschicht rekombinieren und die Rekombinationsenergie in Form von Licht ausstrahlen (Abb. 5.55). Die Linienbreite dieser spontanen Emission beträgt einige Hundert cm^{-1}, und ihre Wellenlänge ist durch die Energiedifferenz zwischen den an der Emission beteiligten Halbleiterniveaus bestimmt. Der Spektralbereich der spontanen Emission kann daher durch geeignete Wahl der Halbleiter und ihrer Dotierung (Abb. 5.56) in weiten Grenzen (etwa zwischen 0,45 und 60 μm) variiert werden.

Oberhalb einer durch den Halbleiter bestimmten Schwellwertstromstärke kann das Strahlungsfeld in der Grenzschicht, verstärkt durch Vielfachreflexion zwischen den ebenen Endflächen des Kristalls, so stark werden, dass die Rekombination überwiegend durch induzierte Emission geschieht, bevor spontane oder strahlungslose Prozesse wirksam werden können.

Die Wellenlängen der Laseremission sind durch den Spektralbereich des Verstärkungsprofils und durch die Eigenresonanzen des Resonators bestimmt. Werden die polierten Endflächen des Halbleiter-Kristalls als Resonatorspiegel verwendet, so ist der freie Spektralbereich $\delta\nu \simeq c/(2nL)$ wegen der kurzen Resonatorlänge L sehr groß. Für $L = 1\,\mathrm{mm}$ ergibt sich $\delta\nu \simeq 6 \cdot 10^{10}\,\mathrm{s}^{-1}$ bei einem Brechungsindex $n = 3$. Innerhalb des Verstärkungsprofils liegen daher nur wenige Moden.

Zur Wellenlängendurchstimmung kann man alle Parameter ausnutzen, die den Energieabstand zwischen den Laserniveaus ändern. Meistens wird eine Temperaturänderung (Abb. 5.56c), eine Variation des Diodenstromes, ein äußeres Magnetfeld oder die Anwendung von mechanischem Druck auf den Halbleiter benutzt, um ei-

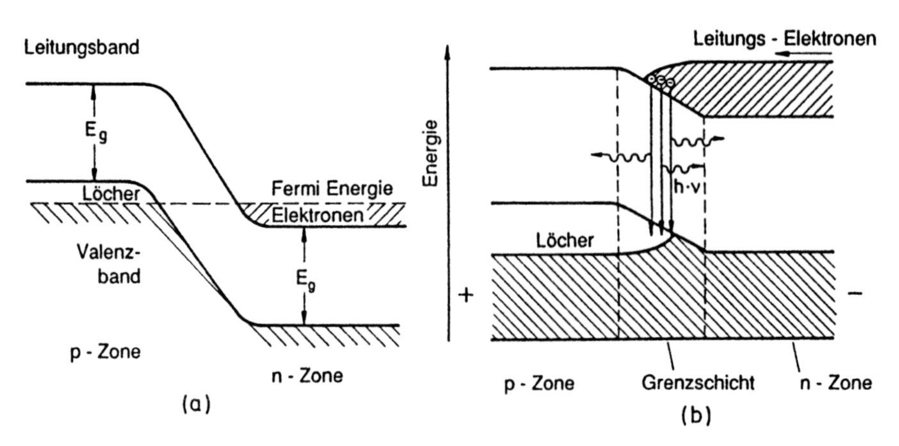

Abb. 5.55a,b. Trennschema zur Illustration des Grundprinzips eines Halbleiterlasers (**a**) *pn*-Grenzschicht ohne äußere Spannung (**b**) In Durchlassrichtung angelegte äußere Spannung

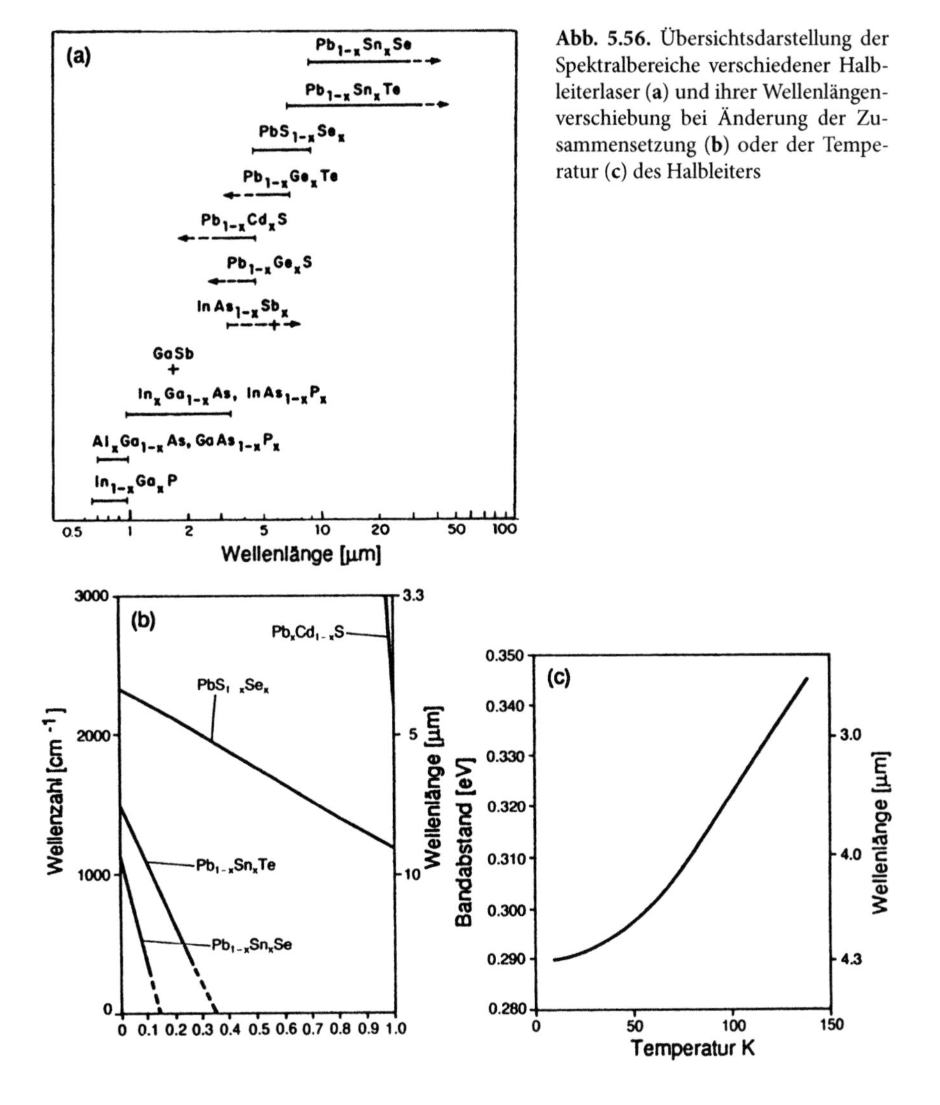

Abb. 5.56. Übersichtsdarstellung der Spektralbereiche verschiedener Halbleiterlaser (**a**) und ihrer Wellenlängenverschiebung bei Änderung der Zusammensetzung (**b**) oder der Temperatur (**c**) des Halbleiters

ne Wellenlängenverschiebung zu bewirken. Im Allgemeinen erreicht man aber damit keine echt kontinuierliche Wellenlängendurchstimmung über den gesamten, im Prinzip möglichen Bereich. Nach einer kontinuierlichen Verstimmung von wenigen Wellenzahlen treten diskontinuierlich Modensprünge auf, die daher rühren, dass die Resonatormoden nicht synchron mit dem Verstärkungsprofil verschoben werden (Abb. 5.57). Dies hat folgende Ursache:

Bei der Wellenlängendurchstimmung durch Variation des Diodenstromes beeinflusst die resultierende Temperaturänderung ΔT sowohl den Brechungsindes n als auch den Energieniveau-Abstand ΔE. Die Resonator-Eigenfrequenz $\nu = mc/(2nL)$,

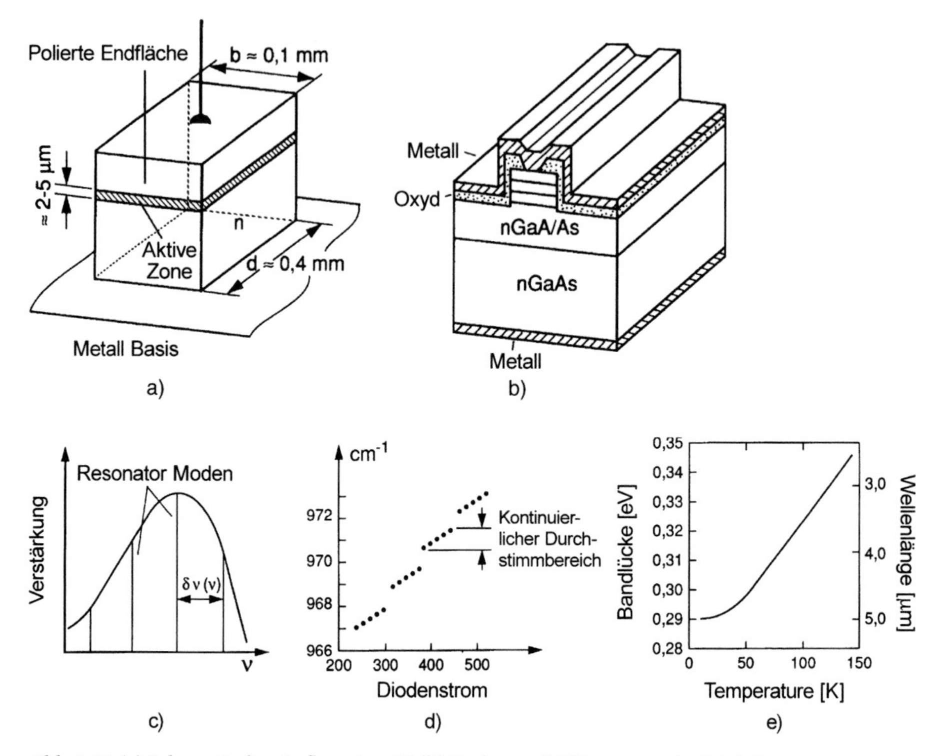

Abb. 5.57. (**a**) Schematischer Aufbau eines Halbleiterlasers, (**b**) Einengung des Injektionsstroms um hohe Stromdichten zu erreichen, (**c**) Resonatormoden innerhalb des Verstärkungsprofils, (**d**) Wellenzahldurchstimmung mit Sprüngen, (**e**) Variation des Bandlückenabstandes ΔE mit der Diodentemperatur

$m \in N$, verschiebt sich um

$$\Delta\nu = \frac{\partial\nu}{\partial n}\frac{\mathrm{d}n}{\mathrm{d}T}\Delta T + \frac{\partial\nu}{\partial L}\frac{\mathrm{d}L}{\mathrm{d}T}\Delta T = -\nu\left(\frac{1}{n}\frac{\mathrm{d}n}{\mathrm{d}T} + \frac{1}{L}\frac{\mathrm{d}L}{\mathrm{d}T}\right)\Delta T\,, \tag{5.81}$$

wobei der 1. Term im Allgemeinen viel größer als der zweite ist. Das Maximum des Verstärkungsprofils verschiebt sich aber (durch die Veränderung des Bandabstandes und der Fermi-Energie mit der Temperatur) wesentlich stärker als die Resonatorfrequenz ν. Sobald dieses Maximum während der Temperaturänderung die nächste, ursprünglich nicht oszillierende Resonatormode „eingeholt" hat, ist die Verstärkung für diese Mode stärker geworden, und die Laseremission „springt" auf diese Mode über.

Um eine echt kontinuierliche Durchstimmung über größere Bereiche zu erreichen, muss man daher statt der Endflächen der Laserdiode äußere Resonatorspiegel verwenden, deren Abstand man kontrolliert verändern kann. Wegen der dadurch bedingten größeren Resonatorlänge L wird der Modenabstand kleiner, und man braucht zusätzliche wellenlängen-selektierende Elemente im Resonator, um

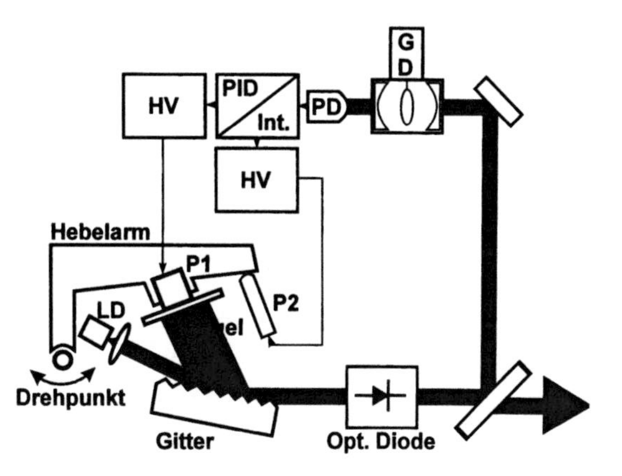

Abb. 5.58. Durchstimmbarer Ein-Moden-Halbleiterlaser mit externem Resonator in einer Littmann-Anordnung

Einmoden-Betrieb zu erreichen. Außerdem muss eine Endfläche der Laserdiode entspiegelt werden, um zu große Reflexionsverluste zu vermeiden und um zu verhindern, dass die Diodenendflächen als zweiter Resonator wirken [5.57–5.59]. Als typischer Aufbau eines solchen Halbleiterlasers mit einem externen Resonator ist in Abb. 5.58 die Littmann-Anordnung gezeigt, bei welcher der Ausgangsstrahl aus der Halbleiterdiode LD durch eine Linse zu einem aufgeweiteten parallelen Strahlbündel geformt wird, das streifend auf ein Reflexionsgitter fällt. Die 1. Beugungsordnung trifft auf einen ebenen Spiegel und wird von diesem für die gewünschte Wellenlänge in sich reflektiert. Durch Drehen des Spiegels kann die Wellenlänge des Lasers kontinuierlich über einen weiten Spektralbereich durchgestimmt werden. Dieser wird durch das spektrale Verstärkungsprofil begrenzt. Durch Variation der Temperatur lässt sich das Verstärkungsprofil verschieben und damit der Durchstimmbereich des Lasers erweitern [5.60].

Bei Verwendung von Mehrschichtendioden („**heterostructure semi-conductors**") kann man im nahen Infrarot und im sichtbaren Spektralbereich auch bei Zimmertemperatur Dauerstrich (CW)-Betrieb des Halbleiterlasers erreichen, weil hier die optische Welle in einem Wellenleiter geführt wird und außerdem der elektrische Strom im Halbleiter auf eine dünne Schicht begrenzt wird, so dass die Stromdichte groß wird [5.56]. Kürzlich ist auch die Realisierung eines Halbleiterlasers im blauen Spektralbereich gelungen [5.61].

Durch die Verwendung solcher fortgeschrittener Halbleiterlaser-Technologien hat der Spektroskopiker ein kompaktes Laser-Spektrometer vom infraroten bis in den blauen Spektralbereich, das hinsichtlich Größe, Leistung, spektralem Auflösungsvermögen und auch Preis vorteilhaft mit konventionellen Systemen konkurrieren kann, die eine Lichtquelle und einen Monochromator verwenden müssen. Die CW Leistungen der Halbleiterlaser liegen im Milliwattbereich. Ihr Auflösungsvermögen im Einmodenbetrieb ist – abhängig vom Aufwand bei der Frequenzstabilisierung im Kilohertz- bis Megahertzgebiet – also um mehrere Größenordnungen über demjenigen konventioneller Geräte.

Es gibt inzwischen zahlreiche Anwendungsbeispiele für die hochauflösende Spektroskopie mit Halbleiterlasern (Bd. 2, Kap. 1 und [5.62, 5.63]).

5.6.2 Durchstimmbare vibronische Festkörperlaser

Durch geeignete Dotierung kristalliner und glasförmiger Festkörper mit atomaren oder molekularen Ionen kann man das Absorptionsverhalten dieser Festkörper in weiten Grenzen variieren. Wegen der starken Wechselwirkung der dotierten Ionen mit dem Wirtsgitter sind die Energieniveaus der Ionen häufig stark verbreitert, und man erhält bei optischem Pumpen ein kontinuierliches Fluoreszenspektrum, das sich über einen ausgedehnten Spektralbereich erstreckt. Dieser Bereich kann noch breiter werden, wenn vom oberen, emittierenden Zustand aus sich spektral überlappende Fluoreszenzübergänge in viele, eng benachbarte verbreiterte tiefere Niveaus möglich sind.

Ein typisches Niveau-Schema eines solchen „**Vierniveau-Festkörperlasers**“ und das zugehörige Absorptions- und Emissionsspektrum ist in Abb. 5.59 gezeigt. Durch optisches Pumpen mit Lampen oder Lasern wird ein angeregtes Niveau $\langle 2|$ der Ionen bevölkert, das durch strahlungslose Übergänge infolge seiner Wechselwirkung mit dem Wirtskristall (**Phononenkopplung**) in das obere Laserniveau $\langle 3|$ relaxiert. Durch induzierte und spontane Emission wird das Niveau $\langle 4|$ erreicht, das schließlich durch Wechselwirkung mit dem Gitter wieder in das Ausgangsniveau $\langle 1|$ relaxiert.

Beispiele für Materialien, mit denen bisher durchstimmbare Festkörperlaser realisiert wurden, sind **Alexandrit** ($BeAl_2O_4$ mit Cr^{3+}-Ionen dotiert), **Titan-Saphir** ($Ti{:}Al_2O_3$), **Fluorid-Kristalle** mit Übergangsmetallen dotiert (z. B. $MgF_2{:}Co^2+$ oder $CsCaF_3{:}V^{2+}$) [5.64].

Der Wellenlängenbereich, über den vibronische Festkörperlaser durchstimmbar sind, kann durch Wahl der eingebauten Ionen und durch Modifikation der Wirtsgitter variiert werden. In Abb. 5.60 wird am Beispiel der Cr^{3+}-Ionen der Einfluss

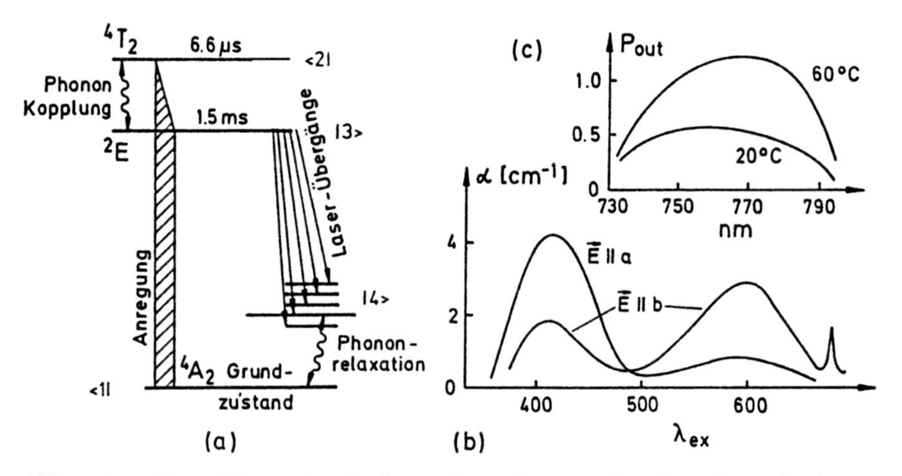

Abb. 5.59a–c. Niveau-Schema eines durchstimmbaren „Vierniveau“-Festkörperlasers (**a**), das zugehörige Absorptionsspektrum für verschiedene Polarisationen des Pumplichtes (**b**) und Laserausgangsleistung P_{out} am Beispiel des Alexandritlasers (**c**)

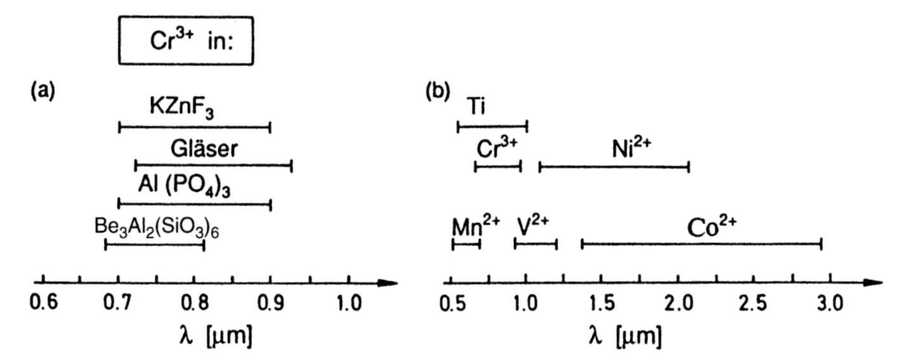

Abb. 5.60a,b. Emissionsbereiche (**a**) von Cr^{3+}-Ionen in verschiedenen Wirtsgittern und (**b**) von verschiedener Metall-Ionen in Ionenkristallen

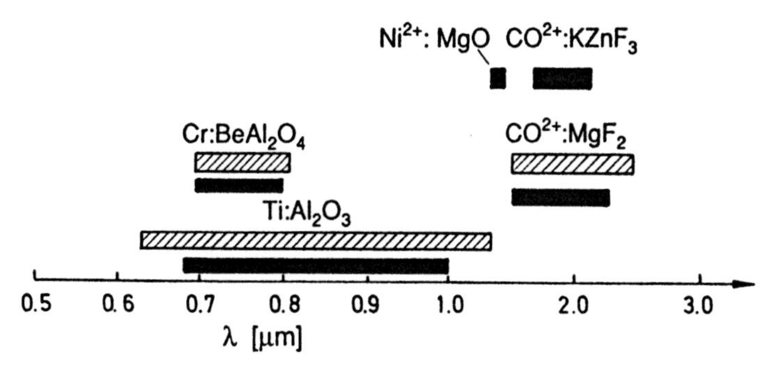

Abb. 5.61. Durchstimmbereiche einiger vibronischer Laser

des Wirtsgitters auf den Durchstimmbereich gezeigt, während Abb. 5.61 die Spektralbereiche illustriert, in denen die verschiedenen Übergangsmetall-Ionen emittieren [5.65–5.67]. Für viele Anwendungen erweist sich der Titan-Saphir-Laser als sehr nützlich. Er liefert im CW-Berich leistungen über 1 W bei Linienbreiten von $\Delta\nu < 1$ MHz. Sein Durchstimmverlauf ist in Abb. 5.61 dargestellt.

Als besonders leistungsstarker CW-Laser sei der **Smaragd-Laser** ($Be_3Al_2Si_6O_{18}$:Cr^{3+}) erwähnt, mit dem bei 3,6 W Pumpleistung (Kryptonlaser bei 641 nm) eine Ausgangsleistung von 1,6 W erreicht wurde und der von 720 – 842 nm durchgestimmt werden kann [5.68]. Der differenzielle Wirkungsgrad $\mathrm{d}P_{\text{out}}/\mathrm{d}P_{\text{in}}$ (**slope efficiency**) erreicht dabei 64%!

Von besonderer Bedeutung für die Entwicklung kompakter und handlicher durchstimmbarer Festkörperlaser ist die Möglichkeit, einige dieser Lasertypen mit Halbleiterlaser-Arrays zu pumpen. Dies wurde mit Nd: YAG und Alexandrit-Lasern bereits realisiert, wobei sehr hohe Wirkungsgrade (>20% Energiekonversion Steckdose-Laserlicht!) erreicht wurden [5.69]. Durch Frequenzverdopplung innerhalb des Laserresonators [5.70] kann man auch den sichtbaren Spektralbereich überdecken, so dass die durchstimmbaren Festkörperlaser inzwischen den Farbstofflasern Konkurrenz machen.

Für mehr Details über dieses für den Laserspektroskopiker interessante Gebiet wird auf [5.64–5.75] verwiesen.

5.6.3 Farbzentrenlaser

Der wichtigste durchstimmbare Festkörperlaser im Spektralbereich 1–4 μm ist bisher der Farbzentrenlaser. Farbzentren (**F-Zentren**) sind Fehlstellen in einem kristallinen Nichtleiter, die ein Elektron (bzw. ein „Loch") eingefangen haben. Die möglichen Energiezustände eines solchen, im negativen Potenzialtopf der umgebenden Gitterionen gebundenen Elektronen können durch Absorption optischer Strahlung angeregt werden und führen zu neuen Absorptions- und Emissionslinien, die durch Wechselwirkung mit dem Gitter (Phonon-Wechselwirkung) zu Banden verbreitert werden. Dadurch erscheint der sonst farblose Kristall gefärbt.

Die bisher am eingehendsten untersuchten Farbzentrenkristalle sind die Alkalihalogenide mit den folgenden Typen von Farbzentren [5.76, 5.77]: Das einfachste Zentrum ist eine Fehlstelle im reinen Alkalihalogenid-Kristall, in der ein Elektron eingefangen ist (Abb. 5.62a). Solche F-Zentren haben jedoch sehr geringe Oszillatorenstärken (Abschn. 2.6) für Übergänge zwischen den elektronischen Niveaus und sind daher als Lasermaterial nicht geeignet.

Wenn eines der sechs positiven Metallionen, die als nächste Nachbarn die Fehlstelle umgeben, durch ein Fremdion ersetzt wird (z. B. ein Na^+-Ion in einem K^+CL^- Kristall), erhält man ein **F_A-Zentrum** (Abb. 5.62b), während **F_B-Zentren** von zwei Fremdatomen umgeben sind (Abb. 5.62c). Ein Paar von zwei benachbarten F-Zentren entlang der (110)-Richtung nennt man ein **F_2-Zentrum**; ist dieses einfach ionisiert, d. h. fehlt ihm ein Elektron, so erhält man ein **F_2^+-Zentrum** (Abb. 5.62e).

Die F_A- und F_B-Zentren können in zwei Kategorien je nach ihrem Relaxationsverhalten nach einer optischen Anregung eingeordnet werden: Während die Zentren vom **Typ I** beim Anregungs-Fluoreszenz-Zyklus die Struktur ihrer Fehlstelle beibe-

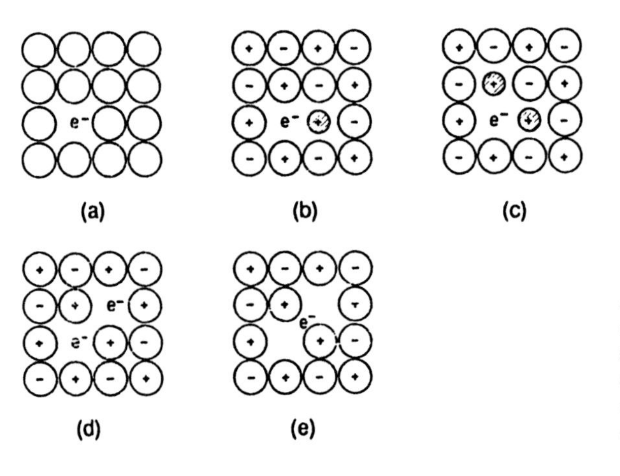

Abb. 5.62a–e. Verschiedene Typen von Farbzentren: (**a**) F-Zentrum; (**b**) F_A-Zentrum; (**c**) F_B-Zentrum; (**d**) F_2-Zentrum; (**e**) F_2^+-Zentrum

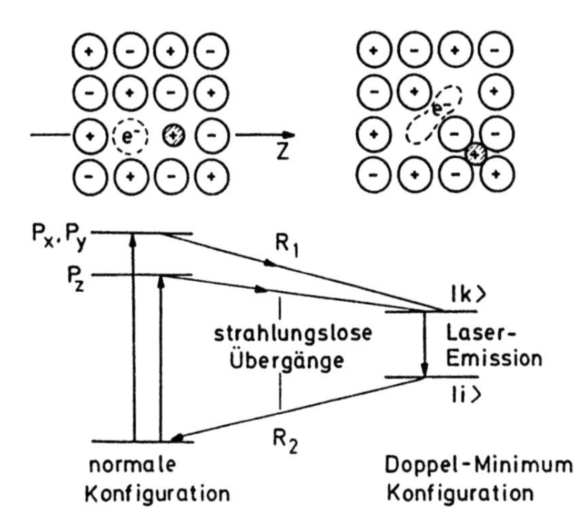

Abb. 5.63. Strukturänderung und Zustandsdiagramm eines F_A (II)-Zentrums

halten, relaxieren die **Typ-II** Zentren nach optischer Anregung gemäß Abb. 5.63 in einen neuen Zustand, der das obere Laserniveau wird, das nach Emission eines Photons in das untere Laserniveau übergeht und dann durch Wechselwirkung mit dem Gitter wieder zurück in den Ausgangszustand relaxiert. Die Oszillatorenstärke für Übergänge zwischen $|k\rangle \leftrightarrow |i\rangle$ ist sehr groß und garantiert daher eine hohe Verstärkung für den Laserübergang. Da die Relaxationswahrscheinlichkeiten R_1 und R_2 sehr viel größer als die strahlende Übergangswahrscheinlichkeit A_{ki} ist, bleibt das untere Laserniveau praktisch leer, und Inversion kann auch im Dauerbetrieb aufrechterhalten werden.

Die Quantenausbeute η beschreibt die Zahl der emittierten Fluoreszenzphotonen dividiert durch die Zahl der absorbierten Pumplichtphotonen und sinkt mit steigender Temperatur, weil die Wahrscheinlichkeit für strahlungslose Deaktivierung des oberen Niveaus $|k\rangle$ steigt. Beim KCl:Li-Kristall mit F_A(II)-Zentren ist z. B. $\eta = 40\%$ bei $T = 77\,\mathrm{K}$ und geht gegen Null bei Zimmertemperatur. Dies zeigt, dass Farbzentrenlaser bei tieferen Temperaturen – im Allgemeinen gekühlt mit flüssigem Stickstoff – betrieben werden müssen. In Ausnahmefällen lässt sich auch Laserbetrieb bei Zimmertemperatur erreichen [5.78].

In Abb. 5.64 ist schematisch der Aufbau eines Farbzentrenlasers gezeigt [5.79]. Der gefaltete 3-Spiegel-Resonator kompensiert bei richtig gewähltem Faltungswinkel den Astigmatismus, der durch den in der Resonatortaille unter dem Brewster-Winkel geneigten Kristall verursacht wird [5.80]. Der Pumplaserstrahl wird durch den dichroitischen Spiegel S_1 kollinear eingekoppelt, der für die Pumpwellenlänge hohe Transmission aber für die Farbzentrenlaser-Wellenlänge hohes Reflexionsvermögen hat. Der Einkoppelspiegel wirkt gleichzeitig als Linse zur Fokussierung des Pumpstrahls in den Kristall. Um die Strahltaille des Farbzentrenlasers an den Fokusdurchmesser des Pumpstrahles richtig anzupassen, müssen die Krümmungsradien der Spiegel S_1 und S_2 geeignet gewählt werden. Die Laserwellenlänge wird durch Drehen des Spiegels S_3 durchgestimmt. Der Kristall sitzt auf einem Kühlfinger, der durch

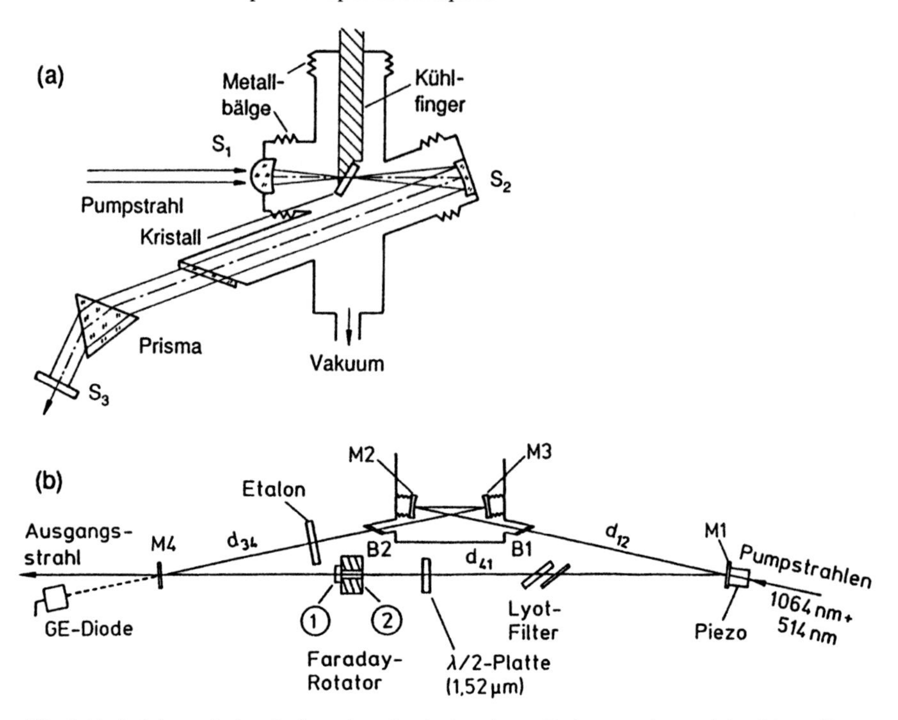

Abb. 5.64a,b. Schematischer Aufbau eines durchstimmbaren Farbzentrenlasers: (**a**) gefalteter linearer Laser und (**b**) Ringlaser [5.81]

Wärmeleitung von einer Flüssigstickstoff-Kühlfalle gekühlt wird, und muss deshalb im Vakuum sein, um Kondensation von Wasserdampf zu vermeiden.

Um „spatial hole burning" zu vermeiden, wird oft statt des einfach gefalteten Resonators der Abb. 5.64a ein doppelt gefalteter Ring-Resonator benutzt (Abb. 5.64b). Dadurch lässt sich leichter Einmoden-Betrieb erreichen, und auch die Ausgangsleistung ist wesentlich höher. So wurde z. B. in unserem Labor mit einem NaCl:OH Farbzentrenlaser bei $\lambda = 1{,}55\,\mu m$ (6 W Pumpleistung bei 1,05 μm) eine Ausgangsleistung von 1,6 W erzielt [5.81].

Pumpt man einen Farbzentrenlaser vom F_A(II)- oder F_2^+-Typ mit einem CW Pumplaser, so stellt man fest, dass die Laserausgangsleistung im Verlauf weniger Minuten stetig abnimmt. Dies hat folgende Ursache: Viele der laseraktiven Farbzentren besitzen eine Symmetrieachse (z. B. die [110]-Richtung). Durch optisches Pumpen vom oberen Zustand in einen noch höheren Zustand mit anderen Konfigurationen kann diese Symmetrieachse umkippen, und das System kann dann durch Fluoreszenz in einen Grundzustand zurückkehren, der anders orientiert ist als der Ausgangszustand. Dieses „orientierungsändernde" optische Pumpen führt daher zu einer Ausbleichung des absorbierenden Zustandes und damit zu einer Verminderung der Pumpabsorption. Man kann dies verhindern, indem man eine UV-Lampe oder einen schwachen Argonlaser geeigneter Polarisationsrichtung gleichzeitig mit ein-

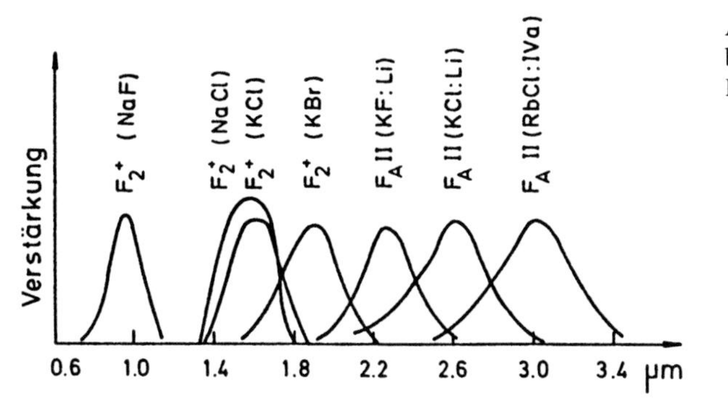

Abb. 5.65. Emissionsbereiche verschiedener Farbzentren-Kristalle

strahlt, der die „falsch orientierten" Zentren wieder zurück in den Ausgangszustand pumpt [5.77].

Kürzlich ist es gelungen, einen kontinuierlichen LiFF_2^- Farbzentrenlaser bei Zimmertemperatur mit einem Diodenlaser (λ_p = 970 nm) zu pumpen, wodurch das System wesentlich einfacher und kompakter wird [5.82].

Bei Verwendung verschiedener Kristalle erstreckt sich der gesamte Durchstimmbereich der bis heute realisierten Farbzentrenlaser von 0,65 – 3,4 µm. Abbildung 5.65 zeigt die Emissionsbereiche verschiedener Farbzentren-Kristalle [5.77]. In Tabelle 5.2 sind charakteristische Daten für einige Farbzentrenlaser und für mit Übergangsmetallionen dotierte Festkörperlaser zusammengestellt. Die Farbzentrenlaser zusammen mit den Übergangsmetall-Festkörperlasern stellen daher in idealer Weise die Erweiterung des durch Farbstofflaser überdeckten Spektralbereichs ins Infrarote dar. Ihr Vorteil gegenüber den letzteren beruht auf der Tatsache, dass ihr aktives Medium ein statischer Festkörper ist, der gegenüber dem Flüssigkeitsstrahl der Farbstofflaser (Abschn. 5.6.5) eine bessere Frequenzstabilität ermöglicht. Eine Abschätzung zeigte, dass die Linienbreite eines Einmoden-Farbzentrenlasers unter 25 kHz liegt [5.83].

Gute Übersichten über das Gebiet der Farbzentrenlaser findet man in [5.77, 5.84, 5.85].

Tabelle 5.2. Charakteristische Daten einiger durchstimmbarer Festkörperlaser

Laser-medium	Formel	Abstimm-bereich [nm]	Betriebs temperatur	Pumpquelle
Ti:Saphir	Al_2O_3:Ti^{3+}	660 – 1000	RT	Ar^+-Laser
Alexandrit	$BeAl_2O_4$:Cr^{3+}	710 – 820	22 – 300 °C	Blitzlampe
		720 – 842	RT	Kr^+-Laser
	$SrAlF_5$:Cr^{3+}	825 – 1010	RT	Kr^+-Laser
	$KZnF_3$:Co^{2+}	1650 – 2070	77 K	CW Nd:YAG-Laser
F_2^+ F-zentren	NaCl/OH^-	1400 – 1750	77 K	CW Nd:YAG-Laser
F_AII "	RbCl:Li	2,6 – 3,3 µm	77 K	Kr^+-Laser
F_2^+A „	KI:Li	2,38 – 3,99 µm	77 K	EnYLF-Laser
F_3^+ "	LiF	500 – 640	77 K	Farbstofflaser

5.6.4 Farbstofflaser

Im sichtbaren und nahen ultravioletten Spektralbereich sind Farbstofflaser die bisher bei weitem dominierenden Vertreter durchstimmbarer Laser. Unter Verwendung verschiedener Farbstoffe kann im gesamten Spektralgebiet zwischen etwa 300 und 1200 nm Laseroszillation erreicht werden. Das Grundprinzip des Farbstofflasers (**dye laser**) lässt sich anhand eines vereinfachten Termschemas (Abb. 5.66) kurz folgendermaßen skizzieren: (Für eine ausführlichere Darstellung wird auf die Laser-Literatur, z. B. [5.86–5.89] verwiesen).

Durch Absorption des Pumplichtes werden die in einer Flüssigkeit gelösten Farbstoffmoleküle von thermisch besetzten Rotations-Schwingungsniveaus des elektronischen Grundzustandes S_0 in höhere Schwingungsniveaus des ersten angeregten Singulett-Zustandes S_1 gebracht. Von dort gelangen sie strahlungslos durch inelastische Stöße mit den Lösungsmittel-Molekülen in sehr kurzer Zeit (10^{-10} – 10^{-11} s) in das tiefste Schwingungsniveau $|i\rangle$ von S_1. Von hier können sie entweder durch spontane Emission in die verschiedenen Rotationsschwingungs-Niveaus von S_0 übergehen oder durch strahlungslose Übergänge in den tiefer liegenden Triplett-Zustand T_1 („**intersystem crossing**").

Bei genügend großer Pumpintensität kann Besetzungsinversion zwischen den Niveaus $|i\rangle$ und höheren thermisch kaum besetzten Rotationsschwingungs-Niveaus $|k\rangle$ im elektronischen Grundzustand S_0 erreicht werden. Sobald die Verstärkung des aktiven Mediums auf einem Übergang $|i\rangle \rightarrow |k\rangle$ größer wird als die Resonatorverluste, beginnt Laseroszillation auf diesem Übergang. Das untere Niveau $|k\rangle$ wird dabei wieder durch inelastische Stöße mit den Lösungsmittelmolekülen schnell entvölkert. Wegen dieser starken Wechselwirkung der Fabstoffmoleküle mit dem Lösungsmittel sind die Energiebreiten der einzelnen, dicht liegenden Rotationsschwingungs-Niveaus größer als ihr mittlerer Abstand (**Druckverbreiterung**), so dass statt einzelner Fluoreszenzlinien $|i\rangle - |k\rangle$ ein breites, kontinuierliches Fluoreszenzspektrum entsteht (Abb. 5.66).

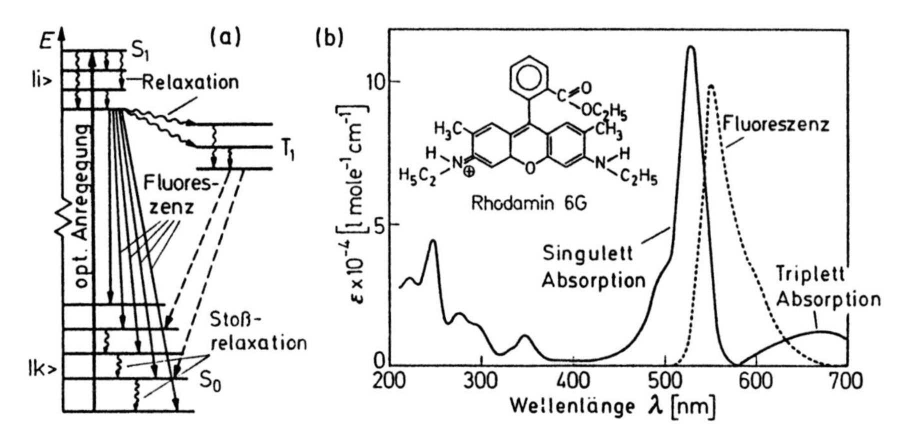

Abb. 5.66. (**a**) Vereinfacht dargestelltes Termschema eines Farbstofflasers und (**b**) Struktur, Absorptions-und Emissionsspektrum von Rhodamin 6G in Äthanol gelöst

Das spektrale Profil für die Netto-Verstärkung hängt dabei von folgenden Parametern ab:

1. Von der Besetzungsinversion $\Delta = N_i - N_k$ und der Länge des aktiven Mediums.
2. Vom spektralen Verlauf der Übergangswahrscheinlichkeit A_{ik}, der im wesentlichen durch die Franck-Condon-Faktoren für die Übergänge von $|i\rangle$ zu den verschiedenen unteren Niveaus $|k\rangle$ bestimmt wird.
3. Von den wellenlängenabhängigen Verlusten. Durch die strahlungslosen Übergänge vom angeregten Niveau $|i\rangle$ in den langlebigen Triplettzustand T_1 kann sich in T_1 eine relativ große Besetzungsdichte aufbauen. Da sich das Absorptionsspektrum des Triplettsystems mit dem Fluoreszenzspektrum des Singulettsystems teilweise überlappt (Abb. 5.66), können die Moleküle in T_1 das auf dem Übergang $i \to k$ emittierte Licht absorbieren und damit die Verluste erhöhen. Man muss also dafür sorgen, dass die Triplett-Moleküle möglichst schnell aus dem aktiven Volumen entfernt werden. Dies geschieht entweder durch Zugabe von "**Triplett-Quenchen**", d. h. Molekülen, die durch inelastische Stöße mit Spinaustausch die Triplettkonzentration abbauen, oder durch eine schnelle Flüssigkeitsströmung, die Triplettmoleküle aus dem aktiven Volumen wegtransportiert („mechanisches Quenchen").

Als optische Pumpquellen werden entweder Blitzlampen, gepulste Laser oder Dauerstrichlaser verwendet. In Tabelle 5.3 sind einige charakteristische Daten für die in der Spektroskopie am häufigsten eingesetzten Farbstoff-Lasertypen, die inzwischen alle kommerziell erhältlich sind, aufgeführt.

Die durch Blitzlampen gepumpten Farbstoff-Laser [5.90] (Abb. 5.67) haben den Vorteil, dass sie keinen Laser als Pumpe benötigen und daher billiger sind. Nachteilig wirkt sich der durch die Absorption des Pumplichtes in der Farbstoffflüssigkeit verursachte Temperaturgradient aus, der zu optischen Inhomogenitäten führt, die von Puls zu Puls variieren können und damit zuverlässigen Einmoden-Betrieb erschweren. Die meisten, in der Spektroskopie und analytischen Chemie benutzten blitzlampengepumpten Farbstofflaser werden daher im Mehrmodenbetrieb verwendet. Die Wellenlängendurchstimmung geschieht meistens mit Gittern, Prismen oder Interferenzfiltern. Eine schnelle Durchstimmung ist mit elektrooptischen Lyot-Filtern möglich (Kap. 4 und [5.91]). Eine Bandbreiteneinengung auf etwa 10^{-3} nm mit einem zusätzlichen Etalon im Resonator ist für viele Experimente ausreichend. Solange die Bandbreite größer als der Abstand der Resonatormoden ist, spielen Modensprünge keine Rolle, und die Durchstimmung über weite Bereiche wird problemloser.

Stickstofflaser, Excimerlaser oder frequenzverdoppelte Neodymium:YAG-Laser als optische Pumpen können wegen ihrer hohen Ausgangsleistung $10^5 - 10^6$ W auch Farbstoffe mit kleinerer Quantenausbeute und damit höherer Schwellwertinversion zur Laseroszillation anregen. Wegen der kurzen Pumpzeit (wenige ns) kann sich keine nennenswerte Triplettkonzentration aufbauen, so dass auch Farbstoffe, die wegen ihrer größeren $S \to T$ Übergangsrate für blitzlampengepumpte Laser ungeeignet sind, hier verwendet werden können. Die kurze Wellenlänge des Pumplasers ($\lambda = 337$ nm beim N_2-Laser, bzw. 193–357 nm bei Excimerlasern) erlaubt die Anregung von Farbstoffen, deren Emission vom nahen Ultraviolett bis ins sicht-

Tabelle 5.3. Farbstofflaserdaten bei verschiedenen Pumpquellen

Pumpe	Abstimm-bereich [nm]	Puls-dauer [ns]	Spitzen-leistung [W]	Puls-energie [mJ]	Pulsfolge-frequenz [1/s]	Mittlere Ausgangs-leistung[W]
Exzimer-Laser	370–985	10–200	$\leq 10^7$	≤ 300	20–200	0,1–10
N_2-Laser	370–1020	1–10	$< 10^5$	< 1	$< 10^3$	0,01–0,1
Blitz-lampen	300–800	$300-10^5$	10^2-10^4	< 5000	1–200	0,1–400
Ar^+Laser Kr^+Laser	400–1100	CW	CW	–	CW	0,1–10
Nd:YAG-Laser $\lambda/2$: 530 nm $\lambda/3$: 355 nm	400–920	10–20	10^5-10^7	10–100	10–30	0,1–1
Kupfer-dampf Laser	530–890	30–50	$\approx 10^4-10^5$		$\approx$ 1 mJ	$\leq 10^4$ ≤ 10

bare Gebiet reicht. Die kürzeste, bisher berichtete Farbstofflaser-Wellenlänge liegt bei etwa 310 nm. Die größten Spitzenleistungen erreicht man mit Nd-Pumplasern und Excimerlasern. Etwas geringere Spitzenleistungen, dafür aber wesentlich höhere Repetitionsraten und auch längere Pulse bis zu 50 ns lassen sich mit Kupferdampf-Pumplasern erzielen [5.92].

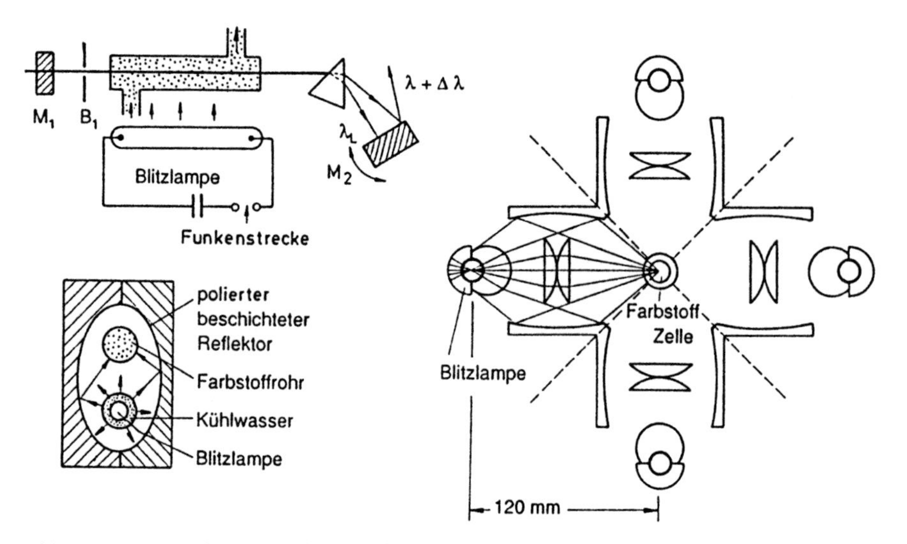

Abb. 5.67. Zwei mögliche Anordnungen für mit Blitzlampen gepumpte Farbstofflaser

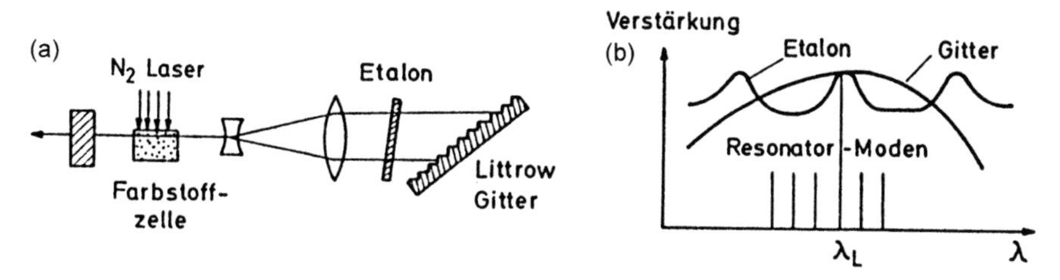

Abb. 5.68. **(a)** Hänsch-Anordnung eines Farbstofflasers, der durch einen N_2-Laser oder einen Excimer-Laser gepumpt wird; **(b)** Ein-Moden-Betrieb durch das Etalon

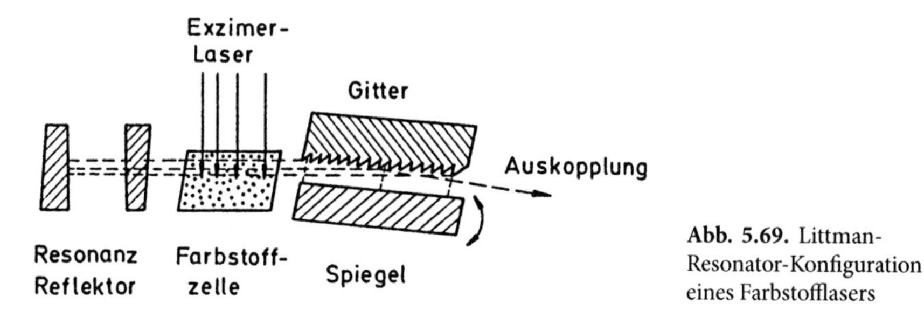

Abb. 5.69. Littman-Resonator-Konfiguration eines Farbstofflasers

Für Laser-gepumpte, schmalbandige Farbstofflaser wurden eine Reihe verschiedener Pumpgeometrien vorgeschlagen, von denen am häufigsten der in Abb. 5.68 gezeigte Aufbau von *Hänsch* [5.93] und die in Abb. 5.69 dargestellte Konfiguration von *Littman* [5.94] benutzt werden. In beiden Fällen wird der Laserstrahl aufgeweitet, bevor er auf das zur Wellenlängenselektion dienende Gitter trifft. Dies hat den Vorteil, dass die Leistungsdichte auf dem Gitter kleiner wird, während die Zahl der beleuchteten Gitterfurchen und damit das spektrale Auflösungsvermögen gemäß (4.25) größer wird.

Bei der „Hänsch-Anordnung" wird ein Teleskop zur Aufweitung verwendet und beim „Littman-Typ" wirkt das Gitter, auf das der Laserstrahl streifend einfällt als Strahlaufweiter. Da bei Einfallswinkeln von 89° die Gitterreflexion nur etwa 1% beträgt und damit der Verlustfaktor pro Resonatorumlauf 10^{-4}, ist es vorteilhaft, eine Voraufweitung mit zwei Prismen [5.95] auszunutzen (Abb. 5.70). Durch eine spezielle Anordnung von vier Prismen lässt sich die störende Strahlablenkung beim Durchstimmen infolge der Prismen-Dispersion kompensieren [5.96, 5.97].

Zur Erhöhung der Ausgangsleistung wird im Allgemeinen der Ausgangsstrahl des Laseroszillators durch eine oder mehrere Verstärker-Farbstoffzellen geschickt, die vom gleichen Laser gepumpt werden.

Bei allen durch Laser gepumpten Farbstofflasern stellt die spontane Emission ein großes Problem dar. In der Oszillatorzelle, in der die Farbstofflaser-Leistung noch nicht so groß ist, kann die spontane Emission einen merklichen Teil der Inversion abbauen. Dadurch wird sie verstärkt und überlagert sich der schmalen Laseremission als spektral breiter, bei spektroskopischer Messungen störender Untergrund. Man kann durch Prismen und Blenden im Strahlengang zwischen Oszillator und Verstärker einen Teil dieser ASE (amplified spontaneous emission) unterdrücken. Eine ele-

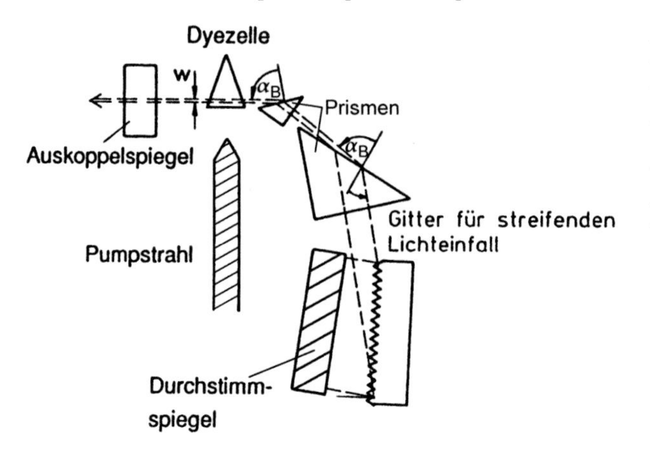

Abb. 5.70. Strahlaufweitung durch zwei Prismen und ein Gitter bei streifendem Einfall. Je eine Prismenfläche ist unter dem Brewster-Winkel geneigt, die andere ist entspiegelt

gante Lösung ist in Abb. 5.71 gezeigt [5.98]. Der Oszillatorstrahl 1 wird durch das Prisma 5 gebrochen und aufgeweitet und trifft als Strahl 2 auf das Littrow-Gitter 7 (Abschn. 4.2). Durch das Gitter und ein zusätzliches Etalon 6 wird die Bandbreite des Laseroszillators stark eingeengt. Ein Teil der im Resonator umlaufenden Welle wird durch Reflexion an der Prismenfläche ausgekoppelt und trifft als Strahl 3 erneut auf das Gitter, das die Sollwellenlänge in die Fokallinie des Pumpstrahls an einer anderen Stelle der Oszillatorzelle reflektiert. Das spektrale Kontinuum der ASE wird durch das Gitter dispergiert, und daher trifft nur ein schmales Wellenlängenintervall $\Delta\lambda$ die Fokallinie. Ein solches System hat außer einer effektiven ASE-Unterdrückung auch den Vorteil, dass die Oszillatorzelle gleichzeitig als Verstärker benutzt wird.

Für die hochauflösende Spektroskopie sollte die Bandbreite des Lasers so schmal wie möglich sein. Durch zwei Etalons im Laserresonator des Hänsch-Typ-Lasers (Abb. 5.68) lässt sich Einmoden-Betrieb erreichen. Beim Durchstimmen eines solchen Einmodenlasers müssen beide Etalons synchron mit dem Gitter durchgestimmt

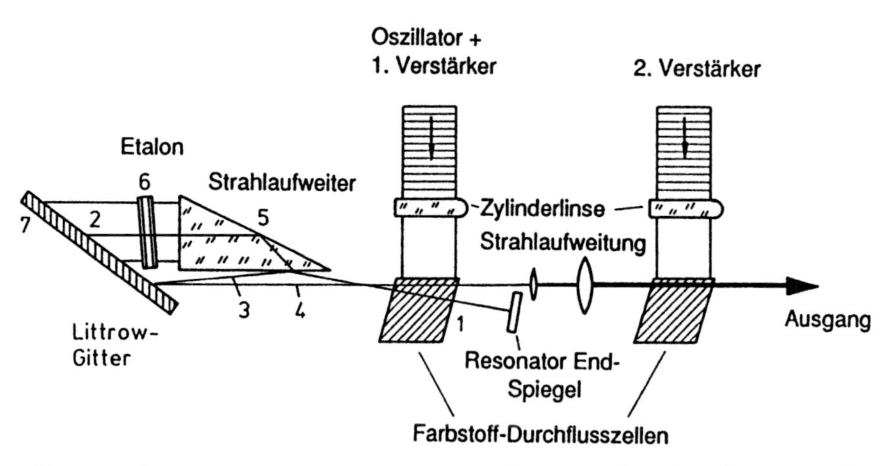

Abb. 5.71. Aufbau eines Excimer-Laser-gepumpten Oszillator-Verstärker Farbstofflasersystems, bei dem die ASE wirksam unterdrückt wird (Lambda-Physik [5.98])

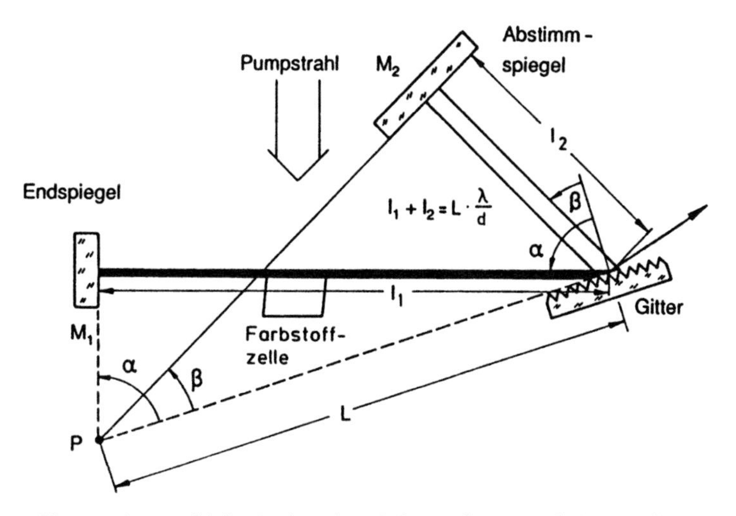

Abb. 5.72. Zur Wahl des Drehpunktes P für modensprungfreies Durchstimmen eines Littman-Farbstofflasers mit longitudinaler Pumpgeometrie durch Drehen des Spiegels M_2

werden, und außerdem muss die Resonatorlänge entsprechend nachgefahren werden (Abschn. 5.4.5). Dies lässt sich mithilfe eines Computers bewerkstelligen.

Eine einfache mechanische Lösung für das Durchstimmen ohne Modensprünge wurde für einen Resonator mit kleiner Länge L, d. h. großem Modenabstand $\delta\nu = c/2L$ von *Littman* angegeben [5.99]. Wenn man den Drehpunkt P des Spiegels M_2 (Abb. 5.72) genau in den Schnittpunkt der drei Ebenen von Spiegel M_1, Spiegel M_2 und Gitter G legt, dann wird die Resonatorlänge L beim Drehen des Spiegels um den Winkel ϕ so verändert, dass die Wellenlänge λ immer die beiden Bedingungen

$$\lambda = \frac{2L}{m_1} \quad \text{und} \quad \lambda = \frac{d}{m_2}(\sin\alpha + \sin\beta) \quad (m_1, m_2, \in N) \tag{5.82}$$

für Resonatorresonanz und Gittergleichung – siehe (4.15) – erfüllt. Durch eine longitudinale Pumpgeometrie (im Gegensatz zu der transversalen in Abb. 5.69) kann die Farbstoffzelle sehr kurz werden, so dass die Beeinträchtigung der Strahlqualität durch optische Inhomogenitäten innerhalb des gepumpten Volumens wesentlich geringer ist. Mit einem solchen System wurden ohne Etalon im Resonator Durchstimmbereiche von bis zu $100\,\text{cm}^{-1}$ im Einmoden-Betrieb erreicht, und die spektrale Bandbreite war nur unwesentlich breiter als die Fourier-limitierte Breite $\Delta\nu = 1/\Delta T$.

Eine räumlich isotrope Inversion der Farbstoffmoleküle erreicht man mit der Berthune-Zelle (Abb. 5.73), in der die Farbstoff-Flüssigkeit durch eine zylindrische Bohrung in einem Quarzprisma strömt. Der Pumpstrahl, der von links einfällt, sollte einen Mindestdurchmesser haben, der 4mal größer ist als der Durchmesser der Bohrung. Die Teilstrahlen 1, 2, 3, 4 durchsetzen die Bohrung von oben, hinten, vorne und unten, so dass eine gleichmäßige Beleuchtung gewährleistet wird.

Die schmalsten Linienbreiten erzielt man natürlich mit *kontinuierlichen* (CW) Farbstofflasern. Diese werden überwiegend mit Argon- oder Krypton-Ionenlasern

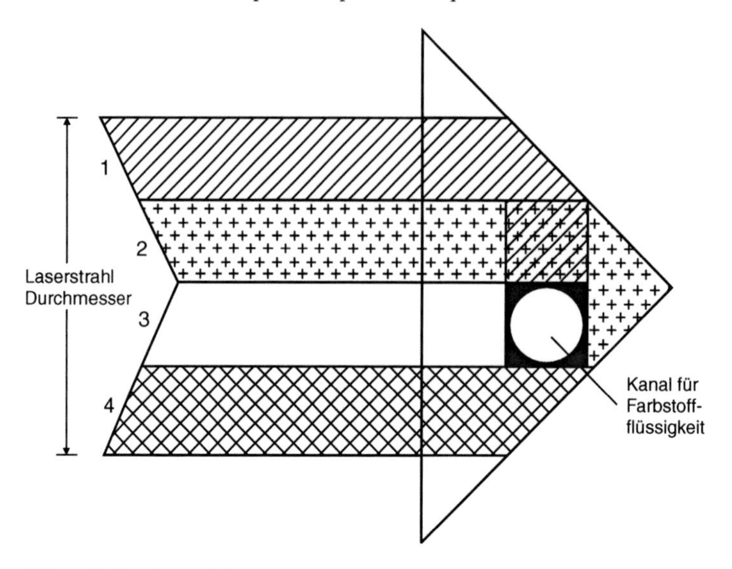

Abb. 5.73. Berthune-Zelle

gepumpt, obwohl zuweilen auch frequenzverdoppelte CW-YAG-Laser als Pumpen eingesetzt werden. Fast alle kommerziell erhältlichen Ausführungen verwenden als aktives Medium statt einer Farbstoffzelle einen Flüssigkeitsdüsenstrahl aus einer viskosen Flüssigkeit (z. B. Äthylen-Glykol), in der der gewünschte Farbstoff in Konzentrationen von $10^{-3}-10^{-4}$ Mol/Liter gelöst ist. Um einen glatten, optisch homogenen Düsenstrahl ohne Turbulenz zu erzeugen, müssen Durchflussgeschwindigkeit (etwa 10 m/s) und Düsendimensionen optimiert werden. Der Düsenstrahl, in den der Pumpstrahl fokussiert wird, befindet sich in der Taille des Farbstofflaserresonators, und die Fundamentalmode des Resonators durchsetzt die Strahlfächen unter dem Brewster-Winkel. Der dadurch erzeugte Astigmatismus wird genau wie beim Farbzentrenlaser durch einen entsprechend gewählen Winkel des gefalteten Resonators kompensiert [5.80]. Die Durchmesser vom Pumpfokus und Resonatortaille müssen aneinander angepasst sein (*mode matching*). Ist der Pumpfokus zu klein, wird die Ausgangsleistung des Farbstofflasers nicht optimal; ist er also zu groß, so können höhere transversale Moden die Oszillationsschwelle erreichen.

Mehrmoden-Farbstofflaser mit Prismen als Wellenlängenselektoren können einfach durch Drehen des Endspiegels durchgestimmt werden (Abb. 5.74). Häufiger wird ein dreistufiges Lyot-Filter (im Englischen **birefringent filter**) als durchstimmbarer Wellenlängenselektor benutzt [5.26]. Dieses besteht aus drei Platten mit den Dicken d, $m_1 d$, $m_2 d$ (m_1, m_2: ganzzahlig), die unter dem Brewster-Winkel im Laserresonator stehen (Abb. 5.75). Im Gegensatz zu den im Abschn. 4.3 besprochenen Lyot-Filtern werden hier keine Polarisatoren verwendet. Die Polarisationsrichtung des Laserstrahls wird durch die vielen Brewster-Flächen im Resonator sowieso schon festgelegt und muss in Abb. 5.75 in der Zeichenebene liegen, weil dann die Reflexionsverluste minimal sind.

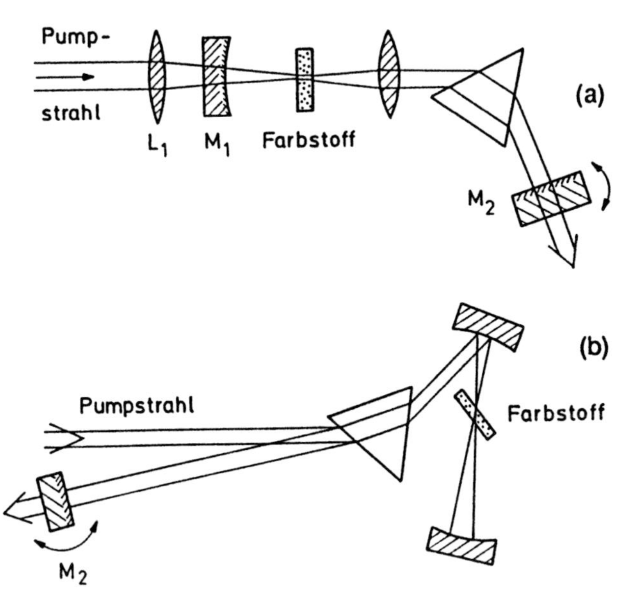

Abb. 5.74a,b. Zwei mögliche Resonatorgeometrien für Mehrmoden-Farbstofflaser mit Prismen als Wellenlängenselektor. (**a**) Kollineare Pumpstrahleinkoppelung durch einen dichroitischen Spiegel; (**b**) gefalteter Resonator von *Kogelnik* [5.80] mit Pumpstrahleinkopplung über das Prisma

Nur solche Wellen (λ_i) können die Oszillationsschwelle erreichen, für welche die Polarisationsrichtung nach Durchlaufen *aller drei Platten* um Winkel $p\pi$ (p: ganzzahlig) gedreht wird, weil sich der Polarisationszustand nach jedem Resonatorumlauf reproduzieren muss. Die Verluste sind jedoch nur dann minimal, wenn der Drehwinkel nach Durchlaufen *jeder einzelnen Platte* um ein ganzzahliges Vielfaches von π gedreht wurde, weil sonst an den Grenzflächen der einzelnen Platten Reflexionsverluste auftreten. Die Transmissionskurve $T(\lambda)$ für ein solches dreifstufiges Lyot-Filter

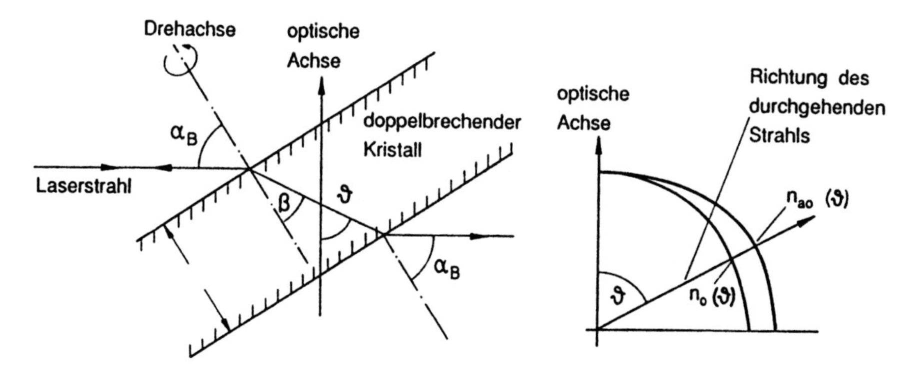

Abb. 5.75. Lyot-Filter im Laserresonator. Zur Wellenlängendurchstimmung wird das Filter um die Flächennormale gedreht

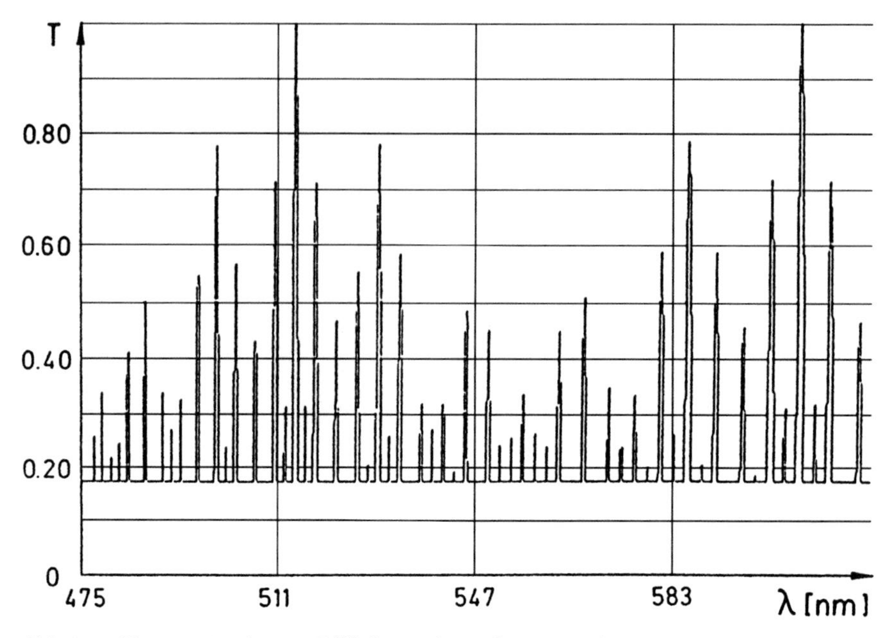

Abb. 5.76. Transmissionskurven $T(\lambda)$ für ein dreistufiges Lyot-Filter im Laserresonator (Plattendicken $d_1 = 0{,}34\,\text{mm}, d_2 = 4d_1, d_3 = 16d_1$) [5.81]

mit $d = 0{,}2\,\text{mm}$, $m_1 = 4$, $m_2 = 16$ ist in Abb. 5.76 gezeigt. Man sieht daraus, dass die Laserwellenlänge λ_L, die sich immer so einstellt, dass die Nettoverstärkung maximal wird, in ein Nebenmaximum des Lyot-Filters springen kann, wenn das Hauptmaximum beim Durchstimmen des Lasers an den Rand des Verstärkungsprofils des Farbstoffes kommt.

Um stabilen Einmoden-Betrieb eines CW Farbstofflasers zu erreichen, muss man einen höheren Aufwand treiben. Außer dem Lyot-Filter zur Voreinengung des Spektralbereiches müssen Fabry-Pérot-Etalons zur Selektion *einer* Resonatormode verwendet werden. Die Abbildungen 5.34, 5.35 zeigen zwei Beispiele.

Ein Nachteil der Resonatoren mit stehenden Lichtwellen ist der „spatial hole burning"-Effekt (Abschn. 5.3), der den Einmodenbetrieb erschwert und außerdem verhindert, dass alle Moleküle im Fokus des Pumplasers zur Verstärkung des Farbstofflasers beitragen. **Ringresonatoren**, in denen die Lichtwelle nur in einer Richtung umläuft, vermeiden diesen Effekt. Sie erlauben deshalb bei gleicher Pumpleistung im Prinzip höhere Ausgangsleistungen und einen stabileren Einmoden-Betrieb. Allerdings sind Aufbau und Justierung komplizierter als beim Resonator für stehende Wellen [5.100, 5.101].

Um zu vermeiden, dass im Ringresonator Wellen in beide Richtungen laufen, muss die Nettoverstärkung in der gewünschten Richtung größer sein als in der anderen. Die kommerziellen Systeme benutzen eine optische Diode [5.102], die aus einem Faraday'schen Polarisationsdreher und einem doppelbrechenden Kristall be-

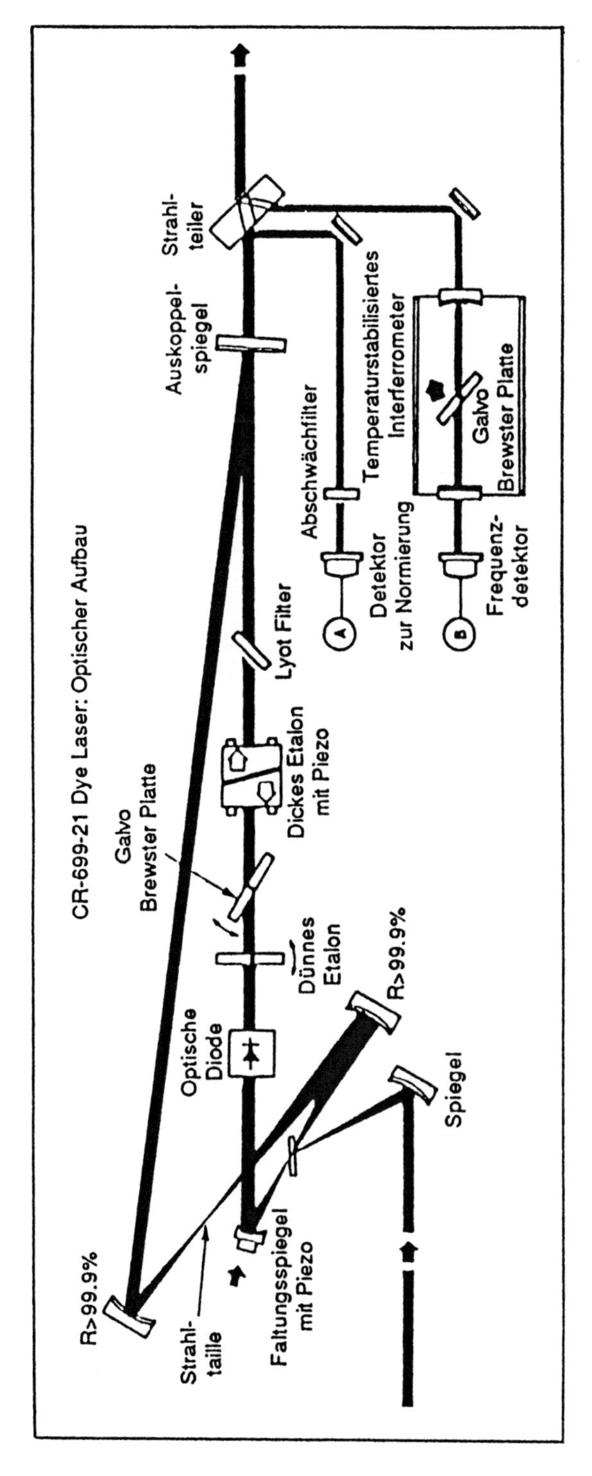

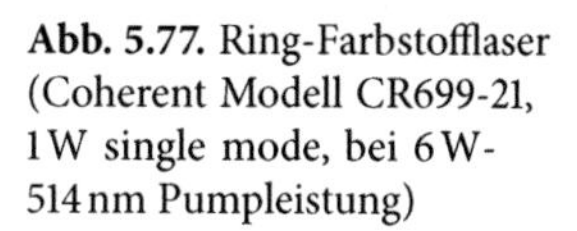

Abb. 5.77. Ring-Farbstofflaser (Coherent Modell CR699-21, 1 W single mode, bei 6 W-514 nm Pumpleistung)

steht. Für die gewünschte Umlaufrichtung kompensieren sich die Polarisationsdrehwinkel der beiden Elemente (die nur wenige Grad betragen), für die entgegenlaufende Welle addieren sie sich. Dadurch werden wegen der vielen Brewster-Flächen im Resonator die Verluste für die falsche Richtung so groß, dass eine Welle in dieser Richtung die Schwelle zur Laseroszillation nicht erreichen kann.

In Abb. 5.77 ist der optische Aufbau eines kommerziellen, stabilisiert durchstimmbaren Einmoden-Ringfarbstofflasers schematisch dargestellt. Die Laserwellenlänge wird auf die Transmissionsflanke eines FPI stabilisiert (Abb. 5.41). Das Regelsignal treibt einen Piezokristall, der dafür sorgt, dass der Laserresonator immer die richtige optische Länge $L = m \cdot \lambda_s$ für die Sollwellenlänge λ_s hat. Oft werden statt nur eines FPI zwei verschieden lange Stabilisierungs-FPI verwendet. Dies erleichtert der Stabilisierungselektronik nach einer kurzzeitigen Störung des Resonators (z. B. durch akustische Vibration oder durch Luftblasen im Farbstoffstrahl) die richtige Sollwellenlänge λ_s wieder einzustellen.

Zum Durchstimmen wird die Transmissionskurve $T(\lambda)$ der Referenz-FPI und damit die Sollwellenlänge λ_s durch planparallele, drehbare Glasplatten in den Referenz-FPI verschoben (Beispiel 5.13). Die Drehung wird oft durch einen Galvoantrieb realisiert, bei dem sich die Platte mit einem Magneten auf einem verdrillbaren Stab in einem Magnetfeld befindet. Durch Änderung der Magnetfeldstärke wird der gewünschte Drehwinkel eingestellt, bei dem das rücktreibende Drehmoment des verdrillten Stabes gleich dem des Magnetfeldes ist. Gleichzeitig wird die Resonatorlänge durch Galvoplatten im Laserresonator synchron mitverändert. Um auch die Transmission $T(\lambda)$ des dicken Etalons (Prismen-Etalon, Abb. 5.36) im Laserresonator synchron mit zu verstimmen, wird dessen Abstand d mithilfe eines Piezozylinders periodisch moduliert, und sein Transmissionsmaximum entsprechend nachgeregelt.

Wegen der vielen Elemente im Ringresonator sind die Gesamtverluste im Allgemeinen etwas größer als beim stehenden Wellen-Resonator, so dass seine Schwelle höher liegt. Da mehr Moleküle zur Verstärkung beitragen, ist sein differenzieller Wirkungsgrad $\mathrm{d}P_{\text{out}}/\mathrm{d}P_{\text{in}}$ aber größer, so dass bei höheren Pumpleistungen der Ringresonator eine höhere Ausgangsleistung bringt (Abb. 5.78).

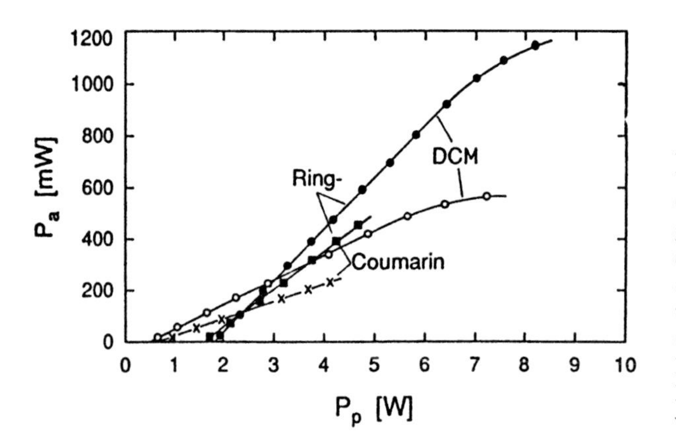

Abb. 5.78. Ausgangsleistungen eines Einmoden-CW-Farbstofflasers mit gefaltetem Resonator mit stehenden Wellen (*offene Kreise bzw. Kreuze*) und mit Ringresonator (*Punkte bzw. Quadrate*) als Funktion der Argonlaser-Pumpleistung für zwei verschiedene Farbstoffe

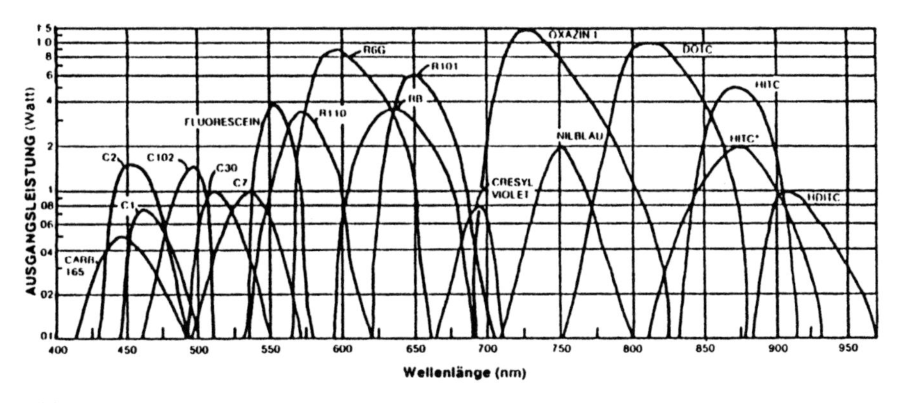

Abb. 5.79. Durchstimmkurven von CW Farbstofflasern für verschiedene Farbstoffe, die mit Ar- oder Kr-Lasern gepumpt wurden

Bei Verwendung verschiedener Farbstoffe lassen sich Laser über den gesamten Bereich von etwa 310 bis 1250 nm durchstimmen. Die Durchstimmkurven hängen vom Lösungsmittel und der Konzentration des Farbstoffes ab. Da bei Verwendung von Excimerlasern als Pumplaser für gepulste Farbstofflaser die optimale Konzentration verschieden ist von der bei Argonlaser-gepumpten CW-Farbstofflasern, unterscheiden sich die Durchstimmkurven für beide Pumpquellen voneinander (Abb. 5.79). Die wichtigsten Daten aller Farbstofflaser sind in Tabelle 5.3 für „typische" Betriebsbedingungen zusammengefasst, um dem Leser ein Gefühl für die Größenordnungen zu geben.

5.6.5 Excimer-Laser

Excimere (eine Abkürzung für „excited dimers") sind zweiatomige Moleküle, die nur in elektronisch angeregten Zuständen gebunden sind, während ihr elektronischer Grundzustand durch eine abstoßende Potenzialkurve charakterisiert wird (Abb. 5.80), die höchstens ein sehr flaches van-der-Waals Minimum haben kann. Dessen Topftiefe ist dann aber klein gegen die thermische Energie kT bei Zimmertemperatur, so dass das Excimer im Grundzustand nicht stabil ist.

Excimere stellen ideale Kandidaten für durchstimmbare Laserübergänge vom gebundenen, angeregten Zustand in den dissoziierenden Grundzustand dar, weil diese „gebunden-frei-Übergänge" ein kontinuierliches Spektrum haben, und weil das untere Laserniveau durch Dissoziation automatisch schnell (in etwa 10^{-13} s) entleert wird. Man erreicht also immer Inversion, wenn man den oberen Zustand durch optische Anregung oder durch Stoßprozesse bevölkern kann.

Beispiele für homonukleare Excimere sind die Edelgas-Dimere, wie He_2^*, Ar_2^*, etc., die wegen der geschlossenen $^1S_0$ Schale der beiden Atome im Grundzustand keine chemische Bindung eingehen können. Heteronukleare Excimere (korrekter „**Exciplexe**" genannt) können durch Kombination von Atomen mit abgeschlossener Schale und solchen mit offenen Schalen gebildet werden, wie z. B. ArF, XeCl, usw.

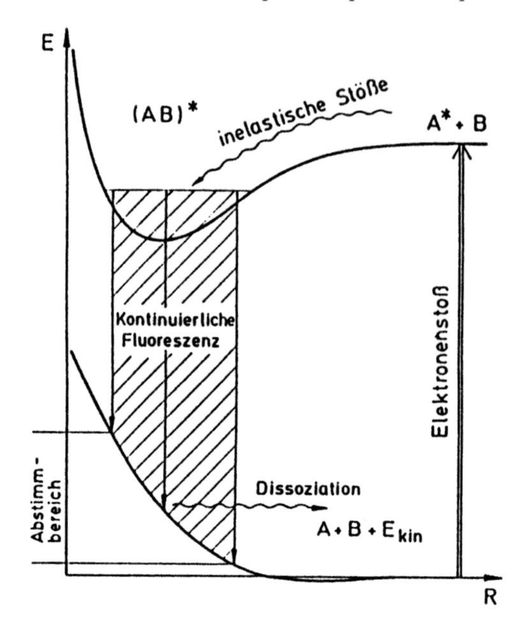

Abb. 5.80. Termschema eines Excimer-Lasers

Excimerlaser werden bisher entweder durch stromstarke Elektronenstrahlen hoher Leistung gepumpt, wie sie z. B. durch Febetrons [5.103] erzeugt werden können, oder durch schnelle gepulste transversale Gasentladungen wie in den kommerziellen Excimerlasern. Um eine über den gesamten Entladungskanal gleichmäßige Entladung zu erreichen, werden speziell geformte Elektroden und eine Vorionisation verwendet [5.104]. Außerdem müssen die Schalter optimiert und die Induktivitäten im Entladungskreis genau angepasst werden. [5.105]. Neuerdings gibt es auch erfolgreiche Bemühungen, Excimerlaser durch longitudinale Gasentladungen zu realisieren.

Die Inversion wird durch einen genügend schnellen und ausreichend großen Bevölkerungsanstieg des oberen Laserniveaus über eine Kette verschiedener Stoßprozesse erreicht, die bisher noch nicht für alle Excimerlaser im Detail geklärt sind. Als Beispiel seien mögliche Bevölkerungsmechanismen für den XeCl-Laser genannt, die auf folgenden Stoßprozessen beruhen:

$$\mathrm{Xe} + \mathrm{e}^- \Rightarrow \begin{cases} \mathrm{Xe}^* + \mathrm{e}^- \\ \mathrm{Xe}^+ + 2\mathrm{e}^- , \end{cases} \tag{5.83a}$$

$$\mathrm{Xe}^* + \mathrm{Cl}_2 \to \mathrm{XeCl}^* + \mathrm{Cl} , \tag{5.83b}$$

$$\mathrm{Xe}^* + \mathrm{HCl} \to \mathrm{XeCl}^* + \mathrm{H} , \tag{5.83c}$$

$$\mathrm{Xe}^+ + \mathrm{Cl}^- + \mathrm{M} \to \mathrm{XeCl}^* + \mathrm{M} , \tag{5.83d}$$

wobei M der für die Rekombination notwendige Stoßpartner bezeichnet (z. B. He, Ar oder Ne) ist. Die Gaszusammensetzung ist typisch 1–2 atm Helium als Puffergas, 300–400 mbar Xe und 5–10 mbar Cl.

Tabelle 5.4 gibt eine Zusammenstellung typischer Daten der wichtigsten Excimerlaser. Als Pumplaser für Farbstofflaser hat der XeCl-Laser die größte Bedeutung,

Tabelle 5.4. Charakteristische Daten einiger Excimerlaser

Lasermedium	F_2	ArF	KrCl	KrF	XeCl	XeF
Wellenlänge [nm]	157	193	222	248	308	351
Pulsenergie [mJ]	15	≤500	≤60	≤1000	≤500	<400

Pulsbreiten: 10 – 200 ns
Repetitionsraten: 1 – 200 Hz je nach Ausstattung
Strahldivergenz: 1 × 3 mrad
Schwankung der Pulsenergie von Pulse zu Puls: 3 – 10%
Zeitgitter: ≃ 1 – 3 ns

da seine Wellenlänge ($\lambda = 308\,\mathrm{nm}$) mit den Absorptionsbanden vieler Farbstoffe überlappt.

Die Pulsdauer der meisten Excimerlaser liegt bei 10 – 20 ns. Seit kurzem sind XeCl-Laser mit Pulsdauern $T \geq 300\,\mathrm{ns}$ erhältlich [5.106], so dass z. B. bei der gepulsten Nachverstärkung von kontinuierlichen einmoden-Farbstofflasern Fourier-limitierte Bandbreiten von $\Delta\nu < 2\,\mathrm{MHz}$ bei Spitzenleistungen von $P > 10^5\,\mathrm{W}$ realisierbar sind.

Für nähere Einzelheiten über die Theorie und experimentelle Ausführungen von Excimerlasern siehe [5.107–5.109].

5.6.6 Freie-Elektronen-Laser

Im Jahre 1970 wurde von J. M. Madey an der Stanford University [5.110] ein völlig neues Konzept für einen weit durchstimmbaren Laser entwickelt, bei dem das aktive Medium keine Atome oder Moleküle sondern freie Elektronen hoher Energie sind und der deshalb „freie Elektronen-Laser“ heißt. Er basiert auf folgendem Konzept (Abb. 5.81):

Ein Elektronenstrahl aus einem Beschleuniger wird in z-Richtung durch ein alternierendes Magnetfeld (*undulator*) geschickt, wo die Elektronen auf Grund der Lorentz-Kraft $\boldsymbol{F} = -e(\boldsymbol{v} \times \boldsymbol{B})$ Oszillationen in einer Ebene senkrecht zum Magnetfeld durchlaufen .Eine andere Version benutzt ein longitudinales von supraleitenden Spulen erzeugtes B-Feld, in dem die Elektronen Spiralbahnen durchlaufen (*wiggler*).

Die oszillierenden Elektronen senden Synchrotronstrahlung aus. Für ein in z-Richtung ruhendes, in y-Richtung oszillierendes Elektron würde die räumliche Verteilung der Strahlung einer Dipolcharakteristik $I(\Theta) = I_0 \cdot \sin^2\Theta$ folgen. Bei den relativistischen Elektronen mit einer Geschwindigkeit $v \approx c$ ist die Strahlung überwiegend in z-Richtung in einen Konus mit Öffnungswinkel $\alpha = (1 - v^2/c^2)^{1/2}$ gebündelt (Abb. 5.82). Für Elektronen der Energie $E = 100\,\mathrm{MeV}$ ist z. B. $\alpha = 4\,\mathrm{mrad}$.

Diese Dipolstrahlung der relativistischen Elektronen ist analog zur spontanen Emission in konventionellen Lasern und kann, wie dort, zum Start der stimulierten Emission genutzt werden. Die emittierte Strahlung überdeckt einen weiten Spektralbereich. Aber durch die Periode Λ_w des alternierenden Magnetfeldes und durch eine Phasenanpassungsbedingung wird aus diesem spektralen Kontinuum eine Wellenlänge λ selektiert, wie man folgendermaßen verstehen kann: Das Licht breitet sich in

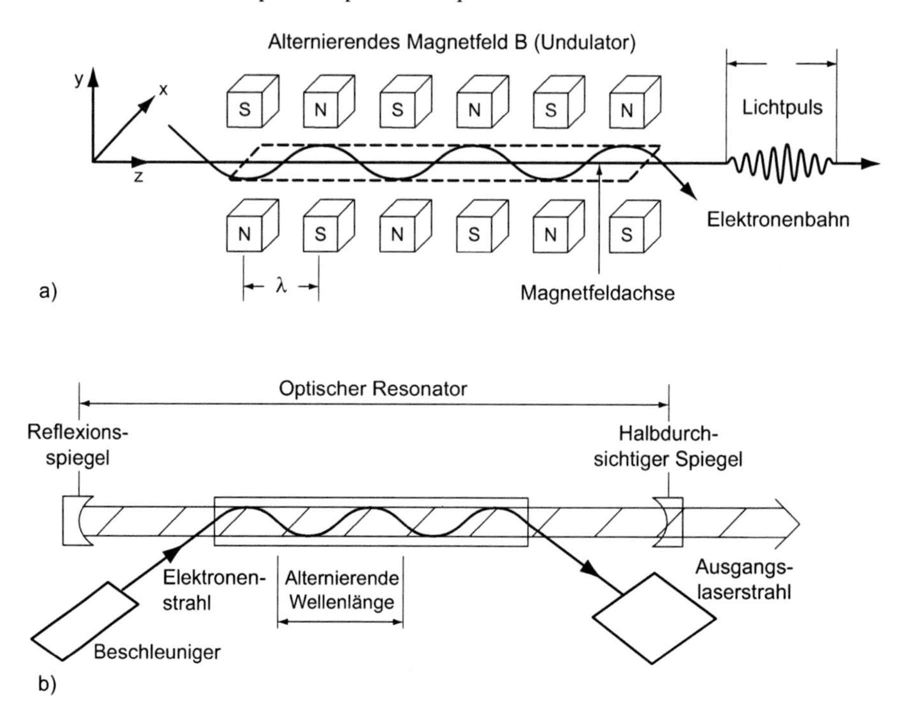

Abb. 5.81. (**a**) Elektronenbahn (in der x-z-Ebene) im alternierenden Magnetfeld (in y-Richtung) (**b**) Schematische Anordnung mit Elektronenbeschleuniger und Laser-Resonator

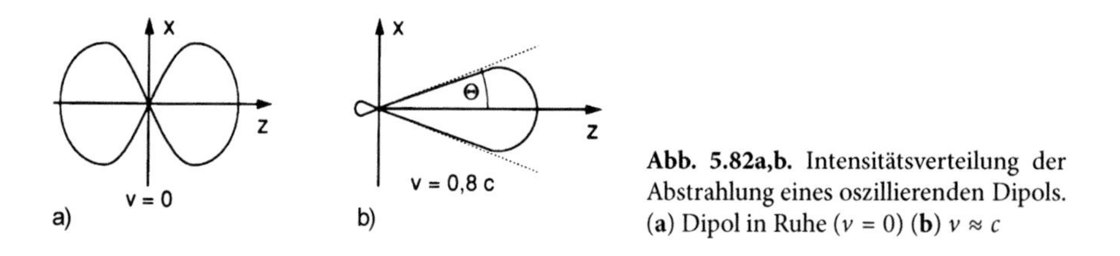

Abb. 5.82a,b. Intensitätsverteilung der Abstrahlung eines oszillierenden Dipols. (**a**) Dipol in Ruhe ($v = 0$) (**b**) $v \approx c$

z-Richtung schneller aus als die Elektronen. Nach einer Periode Λ_w des *wigglers* an der Stelle $z_1 = z_0 + \Lambda_w$ entsteht eine Zeitverzögerung

$$\Delta t = \Lambda_w(1/v_z - 1/c) \tag{5.84}$$

zwischen dem Elektron und dem Licht, was von diesem Elektron an der Stelle z_0 emittiert wurde. Das Licht, das an der Stelle z_1 emittiert wird, ist deshalb nicht in Phase mit dem Licht, das in z_0 ausgesandt wurde, außer, wenn Δt ein ganzzahliges Vielfaches $m \cdot T$ der Strahlungsperiode $T = \lambda/c$ ist. Eine korrekte Phasenanpassung ist deshalb nur für $\Delta t = m \cdot T$ d. h. für eine bestimmte Wellenlänge

$$\lambda_q = c \cdot \Delta t/q = (\Lambda_w/q)(c/v_z - 1)\,, \quad q = 1, 2, 3, \ldots . \tag{5.85}$$

möglich. Nur für diese Wellenlängen interferieren die Teilwellen, die an den verschiedenen Stellen z ausgesandt wurden, konstruktiv miteinander und bauen sich zu einer Strahlung hoher Intensität auf. die tiefste harmonische Welle mit $q = 1$ hat also die Wellenlänge

$$\lambda_1 = \Lambda_w(c/v_z - 1) \tag{5.86}$$

und kann durch Veränderung der Geschwindigkeit v_z der Elektronen, d. h. mit der Elektronenenergie und der Stärke des Magnetfeldes durchgestimmt werden. Benutzt man den Zusammenhang zwischen Geschwindigkeit und Energie im relativistischen Bereich $v \approx c$:

$$v = (c/(1+\alpha)) \cdot \sqrt{(\alpha^2 + 2\alpha)} \quad \text{mit} \quad \alpha = E_{\text{kin}}/(mc^2)\,, \tag{5.87}$$

(siehe [5.110]) so wird die Laserwellenlänge

$$\lambda_q = (1/2q)\Lambda_\text{w}\left(1 + K^2\right)/\alpha^2 \quad \text{mit} \quad K = eB\Lambda_\text{w}/\left(2\pi mc^2\right)\,. \tag{5.88}$$

Beispiel 5.17

Mit $\Lambda_\text{w} = 3\,\text{cm}$, $E_\text{el} = 10\,\text{MeV} \rightarrow \alpha = 20$, $v = 0{,}9989c$, $B = 1\,\text{Tesla}$ erhält man für $q = 1$ eine Wellenlänge $\lambda = 37\,\mu\text{m}$, also im mittleren Infrarot. Für $E_\text{el} = 1\,\text{GeV}$ wird $\alpha = 2{\cdot}10^3$ und die Laser-Wellenlänge $\lambda = 3{,}7\,\text{nm}$, liegt also im weichen Röntgenbereich. Für $q = 3$ erreicht man sogar $\lambda = 1{,}2\,\text{nm}$.

Wenn die Feldamplitude der von einem einzelnen Elektron emittierten Strahlung E_j ist, ist die gesamte von N unabhängigen Elektronen ausgesandte Strahlungsintensität

$$I_\text{total} \sim N \cdot \left(\sum E_j^2\right) = N \cdot I_j\,.$$

Bei N in Phase schwingenden Elektronen erhält man dagegen

$$I_\text{total} \sim \left(\sum NE_j\right)^2 = N^2 I_j\,.$$

Die Ausgangsintensität des FEL ist daher proportional zum Quadrat N^2 der an der Emission beteiligten N Elektronen.

Um die Details des Laser-Prozesses zu verstehen, betrachten wir Strahlung der korrekten Wellenlänge λ_q die sich entlang der Achse (z-Richtung) des alternierenden Magnetfeldes ausbreitet. Elektronen mit der kritischen Geschwindigkeit

$$v_q = c/\left(1 + q\lambda_q/\Lambda_\text{w}\right)$$

sind in Phase mit der Laserwelle und können durch induzierte Emission ein Photon zu der Photonenzahl der Welle hinzufügen (stimulierte Compton-Streuung) und verstärken die Laserwelle. Dadurch verlieren sie Energie und werden langsamer.

Wenn sie nun ein Photon absorbieren werden sie wieder schneller und können erneut zur induzierten Emission beitragen.Elektronen, die etwas schneller als die kritische Geschwindigkeit sind, können ein Photon emitieren und werden dadurch näher an die kritische Geschwindigkeit gebracht. Dies heißt, dass die schnelleren Elektronen die Welle verstärken, die langsameren sie schwächen.

Diese Wechselwirkung der Elektronen mit der Laserwelle macht die schnellen Elektronen langsamer und die langsdamen schneller. Dies führt zu einer Einengung der Geschwindigkeitsverteilung der Elektronen um die kritische Geschwindigkeit. Sollen dieselben Elektronen öfter die Laserwelle verstärken, muß ihnen die durch induzierte Emission verlorenen Energie wieder zugeführt werden. Dies kann z. B. dadurch realisiert wertden, dass die FEL Strecke in einen Elektronen-Speicherring eingebaut wird und den Elektronen, die viele Male durch den Ring laufen, ihre Energie durch Hochfrequenz-Beschleunigungsstrecken wieder zugeführt wird.

Der FEL-Verstärker kann durch Einbau von Spiegeln, welche die Laserwelle reflektieren und die Laserenergie in einem Resonator speichern, zu einem Laser-Oszillator gemacht werden. Da die Elektronen in Form von kurzen Paketen (bunches) ankommen, ist der FEL gepulst mit Pulslängen im Femtosekundenbereich.

Der große Vorteil der FELs ist ihre weite Durchstimmbarkeit vom fernen Infrarot bis zum Röntgenbereich. Ihr Nachteil sind die mit dem Elektronenbeschleuniger zusammenhängenden hohen Kosten und der große experimentelle Aufwand.

Zur Zeit sind weltweit eine beträchtliche Zahl von FEL in Betrieb und weitere in Planung. Ein Beispiel ist der FEL FLASH am DESY in Hamburg. Hier werden in einem 120 m langen Linearbeschleuniger Elektronen auf eine Energie von 1,2 GeV gebracht und durch einen 30 m langen Undulator geschickt, wo sie Röntgenstrahlung im Bereich 4-60nm erzeugen. Das spektulärste Projekt ist der am DESY im Bau befindliche FEL am TESLA, wo in einem 30 km langen Linearbeschleuniger Elektronenenergien bis zu 800 GeV geplant sind und entsprechend kurze Wellenlängen im FEL mit extrem hoher Leistung zu erwarten sind [5.111].

Eine erste Version FLASH mit 300 m Länge wurde 2004 mit 1,2 GeV Elektronen und einem 30 m langen Undulator gestartet, womit Wellenlängen bis herunter zu 12 nm erreicht werden können. Mehr Informationen über FEL findet man in [5.112–5.115].

5.7 Kohärente Strahlungsquellen durch nichtlineare Frequenzverdoppelung und Mischung

Außer den verschiedenen Lasertypen, die in den vorhergehenden Abschnitten beschrieben wurden, lassen sich durchstimmbare kohärente Strahlungsquellen realisieren, die auf der Mischung optischer Frequenzen in optisch nichtlinearen Kristallen oder in Gasgemischen beruhen. Sie haben große Bedeutung vor allem in Spektralbereichen wie dem VUV oder dem fernen Infrarot gewonnen, wo noch keine echt durchstimmbaren Laser zur Verfügung stehen. Wir wollen deshalb kurz die physikalischen Grundlagen der optischen Frequenzmischung besprechen und dann anhand einiger Beispiele ihre Realisierungsmöglichkeiten erläutern.

5.7.1 Grundlagen

Eine elektromagnetische Welle $\boldsymbol{E} = \boldsymbol{E}_0 \cos(\omega t - kz)$, die auf ein dielektrisches Medium fällt, erzeugt dort in den Atomen bzw. Molekülen durch Ladungsverschiebung induzierte elektrische Dipolmomente $\boldsymbol{p}(\boldsymbol{E})$, deren Vektor-Summe pro Volumeneinheit als **dielektrische Polarisation $\boldsymbol{P}(\boldsymbol{E})$** bezeichnet wird. Ihre Abhängigkeit von $\boldsymbol{E}$ beschreiben wir durch die Potenzreihenentwicklung

$$\boldsymbol{P}(E) = \epsilon_0\left(\chi^{(1)}\boldsymbol{E} + \chi^{(2)}\boldsymbol{E}^2 + \chi^{(3)}\boldsymbol{E}^3 + \ldots\right), \tag{5.89}$$

wobei $\chi^{(n)}$ die Suszeptibilität n-ter Ordnung ist. Die Größe der nichtlinearen Suszeptibilität hängt von der Art und der Symmetrie des nichtlinearen Mediums ab. Sie ist ein Maß für die Größe der nichtlinearen Rückstellkraft bei der Verformung der Elektronenhülle durch die einfallende Lichtwelle. Obwohl immer gilt: $\chi^{(n)} \ll \chi^{(n-1)}$, können die höheren Terme in (5.89) bei genügend großen Feldstärken $\boldsymbol{E}$ durchaus wesentliche Beiträge zu $\boldsymbol{P}(\boldsymbol{E})$ liefern.

Die unter dem Einfluss der einfallenden Welle $\boldsymbol{E}(\omega)$ oszillierenden, induzierten atomaren Dipolmomente wirken als Quellen neuer elektromagnetischer Wellen, deren Frequenzspektrum durch dasjenige von $\boldsymbol{P}(\boldsymbol{E})$ bestimmt wird. Wir wollen uns dies an einem Beispiel klar machen:

Die einfallende Welle

$$\boldsymbol{E} = \boldsymbol{E}_1 \cos(\omega_1 t + k_1 z) + \boldsymbol{E}_2 \cos(\omega_2 t + k_2 z) \tag{5.90}$$

möge eine Überlagerung zweier ebener Wellen mit den Frequenzen ω_1, ω_2 sein. Der quadratische Term in (5.89) enthält dann wegen $\cos^2 x = \frac{1}{2}(1 + \cos 2x)$ die Frequenzanteile

$$\begin{aligned}
P^{(2)}(\omega) &= \epsilon_0\chi^{(2)}\left[E_1^2\cos^2(\omega_1 t) + E_2^2\cos^2(\omega_2 t) + 2E_1E_2\cos(\omega_1 t)\cos(\omega_2 t)\right] \\
&= \frac{1}{2}\epsilon_0\chi^{(2)}\left[(E_1^2 + E_2^2) + E_1^2\cos(2\omega_1 t) + E_2^2\cos(2\omega_2 t)\right. \\
&\quad \left. + 2E_1E_2\cos(\omega_1 + \omega_2)t + 2E_1E_2\cos(\omega_1 - \omega_2)t\right] .
\end{aligned} \tag{5.91}$$

Man sieht aus (5.91), dass die nichtlineare Polarisation $P^{(2)}(\omega)$ einen konstanten, frequenzunabhängigen Term enthält (*optische Gleichrichtung*), Anteile mit $2\omega_1$ und $2\omega_2$, deren Amplituden proportional zum Quadrat der Feldstärke E_1 bzw. E_2 sind, und Terme, die auf der Summen-, bzw. Differenzfrequenz oszillieren. Da die Intensität $I(2\omega)$ der von den oszillierenden induzierten Dipolen abgestrahlten Oberwellen proportional zum Quadrat ihrer Schwingungsamplitude ist, gilt

$$\begin{aligned}
&I(2\omega) \propto I^2(\omega) , \\
&I(\omega_1 \pm \omega_2) \propto I(\omega_1) \cdot I(\omega_2) .
\end{aligned} \tag{5.92}$$

Deshalb werden zur optischen Frequenzverdopplung bzw. Frequenzmischung in der nichtlinearen Optik meistens gepulste Laser mit hohen Spitzenleistungen verwendet.

Nur bei Experimenten, wo die schmale Bandbreite von Einmoden-CW-Lasern wichtig ist, sind kontinuierliche Laser notwendig. Hier wird das nichtlineare Medium oft in den Laserresonator gebracht oder man benützt einen auf die Fundamentalwelle abgestimmten externen Resonator, um in beiden Fällen die größere Intensität $I(\omega)$ im Resonator auszunutzen.

Die Suszeptibilität n-ter Ordnung, $\chi^{(n)}$, wird mathematisch durch einen $(n+1)$-stufigen Tensor beschrieben [5.116–5.119], so dass (5.89) in Komponentenschreibweise lautet

$$P_i = \epsilon_0 \left[\sum_{k=1}^{3} \chi_{ik}^{(1)} E_k + \sum_j \sum_k \chi_{i,j,k}^{(2)} E_j E_k + \dots \right] . \tag{5.93}$$

Die Komponenten $P_i (i = x, y, z)$ der induzierten Polarisation werden also durch die Polarisationseigenschaften der einfallenden Welle bestimmt (d. h. welche Komponenten E_x, E_y, E_z von Null verschieden sind) und durch die Komponenten des Suszeptibilitätstensors, die wiederum durch die Art und Symmetrie des nichtlinearen Mediums festgelegt sind.

Wir wollen uns zuerst den linearen Teil in (5.93) ansehen:

$$\begin{pmatrix} P_x^{(1)} \\ P_y^{(1)} \\ P_z^{(1)} \end{pmatrix} = \varepsilon_0 \begin{pmatrix} \chi_{xx} & \chi_{xy} & \chi_{xz} \\ \chi_{yx} & \chi_{yy} & \chi_{yz} \\ \chi_{zx} & \chi_{zy} & \chi_{zz} \end{pmatrix} \cdot \begin{pmatrix} E_x \\ E_y \\ E_z \end{pmatrix} . \tag{5.94a}$$

Man sieht hieraus, dass $\boldsymbol{P}$ und $\boldsymbol{E}$ im Allgemeinen nicht mehr parallel sind. In einem geeignet gewählten Koordinatensystem wird der χ-Tensor diagonal (Hauptachsen-Transformation). In diesem System erhält man aus (5.94a)

$$\begin{pmatrix} P_x^{(1)} \\ P_y^{(1)} \\ P_z^{(1)} \end{pmatrix} = \varepsilon_0 \begin{pmatrix} \chi_1 & 0 & 0 \\ 0 & \chi_2 & 0 \\ 0 & \chi_3 & 0 \end{pmatrix} \cdot \begin{pmatrix} E_x \\ E_y \\ E_z \end{pmatrix} . \tag{5.94b}$$

Wegen $\varepsilon_i = 1 + \chi_i$ können wir die Suszeptibilität χ_i durch die relativen Dielektrizitätskonstanten ε_i ersetzen. Da die relative Dielektrizitätskonstante ε mit dem Brechungsindex n verknüpft ist durch $\varepsilon = n^2$ sieht man aus (5.94b) dass es drei verschiedene Brechzahlen n_i für die drei Hauptachsen gibt. Zieht man von Nullpunkt des Hautpachsensystems Radiusvektoren der Länge $n = (\varepsilon)^{1/2}$ in alle Richtungen, so bilden ihre Endpunkte eine Ellipsoidfläche, das sogenannte Indexellipsoid, dessen Gleichung lautet:

$$\frac{1}{\varepsilon_0} \cdot \left(\frac{n_x^2}{\varepsilon_1} + \frac{n_y^2}{\varepsilon_2} + \frac{n_z^2}{\varepsilon_3} \right) = 1 . \tag{5.95}$$

Bei optisch einachsigen Kristallen sind zwei dieser ε_i gleich und man erhält ein rotationssymmetrisches Ellipsoid. Wenn wir die z-Achse als Symmetrieachse, wählen, die man auch optische Achse des Kristalls nennt, so wird $\varepsilon_1 = \varepsilon_2$.

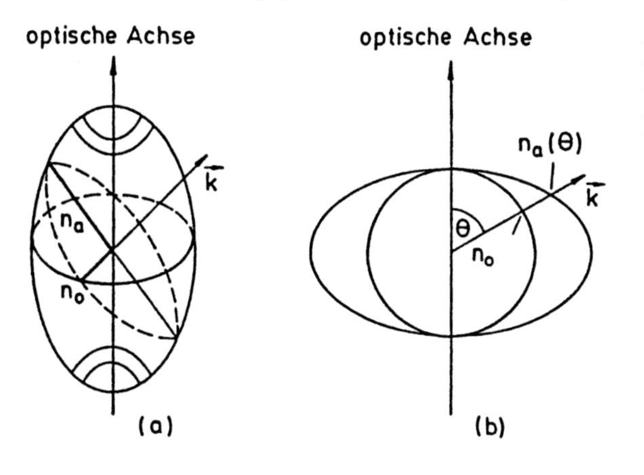

Abb. 5.83. (**a**) Index-Ellipsoid und (**b**) Brechungsindizes n_o und $n_a(\theta)$ für einen einachsig positiv doppelbrechenden Kristall

Für eine beliebige Ausbreitungsrichtung $\boldsymbol{k}$ einer Welle $\boldsymbol{E} = \boldsymbol{E}_0 \cos(\omega t - \boldsymbol{k} \cdot \boldsymbol{r})$ schneidet die Ebene senkrecht zu $\boldsymbol{k}$ durch den Mittelpunkt des Indexellipsoides dieses in einer Ellipse (Abb. 5.83). Ihre beiden Hauptachsen geben die beiden Brechzahlen $n_o = n_3$ und $n_a = n_1 = n_2$ für den ordentlichen („o") bzw. außerordentlichen („a") Strahl im doppelbrechenden Kristall an. Während n_o für alle Richtungen gleich ist, hängt n_a von den Richtungen von $\boldsymbol{k}$ und von $\boldsymbol{E}$ ab. Man kann diese Abhängigkeit aus der Ellipsengleichung

$$\frac{1}{n_a^2(\theta)} = \frac{\cos^2\theta}{n_o^2} + \frac{\sin^2\theta}{n_a^2} \tag{5.96}$$

entnehmen, wobei θ der Winkel zwischen der Ausbreitungsrichtung $\boldsymbol{k}$ und der optischen Achse ist (Abb. 5.83b). Man beachte, dass sowohl n_o als auch n_a von der Frequenz ω abhängen.

Wir wollen nun den zweiten Term in (5.93) mit dem nichtlinearen Suszeptibilitätstensor $\chi^{(2)}$ betrachten, wobei wir den allgemeinen Fall annehmen, dass die Frequenzen ω_1 und ω_2 der beiden Wellen mit den elektrischen Feldvektoren $\boldsymbol{E}_1$ und $\boldsymbol{E}_2$ verschieden sein können. In der Tensorschreibweise erhält man mit $\omega = (\omega_1 \pm \omega_2)$

$$\begin{pmatrix} P_x^{(2)}(\omega) \\ P_y^{(2)}(\omega) \\ P_z^{(2)}(\omega) \end{pmatrix} = \varepsilon_0 \begin{pmatrix} \chi_{xxx}^{(2)} & \chi_{xxy}^{(2)} & \cdots & \chi_{xzz}^{(2)} \\ \chi_{yxx}^{(2)} & \chi_{yxy}^{(2)} & \cdots & \chi_{yzz}^{(2)} \\ \chi_{zxx}^{(2)} & \chi_{zxy}^{(2)} & \cdots & \chi_{zzz}^{(2)} \end{pmatrix} \cdot \begin{pmatrix} E_x(\omega_1) \cdot E_x(\omega_2) \\ E_x(\omega_1) \cdot E_y(\omega_2) \\ E_x(\omega_1) \cdot E_z(\omega_2) \\ E_y(\omega_1) \cdot E_x(\omega_2) \\ E_y(\omega_1) \cdot E_y(\omega_2) \\ \vdots \\ E_z(\omega_1) \cdot E_z(\omega_2) \end{pmatrix} . \tag{5.97}$$

Man sieht aus (5.97) dass die nichtlineare Polarisation $\boldsymbol{P}^{(2)}$ von allen Produkten $E_i E_k$ $(i, k = x, y, z)$ der Feldkomponenten abhängt.

In den meisten nichtlinearen optischen Kristallen sind nur wenige der χ_{ijk} von Null verschieden, so dass sich Gl. (5.93) bzw. (5.97) stark reduziert.

Um die Indexschreibweise zu vereinfachen, wird oft die **reduzierte Voigt-Notation** für die χ_{ijk} benutzt. Für den ersten Index i wird $x = 1, y = 2, z = 3$ gesetzt. Für die beiden anderen jk gilt: $xx = 1$, $yy = 2$, $zz = 3$, $yz = zy = 4$, $xz = zx = 5$, $xy = yx = 6$. Hierbei wurde die Symmetriebedingung $\chi_{ijk} = \chi_{ikj}$ für den Suszeptibilitätstensor $\chi^{(2)}$ ausgenutzt. Man schreibt dann statt χ_{ijk} die Voigtkoeffizienten d_{mn} mit $m = 1$, 2, 3 und $n = 4, 5, 6$.

Beispiel 5.18

In einem optisch einachsigen KDP-Kristall (Kalium-Dihydrogen-Phosphat, KH_2PO_4) mit der optischen Achse in z-Richtung sind nur die drei Komponenten

$$\chi^{(2)}_{xyz} = d_{14} = \chi^{(2)}_{yxz} = d_{25} \quad \text{und} \quad \chi^{(2)}_{zxy} = d_{36}$$

des Tensors $\chi^{(2)}$ von Null verschieden.

Wir erhalten daher für die drei Komponenten der nichtlinearen Polarisation $P^{(2)}$:

$$P_x = 2\epsilon_0 d_{14} E_y E_z\,, \quad P_y = 2\epsilon_0 d_{14} E_x E_z\,, \quad P_z = 2\epsilon_0 d_{36} E_x E_y\,.$$

Fällt nur *eine* ebene Welle $\boldsymbol{E} = \boldsymbol{E}_0 \cos(\omega t - \boldsymbol{k}\cdot\boldsymbol{z})$ mit $\boldsymbol{E}_0 = \{E_x, E_y, 0\}$ auf den Kristall, so ist $\omega_1 = \omega_2 = \omega$ und $E_z = 0$. Als einzige von Null verschiedene Komponente der nichtlinearen Polarisation bleibt

$$P_z^{(2)}(2\omega) = 2\epsilon_0 d_{36} E_x(\omega)\cdot E_y(\omega)\,.$$

übrig. Die abgestrahlte Oberwelle $E_z(2\omega)$ ist senkrecht zur Polarisationsebene der einfallenden Welle linear polarisiert.

Die von den induzierten atomaren Dipolen abgestrahlten Wellen mit der Frequenz ω laufen mit der Phasengeschwindigkeit

$$v_{\mathrm{Ph}} = \omega/k = c_0/n(\omega) \tag{5.98}$$

durch das nichtlineare Medium. Die von den verschiedenen Atomen an den Orten (x, y, z) ausgehenden Wellen können sich jedoch nur dann zu einer makroskopischen Welle addieren, wenn alle mikroskopischen Anteile „in Phase" sind, d. h. wenn die erzeugende Grundwelle dieselbe Phasengeschwindigkeit hat wie die erzeugten Oberwellen. Dies ist genau dann der Fall, wenn die so genannte „**Phasenanpassungsbedingung**"

$$\boldsymbol{k}(\omega_1 \pm \omega_2) = \boldsymbol{k}(\omega_1) \pm \boldsymbol{k}(\omega_2) \tag{5.99a}$$

erfüllt ist, welche die Impulserhaltung für die drei an der Frequenzmischung beteiligten Photonen ausdrückt (Abb. 5.84).

Wenn der Winkel zwischen den drei Wellenvektoren $\boldsymbol{k}_i$ groß ist, wird bei fokussierten einfallenden Strahlen das Überlappvolumen sehr klein, weil die einzelnen Wellen auseinander laufen und die Effizienz der Summen- bzw. Differenzmischung oder der Frequenzverdopplung sinkt. Ein optimaler Überlapp wird für kollineare Ausbreitung der beiden Wellen erreicht. Für diesen Fall folgt wegen $\omega/k = c/n$ aus

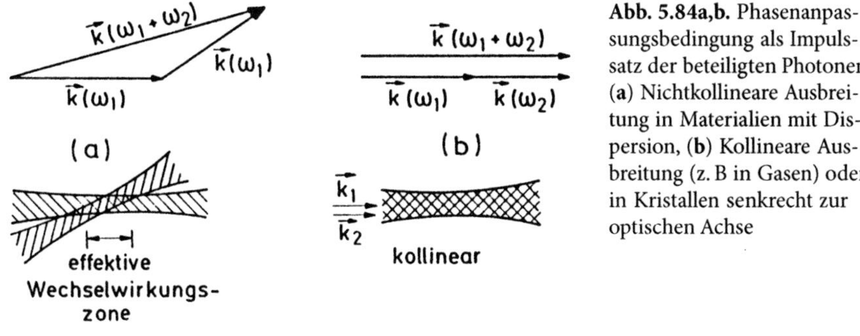

Abb. 5.84a,b. Phasenanpassungsbedingung als Impulssatz der beteiligten Photonen, (**a**) Nichtkollineare Ausbreitung in Materialien mit Dispersion, (**b**) Kollineare Ausbreitung (z. B in Gasen) oder in Kristallen senkrecht zur optischen Achse

(5.99a) die Bedingung

$$n_3\omega_3 = n_1\omega_1 \pm n_2\omega_2 \tag{5.99b}$$

für die Brechzahlen $n_i = n(\omega_i)$ mit $\omega_3 = \omega_1 \pm \omega_2$. Die Bedingung (5.99b) für kollineare Frequenzmischung lässt sich entweder in Gasen bzw. Gas-Metallgemischen erreichen oder mit größerem Wirkungsgrad in doppelbrechenden Kristallen. Wir wollen dies zuerst am Beispiel der optischen Frequenzverdopplung in optisch einachsigen Kristallen erläutern.

5.7.2 Optische Frequenzverdopplung

Für den Fall $\omega_1 = \omega_2 = \omega$ können beide Photonen aus einer Welle kommen, so dass dann $\boldsymbol{E}_1 = \boldsymbol{E}_2 = \boldsymbol{E}_0 \cos(\omega t - \boldsymbol{k} \cdot \boldsymbol{r})$. Die Phasenbedingung (5.99a) vereinfacht sich dann zu

$$k(2\omega) = 2k(\omega) \Rightarrow v_{\mathrm{Ph}}(2\omega) = v_{\mathrm{Ph}}(\omega)\ . \tag{5.100}$$

Die Phasengeschwindigkeiten von einfallender Grundwelle und erzeugter Oberwelle müssen also gleich sein.

Wichtig für die optische Frequenzverdopplung ist nun, dass es optisch einachsige Kristalle gibt (z. B. KDP), bei denen für eine bestimmte Richtung θ und Wellen-

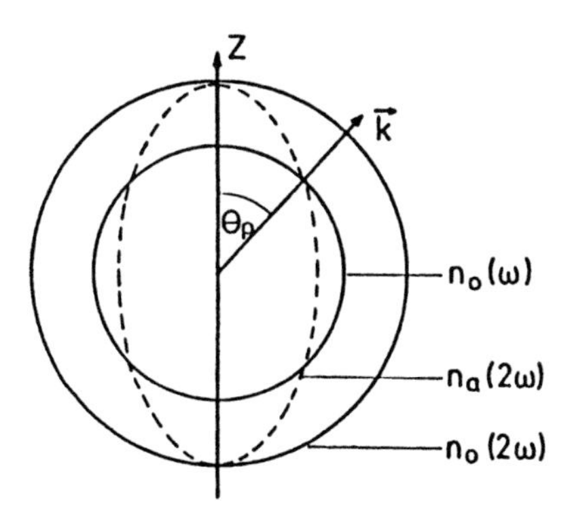

Abb. 5.85. Phasenanpassung für die optische Frequenzverdopplung in einem optisch einachsigen Kristall

länge λ der außerordentliche Brechungsindex $n_a(2\omega)$ für die Oberwelle gleich dem ordentlichen Brechungsindex $n_0(\omega)$ für die Grundwelle ist (Abb. 5.85). Strahlt man die Grundwelle in dieser Richtung ein, so wird für die optische Frequenzverdopplung die Phasenanpassungsbedingung (5.100) erfüllt und eine makroskopische Welle der Frequenz 2ω kann sich aufbauen.

Beispiel 5.19

KDP ist ein optisch einachsiger, negativ doppelbrechender Kristall mit $n_a < n_o$. In Abb. 5.86 sind die Dispersionskurven $n_o(\omega)$ und $n_a(\omega)$ für $\theta = 50°$ und $90°$ dargestellt. Fällt die Fundamentalwelle als ordentlicher Strahl unter $\theta = 48°$ gegen die optische Achse (z-Richtung) auf den Kristall, so erkennt man, dass für $\lambda = 694\,\text{nm}$ (Wellenlänge des Rubinlasers) $n_o(\omega) = n_a(2\omega)$ wird. Unter dem Winkel θ erreicht man daher Phasenanpassung für die Frequenzverdopplung. Durch Variation von θ (Drehen des Kristalls) ändert sich die phasenangepasste Wellenlänge entsprechend (Winkeldurchstimmung der optimalen Phasenanpassung). Die Polarisation der Oberwelle bei $2\omega(\lambda/2)$ steht senkrecht auf der Grundwelle (Beispiel 5.18).

In doppelbrechenden Kristallen bilden im Allgemeinen die Wellenausbreitung $\boldsymbol{k}$ und die Energieflussrichtung, repräsentiert durch den Poynting-Vektor $\boldsymbol{S}$, einen Winkel $\alpha(\theta)$ miteinander, der vom Winkel θ gegen die optische Achse und wegen der Dispersion auch von der Frequenz abhängt. Dadurch ist bei fokussierten Laserstrahlen das maximale Überlappvolumen zwischen Grundwelle und erzeugter Oberwelle beschränkt, weil beide Wellen sich in etwas anderer Richtung ausbreiten. Dies ist *nicht so* für $\theta = 90°$, weil dann zwar $n_o \neq n_a$, aber die Ausbreitungsrichtungen für beide Wellen gleich sind. Deshalb sucht man nach Materialien, bei denen eine kollineare Phasenanpassung bei $\theta = 90°$ möglich ist. Da $\Delta n(T) = n_a(\lambda_1, T) - n_o(\lambda, T)$ von der Kristalltemperatur abhängt, lässt sich die Wellenlänge λ, für die $n_o(\lambda) = n_a(\lambda/2)$ ist, in gewissen Grenzen durch Temperaturvariation einstellen („**temperature tuning**“).

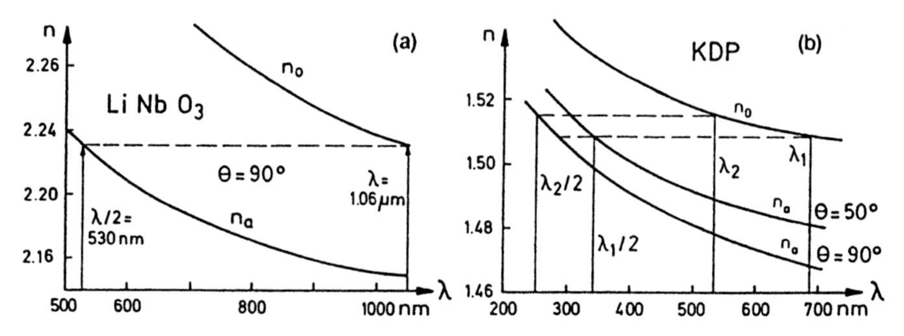

Abb. 5.86a,b. Dispersionskurven für $n_a(\lambda)$ und $n_o(\lambda)$ (**a**) für $LiNbO_3$ ($\theta = 90°$) [5.119] (**b**) für KDP ($\theta = 90°$ und $50°$) [5.116]. Phasenanpassung kann erreicht werden für $LiNbO_3$ bei $\lambda = 1{,}06\,\mu\text{m}$, bei KDP für $\lambda = 0{,}5145\,\mu\text{m}$ (Argonlaser) bei 90° und für $0{,}694\,\mu\text{m}$ (Rubinlaser) bei $\theta = 50°$

Beispiel 5.20

In Abb. 5.87 sind für ADP (Ammonium-Dihydrogen-Phosphat) die Brechungsindizes $n_0(T)$ und $n_a(T)$ für $\theta = 90°$ aufgetragen. Man sieht, dass bei $T = -11\,°C$ $n_0(\lambda = 514{,}5\,nm) = n_a(257{,}25\,nm)$ ist und damit 90° Phasenanpassung für die Frequenzverdopplung der starken grünen Argonlaserlinie erreicht wird.

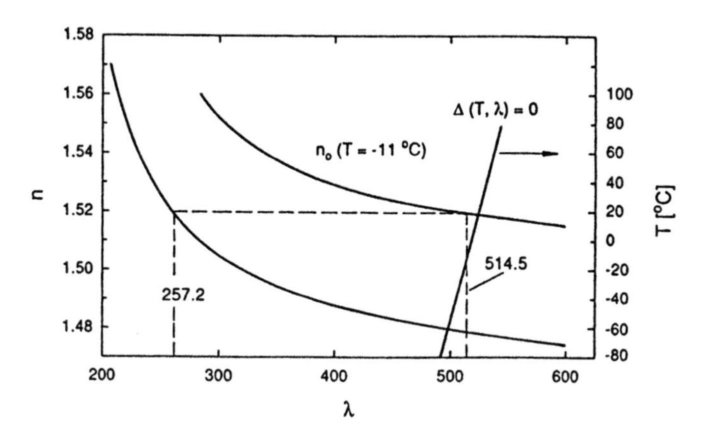

Abb. 5.87. Wellenlängenabhängigkeit der Brechungsindizes n_0 und n_a für ADP und Phasenanpassung für $\lambda = 514{,}5\,nm$. Temperaturkurve für $\Delta(T, \lambda) = n_0(\lambda) - n_e(\lambda/2) = 0$

Beispiel 5.21

Ein besonders viel versprechender nichtlinearer Kristall ist Beta-Bariumborat (β-BaB_2O_4) [5.120–5.124, 5.128], mit dem effiziente Frequenzverdopplung im Bereich

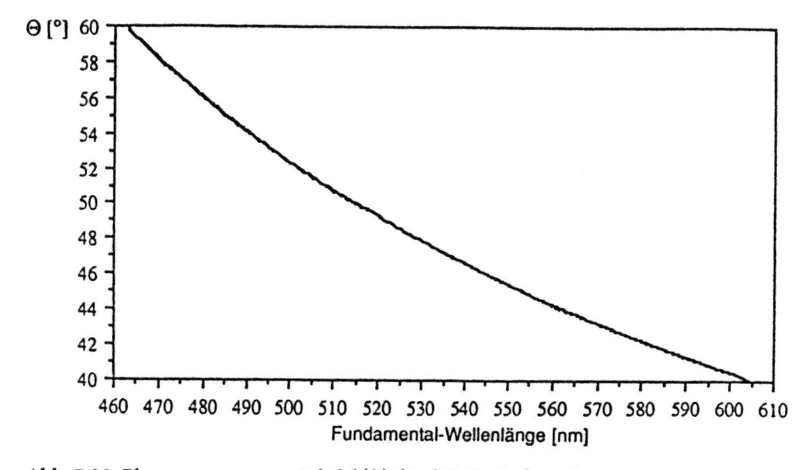

Abb. 5.88. Phasenanpassungswinkel $\theta(\lambda)$ für β-BaB_2O_4 [5.128]

$\lambda = 400-3000\,\text{nm}$ um der Fundamentalwelle für verschiedene Kristallschnitte möglich ist (Abb. 5.88) und der eine besonders hohe Zerstörungsschwelle aufweist.

Mit kontinuierlichen Farbstofflasern im Sichtbaren (Leistungen $< 1\,\text{W}$) erreicht man im Allgemeinen UV-Leistungen von wenigen mW. Um die Effizienz $\eta = I(2\omega)/I(\omega)$ der Frequenzverdopplung (die proportional zu $I(\omega)$ ansteigt) zu erhöhen, kann man den Verdoppler-Kristall in den Resonator des Farbstofflasers setzen und damit die wesentlich höhere Grundwellenleistung im Laserresonator ausnutzen [5.129, 5.130]. Damit lassen sich z. B. mit $LiJO_3$ bei $\lambda = 600\,\text{nm}$ UV-Leistungen von $20-50\,\text{mW}$ erzielen [5.131].

Soll der Farbstofflaser sowohl für Spektroskopie im Sichtbaren als auch im UV benutzt werden, ist es vorteilhaft, einen eigenen „externen" Resonator für die Verdopplung zu benutzen, der dann auf die Laserwellenlänge λ stabilisiert werden muss, damit er auch beim Durchstimmen von λ immer in Resonanz bleibt [5.131]. Bei geeigneter Wahl der Resonatorbedingungen (gefalteter Ringresonator) wurde bei der optischen Frequenzverdopplung von 1,4 W Grundwellen-Leistung in Lithiumtriborat bei $\lambda = 790\,\text{nm}$ eine Verdopplungseffizienz von 20%, d. h. eine UV-Leistung von 280 W bei $\lambda = 395\,\text{nm}$ erreicht [5.132].

Ein besonders effizienter Überhöhungsresonator ist in Abb. 5.89 gezeigt. Hier werden nur zwei sphärische Spiegel und ein Brewsterprisma verwendet, wodurch die Verluste sehr gering sind. Man erreicht Resonatorgüten von $Q > 100$. Wenn die Fundamental-Wellenlänge λ durchgestimmt wird, kann das Prisma durch einen Piezo verschoben werden. Dadurch wird die optische Weglänge im Resonator verändert, sodass der Resonator durch einen elektronischen Regelkreis immer in Resonanz mit λ bleibt [5.132].

In den letzten Jahren sind nichtlineare optische Materialien entwickelt worden, die aus einer Schichtfolge von nichtlinearen Kristallen mit periodisch variierender Richtung der optischen Achse bestehen. Sie sind nicht genau für die Richtung und Polarisation der einfallenden Welle phasenangepasst, so dass nach der Kohärenz-

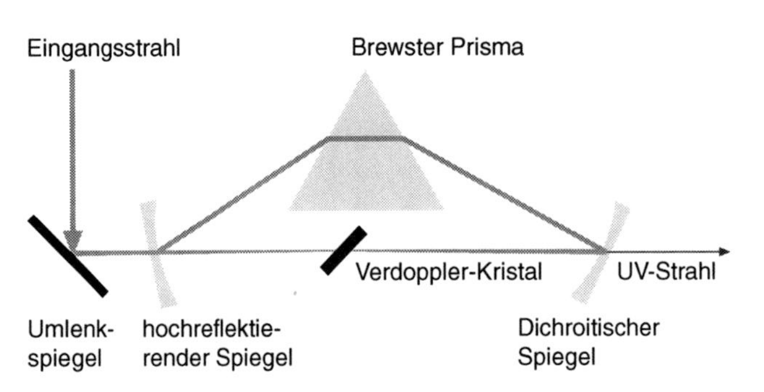

Abb. 5.89. Externer Ringresonator zur optischen Frequenzverdopplung mit geringen Resonatorverlusten

länge

$$L_c = \frac{\lambda}{4(n_2 - n_1)} = \frac{\pi}{k_2 - 2k_1} \tag{5.101}$$

sich die Phase zwischen zwei Wellen mit den Frequenzen ω_1, und $\omega_2 = 2\omega_1$ (Wellenzahlen k_1 und k_2) um π verschiebt. Ein langes Stück eines solchen Kristalls würde daher die durch die Kurve (a) in Abb. 5.90 dargestellte Intensität der Oberwelle ergeben, die nach $L = L_c$ ihr Maximum erreicht, um dann wieder abzufallen, und bei $L = 2L_c$ Null wird. Macht man jetzt die Schichtdicke gleich L_c und lässt für die nächste Schicht die Dispersion invertieren, macht also $(k_2 - 2k_1)_2 = -(k_2 - 2k_1)_1$, so steigt die Intensität der Oberwelle weiter an.

Für viele aufeinander folgende Schichten ergibt sich die Kurve (b) in Abb. 5.90. Die „quasi-Phasenanpassung“ [5.133] lässt sich z. B. realisieren, wenn die aufeinander folgenden Schichten durch ein starkes elektrisches Feld periodisch alternierend umgepolt werden, so dass in einem Material wie Lithium-Niobat eine periodische ferroelektrische Domänenstruktur erzeugt wird, bei der die spontane Polarisation in aufeinander folgenden Schichten periodisch umgepolt ist. Dazu werden mit lithographischen Verfahren schmale Elektroden auf den Kristall aufgebracht, die durch isolierende Streifen voneinander getrennt sind. Durch einen Hochspannungspuls wird dann jede Schicht alternierend gepolt.

Bei solchen quasi-phasenangepassten Kristallschichten haben Grundwelle und Oberwelle häufig die gleiche Polarisation und stehen nicht, wie bei der Phasenanpassung in doppelbrechenden Kristallen senkrecht aufeinander. Dies hat den Vorteil, dass man in (5.93) den größten Koeffizienten im nichtlinearen Suszeptibilitätstensor χ_{ijk} ausnutzen kann.

Ein weiterer Vorteil der quasi-Phasenanpassung ist die erreichbare große Gesamtlänge des Kristalls, weil hier nicht Grund- und Oberwelle auseinander laufen. Außerdem lässt sich durch geeignete Wahl der Schichtdicken und durch Temperaturvariation ein großer spektraler Durchstimmbereich erzielen, so dass die quasi-Phasenanpassung sich besonders für kontinuierliche optische parametrische Oszillatoren (Abschn. 5.7.7) einen Platz erobert hat. Ein Beispiel für eine solche Anwendung ist quasi-phasenangepasstes Lithium-Tantalat ($LiTaO_3$), mit dem optische Frequenz-

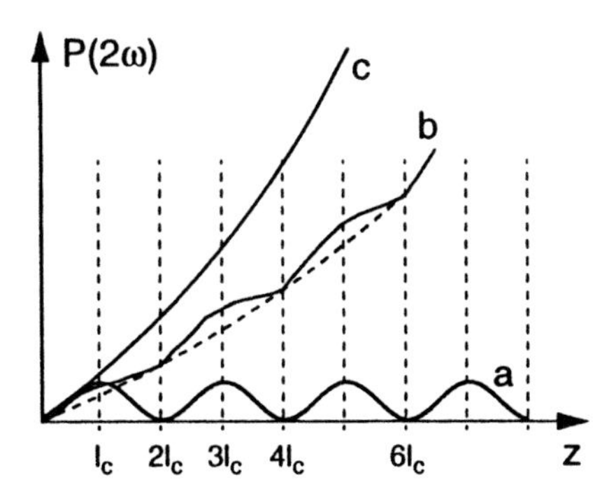

Abb. 5.90. Ausgangsleistung $P(2\omega)$ der Oberwelle bei der Frequenzverdopplung: (a) Bei quasi-Phasenanpassung in einem Kristall, (b) in einer periodisch alternativ gepolten Schichtfolge, und (c) bei idealer Phasenanpassung in einem doppelbrechenden Kristall

verdopplung eines Ti:Saphir-Laser erreicht wurde bei einer Periode der Domänenschichten von 7,5 μm [5.134] und das mit einer Kohärenzlänge von 27 μm zur Realisierung eines kontinuierlichen optischen parametrischen Oszillators eingesetzt wurde (Abschn. 5.7.7).

5.7.3 Frequenzmischung

Oft ist es zur Erzeugung durchstimmbarer UV-Strahlung günstiger, statt der Frequenzverdopplung eines Farbstofflasers im sichtbaren Spektralbereich die Summenfrequenzerzeugung mit einem Farbstofflaser und einem leistungsstarken Festfrequenzlaser (z. B. Argonlaser, Nd-YAG-Laser) auszunutzen. Dies hat drei Vorteile:

a) Da $I(\omega_1 + \omega_2) \propto I(\omega_1) \cdot I(\omega_2)$ ist, führt die größere Intensität $I(\omega_2)$ des Festfrequenzlasers zu einer größeren Intensität auf der Summenfrequenz.
b) Oft lassen sich zur Erzeugung einer gewünschten Frequenz $\omega_s = \omega_1 + \omega_2$ die beiden Frequenzen ω_1, und ω_2 so wählen, dass man 90° Phasenanpassung und damit einen größeren Wirkungsgrad für die Summenfrequenzbildung erreichen kann.
c) Der Spektralbereich $(\omega_1 + \omega_2)$, der bei der Summenfrequenz-Erzeugung mit einem Kristall überdeckt werden kann, ist im Allgemeinen breiter als bei der Frequenzverdopplung. In Abb. 5.91 sind Kurven für die beiden Wellenlängen λ_1 und λ_2 angegeben, mit denen bei Zimmertemperatur Summenfrequenz-Erzeugung $(c/\lambda = c/\lambda_1 + c/\lambda_2)$ bei 90° Phasenanpassung in ADP, KDP und KB_5O_8 erzielt werden kann [5.135].

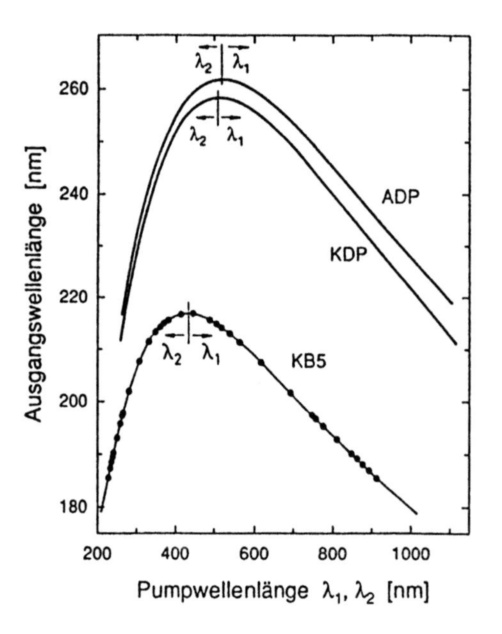

Abb. 5.91. Mögliche Kombinationen (λ_1, λ_2), für die Phasenanpassung bei der Summenfrequenzbildung in KDP, ADP und KB_5O_8 erreicht werden kann [5.135]

Um zu noch kürzeren Wellenlängen im UV zu gelangen, kann man die Summenfrequenz eines frequenzverdoppelten Lasers und eines Lasers auf der Grundwelle bilden. So wurden z. B. mit einem Nd:YAG-Laser bei $\lambda_1 = 1{,}05\,\mu m$ und einem frequenzverdoppelten Farbstofflaser, der von 518 bis 602 nm durchgestimmt wurde, Wellenlängen $\lambda = (1/\lambda_1 + 2/\lambda_2)^{-1}$ zwischen 208 und 259 nm erzeugt [5.136].

Tabelle 5.5 präsentiert Daten für einige Kristalle, die zur Frequenzverdopplung bzw. zur Summen- oder Differenzfrequenzerzeugung geeignet sind.

Alle bisher bekannten doppelbrechenden Kristalle lassen sich nur bis zu einer Grenzwellenlänge von etwa $\lambda_g \geq 190$ nm verwenden [5.137], da für $\lambda < \lambda_g$ die Absorption so groß wird, dass die Transmission für die erzeugte Summenfrequenz gegen Null geht.

Tabelle 5.5. a) Einige Daten von optischen Kristallen, die für die optische Frequenzverdopplung verwendet werden

Material	Transparenz-bereich [μm]	Phase-matching Bereich [μm]	Zerstörungs-schwelle [GW/cm^2]	Relative Verdopplungs-effizienz	Literatur
ADP	220–2000	500–1100	0,5	1,2	[5.5]
KD*P	200–2500	517–1500 (I)	8,4	1,0	[5.122]
		732–1500 (II)		8,4	
Urea	210–1400	473–1400 (I)	1,5	6,1	
BBO	197–3500	410–3500 (I)	9,9	26,0	[5.121, 5.168]
		750–1500 (II)			
$LiJO_3$	300–5500	570–5500 (I)	0,06	50,0	[5.125]
KTP	350–4500	1000–2500 (II)	1,0	215,0	[5.126]
$LiNbO_3$	400–5000	800–5000 (II)	0,05	105,0	[5.122]
LiB_3O_5	160–2600	550–2600	18,9	3	[5.127]
$CdGeAs_2$	1–20	2–15	0,04	9	[5.127]
$AgGaSe_2$	3–15	3,1–12,8	0,03	6	[5.127]
Te	3,8–32		0,045	270	[5.127]

Tabelle 5.5. b) Abkürzungen für einige gebräuchliche nichtlineare optische Kristalle

Abkürzung	Bezeichnung	Chemische Formel
ADP	Ammoniak Dihydrogen Phosphat	$NH_4H_2PO_4$
KDP	Kalium Dihydrogen Phosphat	KH_2PO_4
KD*P	Kalium Dideuterium Phosphat	KD_2PO_4
KTP	Kalium Titanyl Phosphat	$KTiOPO_4$
$KNbO_3$	Kalium Niobat	$KNbO_3$
LBO	Lithium Triborat	LiB_3O_5
$LiIO_3$	Lithium Iodat	$LiIO_3$
$LiNbO_3$	Lithium Niobat	$LiNbO_3$
BBO	Beta-Barium Borat	β-BaB_2O_4

5.7.4 Erzeugung kohärenter VUV-Strahlung

Im Vakuum-UV (VUV) kommen nur noch Mischungen verschiedener Edelgase oder Metalldampf-Gasgemische als nichtlineares Medium in Frage. Weil in solchen gasförmigen homogenen Medien Zentralsymmetrie besteht (d. h. bei der Transformation $\boldsymbol{r} \rightarrow -\boldsymbol{r}$ darf sich χ nicht ändern), muss die Suzeptibilität zweiter Ordnung $\chi^{(2)}$ Null sein, d. h. optische Frequenzverdopplung oder Summenfrequenzbildung aus 2 Photonen ist nicht möglich. Wenn jedoch $\chi^{(3)}$ von Null verschieden ist, können Prozesse 3. Ordnung, wie Frequenzverdreifachung $\omega \rightarrow 3\omega$ oder Summenfrequenzbildung $\omega = \omega_1 + \omega_2 + \omega_3$ aus drei Photonen $\hbar\omega_i$, ausgenutzt werden.

Die Phasenanpassung kann durch geeignete Wahl des Mischungsverhältnisses von Metalldampf- zu Edelgasdruck erreicht werden, wie in Abb. 5.92 am Beispiel eines Gemisches aus Xenon und Rubidiumdampf illustriert wird. Auf der kurzwelligen Seite des Resonanzüberganges von Rb bei $\lambda = 780\,\text{nm}$ wird der Brechungsindex n kleiner als 1. Bei geeignetem Mischungsverhältnis kann man für den Gesamtbrechungsindex $n = n_1(p_{\text{Xe}}) + n_2(p_{\text{Rb}})$ bei den Partialdrucken p_{Xe} und p_{Rb} erreichen, dass $n(\omega) = n(3\omega)$ wird [5.138].

Ein zweites Beispiel ist die Erzeugung durchstimmbarer VUV-Strahlung zwischen 110 – 130 nm durch phasenangepasste Summenfrequenz-Erzeugung in Xenon-Kryptongemischen [5.139], wo ein frequenzverdoppelter Farbstofflaser-Strahl mit der Frequenz $\omega_{\text{uv}} = 2\omega_1$ und der Strahl eines zweiten sichtbaren, durchstimmbaren Farbstofflasers mit der Frequenz ω_1 in eine Zelle mit geeignetem Kr/Xe-Mischungsverhältnis fokussiert werden, in der dann die Summenfrequenz $\omega = 2\omega_{\text{uv}} + \omega_2$ erzeugt wird. Natürlich wird die Effizienz dieser nichtlinearen Prozesse wegen der im Vergleich zu Festkörpern viel geringeren Dichte der Atome wesentlich kleiner sein, d. h. man braucht größere Eingangsleistungen, um genügend intensive UV-Strahlung zu erzeugen.

Die UV-Ausbeute kann aber drastisch erhöht werden, wenn man *resonante* Prozesse ausnutzt. Dazu stimmt man z. B. einen Farbstofflaser so ab, dass seine Frequenz ω_1, einem erlaubten, resonanten Zweiphotonen-Übergang im Metalldampfatom entspricht ($2\hbar\omega_1 = E_i - E_k$). Mit einem dritten Photon $\hbar\omega_2$ aus einem zweiten

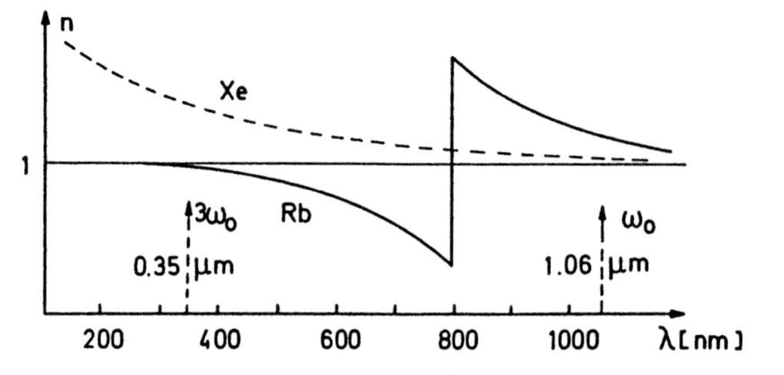

Abb. 5.92. Dispersionskurven für ein Rubidiumdampf-Xenon-Gemisch. Bei geeignetem Mischungsverhältnis kann Phasenanpassung für Frequenzverdreifachung von $\lambda = 1{,}06\,\mu\text{m}$ erreicht werden

durchstimmbaren Farbstofflaser lässt sich dann die Summenfrequenz $\omega = 2\omega_1 + \omega_2$ effektiv erzeugen (Abb. 5.93). Wenn ω_1 und ω_2 im sichtbaren Spektralbereich liegen, wird mit ω bereits das VUV-Gebiet erreicht.

Man nennt solche Prozesse, an denen insgesamt vier Photonen ($\omega_1+\omega_1+\omega_2 \rightarrow \omega$) beteiligt sind, auch Vierwellenmischung [5.140]. Um zu noch kürzeren Wellenlängen zu kommen, startet man den Prozess bereits mit frequenzverdoppelten Photonen, die aus Farbstofflasern im Sichtbaren durch effiziente Verdopplung oder Mischung in nichtlinearen Kristallen gewonnen werden.

Beispiel 5.22

Durch optische Frequenzverdopplung eines gepulsten Farbstofflasers in einem KDP oder BBO Kristall wird UV-Strahlung der Frequenz $\omega_R(\lambda_R = 216{,}6\,\text{nm})$ erzeugt, die resonant ist mit dem Zweiphotonen-Übergang $4p \rightarrow 5p$ in Krypton. Die frequenzverdoppelte Strahlung ω_T eines zweiten Farbstofflasers wird im Bereich $\lambda_T = 219-364\,\text{nm}$ durchgestimmt. Die frequenzverdoppelten Ausgangsstrahlen beider Laser werden in eine Krypton-Zelle fokussiert, in der bei geeignetem Druck die Summenfrequenz

$$\omega^+_{\text{vu v}} = 2\omega_R + \omega_T \text{ mit } \lambda^+_{\text{vu v}} = 72{,}5-83{,}5\,\text{nm}$$

oder die Differenzfrequenz

$$\omega^-_{\text{vu v}} = 2\omega_R + \omega_T \text{ mit } \lambda^-_{\text{vu v}} = 127-180\,\text{nm}$$

erzeugt wird [5.141]. Mit Eingangsleistungen von $P_R = 14\,\text{kW}$, $P_T = 400\,\text{kW}$ wurden bei der Summenfrequenz Leistungen von $P_{\text{vu v}} > 20\,\text{W}$ erreicht.

Da die meisten Materialien im VUV nicht mehr transparent sind, muss die eigentliche VUV-Erzeugung in Gasen bei niedrigen Drucken erfolgen. Eine Möglichkeit ist die Verwendung von Molekularstrahlen für das nichtlineare Medium [5.143], in die der Pumpstrahl fokussiert wird. (Abb. 5.93). Die dabei entstehende VUV-Strahlung wird dann über Spiegel im Vakuum in die zu untersuchenden Moleküle abgebildet, die ebenfalls durch einen Molekularstrahl in die Wechselwirkungszone mit der VUV-Strahlung gebracht werden.

Ein sehr schmalbandiges gepulstes Lasersystem, das vom nahen Infrarot bis in den Vakuum-ultravioletten Spektralbereich Fourier-limitierte Pulse liefert, wurde von *Merkt* und Mitarbeitern entwickelt [5.142]. Von einem kontinuierlichen Ti:Sa Ringlaser werden durch einen gepulsten akusto-optischen Modulator 10 ns-Pulse geformt, die in zwei durch einen gepulsten Nd:YAG Laser gepumpten Ti:Sa Kristallen nachverstärkt werden. Mit einer Repetitionsrate von 25 Hz konnten auf diese Weise Pulse mit 15 mJ Pulsenergie im nahen IR erzeugt werden. Optische Frequenzverdopplung $\nu_{UV} = 2\nu_{IR}$ in nichtlinearen Kristallen oder Summenfrequenzbildung ($\nu_{UV} = \nu_{IR} + 2\nu_{IR} = 3\nu_{IR}$) ergab Pulse im nahen und mittleren UV mit Pulsenergien von 1 nJ für $2\nu_{IR}$ und 0,1 nJ für $3\nu_{IR}$, und Pulsbreiten von etwa 30 ns, also Spitzenleistungen von 30 kW bzw. 3 kW.

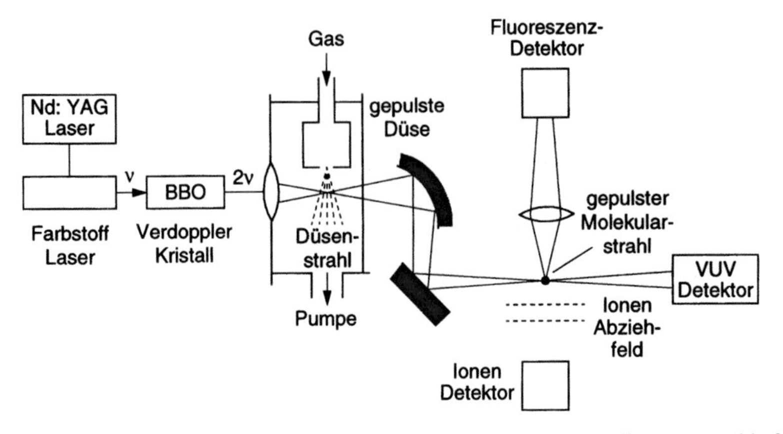

Abb. 5.93. VUV-Erzeugung durch Frequenzverdopplung in Kristallen mit anschließender Frequenzverdreifachung in einem Gasjet [5.143]

Wenn diese Pulse in einem gepulsten Gasstrahl von Xenon-Atomen fokussiert werden, können durch die Erzeugung der 3. Harmonischen $\nu = 3\nu_{UV}$ VUV-Pulse mit $\overline{\nu} = 120\,000\,\text{cm}^{-1}$ ($\lambda = 80\,\text{nm}$) mit $10^8 - 10^9$ Photonen pro Puls erreicht werden. Die spektrale Bandbreite der Pulse ist etwa 35 MHz im UV und 55 MHz im VUV. Dies erlaubt Doppler-freie Spektroskopie im VUV! Der experimentelle Aufbau ist in Abb. 5.93 gezeigt.

Man sieht aus diesen Beispielen, dass der experimentelle Aufwand für die VUV-Erzeugung beträchtlich ist. Allerdings erreicht man schon jetzt für Wellenlängen $\lambda > 70\,\text{nm}$ spektrale Leistungsdichten, die erheblich über denen der Synchrotronstrahlung aus Speicherringen (DORIS, Hamburg; BESSY, Berlin) liegen [5.144,5.145]. Durch Verwendung von periodischen Magnetfeldern (Ondulatoren) hat man allerdings im neuen Speicherring BESSY II die spektrale Leistungsdichte um mehr als 3 Größenordnungen steigern können. Aber auch die neuen Entwicklungen in der VUV-Erzeugung mit Lasern hat die erreichbare spektrale Strahlungsdichte um mehrere Größenordnungen erhöht.

5.7.5 Röntgen-Laser

Außer dem freie-Elektronen-Laser, der zur Zeit die stärkste Quelle von Röntgenstrahlung darstellt, gibt es andere „Table-top"-Versionen, die auf einem ganz anderen Prinzip beruhen. Auch hier wurden in den letzten Jahren große Fortschritte erzielt [5.146–5.152]. Ihr Prinzip beruht auf der Erzeugung q-fach geladener Ionen (Kernladung Z und $Z - q$ verbliebene Elektronen in der Hülle) in sehr heißen Mikroplasmen, die durch energiereiche kurze Laserpulse erzeugt werden (Abb. 5.94). Bei der anschließenden Rekombination zu $(q-1)$-fach geladenen Ionen können höher liegende Zustände stärker als tiefer liegende besetzt werden, so dass für eine kurze Zeit Besetzungsinversion vorliegt (Abb. 5.95).

Gemäß (2.22) ist die spontane Übergangswahrscheinlichkeit proportional zur dritten Potenz ν^3 der emittierten Frequenz ν. Die spontan emittierte Leistung $P =$

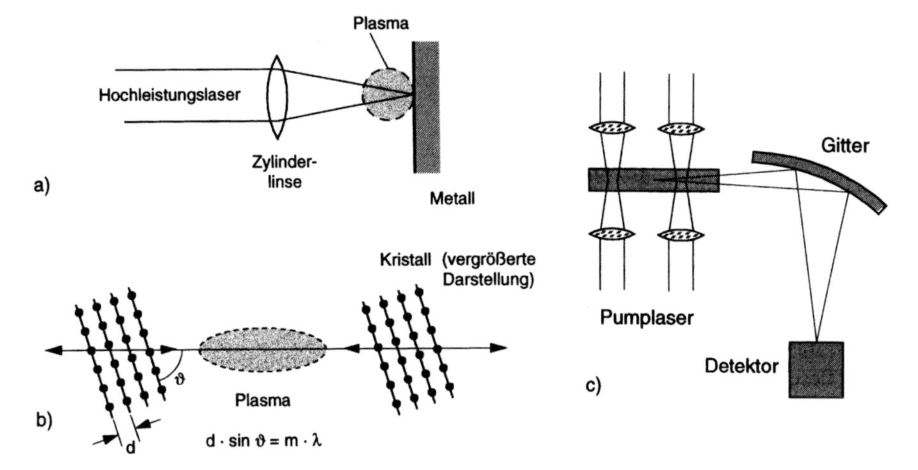

Abb. 5.94. (**a**) Erzeugung extrem heißer Mikroplasmen durch Bestrahlung von Metalloberflächen mit kurzen Hochleistungslaserpulsen. (**b**) Realisierung eines Röntgen-Resonators durch Bragg-Reflexion. (**c**) Messung der Röntgen-Strahlung

$A_i h\nu$ ist daher proportional zur 4. Potenz von ν. Damit die induzierte Emission stärker als die spontane wird, muss also sehr viel Pumpleistung aufgebracht werden. Dies ist kurzfristig (d. h. für einige Pikosekunden) möglich. Deshalb war die Entwicklung leistungsstarker Kurzpulslaser im Femtosekundenbereich (Bd. 2, Kap. 6) für die Realisierung von Röntgen-Lasern ein wichtiger Schritt zur Erreichung höherer Leistungen bei kürzeren Wellenlängen.

Um eine größere Verstärkung zu erreichen, wird der Laserstrahl mit einer Zylinderlinse in einen Linienfokus auf der Metalloberfläche konzentriert.

Für die Realisierung praktischer Röntgen-Laser muss man Resonatoren für diese kurzen Wellenlängen haben. Obwohl die Entwicklung neuer Spiegel mit metallischen Vielfachschichten mit hohem Reflexionsvermögen auch für kürzere Wellen-

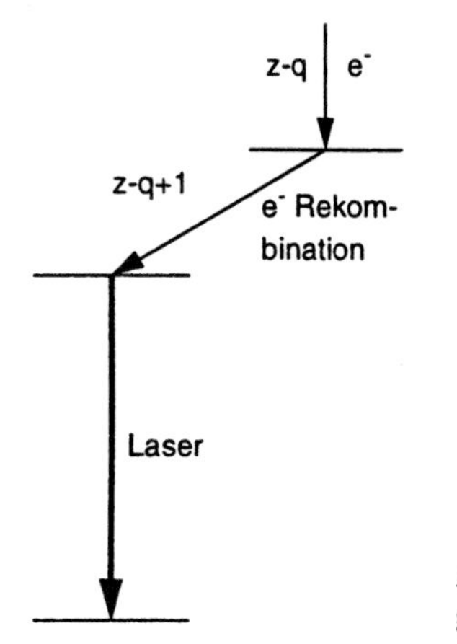

Abb. 5.95. Erzeugung von Inversion durch Rekombination hochgeladener Ionen

längen große Fortschritte gemacht hat [5.153] muss für Wellenlängen unter 30 nm die Bragg-Reflexion an Kristallen als Spiegel verwendet werden, wobei die Reflektivität im Allgemeinen nur wenige Prozent beträgt (Abb. 5.94b). Die kürzeste, bisher erreichte Wellenlänge ist etwa 6 nm. Eine weitere Methode, kohärente Strahlung im Rontgenbereich zu erzielen, ist die Erzeugung von hohen Harmonischen $n \cdot \omega$ sichtbarer Strahlung der Frequenz ω. Dazu wird der Ausgangsstrahl eines Femtosekunden-Lasers hoher Spitzenleistung in eine Edelgaszelle oder einen Edelgasstrahl fokussiert. Durch die nichtlineare Wechselwirkung werden hohe Harmonische $n \cdot \omega$ mit Werten bis zu $n = 100$ erzeugt (siehe Bd. 2 Abschn. 6.1). Für nähere Einzelheiten wird auf einige neuere Literatur verwiesen [5.154, 5.155].

5.7.6 Differenzfrequenz-Spektrometer

Vor der Entwicklung durchstimmbarer Farbzentrenlaser und vibronischer Festkörperlaser (Abschn. 5.6.3) mangelte es im nahen Infrarot, dem für die Molekülphysik besonders wichtigen Spektralbereich der Schwingungs-Rotations-Übergänge, an geeigneten, schmalbandigen durchstimmbaren Strahlungsquellen.

Die Erzeugung der Differenzfrequenz $\omega_D = \omega_1 - \omega_2$ durch die Mischung der Ausgangsstrahlung zweier sichtbarer Laser in geeigneten optisch nichtlinearen Kristallen, konnte diesen Mangel beheben. Wird z. B. die Ausgangswelle eines Argonlasers bei $\lambda_1 = 514{,}5$ nm in einem optisch nichtlinearen Kristall mit der Strahlung eines Farbstofflasers gemischt, der von 550 bis 600 nm durchstimmbar ist, so kann die kohärente Strahlung mit der Differenzfrequenz

$$\omega_D = \omega_1 - \omega_2 = 2\pi c(1/\lambda_1 - 1/\lambda_2) \tag{5.102}$$

im Prinzip den gesamten Wellenlängenbereich von 3 bis 8 μm überdecken, wenn man geeignete Mischkristalle findet, welche die Phasenanpassungsbedingung $\boldsymbol{k}_D = \boldsymbol{k}_1 - \boldsymbol{k}_2$ erfüllen.

Von *Pine* [5.156] wurde ein Differenzspektrometer gebaut, das schematisch in Abb. 5.96 gezeigt ist: Die Ausgangsstrahlen eines CW-Argonlasers und eines durchstimmbaren CW Farbstofflasers werden kollinear überlagert und in einen $LiNbO_3$-Kristall fokussiert. Die Leistung der dabei entstehenden Differenzfrequenzwelle ist proportional zum Produkt der beiden Laserintensitäten und zum Quadrat der Kohärenzlänge. Es ist daher wichtig, dass beide Laserstrahlen kollinear überlagert werden und dass 90° Phasenanpassung erzielt wird, damit sich beide Strahlen im Kristall über eine möglichst lange Strecke überlappen (Abschn. 5.7.1). Für 90° Phasenanpassung ($\boldsymbol{k}_1 \parallel \boldsymbol{k}_2$) folgt aus der Phasenanpassungsbedingung $\boldsymbol{k}_3 = \boldsymbol{k}_1 - \boldsymbol{k}_2$ für die Brechungsindizes

$$n(\omega_1 - \omega_2) = \frac{\omega_1 n(\omega_1) - \omega_2 n(\omega_2)}{\omega_1 - \omega_2}\,. \tag{5.103}$$

Dies lässt sich für die verschiedenen Wellenlängen innerhalb eines, durch den Kristall bestimmten Spektralbereich durch Wahl der richtigen Kristalltemperatur erreichen (**Temperatur-Durchstimmung**). Für den $LiNbO_3$ Kristall z. B. beträgt die Tem-

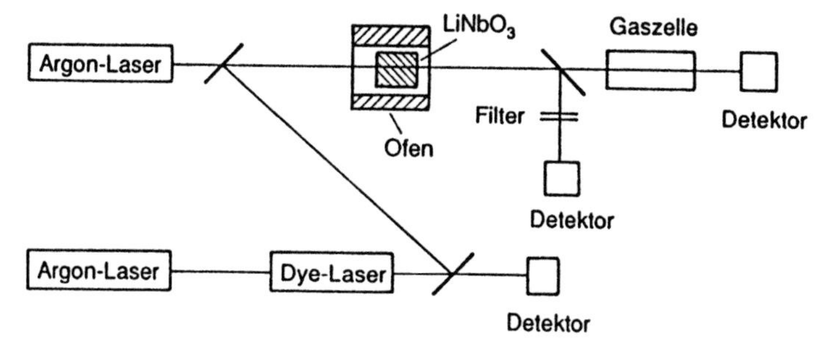

Abb. 5.96. Differenzfrequenz-Spektrometer

peraturabhängigkeit der Bedingung (5.103) 240 GHz/°C, und die Wellenlänge der Differenzwelle lässt sich im Bereich 2,2 μm $\leq \lambda_D \leq$ 4,2 μm durch Temperaturvariation durchstimmen.

Bei typischen Ausgangsleistungen von 300 mW des Argonlasers und 100 mW des Farbstofflasers konnte eine Differenzfrequenzleistung von $10^{-4}-10^{-3}$ W gemessen werden. Dies ist für lineare Absorptionsspektroskopie im Infraroten völlig ausreichend, da die Detektoren eine äquivalente Rauschleistung von $10^{-8}-10^{-10}$ W haben (Abschn. 4.5).

Wesentlich kompakter wird das Differenzfrequenz-Spektrometer, wenn der Farbstofflaser durch einen Diodenlaser und der Argonlaser durch einen Dioden-gepumpten Nd:YAG-Laser ersetzt wird [5.157]. Dies ist in Abb. 5.97 illustriert.

Die Frequenzmischung im $AgGaS_2$-Kristall geschieht in einem externen Überhöhungsresonator, der die Nd:YAG-Strahlungsleistung bis zu 15-fach überhöht und

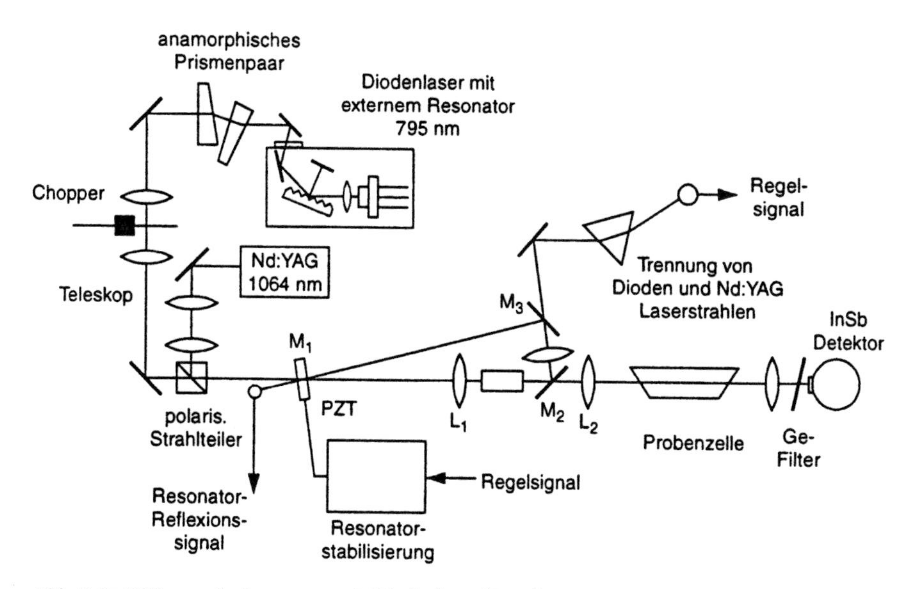

Abb. 5.97. Differenz-Spektrometer mit Diodenlaser [5.157]

so die Leistung der Differenzfrequenzstrahlung um denselben Faktor auf über 2 μW bei $\lambda = 3{,}2\,\mu\mathrm{m}$ anhebt.

Die Frequenzstabilität des Differenzfrequenzspektrometers hängt ab von der Stabilität beider Laser. Für Anwendungen in der hochauflösenden Spektroskopie [5.158] müssen beide Laser im stabilisierten Einmoden-Betrieb laufen, so dass Linienbreiten von wenigen MHz realisiert werden können.

Inzwischen gibt es eine große Zahl verschiedener Realisierungen. Im Allgemeinen wird ein leistungsstarker Festfrequenzlaser (z. B. Nd:YAG) verwendet, dessen Ausgangsstrahl dann mit dem eines durchstimmbaren Diodenlasers gemischt wird. Für Differenzfrequenzen im nahen Infrarot haben sich als nichtlineare Kristalle periodisch gepolte Ni:NbO_3-Kristallscheiben als sehr effizient erwiesen [5.159, 5.160].

Von besonderem Interesse für die Spektroskopie molekularer Rotationsübergänge und Hyperfeinaufspaltungen oder hochangeregter atomarer Rydberg-Zustände ist der ferne Infrarotbereich im Submillimetergebiet bei Frequenzen oberhalb 10^{12} Hz, der bisher von Mikrowellengeneratoren nicht direkt erreichbar ist. Durch Differenzfrequenz-Mischung eines Festfrequenzlasers mit einem durchstimmbaren Infrarot-Laser (z. B. CO_2-Laser mit einem Spin-Flip Raman-Laser) in nichtlinearen Kristallen (z. B. $LiNbO_3$ oder GaAs) lassen sich durchstimmbarere kohärente Strahlungsquellen im FIR realisieren [5.161].

Mithilfe der Frequenzmischung von Lasern an einer Metall-Isolator-Metall-Punktkontakt (MIM) Diode (Abb. 5.98 und Abb. 4.69, Abschn. 4.5) kann man kontinuierlich durchstimmbare FIR-Strahlung mit Frequenzen vom Mikrowellengebiet (GHz) bis herauf zu 6 THz erzeugen [5.162]. Wenn auf diese Nickel-Diode die Strahlung zweier Laser fokussiert wird, so werden wegen der nichtlinearen Strom-Spannungscharakteristik der Diode Oberwellen und Mischfrequenzen erzeugt. Die Diode selbst wirkt wie eine Antenne, die (wie ein erzwungener Oszillator) Wellen mit diesen Frequenzen abstrahlt, solange sie unterhalb der durch die Diodendaten gegebenen oberen Grenzfrequenz liegen. Diese abgestrahlten Wellen im FIR werden durch eine Parabolantenne, in deren Brennpunkt die Diode steht, gebündelt und durch die Absorptionszelle geschickt, in der die FIR-Spektren aufgenommen werden.

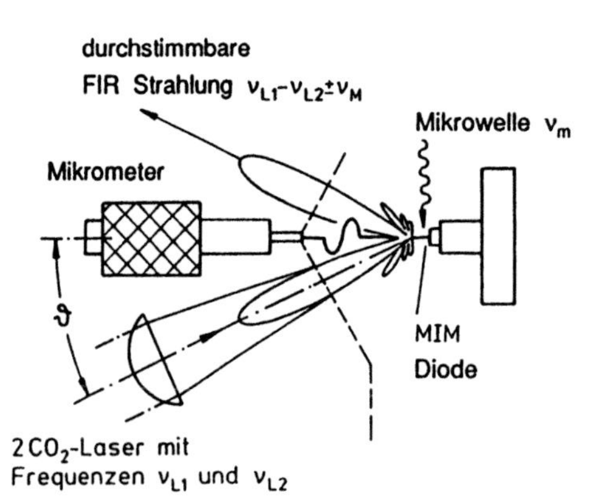

Abb. 5.98. Erzeugung durchstimmbarer FIR Strahlung durch Frequenzmischung an einer MIM-Diode

Mit zwei CO_2-Lasern mit verschiedenen Isotopenfüllungen, die auf einigen hundert Übergängen zwischen 9–10 µm oszillieren und die über ihre druckverbreiterten Verstärkungsprofile durchstimmbar sind, lässt sich durch Differenzfrequenz-Erzeugung das ganze FIR-Gebiet in schmalen Bereichen mit Lücken überdecken. Diese Lücken lassen sich durch Verwendung eines durchstimmbaren Mikrowellengenerators schließen, dessen Strahlung zusätzlich auf die MIM-Diode fokussiert wird, so dass Frequenzen $\nu_{FIR} = \nu_1 - \nu_2 \pm \nu_M$ entstehen [5.163, 5.164].

5.7.7 Optische parametrische Oszillatoren

Der optische parametrische Oszillator [5.165] basiert auf der nichtlinearen Wechselwirkung von drei elektromagnetischen Wellen in einem optisch nichtlinearen Kristall, die man im Allgemeinen als **Pumpwelle, Signalwelle** und „**Idler**"-Welle bezeichnet. Man kann diese parametrische Wechselwirkung im Photonenbild als inelastische Streuung eines Pumpphotons $\hbar\omega_p$ an den Atomen bzw. Molekülen des Kristalls auffassen, bei der das Pumpphoton absorbiert wird und zwei neue Photonen $\hbar\omega_s$ (Signal) und $\hbar\omega_i$ (Idler) entstehen. Energie- und Impulssatz ergeben die Relationen

$$\omega_p = \omega_i + \omega_s \tag{5.104}$$

$$\boldsymbol{k}_p = \boldsymbol{k}_i + \boldsymbol{k}_s \tag{5.105}$$

Die parametrische Wechselwirkung wandelt also ein Pumpphoton unter Wahrung von Energie- und Impulssatz in zwei Photonen geringerer Energie um. Legt man bei vorgegebenen optischen Konstanten des nichtlinearen Kristalls eine Richtung $\boldsymbol{k}_p$ der Pumpwelle fest, so wird durch (5.105) aus den nach (5.104) möglichen, unendlich vielen Kombinationen ω_i, ω_s ein einziges Paar $(\omega_i, \boldsymbol{k}_1)$ und $(\boldsymbol{\omega}_s, \boldsymbol{k}_s)$ ausgewählt, für das die Phasenanpassungsbedingung (5.105) erfüllt wird. Für dieses Paar können sich die an den einzelnen Kristallmolekülen erzeugten Photonen $\hbar\omega_s$ und $\hbar\omega_i$ völlig analog zu den Prozessen der Summen- und Differenzfrequenz-Erzeugung wieder zu makroskopischen Wellen aufsummieren, weil sich die mikroskopischen Anteile phasenrichtig überlagern. Für alle anderen Kombinationen (ω_s, ω_i) ist die Phasenanpassungsbedingung nicht erfüllt, so dass diese Frequenzen nur als schwacher Untergrund („parametrische Fluoreszenz") auftauchen [5.166].

Der größte Wirkungsgrad wird bei der **kollinearen Phasenanpassung** erreicht, weil dann alle Wellenvektoren $\boldsymbol{k}_p$, $\boldsymbol{k}_i$ und $\boldsymbol{k}_s$ parallel sind und das Überlapp-Gebiet maximal wird. Für diesen Fall erhält man aus (5.104, 5.105) genau wie im vorigen Abschnitt die Bedingung:

$$n_p\omega_p = n_s\omega_s + n_i\omega_i \,.$$

Kollineare Phasenanpassung kann z. B. realisiert werden, wenn die Pumpwelle als außerordentliche Welle unter einem geeigneten Winkel θ gegen die optische Achse in den Kristall eintritt. In Abb. 5.99 ist der Aufbau eines kollinearen parametrischen Oszillators aufskizziert. Der Kristall befindet sich in einem optischen Resonator, der

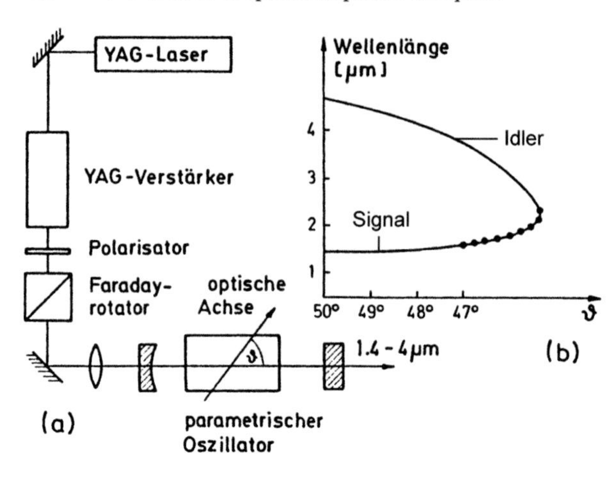

Abb. 5.99. (**a**) Schematischer Aufbau eines optischen parametrischen Oszillators und (**b**) Wellenlängen von Signal- bzw. Idler-Wellen bei Phasenanpassung als Funktion des Winkels θ zwischen optischer Achse und Einfallsrichtung der Pumpwelle [5.165]

entweder für Signalwelle oder Idlerwelle oder auch gleichzeitig für beide resonant sein kann. Der parametrische Verstärkungsfaktor

$$\Gamma = \frac{I_s}{I_p} = \frac{2\omega_i\omega_s|d|^2 I_p}{n_i n_s n_p \epsilon_0 c^3}$$

ist proportional zur Pumpintensität I_p und zum Quadrat der effektiven nichtlinearen Suszeptibilität $|d| = \chi^{(2)}_{\text{eff}}$. Für $\omega_i = \omega_s$ geht die kollineare parametrische Frequenzerzeugung in die optische Frequenzhalbierung über.

Für parametrische Oszillatoren im nahen Infrarot wird als Pumpquelle im Allgemeinen ein Nd-YAG-Laser bei $\lambda = 1{,}06\,\mu$m verwendet. Mit $LiNbO_3$ als nichtlinearem Kristall erreicht man dann einen Durchstimmbereich zwischen 1,4 – 4,2 µm. Mit einem frequenzverdoppelten Nd-YAG Laser ($\lambda = 0{,}5\,\mu$m) kann die Signalwelle zwischen 0,6 – 0,85 µm und die Idlerwelle entsprechend von 1,6 – 3,6 µm durchgestimmt werden. Die Durchstimmung mittels einer Kristalldrehung hat den Vorteil der schnelleren Wellenlängenänderung als bei der Temperaturdurchstimmung. So kann bei einer Pumpwelle von 1,06 µm z. B durch eine Drehung um 4° bereits eine Wellenlängenverstimmung der Signalwelle von 1,4 bis 4,4 µm erreicht werden (Abb. 5.99). Der Nachteil der Winkeldurchstimmung ist, dass man beim Durchstimmen aus der kollinearen Phasenanpassung herausdrehen muss und damit die Wechselwirkungslänge verkürzt, d. h. die Effizienz der parametrischen Wechselwirkung wird verringert. Deshalb ist es oft vorteilhaft, durch Wahl der geeigneten Kristalltemperatur den gewünschten Wellenlängenbereich einzustellen, und dann durch eine kleine Winkeländerung nur kleine Bereiche um die Wellenlänge λ, bei der 90°-Phasenanpassung möglich ist, durchzustimmen.

In Abb. 5.100 sind für verschiedene Pumpwellenlängen die Durchstimmkurven $\lambda(T)$ für Signal- und Idler-Welle bei Variation der Temperatur des $LiNbO_3$-Kristalls angegeben [5.165].

Besonders hohe Leistungen erreicht man mit Beta-Barium-Borat (BBO)-Kristallen [5.167, 5.168], die bis hinunter zu Wellenlängen $\lambda < 200$ nm transparent sind. Die

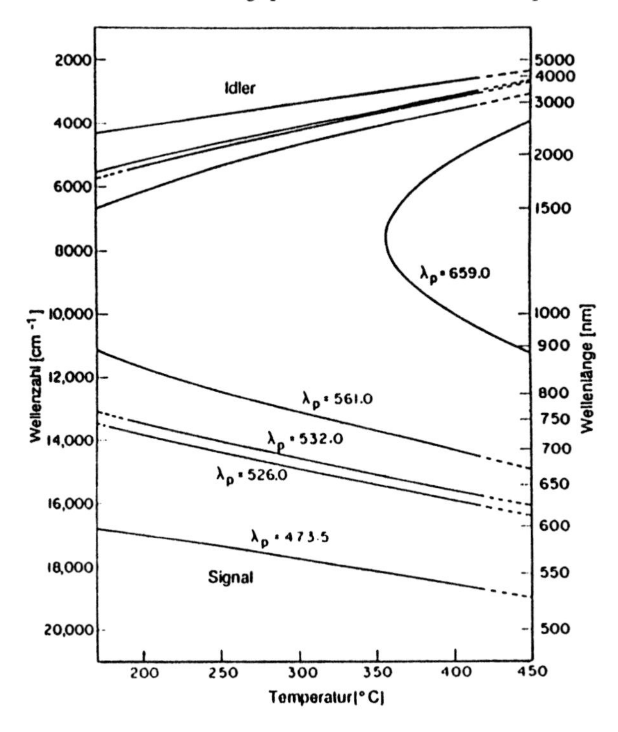

Abb. 5.100. Phasenanpassung durch Temperaturvariation in $LiNbO_3$ für verschiedene Pumpwellenlängen [5.165]

besten Ergebnisse erzielt man jedoch mit quasi-phasenangepassten, nichtlinearen Kristallen (Abschn. 5.7.2), weil man hier auch für große Kristall-Längen kollineare Quasi-Phasenanpassung erreicht [5.169, 5.170].

Die Frequenzstabilitäten von Idler und Signal werden bestimmt durch die der Pumpwelle und durch Brechungsindexvariationen, hervorgerufen durch Temperaturänderungen. Die Bandbreite ist durch die Dispersion $dn/d\omega$ des Kristalls und die Bandbreite der Pumpwelle gegeben. Mit einem wellenlängenselektierenden Etalon in einem auf die Signalwelle abgestimmten Resonator konnte Einmoden-Betrieb mit einer Frequenzstabilität von wenigen MHz erreicht werden [5.171].

Eine weitere Methode, Einmoden-Betrieb zu erreichen, ist die Injektion eines schmalbandigen „Seed-Lasers". So konnte z. B. stabiler Einmodenbetrieb realisiert werden, indem als Pumplaser ein „single-mode" YAG Laser verwendet wurde [5.172]. Mit einem Einmoden-cw-Farbstofflaser als „injection-seeding laser" konnte ein optischer parametrischer Oszillator mit einer Bandbreite unter 500 MHz verwirklicht werden.

Die Oszillationsschwelle kann erheblich gesenkt werden, wenn ein doppelt-resonanter Resonator verwendet wird, Mit dem einfachen Aufbau der Abb. 5.99 kann man jedoch beim Durchstimmen des OPOs die Resonanzbedingung nicht für zwei verschiedene Wellenlängen gleichzeitig erfüllen. Deshalb muss man hier eine Drei-Spiegel Anordnung verwenden, wie sie in Abb. 5.101 gezeigt wird. Weil Pump-und Idler-Welle orthogonale Polarisation haben, kann durch einen Polarisations-Strahl-

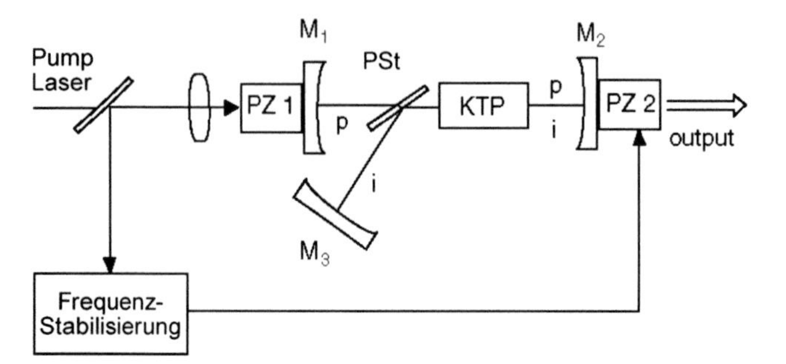

Abb. 5.101. Optischer Resonator mit drei Spiegeln für einen durchstimmbaren cw OPO, der für Pumpe und Idler resonant ist, weil die Resonatorlängen $\overline{M_1M_2}$ und $\overline{M_2M_3}$ getrennt regelbar sind

teiler der Pumpstrahl auf den Spiegel M_3 reflektiert werden. während die Idlerwelle vom Strahlteiler durchgelassen wird und auf M_1 trifft. Mit Hilfe von Piezokristallen können die Längen der beiden Resonatoren so synchron verändert werden, dass sie beim Durchstimmen des OPOs sowohl für die Pumpwelle als auch für die Idlerwelle immer resonant bleiben. Das Durchstimmen geschieht durch Variation der Wellenlänge des Farbstofflasers, der als Pumplaser dient.

Nähere Informationen über neuere Entwicklungen von schmalbandigen CW-OPO's findet man in [5.173].

In den letzten Jahren sind große Forschritte bei der Entwicklung leistungsstarker und weit durchstimmbarer gepulster OPOs im Femtosekundenbereich erzielt worden. Besonders eine nichtkollineare Anordnung, bei der Pumpstrahl und Eingangsstrahl des Injektionslasers einen Winkel $\Theta \neq 0$ miteinander bilden (NOPA = noncollinear optical parametric amplifier) haben sich als zuverlässige schmalbandige und leistungsstarke durchstimmbare Lichtquellen erwiesen, die für die Kurzzeit-Spektroskopie eine große Bedeutung erlangt haben. Sie werden in Bd. 2, Kap. 6 ausführlicher behandelt.

5.7.8 Raman-Frequenz-Konversion

Mithilfe der stimulierten Raman-Streuung (Abschn. 3.3) in molekularen Gasen bei hohem Druck oder auch in Flüssigkeiten lässt sich kohärente Strahlung erzeugen, deren Frequenz

$$\nu_R = \nu_p \pm m\nu_{vib} \tag{5.106}$$

um ein ganzzahliges Vielfaches der Raman-aktiven molekularen Schwingungsfrequenzen ν_{vib} gegenüber der Pumpfrequenz verschoben ist.

Man kann solche, oft „**Raman-Laser**" genannte Systeme, als spezielle parametrische Oszillatoren ansehen, bei denen ein Pumpphoton $h\nu_p$ aufgespalten wird in ein „**Stokes-Photon**" $h\nu_R$ und ein optisches Phonon $h\nu_{vib}$, das eine Molekülschwingung repräsentiert (Abb. 5.102). Bei genügend hoher Pumpleistung kann sich eine intensive, kohärente Welle auf der **Stokes-Frequenz** $\nu_s = \nu_p - m\nu_{vib}$ oder der **Anti-Stokes-**

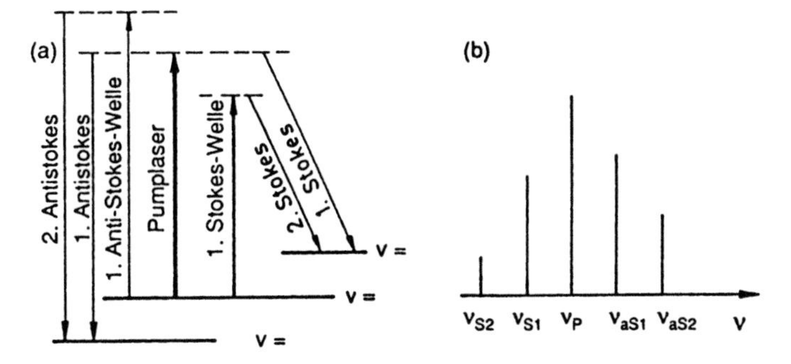

Abb. 5.102a,b. Termschema des Raman-Prozesses. (**a**) Frequenzspektrum der Stokes- und Anti-Stokes-Streuung (**b**)

Frequenz $\nu_{as} = \nu_p + m\nu_{vib}$ in einer Richtung aufbauen, für welche der Impulssatz $\boldsymbol{k}_p = \boldsymbol{k}_s + m \cdot \boldsymbol{k}_{vib}$ bzw. $\boldsymbol{k}_p = \boldsymbol{k}_{as} - m \cdot \boldsymbol{k}_{vib}$ erfüllt ist.

Die experimentelle Realisierung ist einfach (Abb. 5.103). Der Ausgangsstrahl eines gepulsten durchstimmbaren Farbstofflasers wird in eine Hochdruckzelle (Länge 40 – 80 cm), die mit 30 – 50 bar Wasserstoff gefüllt ist, langbrennweitig fokussiert. Die entstehenden Ramanlinien werden durch ein Prisma räumlich getrennt. Energiekonversion von der Pumpwelle in die 1. Anti-Stokes-Welle erreicht 20% der Eingangsleistungen von 500 kW. Die verschiedenen Stokes- und Anti-Stokes-Anteile überstreichen beim Durchstimmen des Farbstofflasers wegen der großen Raman-Verschiebung $\nu_{vib} = 4160\,\text{cm}^{-1}$ beim Wasserstoff lückenlos den gesamten Spektralbereich von 185 – 880 nm [5.174]!

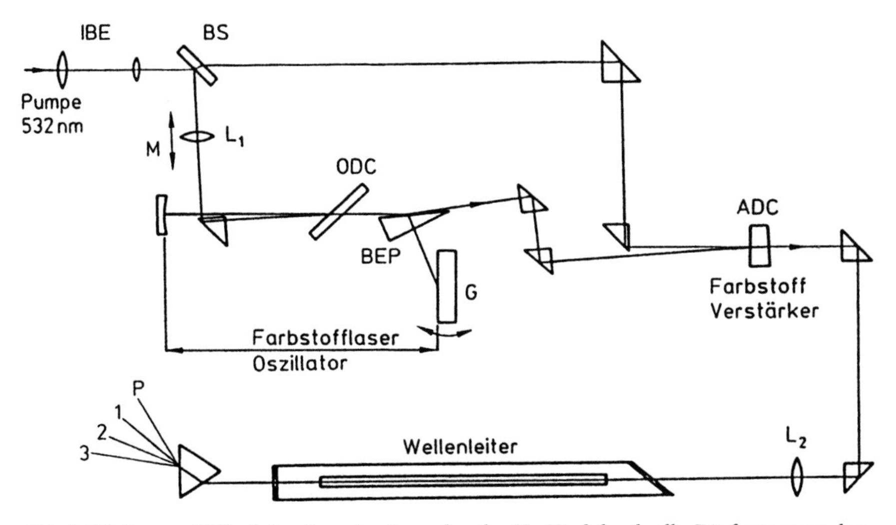

Abb. 5.103. Raman-Wellenleiter-Laser in einer schmalen H_2-Hochdruckzelle. Die frequenzverdoppelte Strahlung eines Nd:YAG-Lasers pumpt den Oszillator und Verstärker eines Farbstofflasers, dessen Ausgangsstrahl in den Wellenleiter mit 30 bar H_2 fokussiert wird [5.131]

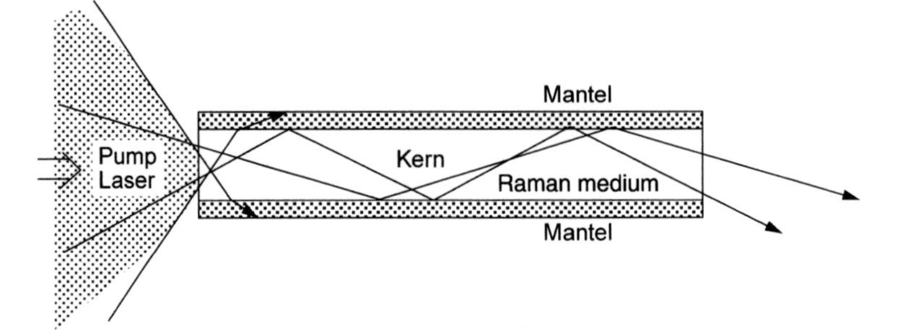

Abb. 5.104. Optische Faser als Raman Verstärker

Für die Infrarot-Spektroskopie sind außer den Stokes-verschobenen Farbstofflasern [5.175] **Raman-Laser** von Interesse, die von den zahlreichen intensiven Linien des CO_2-Lasers zwischen 9 – 11 µm, des CO-Lasers bei 5 µm oder der HF- und DF-Laser bei $\lambda = 2{,}5-4\,\mu\text{m}$ gepumpt werden. So lässt sich z. B. der Spektralbereich von $1000-2000\,\text{cm}^{-1}$ fast lückenlos überdecken, wenn man flüssigen Stickstoff oder Sauerstoff als Raman-aktives Medium verwendet und die verschiedenen HF- bzw. DF-Linien als Pumpe benutzt, deren Übergänge stark druckverbreitert sind, so dass sie über ihre Linienbreite durchstimmbar sind.

Obwohl im Allgemeinen gepulste Laser als Pumplaser verwendet werden, gibt es inzwischen auch cw-Raman-Laser [5.176]. Oft wird als aktives Medium eine Glasfaser verwendet, die mit den entsprechenden Atom-Ionen oder Molekülen dotiert wird. Solche Laser können mit modengekoppelten cw Nd-YAG-Lasern gepumpt werden und liefern dann durchstimmbare Strahlung im nahen IR [5.177]. Da hier die Länge des aktiven Mediums sehr groß ist, können niedrige Oszillationsschwellen erreicht werden. Dies bedeutet, dass Pumplaser kleiner Leistung verwendet werden können. Wegen der Totalreflexion am Mantel der optischen Fiber wird die Pumpwelle im Inneren der Fiber eingeschlossen (Abb. 5.104) und die Pumpintensität im Inneren der Fiber wird sehr hoch. Deshalb lassen sich auch kontinuierliche Fiber-Raman-Laser realisieren. Solche Systeme haben sich als sehr nützliche Verstärker in der optischen Signalübertragung durch Einmoden-Fasern erwiesen.

Ausführliche Darstellung der verschiedenen Realisierungen von Raman-Lasern findet man in [5.178–5.181].

5.8 Gaußstrahlen

Das radiale Intensitätsprofil des Ausgangsstrahls eines Lasers, der in der TEM_{00} Grundmode oszilliert, kann durch ein Gaußprofil beschrieben werden (siehe Gl. (5.24)). Weil in vielen Anwendungen von Lasern die Ausbreitung und die Abbildungseigenschaften von Laserstrahlen eine große Rolle spielen, lohnt es sich, die grundlegenden Tatsachen über Gaußstrahlen zu lernen [5.182, 5.183].

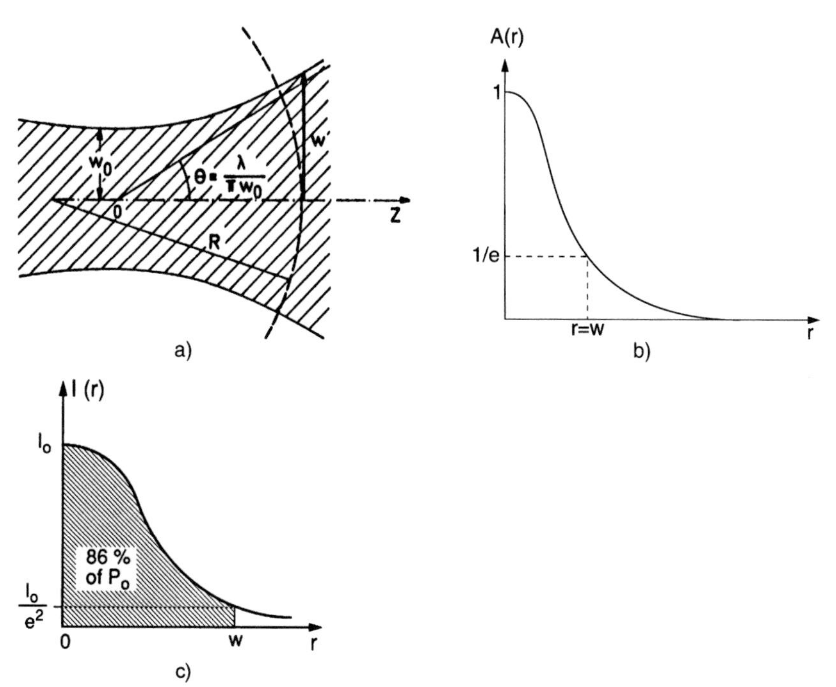

Abb. 5.105. (**a**) Gauß-Strahl mit Strahltaille w_0 und Phasenfront mit Krümmungsradius $R(z)$, (**b**) radialer Verlauf der Feldamplitude $A(r)$, (**c**) radialer Verlauf der Intensität

Wenn der Laserstrahl sich in z-Richtung ausbreitet, ist seine elektrische Feldstärke

$$E(x, y, z) = A(x, y, z) \cdot \mathrm{e}^{-\mathrm{i}(\omega t - kz)} \tag{5.107}$$

deren Amplitude $A(x, y, z)$ mit $r^2 = x^2 + y^2$ geschrieben werden kann als

$$A(x, y, z) = A_0 \cdot \exp\left[-r^2/w^2\right] \tag{5.108}$$

wobei der Strahlparameter $w(z)$ bei einem konfokalen Laser-Resonator mit Spiegelabstand d

$$w(z) = (\lambda \cdot d/2\pi)\left\{1 + (2z/d)^2\right\}^{1/2}$$

ein Maß für den halben Durchmesser des Laserstrahls ist. Der Nullpunkt der Koordinate z liegt in der Strahltaille in der Mitte des Resonators bei $z = 0$ (Abb. 5.105a).

In (5.107) ist die im Allgemeinen ortsabhängige Phase ϕ noch nicht berücksichtigt. Man erhält die Amplitude $A(x, y, z)$ für den allgemeinen Fall eines Gaußstrahls durch Einsetzen von (5.107) in die Wellengleichung

$$\Delta E + k^2 E = 0\,. \tag{5.109}$$

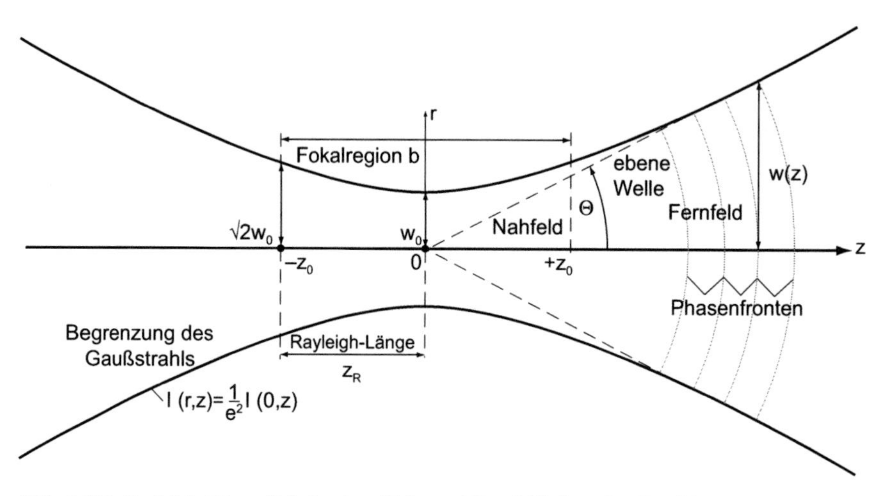

Abb. 5.106. Rayleigh-Länge, Fokalregion, Nah- und Fernfeld eines Gaußstrahls

Mit der Probelösung

$$A = \exp\left[-\mathrm{i}(\phi(z) + (k/2q)r^2\right] \tag{5.110}$$

mit $r^2 = x^2 + y^2$ und der komplexen Phase $\phi(z)$. Der komplexe Strahlparameter q kann durch die beiden reellen Größen Strahlradius $w(z)$ und Krümmungsradius $R(z)$ der Phasenfronten $\phi = \text{const.}$ ausgedrückt werden:

$$\frac{1}{q} = \frac{1}{R} - \mathrm{i} \cdot \frac{\lambda}{(\pi w^2)} . \tag{5.111}$$

Setzt man (5.111) in (5.110) ein so ergibt sich:

$$A = \exp\left[\frac{-r^2}{w^2}\right] \exp\left[-\frac{\mathrm{i}kr^2}{(2R(z))} - \mathrm{i}\phi(z)\right] . \tag{5.112}$$

Dies zeigt, dass $R(z)$ den Krümmungsradius der Wellenfront angibt, d. h. den Ort gleicher Phase, der die z-Achse bei $r = 0$ senkrecht schneidet (Abb. 5.106). Der Strahlradius $w(z)$ gibt den Abstand $r = (x^2 + y^2)^{1/2}$ von der Strahlachse $r = 0$ an, bei dem die Amplitude auf $1/\mathrm{e}$ ihres Wertes auf der Achse gesunken ist (Abb. 5.105b). Die Intensität ist dann auf $1/\mathrm{e}^2$ abgefallen (Abb. 5.105c).

Setzt man die Probelösung (5.112) in die Wellengleichung (5.109) ein so erhält man die Beziehungen

$$\frac{\mathrm{d}q}{\mathrm{d}z} = 1 \quad \text{und} \quad \frac{\mathrm{d}\phi}{\mathrm{d}z} = -\frac{\mathrm{i}}{q} . \tag{5.113}$$

Die Integration ergibt

$$q(z) = q_0 + z = \frac{\mathrm{i}\pi w_0^2}{\lambda} + z \tag{5.114a}$$

wobei $q_0 = q(z = 0)$ und $w_0 = w(z = 0)$. Aus (5.111) erhalten wir

$$\frac{1}{q(z)} = \frac{1}{(q_0 + z)} = \frac{1}{(z + \mathrm{i}\pi w_0^2/\lambda)} . \tag{5.114b}$$

Multiplikation von Zähler und Nenner mit $(z - \mathrm{i}\pi w_0^2/\lambda)$ ergibt die Beziehung

$$\frac{1}{q(z)} = \frac{z}{[z^2 + (\pi w_0^2/\lambda)^2]} - \frac{\mathrm{i} \cdot \lambda}{[\pi w_0^2(1 + \lambda z/\pi w_0^2)^2]} . \tag{5.114c}$$

vergleichen wir dies mit (5.111) so erhalten wir für den Krümmungsradius der Phasenflächen

$$R(z) = z\left[1 + \left(\frac{\pi w_0^2}{z \cdot \lambda}\right)^2\right] \tag{5.115a}$$

(Abb. 5.107) und für den Strahlradius

$$w(z) = w_0\left[1 + \left(\frac{\pi w_0^2}{z \cdot \lambda}\right)^2\right]^{1/2} . \tag{5.115b}$$

Die Phase und der Krümmungsradius der Wellenfronten wechseln im Fokus ihr Vorzeichen (Abb. 5.107 und 5.108). Integration der Phasenbeziehung (5.113) ergibt mit (5.114b) den von z abhängigen Phasenfaktor (Abb. 5.108)

$$\mathrm{i}\phi(z) = \ln\sqrt{1 + \left(\frac{z \cdot \lambda}{\pi w_0^2}\right)} - \mathrm{i} \cdot \arctan\left(\frac{z \cdot \lambda}{\pi w_0^2}\right) . \tag{5.115c}$$

Setzt man diese Beziehungen in (5.112) ein, so lässt sich die elektrische Feldamplitude $E(r, z)$ eines Gaußstrahls mit $E_0 = E(r = 0, z = 0)$ durch die reellen Strahlparameter $R(z)$ und $w(z)$ sowie die Phase $\phi(z, r)$ ausdrücken und man erhält:

$$E(r, z) = E_0\left(\frac{w_0}{w}\right)\exp\left[-\frac{r^2}{w^2}\right] \cdot \exp\left[-\mathrm{i}k\left(\frac{z + r^2}{2R}\right) - \mathrm{i}N\right]\exp[-\mathrm{i}\omega t] . \tag{5.116}$$

Der erste Exponentialfaktor beschreibt die radiale Gaußverteilung der Feldamplitude, der zweite die von z und r abhängige Phase, wobei

$$N = \arctan\left(\frac{z \cdot \lambda}{\pi w_0^2}\right)$$

eine Abkürzung für den Imaginärteil der komplexen Phase $\mathrm{i}\phi$ in (5.115c) ist. Beim Übergang von $z < 0$ zu $z > 0$ springt die Phase N um den Wert π. Vergleicht man (5.116) mit der allgemeinen Feldverteilung (5.21) in einem spärischen Resonator, so sind beide Verteilungen identisch für $n = m = 0$, weil die Hermitischen Polynome H_m für $m = 0$ den Wert 1 haben.

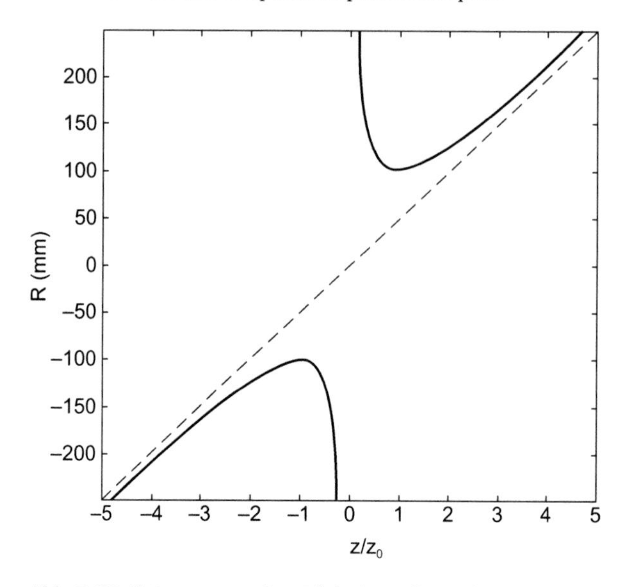

Abb. 5.107. Krümmungsradius $R(z)$ als Funktion des normierten Abstandes z/z_0 von der Strahltaille bei $z = 0$, wobei z_0 die Rayleigh-Länge ist

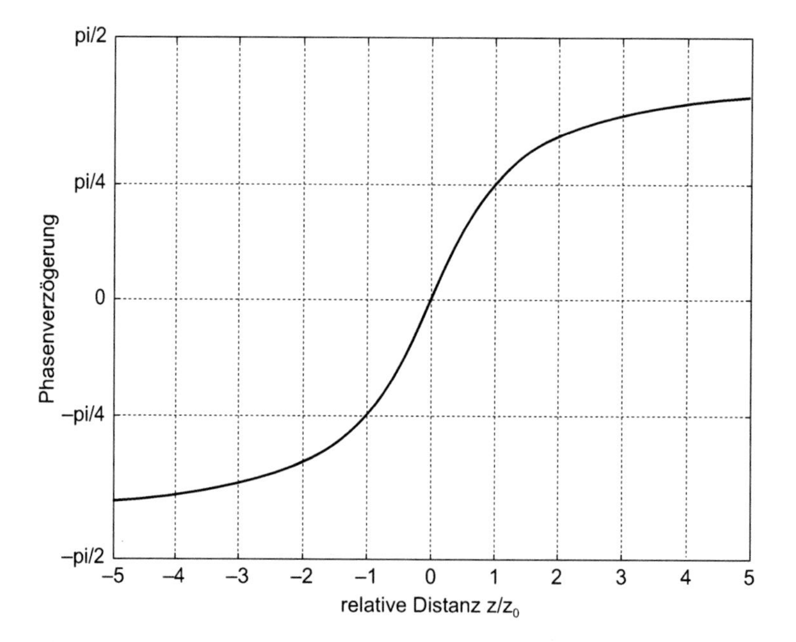

Abb. 5.108. Phasenverlauf im Gaußstrahl der Umgebung des Fokus bei $z = 0$

Die radiale Intensitätsverteilung (Abb. 5.105c) ist dann:

$$I(r,z) = \frac{1}{2}c \cdot \varepsilon_0 |E|^2 = C \cdot \frac{I_0}{(w_0^2/w^2)} \exp\left[-\frac{2r^2}{w^2}\right] \tag{5.117a}$$

wobei $I_0 = I(r = z = 0)$ ist. Der Normalisierungsfaktor C kann durch die Beziehung

$$P_0 = \int 2\pi r I(r)\,\mathrm{d}r$$

zwischen der Intensität $I(r)$ und der gesamten Leistung P_0 im Strahl bestimmt werden. Dies liefert $C = (2/\pi w_0^2)P_0/I_0$, woraus das von z abhängige radiale Intensitätsprofil eines Gaußstrahls folgt:

$$I(r,z) = \left(\frac{2P_0}{\pi w^2}\right) \exp\left[-\frac{2r^2}{w(z)^2}\right] . \tag{5.117b}$$

Die Strecke zwischen den Grenzen $z = -z_0$ und $z = +z_0$. bei denen sich der Strahldurchmesser um den Faktor $\sqrt{2}$ vergrößert hat (also $w(z_0) = \sqrt{2} \cdot w(0)$),bei denen die Intensität also um den Faktor 2 gesunken ist, heißt **Rayleigh Länge**.

Wenn der Gaußstrahl durch eine kreisförmige Blende mit Durchmesser $2a$ geschickt wird, so kann nur der Bruchteil

$$P_t/P_i = \left(\frac{2}{\pi w^2}\right) \int 2\pi r \exp\left[-\frac{2r^2}{w^2}\right] \mathrm{d}r = 1 - \exp\left[-\frac{2a^2}{w^2}\right] \tag{5.118}$$

der einfallenden Leistung P_i durch die Blende transmittiert werden. In Abb. 5.109 ist dieser Bruchteil als Funktion des Verhältnisses a/w dargestellt. Für $a = 1{,}5w$ werden bereits 99% der einfallenden Leistung durchgelassen, für $a = 2w$ schon 99,9%. In diesem Fall ist die Beugung an der Blende vernachlässigbar klein.

Wenn ein Gaußstrahl durch Linsen oder sphärische Spiegel abgebildet wird, sind die Abbildungsgleichungen ähnlich wie bei Kugelwellen. Bei der Abbildung durch

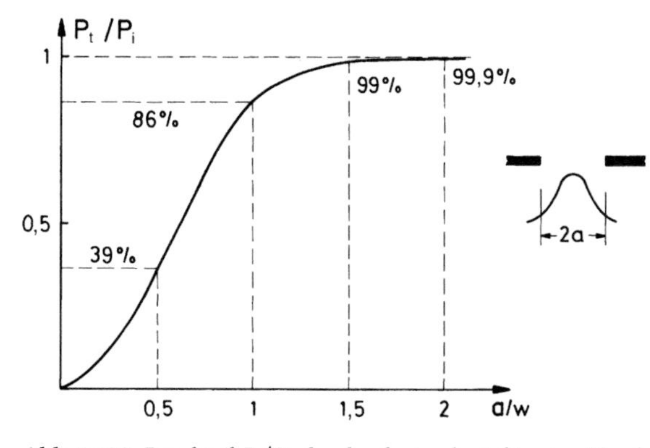

Abb. 5.109. Bruchteil P_t/P_0 der durch eine kreisförmige Blende durchgelassene Leistung als Funktion des Verhältnisses a/w von Blendenradius a und Strahlhalbmesser w

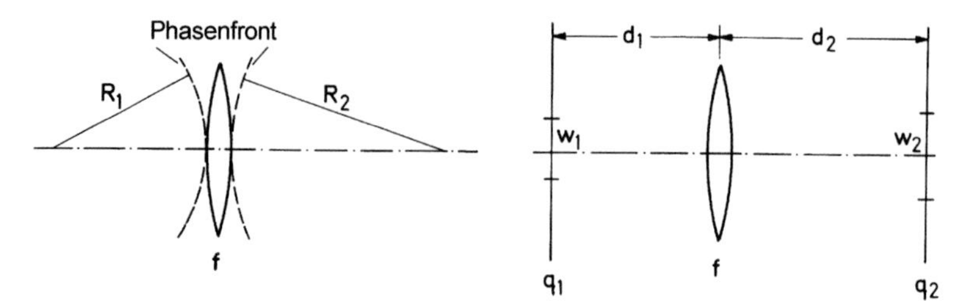

Abb. 5.110. Abbildung eines Gaußstrahls durch eine dünne Linse

eine dünne Linse (Abb. 5.110) mit der Brennweite f gilt für die Krümmungsradien R_i der Phasenfronten die Abbildungsgleichung

$$\frac{1}{R_1} = \frac{1}{R_2} - \frac{1}{f} . \tag{5.119}$$

Die Strahltaille w ist auf beiden Seiten der dünnen Linse gleich. Deshalb gilt für die Strahlparameter q die Gleichung

$$\frac{1}{q_2} = \frac{1}{q_1} - \frac{1}{f} .$$

Bestimmt man die q_i in den Entfernungen d_1 und d_2 von der Linse so erhält man aus (5.114) und (5.119) die Beziehung

$$q_2 = \frac{\left[\left(\frac{1-d_2}{f}\right) \frac{q_1+d_1+d_2-d_1 d_2}{f}\right]}{\left[\frac{1-d_1}{f-q_1/f}\right]} . \tag{5.120}$$

Hieraus lässt sich bei bekanntem q_1 vor der Linse der Strahlradius w und der Krümmungsradius R hinter der Linse mit Hilfe von (5.114)berechnen.

Wenn z. B. der Laserstrahl durch eine Linse in eine absorbierende Probe von Molekülen fokussiert wird, so kann man den Fokusdurchmesser $2w_2$ berechnen aus dem Strahltaillen-Durchmesser $2w_1$ im Laser-Resonator. Da für beide Fälle der Krümmungsradius $R = \infty$ ist, werden nach (5.111) die beiden Strahlparameter q rein imaginär.

$$q_1 = \frac{\mathrm{i}\pi w_1^2}{\lambda} \quad \text{und} \quad q_2 = \frac{\mathrm{i}\pi w_2^2}{\lambda} . \tag{5.121}$$

Setzt man dies in (5.120) ein, so ergibt sich:

$$\frac{(d_1 - f)}{(d_2 - f)} = \left(\frac{w_1^2}{w_2^2}\right) \tag{5.122a}$$

$$(d_1 - f)(d_2 - f) = f^2 - f_0^2 \quad \text{mit} \quad f_0 = \frac{\pi w_1 w_2}{\lambda} . \tag{5.122b}$$

Für $d_1 > f$ und $d_2 > f$ kann jede Linse mit $f > f_0$ zur Abbildung benutzt werden. Für eine vorgegebene Brennweite f kann die Position der Linse aus den beiden Gleichungen

$$d_1 = f \pm \left(\frac{w_1}{w_2}\right)\sqrt{(f^2 - f_0^2)} \tag{5.123a}$$

$$d_2 = f \pm \left(\frac{w_2}{w_1}\right)\sqrt{(f^2 - f_0^2)} \,. \tag{5.123b}$$

Zusammen mit (5.122) erhält man dann den Fokusdurchmesser in der Abbildungsebene

$$2w_2 = 2w_1\left[\frac{(d_2 - f)}{(d_1 - f)}\right]^{1/2} \,. \tag{5.124}$$

Der Strahlradius w_0 eines Gaußstrahls im Fokus einer Linse mit Brennweite f ist

$$w_0 = \frac{f \cdot \lambda}{(\pi w_s)} \tag{5.125}$$

wenn w_s der Strahlradius auf der Linse ist (Abb. 5.111). Wenn Gaußstrahlen durch eine Linse abgebildet werden, sollte der Durchmesser der Linse $D > 3w_s$ sein, um Beugungsverluste klein zu halten.

Wenn der Gaußstrahl in einen anderen Resonator so abgebildet werden soll, dass seine Intensitätsverteilung der Grundmode dieses Resonators entspricht, so müssen die Phasenfronten auf den Resonator-Spiegeln gleich den Krüummungsradien der Spiegel sein und der Strahlradius $w(z)$ muss an allen Stellen z im Resonator den Strahlradien der Grundmode entsprechen. Mit Hilfe der Gl. (5.120)–(5.124) können dann die korrekten Werte von f, d_1 und d_2 berechnet werden.

Als Rayleigh-Länge z_R definiert man die halbe Strecke $z_R = \frac{1}{2}(z_2 - z_1)$ zwischen den Orten z_1 und z_2 vor und nach dem Fokus, bei dem der Strahldurchmesser sich um den Faktor $\sqrt{2}$ gegenüber dem Durchmesser $2w_0$ im Fokus vergrößert hat (Abb. 5.106):

$$w(z_1) = w(z_2) = w_0\left[1 + \left(\frac{\lambda \cdot z_R}{\pi w_0^2}\right)^2\right]^{1/2} = \sqrt{2} \cdot w_0 \,. \tag{5.126}$$

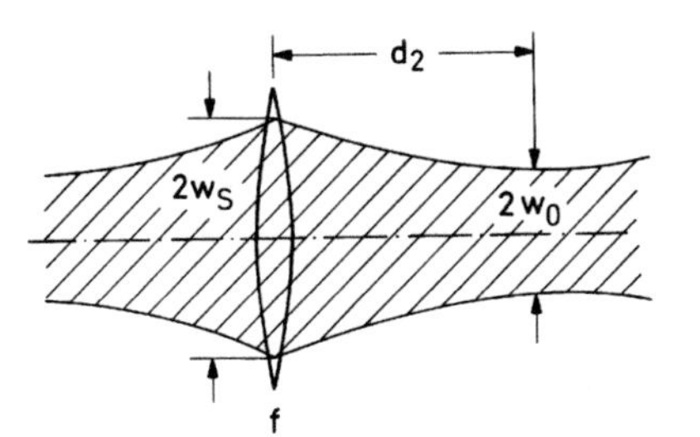

Abb. 5.111. Fokussierung eines Gaußstrahls durch eine Linse

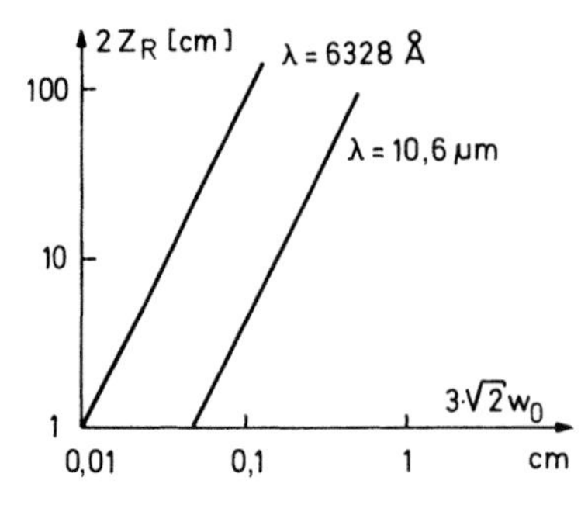

Abb. 5.112. Volle Rayleigh-Länge $2z_\mathrm{R}(w_0)$ für zwei verschiedene Wellenlängen

Dies liefert für die Rayleigh-Länge den Wert

$$z_\mathrm{R} = \frac{\pi w_0^2}{\lambda} . \tag{5.127}$$

Als Fokalregion bezeichnet man die Strecke über eine Rayleigh-Länge auf beiden Seiten des Fokus (Abb. 5.106).

Die Rayleigh-Länge hängt ab von der Wellenlänge λ und vom Fokusdurchmesser $2w_0$ und damit von der Brennweite der fokussierenden Linse. Dies wird in Abb. 5.112 für zwei verschiedene Wellenlängen illustriert.

Bei Entfernungen $z \gg z_\mathrm{R}$ vom Fokus (*Fernfeld*) sind die Wellenfronten eines Gaußstrahls praktisch sphärische Wellen, die von einer Punktquelle im Fokus emittiert werden. Der Divergenzwinkel θ im Fernfeld ist definiert durch

$$\tan\theta = \frac{w(z)}{z} \to \theta = \arctan\left(\frac{\lambda}{(\pi w_0)}\right) \approx \frac{\lambda}{(\pi w_0)} . \tag{5.128}$$

Die Krümmungsradien sind

$$R(z) = z\left[1 + \left(\frac{z_\mathrm{R}}{z}\right)^2\right] . \tag{5.129}$$

Für $z = 0$ wird $R = \infty$. Am Ende der Rayleigh-Länge für $z = z_\mathrm{R}$ wird $R(z_\mathrm{R}) = 2z_\mathrm{R}$.

Man beachte: Im Nahfeld liegt der Krümmungsmittelpunkt der Wellenfronten nicht im Fokus bei $z = 0$. Dies sieht man wie folgt:

Für ebene Wellen heißt die Abbildungsgleichung für die Abbildung eines Gegenstands im Abstand d_1 von der Linse mit Brennweite f in die Bildebene im Abstand d_2:

$$\frac{1}{d_1} + \frac{1}{d_2} = \frac{1}{f} .$$

Für einen Gaußstrahl, bei dem die Fokusebene vor der Linse im Abstand s_1 von der Linse in die Fokusebene auf der anderen Seite der Linse im Abstand s_2 abgebildet wird, heißt die entsprechende Gleichung

$$\frac{1}{\left[s_1 + z_R^2/(s_1 - f)\right]} + \frac{1}{s_2} = \frac{1}{f}$$

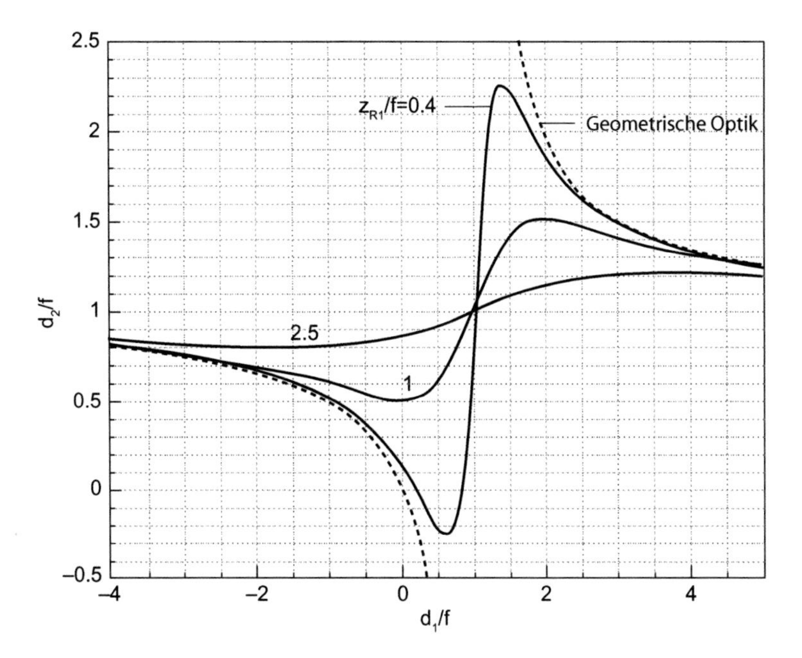

Abb. 5.113. Strahltaille hinter der Linse als Funktion des normierten Abstandes d_1/f der Strahltaille vor der Linse für verschiedene Verhältnisse z_R/f von Rayleigh-Länge z_R zu Brennweite f [5.184]

wie man aus (5.121–5.123) herleiten kann. Man sieht, dass im Nahbereich ($s_1 < z_R$) der Abstand der Bildebene durchaus merklich von der Abbildung einer ebenen Welle abweicht (Abb. 5.113).

Beispiel 5.23

Eine Linse mit $f = 5$ cm fokussiert einen Gaußstrahl mit $w_s = 0{,}2$ cm. Für $\lambda = 623$ nm ist der Strahlradius im Fokus $w_0 = 5\,\mu$m. Um w_0 zu verkleinern, muss man entweder den Strahl vor der Linse aufweiten und damit w_s vergrößern oder die Brennweite f verkleinern. Der Öffnungswinkel des Gaußstrahls im Fernfeld ist $\theta = 40$ mrad $\approx 2{,}4^0$.

Weitere Informationen über die Ausbreitung und die Abbildung von Gaußstrahlen findet man z. B. in [5.182–5.184].

Literatur

Kapitel 1

1.1 *Laser Spectroscopy I–XV*, Proc. Int'l Confs. 1973–2003
I (Vale 1973) ed. by R.G. Brewer, A. Mooradian (Plenum, New York 1974)
II (Megeve 1975) ed. by S. Haroche, J.C. Pebay-Peyroula, T.W. Hänsch, S.E. Harris, Lecture Notes Phys., Vol. 43 (Springer, Berlin, Heidelberg 1975)
III (Jackson Lake Lodge 1977) ed. by J.L. Hall, J.L. Carlsten, Springer Ser. Opt. Sci., Vol. 7 (Springer, Berlin, Heidelberg 1977)
IV (Rottach-Egern 1979) ed. by H. Walther, K.W. Rothe, Springer Ser. Opt. Sci., Vol. 21 (Springer, Berlin, Heidelberg 1979)
V (Jaspers 1981) ed. by A.R.W. McKellar, T. Oka, B.P. Stoicheff, Springer Ser. Opt. Sci., Vol. 30 (Springer, Berlin, Heidelberg 1981)
VI (Interlaken 1983) ed. by H.P. Weber, W. Lüthy, Springer Ser. Opt. Sci., Vol. 40 (Springer, Berlin, Heidelberg 1983)
VII (Maui 1985) ed. by T.W. Hänsch, Y.R. Shen, Springer Ser. Opt. Sci., Vol. 49 (Springer, Berlin, Heidelberg 1985)
VIII (Are 1987) ed. by S. Svanberg, W. Persson, Springer Ser. Opt. Sci., Vol. 55 (Springer, Berlin, Heidelberg 1987)
IX (Bretton Woods 1988) ed. by M.S. Feld, J.E. Thomas, A. Mooradian (Academic, Orlando, FL 1989)
X (Font Romeau 1991) ed. by M. Ducloy, E. Giacobino, G. Camy (World Scientific, Singapore 1992)
XI (Hot Springs, VA 1993) ed. by L. Bloomfield, T. Gallagher, D. Larson. AIP Conf. Proc. **290** (Am. Inst. Phys., New York 1993)
XII (Capri, Italy 1995) ed. by M. Inguscio, M. Allegrini, A. Sasso (World Scientific, Singapore 1995)
XIII (Hangzhou, PR China 1997) ed. by Y.Z. Wang (World Scientific, Singapore 1998)
XIV (Innsbruck, Austria 1999) ed. by D. Leibfried, J. Eschner, E. Schmidt-Kaler, R. Blatt (World Scientific, Singapore)
XV (Palm Cove, Australien 2003) ed. by H. Bachor, P. Hannaford (World Scientific, Singapore 2004)
XVI (Aviemore 2005) ed. by Ed. Hinds, I. Walmsley A. Ferguson (World Scientific, Singapore 2006)
Proc. 17th Int. Conf. Laser Spectroscopy, Cairngorms National Park, Scottland, June 2005, ed. by E.A. Hinds, A. Ferguson, E. Riis (World Scientific, Singapore 2005)
Proc. 18th Int. Conf. Laser Spectroscopy ICOLS XVIII, Telluride, Colorado 2007, ed. by L. Holberg and M. Kasewich (World Scientific Singapore, 2007)
Proc. 19th Int. Conf. Laser Spectroscopy ICOLS 2009, Kussharo, Hokaido, Japan, June 2009, ed. by H. Katori, H. Joneda, K. Nakagawa (World Scientific Singapore 2010)
Int. Conf. Tunable Diode Laser Spectroscopy 1–6, (1995, 1997, 1999, 2001, 2003, 2005, 2007, 2009, 2011)

1.2 *Fundamental and Applied Laser Physics*, Proc. Symp. (1971), ed. by M. Feld, A. Javan, N. Kurnit (Wiley, London 1973)
1.3 A. Mooradian, T. Jaeger, P. Stokseth (eds.): *Tunable Lasers and Applications*, Springer Ser. Opt. Sci., Vol. 3 (Springer, Berlin, Heidelberg 1976)
1.4 S. Martellucci, A.N. Chester (eds.): *Analytical Laser Spectroscopy*, Proc. NATO ASI (Plenum, New York 1985)
1.5 Y. Prior, A. Ben-Reuven, M. Rosenbluth (eds.): *Methods of Laser Spectroscopy* (Plenum, New York 1986)
1.6 A.C.P. Alves, J.M. Brown, J. M. Hollas (eds.): *Frontiers of Laser Spectroscopy of Gases*, NATO ASI Series, Vol. 234 (Kluwer, Dordrecht 1988)
1.7 W. Demtröder, M. Inguscio (eds.): *Applied Laser Spectroscopy*, NATO ASI Series, Vol. 241 (Plenum, New York 1991)
1.8 H. Walther (ed.): *Laser Spectroscopy of Atoms and Molecules*, Topics Appl. Phys., Vol. 2 (Springer, Berlin, Heidelberg 1976)
1.9 K. Shimoda (ed.): *High-Resolution Laser Spectroscopy*, Topics Appl. Phys., Vol. 13 (Springer, Berlin, Heidelberg 1976)
1.10 A. Corney: *Atomic and Laser Spectroscopy* (Clarendon, Oxford 1977)
1.11 D.C. Hanna, M.A. Yuratich, D. Cotter: *Nonlinear Optics of Free Atoms and Molecules*, Springer Ser. Opt. Sci., Vol. 17 (Springer, Berlin, Heidelberg 1979)
1.12 M.S. Feld, V.S. Letokhov (eds.): *Coherent Nonlinear Optics*, Topics Curr. Phys., Vol. 21 (Springer, Berlin, Heidelberg 1980)
1.13 S. Stenholm: *Foundations of Laser Spectroscopy* (Wiley, New York 1984)
1.14 J.I. Steinfeld: *Laser and Coherence Spectroscopy* (Plenum, New York 1978)
1.15 W.M. Yen, M.D. Levenson (eds.): *Lasers, Spectroscopy and New Ideas*, Springer Ser. Opt. Sci., Vol. 54 (Springer, Berlin, Heidelberg 1987)
1.16 D.S. Kliger(ed.): *Ultrasensitive Laser Spectroscopy* (Academic, New York 1983)
1.17 B.A. Garetz, J.R. Lombardi (eds.): *Advances in Laser Spectroscopy* I & II (Heyden, London 1982/83)
1.18 S. Svanberg: *Atomic and Molecular Spectroscopy*, 2nd edn., Springer Ser. Atoms Plasmas, Vol. 6 (Springer, Berlin, Heidelberg 1992)
1.19 L.J. Radziemski, R.W. Solarz, J. Paissner: *Laser Spectroscopy and its Applications* (Dekker, New York 1987)
1.20 V.S. Letokhov (ed.): *Lasers in Atomic, Molecular and Nuclear Physics* (World Scientific, Singapore 1989)
1.21 V.S. Letokhov (ed.): *Laser Spectroscopy of Highly Vibrationally Excited Molecules* (Hilger, Bristol 1989)
1.22 J. Heldt, R. Lawruszeczuk (eds.): *Laser Spectroscopy.* Proc. XV Summer School on Quantum Optics, Frombork 1987 (World Scientific, Singapore 1988)
1.23 Z.-Geng Wang, H.-R. Xia: *Molecular and Laser Spectroscopy*, Springer Ser. Chem. Phys., Vol. 50 (Springer, Berlin, Heidelberg 1991)
1.24 H.-L. Dai, W. Ho: *Laser Spectroscopy and Photochemistry on Metal Surfaces* (World Scientific, Singapore 1993)
1.25 W.M. Yen, P.M. Selzer: *Laser Spectroscopy of Solids*, 2nd edn., Topics Appl. Phys., Vol. 49 (Springer, Berlin, Heidelberg 1986)
W.M. Yen: *Laser Spectroscopy of Solids II*, Topics Appl. Phys., Vol. 65 (Springer, Berlin, Heidelberg 1989)
1.26 D.L. Andrews, A.A. Demidov: *An Introduction to Laser Spectroscopy*, 2nd edn. (Springer, Heidelberg 2002)
1.27 D.L. Andrews (ed.): *Applied Laser Spectroscopy* (VCH-Wiley, Weinheim 1992)
1.28 E.R. Menzel: *Laser Spectroscopy: Techniques and Applications* (CRC-Press, Boca Raton 1995)
1.29 H. Abrameyk: *Introduction to Laser Spectroscopy* (Elsevier, Amsterdam 2005)

Kapitel 2

2.1 E. Hecht: *Optics*, 3rd edn. (Addison-Wesley, Reading, Mass 1997)
2.2 H. Haken: *Light* (North-Holland, Amsterdam 1986) Vols. 1–4
2.3 M. Born, E. Wolf: *Principles of Optics*, 7th edn. (Pergamon, Oxford 1999)
2.4 H. Paul: *Photonen* , 2. Aufl. (Teubner, 1999)
2.5 R. Loudon: *The Quantum Theory of Light*, 3rd edn. (Oxford Univ. Press, Oxford 2000)
2.6 H. Schilling: *Optik und Spektroskopie* (Deutsch, Frankfurt 1980)
2.7 A. Yariv: *Optical Electronics*, 4th edn. (Holt, Rinehart and Winston, Philadelphia, PA 1991)
2.8 A. Corney: *Atomic and Laser Spectroscopy* (Clarendon, Oxford 1986)
2.9 M. Sargent III, M.O. Scully, W.E. Lamb Jr.: *Laser Physics* (Addison-Wesley, London 1974)
2.10 P. Meystre, M. Sargent III: *Elements of Quantum Optics*, 3rd edn. (Springer, Berlin, Heidelberg 1998)
2.11 K. Leonhard: *Optische Interferenzen* (Wissenschaftl. Verlagsgesellschaft, Stuttgart 1981)
2.12 W. Marlow: Hakenmethode. Appl. Opt. 6, 1715 (1967)
2.13 I. Meroz (ed.): *Optical Transition Probabilities: A Representative Collection of Russian Articles* (Israel Program for Scientific Translations, Jerusalem 1962)
2.14 G. Grawert: *Quantenmechanik II* (Akademische Verlagsgesellschaft, Frankfurt 1989)
2.15 J.I. Steinfeld: *Molecules and Radiation* (MIT Press, Cambridge, MA 1993)
2.16 R.E. Imhof, F.H. Read: Measurements of lifetimes of atoms, molecules and ions. Rep. Prog. Phys. **40**, 1 (1977)
2.17 W.L. Wiese: Bibliography on atomic transition probabilities 1914 through October 1977. NBS Publication 505 (US Department of Commerce, Washington, DC 1978)
2.18 S. Brandt, H.D. Dahmen: *Physik*, Bd.2: *Elektrodynamik* (Springer, Berlin, Heidelberg 1997)
2.19 L. Mandel, E. Wolf: Coherence properties of optical fields. Rev. Mod. Phys. **37**, 271 (1965)
2.20 A.F. Harvey: *Coherent Light* (Wiley Interscience, London 1970)
2.21 J. Klauder, E.C.G. Sudarshan: *Fundamentals of Quantum Optics* (Benjamin, New York 1968)
2.22 H.M. Nussenzweig: *Introduction to Quantum Optics* (Gordon and Breach, London 1973)
M. Fox: *Quantum Optics: An Introduction* (Oxford Univ. Press, Oxford 2006)
2.23 B.W. Shore: *The Theory of Coherent Excitation* (Wiley, New York 1990)

Kapitel 3

3.1 I.I. Sobelmann, L.A. Vainstein, E.A. Yukov: *Excitation of Atoms and Broadening of Spectral Lines*, 2nd edn., Springer Ser. Atoms and Plasmas, Vol. 15 (Springer, Berlin, Heidelberg 1998)
3.2 Siehe z. B. A. Messiah: *Quantenmechanik*, 2. Aufl. (DeGruyter, Berlin 1991)
3.3 A. Unsöld: *Physik der Sternatmosphären* (Springer, Berlin, Heidelberg 1968)
A. Unsöld, B. Baschek: *Der neue Kosmos* (Springer, 1991)
3.4 G. Traving: *Über die Theorie der Druckverbreiterung von Spektrallinien* (Braun, Karlsruhe 1960)
3.5 W.R. Hindmarsh, J.M. Farr: Collision Broadening of Spectral Lines by Neutral Atoms, in *Progress in Quantum Electronics*, Vol. 2, Pt. 4 (Pergamon, Oxford 1973) p. 143
3.6 R.G. Breene: *Theories of Spectral Line Shapes* (Wiley, New York 1981)
3.7 N. Allard, J. Kielkopf: The effect of neutral nonresonant collisions on atomicspectral lines. Rev. Mod. Phys. **54**, 1103 (1982)
3.8 H. Griem: *Plasma Spectroscopy* (McGraw-Hill, New York 1964)
3.9 C.C. Davis, T.A. King: Gaseous ion Lasers, in *Adv. Quant. Electron.*, Vol. 3, ed. by D.W. Godwin (Academic, New York 1975)
3.10 R.S. Eng, A.R. Calawa, T.C. Harman, P.L. Kelley: Collisional narrowing of infrared water vapor transitions. Appl. Phys. Lett. **21**, 303 (1972)
3.11 J. Hall: The Line Shape Problem in Laser Saturated Molecular Absorption, in *Lectures in Theoretical Physics*, Vol. 12A, ed. by K. Mahanthappa, W. Brittin (Gordon and Breach, New York 1971)

3.12 K. Shimoda: Line Broadening and Narrowing Effects, in *High-Resolution Laser Spectroscopy*, ed. by K. Shimoda, Topics Appl. Phys., Vol. 13 (Springer, Berlin, Heidelberg 1976)
3.13 D. McClure: Electronic spectra of molecules and ions in crystals. *Adv. Solid State Phys.* **8**, 1 und **9**, 400 (Academic, New York 1959)
3.14 R.M. McFarlane, R.M. Shelby: Photochemical and population hole burning in the zero-phonon line of a color center F_3^- in NaF. Phys. Rev. Lett. **42**, 788 (1979)
3.15 K.M. Sando, Shih-I. Chu: Pressure broadening and laser-induced spectral line shapes. Adv. At. Mol. Phys. 25, 133 (1988)
3.16 W.M. Yen, P.M. Selzer (eds.): *Laser Spectroscopy of Solids*, 2nd edn., Topics Appl. Phys., Vol. 49 (Springer, Berlin, Heidelberg 1986)
3.17 Z.-G. Wang, H.-R. Xia: *Molecular and Laser Spectroscopy*, Springer Ser. Chem. Phys., Vol. 50 (Springer, Berlin, Heidelberg 1991)
3.18 U. Fano, A.R.P. Rau: *Atomic Collisions and Spectra* (Academic, New York 1986)
3.19 D. Haarer, H.W. Spiess (Herausg.): *Spektroskopie amorpher und kristalliner Festkörper* (Steinkoff, Darmstadt 1995)
3.20 Int. Conf. Spectral Line Shapes, Vol. 15–19 (Springer, Berlin, Heidelberg 2008)
3.21 J. Seidel (ed.): *Spectral Line Shapes* (Springer, Berlin, Heidelberg 2011)
3.22 Siehe die gesamte Serie der Int. Conf. Spectral Line Shapes 1–20 von 1970–2010

Kapitel 4

4.1 R. Kingslake, B.J. Thompson (eds.): *Applied Optics and Optical Engineering*, Vols. I–X (Academic, New York 1969–1985)
4.2 E. Wolf (ed.): *Progress in Optics*, Vols. 1–47 (North-Holland, Amsterdam 1961–2007)
4.3 R. Guenther: *Modern Optics* (Wiley, New York 1990)
G. Litfin: *Technische Optik in der Praxis*, 3. Aufl. (Springer, Heidelberg 2006)
4.4 A.P. Thorne: *Spectrophysics* (Chapman and Hall, London 1974)
A.P. Thorne, U. Litzèn, S. Johansson: *Spectrophysics* (Springer, Berlin, Heidelberg 2004)
4.5 St.G. Lipson, H.S. Lipson, D.S. Tannhausen: *Optik* (Springer, Berlin, Heidelberg 1997)
D. Meschede: *Optik, Licht und Laser*, 2. Aufl. (Teubner, Stuttgart 2005)
4.6 A.B. Schafer, L.R. Megil, L. Dropleman: Optimization of the Czerny-Turner Spectrometer. J. Opt. Soc. Am. **54**, 879 (1964)
4.7 Bergmann-Schäfer: *Lehrbuch der Experimentalphysik*, Bd. III: *Optik*, 10. Aufl. (De Gruyter, Berlin 2004)
4.8 S.P. Davis: *Diffraction Grating Spectrographs* (Holt, Rinehard and Winston, New York 1970)
4.9 *Handbook of Diffraction Gratings, Ruled and Holographic* (Jobin Yvon Optical Systems, Metuchen, NJ 1970); Bausch and Lomb Diffraction Grating Handbook (Bausch and Lomb, Rochester, NY 1970)
4.10 G.W. Stroke: Diffraction gratings, in *Handbuch der Physik*, Bd. 29, Hrsg. S. Flügge (Springer, Berlin, Heidelberg 1967)
4.11 G. Schmahl, D. Rudolph: Holographic diffraction gratings. *Progr. Optics* ***XIV***, 195 (North-Holland, Amsterdam 1977)
E. Loewen: Diffraction gratings: Ruled and holographic. *Applied Optics and Optical Engineering* ***IX*** (Academic, New York 1980)
4.12 E. Hecht: *Optik*, 4. Aufl. (Oldenbourg, München 2005)
4.13 S. Tolansky: *An Introduction to Interferometry* (Longman, London 1973)
C. Lämmerzahl, C.W. Ewerit, F.W. Hehl (eds.): *Gyros, Clocks, Interferometers*, Lecture Notes Phys. (Springer, Heidelberg 2001)
4.14 J. Dyson: *Interferometry* (Machinery Publ., Brighton 1970)
G. Hernandez: *Fabry-Pérot Interferometer* (Cambridge Univ. Press, Cambridge 1986)
4.15 M. Francon: *Optical Interferometry* (Academic, New York 1966)
4.16 K.M. Baird, G.R. Hanes: Interferometers, in [Lit. 4.2, Bd. IV, S. 309–362]

4.17 J.M. Vaughan: *The Fabry–Pérot Interferometer* (Hilger, Bristol 1989)

4.18 P. Harihanan, B.C. Sanders: Quantum phenomena in optical interferometry, in [Lit. 4.2, Vol. XXXVI, S. 4 (1996)]
J. Schmider: Advanced evalution techniques in interferometers, in [Lit. 4.2, Vol. XXVIII, S. 271 (1990)]
K.S. Repasky, L.E. Watson, J.L. Carlsten: High Finesse Interferometers. Appl. Opt. **34**, 2615 (1995)

4.19 H.K.V. Lotsch: The Fabry–Pérot resonator. Optik **28**, 65–75, 328–345, 555–574 (1968/69); and ibid **29**, 622–623, 130–145, 622–623 (1969)

4.20 R.J. Bell: *Introductory Fourier Transform Spectroscopy* (Academic, New York 1972)

4.21 P. Griffiths, I.A. deHaseth: *Fourier Transform Infrared Spectroscopy* (Wiley, New York 1986)
B.C. Smith: *Fundamentals of Fourier-Transform Spectroscopy*, 2nd edn. (CRC-Press, 2011)

4.22 H. Welling, B. Wellegehausen: High resolution Michelson interferometer for spectral investigations of lasers. Appl. Opt. **11**, 1986 (1972)

4.23 W. Winkler: Ein Laser-Interferometer als Gravitationswellendetektor. Physik in unserer Zeit **16**, 138 (September 1985)

4.24 T.M. Niebauer, A. Rüdiger, R. Schilling, L. Schnupp, W. Winkler, K. Danzmann: Pulsar searching using data compression with the Garching gravitational wave detector. Phys. Rev. D **47**, 3106 (1993)
H.J. Kimble, Y. Levin, A.B. Matsko, K.S. Thorne, S.P. Vyatchanin: Conversion of conventional gravitational-wave interferometers into QND-interferometers. Phys. Rev. **D65**, 84 (2002)

4.25 Siehe z. B. W. Demtröder: *Experimentalphysik II*, 5. Aufl. (Springer, Berlin, Heidelberg 2009)

4.26 W.R. Leeb: Losses introduced by tilting intracavity etalons. Appl. Phys. **6**, 267 (1975)

4.27 M. Hercher: Tilted etalons in laser resonators. Appl. Opt. **8**, 1103 (1969)

4.28 W. Demtröder, M. Stock: Molecular constants and potential curves of Na_2 from laser-induced fluourescence. J. Mol. Spectrosc. **55**, 476 (1975)

4.29 P. Connes: L'étalon de Fabry-Pérot sphérique. Phys. Radium **19**, 262 (1958) und in *Quantum Electronics and Coherent Light*, ed. by P.H. Miles (Academic, New York 1964) p. 198 ff

4.30 M. Hercher: The spherical mirror Fabry-Pérot interferometer. Appl. Opt. **7**, 951 (1968)
J.R. Johnson: A high resolution scanning confocal interferometer. Appl. Opt. **7**, 1061 (1968)

4.31 H.K.V. Lotsch: The confocal resonator System. Optik **30**, 1–14, 181–201, 217–233, 563–576 (1969/70)

4.32 G. Allen Gary et al.: Solar Confocal Interferometers for subpicometer resolution spectral filters. Proc. SPIE **4853**, 252 (2003); and `htpp//:solarscience.msfc.nasa.gov/papers/garyga/aa6287.pdf`

4.33 A. Thelen: *Design of Optical Interference Coatings* (McGraw-Hill, New York 1988)
H.A. McLeod: *Thin Film Optical Filters*, 3rd edn. (Inst. of Physics Publ., London 2001)

4.34 V.R. Costich: Multilayer dielectric coatings, in *Handbook of Lasers*, ed. by R.J. Pressley (Chemical Rubber Company, Cleveland, Ohio 1972)
H.A. McLeod: *Thin-Film Optical Filters*, 4th edn. (CRC-Press, Cleveland, Ohio 2010)

4.35 S. Penselin, A. Steudel: Fabry-Pérot Verspiegelungen aus dielektrischen Vielfachschichten. Z. Physik **142**, 21 (1955)

4.36 R.E. Hummel, K.H. Guenther (eds.): *Optical Properties*, Vol. I: *Thin Films for Optical Coatings* (CRC, Cleveland, OH 1995)

4.37 A. Musset, A. Thelen: Multilayer antireflection coatings. *Progress in Optics III*, 203 (North-Holland, Amsterdam 1970)

4.38 D. Ristau, H. Ehlers: Thin Film Optical Coatings. In: *Handbook of Lasers and Optics*, ed. by F. Träger (Springer, Berlin, Heidelberg 2007)

4.39 H.K. Pulker: *Optical Interference Coatings* (Springer, Heidelberg 2003); siehe ferner Informationsschriften optischer Filter-Hersteller

4.40 L.R. Fork, D.R. Herriot, H. Kogelnik: A scanning spherical minor interferometer for spectral analysis of laser radiation. Appl. Opt. **3**, 1471 (1964)
4.41 A. Yariv, P. Yeh: *Optical Waves in Crystals* (Wiley Interscience, New York 1984) Ch. Weißmantel, C. Hamann: *Grundlagen der Festkörperphysik* (Springer, Berlin, Heidelberg 1979) S. 672f und 623ff
4.42 J.W. Evans: The birefringent filter. J. Opt. Soc. Am. **39**, 229 (1949)
4.43 M. Francon, S. Mullik: *Polarization Interferometers* (Wiley, Chichester 1971)
P.L. Polavarapi: *Principles and Applications of Polarization Division Interferometers* (Wiley, New York 1997)
4.44 A.L. Bloom: Modes of a laser resonator containing tilted birefringent plates. J. Opt. Soc. Am. **64**, 447 (1974)
4.45 B.H. Billings: The electro-optic effect in uniaxial crystals of the type XH_2PO_4. J. Opt. Soc. Am. **39**, 797 (1949)
4.46 B. Zwicker, P. Scherrer: Elektrooptische Eigenschaften der Seignette-elektrischen Kristalle KH_2PO_4 und KD_2PO_4. Helv. Phys. Acta **17**, 346 (1944)
4.47 H. Walther, J.L. Hall: Tunable Dye Laser with Narrow Spectral Output. Appl. Phys. Lett. **17**, 239 (1970)
4.48 J.J. Snyder: Laser wavelength meters. Laser Focus **18**, 55 (May 1982)
4.49 J.L. Hall, S.A. Lee: Interferometric real time display of cw dye laser wavelength with sub-Doppler accuracy. Appl. Phys. Lett. **29** 367 (1976)
4.50 F. Kowalski, R.E. Teets, W. Demtröder, A.L. Schawlow: An improved wavemeter for cw lasers. J. Opt. Soc. Am. **68**, 1611 (1978)
4.51 H.P. Layer, R.D. Deslattes, W.G. Schweitzer Jr.: Laser wavelength comparison with high resolution interferometry. Appl. Opt. **15**, 734 (1976)
4.52 R. Best: *Theorie und Anwendungen des Phase-Locked Loops* (AT-Verlag, Stuttgart 1976)
4.53 A. deMarchi (ed.): *Frequency Standards and Metrology* (Springer, Berlin, Heidelberg 1989)
4.54 F. Bayer-Helms: Neudefinition der Basiseinheit Meter im Jahre 1983. Phys. Bl. **39**, 307 (1983)
4.55 W.G. Schweizer Jr., E.G. Kessler Jr., R.D. Deslattes, H.P. Layer, J.R. Whetstone: Description, performance and wavelengths of iodine stabilized lasers. Appl. Opt. **12**, 2927 (1973)
4.56 B. Edlen: Dispersion of Standard Air. J. Opt. Soc. Am. **43**, 339 (1953)
4.57 J.C. Owens: Optical Refractive Index of Air: Dependence on pressure, temperature and composition. Appl. Opt. **6**, 51 (1967)
4.58 R. Castell, W. Demtröder, A. Fischer, R. Kullmer, K. Wickert: The accuracy of laser wavelength meters. Appl. Phys. B **38**, 1–10 (1985)
4.59 J. Viqué, B. Girard: A systematic error of Michelson's type lambdameter. Rev. Phys. Appl. **21**, 463 (1986)
4.60 J.J. Snyder: An ultrahigh resolution frequency meter. Proc. 35th Ann. Freq. Control USAERADCOM (May 1981); Appl. Opt. **19**, 1223 (1980)
4.61 Burleigh Instruments, Inc. (U.K.)
4.62 P.J. Fox, R.E. Scholten, M.R. Walkiewicz, R.E. Drullinger: A reliable compact and low cost Michelson wavemeter for laser wavelength measurements. Am. J. Phys. **67**, 624 (1999)
4.63 Siehe z. B. Toptica High Finesse High Precision Wavelength Meters (`www.toptica.com/products/wavelength_meters.html`);
M. Froggat, T. Erdogan: All-Fiber Wavemeter and Fourier-Transform Spectrometer. Opt. Lett. **24**, 942 (1999)
4.64 P. Juncar, J. Pinard: Instrument to measure wavenumbers of cw and pulsed laser lines: The sigma meter. Rev. Sci. Instrum. **53**, 939 (1982); and Opt. Commun. **14**, 438 (1975)
4.65 R.L. Byer, J. Paul, M.D. Duncan: A wavelength meter, in [Lit. 1.1 III, S. 414]
4.66 A. Fischer, R. Kullmer, W. Demtröder: Computer-controlled Fabry–Pérot wavemeter. Opt. Commun. **39**, 277 (1981)
4.67 N Konishi, T. Suzuki, Y. Taira, H. Kato, T. Kasuya: High precision wavelength meterwith Fabry–Pérot optics. Appl. Phys. **25**, 311 (1981)
4.68 JJ. Snyder: Fizeau wavemeter. SPIE **288**, 258 (1981)

4.69 M.B. Morris, T.J. McIllrath, J. Snyder: Fizeau wavemeter for pulsed laser wavelength measurement. Appl. Opt. **23**, 3862 (1984)
4.70 J.L. Gardner: Compact Fizeau wavemeter. Appl. Opt. **24**, 3570 (1985)
4.71 Laser2000: High Precision Lambdameter mit 4 Fizeau-Interferometer (Firmenkatalog 2006)
4.72 J.L. Gardner: Wavefront curvature in a Fizeau wavemeter. Opt. Lett. **8**, 91 (1983)
4.73 W. Kedziersky et al.: A Fizeau-wavemeter with single mode optical fibre coupling. J. Scient. Instrum. **21**, 796 (1988)
4.74 M.L. Junttila, B. Stahlberg: Laser wavelength measurement with a Fourier transform wavemeter. Appl. Opt. **29**, 3510 (1990)
4.75 P.N. Dennis: *Photodetectors* (Kluwer Academic, Norwell, MA 2009)
4.76 G.H. Rieke: *Detection of Light: From the Ultraviolet to the Submillimeter* (Cambridge Univ. Press, Cambridge 2003)
G.F. Knoll: *Radiation detection and measurement*, 3rd. edn. (Wiley, New York 2000)
4.77 M. Bleicher: *Halbleiter-Optoelektronik* (Huthig, Heidelberg 1990)
4.78 E.L. Dereniak, G.D. Boremann: *Infrared Detectors and Systems* (Cambridge Univ. Press, Cambridge 2008)
4.79 M. Budzier, G. Gerlach: *Thermal infrared Sensors: Theory, Optimization and Practice* (Wiley, New York 2011)
4.80 A. Rogalski: *Infrared Detectors*, 2nd edn. (CRC-Press, Boca Raton, Florida 2010)
4.81 A. Goushcha, B. Tabbert: Optical Detectors. In: *Handbook of Lasers and Optics*, ed. by F. Träger (Springer, Berlin, Heidelberg 2007)
4.82 S. Donati: *Photodetectors: Devices, Circuits and Applications* (Prentice Hall, Upper Saddle River, N.J. 1999)
4.83 M. Johnson: *Photodetection and Measurement* (McGraw-Hill, Columbus, Ohio 2003)
4.84 G.R. Osche: *Optical Detection Theory* (Wiley, New York 2002)
4.85 K.A. Jones: *Optoelektronik* (VCH, Weinheim 1992)
4.86 T.E. Gough. R.E. Miller, G. Scoles: Infrared laser spectroscopy of molecular beams. Appl. Phys. Lett. **30**, 338 (1977)
4.87 D. Bassi, A. Boschetti, M. Scotoni, M. Zen: Molecular beam diagnostics by means of fast superconducting bolometer. Appl. Phys. B **26**, 99 (1981)
4.88 J. Clarke, P.L. Richards, N.H. Yeh: Composite superconducting transition edge bolometer. Appl. Phys. Lett. B **30**, 664 (1977)
4.89 B. Tiffany: Introduction and review of pyroelectric detectors. SPIE Proc. **62**, 153 (1975)
4.90 E.H. Putly: Pyroelectric detectors, in *Submillimeter Waves*, ed. by J. Fox (Polytechnic Press, New York 1971) p. 267
G. Gautschi: *Piezoelectric Sensorics* (Springer, Berlin, Heidelberg 2002)
S.B. Lang: Pyroelectricity. Phys. Today **58**, 31 (2005)
4.91 C.B. Roundy, R.L. Byer: Subnanosecond pyroelectric detector. Appl. Phys. Lett. **21**, 10 (1972); and Opt. Commun. **10**, 374 (1974)
4.92 R. Paul: *Optoelektronische Halbleiterbauelemente* (Teubner, Stuttgart 1992)
4.93 F. Capasso (ed.): *Physics of Quantum Electron Devices*, Springer Ser. Electron. Photon., Vol. 28 (Springer, Berlin, Heidelberg 1990)
4.94 Ch.H. Lee (ed): *Picosecond Optoelectronic Devices* (Academic, New York 1984)
4.95 K. Ebeling: *Integrierte Optoelektronik* (Springer, Berlin, Heidelberg 1989)
S. Radovanovic, A.J. Annema, B. Nauta: *High-Speed Photodiodes in Standard CMOS Technology* (Springer, Heidelberg 2006)
4.96 E. Sakuma, K.M. Evenson: Characteristics of tungsten nickel point contact diodes used as a laser harmonic generation mixers. IEEE J. QE-**10**, 599 (1974)
4.97 H.U. Daniel, B. Maurer, M. Steiner: A broadband Schottky point contact mixer for visible-light and microwave harmonics. Appl. Phys. B **30**, 189 (1983)

4.98 H. P Rösser, R.V. Titz, G.W. Schwab, M.F. Kimmitt: Current-frequency characteristics of submicron GaAs Schottky barrier diodes with femtofarad capacitors. J. Appl. Phys. **72**, 3194 (1992)

4.99 R.B. Billborn, J.V. Sweedler, P.M. Epperson, M.B. Denton: Charge transfer device detectors for optical spectroscopy. Appl. Spectrosc. **41**, 1114 (1987)
G.C. Holst: *CCD Arrays, Cameras and Displays*, 2nd ed. (SPIE Int. Soc. for Opt. Eng., Orlando, Fl. 2002)
M. Bass, C. De Cusatis, J. Enoch, V. Lakshminarayanan: Design, Fabrication and Testing of CCDs. In: *Handbook of Optics*, Vol. II, 2nd edn. (McGraw-Hill, New York 2009)

4.100 J.D. Rees, M.P. Givens: Variation of time of flight of electrons through a photomultiplier. J. Opt. Soc. Am. **56**, 93 (1966)

4.101 J.S. Eshev, G.A. Amtypas, J. Edgecumbe: High quantum efficiency photoemission from an InGaAs photodiode. Appl. Phys. Lett. **29**, 153 (1976)

4.102 R.L. Bell: *Negative Electron Affinity Devices* (Clarendon, Oxford 1973)

4.103 W.E. Spicer: Negative affininty 3–5 photocathodes, their physics and technology. Appl. Phys. **12**, 115 (1977)

4.104 A. van der Ziel: *Noise in Measurements* (Wiley, New York 1976)

4.105 H. Bittel, L. Storm: *Rauschen* (Springer, Berlin, Heidelberg 1971)

4.106 T.H. Wilmshurst: *Signal Recovery from Noise in Electronics Instrumentation* (Hilger, Bristol 1990)

4.107 A.T. Young: Undesirable effects of cooling photomultipliers. Rev. Sci. Instrum. **38**, 1336 (1967)

4.108 R.E. Engstrom: *Photomultiplier handbook* (RCA solid state division, 1980)
Hamamatsu: *Photomultiplier Tubes: Basis and Application*, 2nd ed. (Hamamatsu Photonics, 1999)

4.109 B.F.A. Saleh, M.C. Teich: *Fundamentals of Photonics* (Wiley, New York 1991)

4.110 D.V. O'Connor, D. Phillips: *Time Correlated Photon Counting* (Academic, New York 1984)
W. Becker: *Advanced time-correlated single-photon counting techniques* (Springer, Berlin, Heidelberg 2003)

4.111 B. Saleh: *Photoelectron Statistics*, Springer Ser. Opt. Sci., Vol. 6 (Springer, Berlin, Heidelberg 1978)

4.112 P.W. Kruse: The photon detection process, in: J.J. Keyes (ed.): *Optical and Infrared Detectors*, 2nd ed. (Springer, Heidelberg 1977)

4.113 D. Dragoman, M. Dragoman: *Advanced Optical Devices* (Springer, Heidelberg 1999)
C.B. Johnson (ed.): *Image Intensifiers and Applications I + II* (SPIE Int. Soc. for Opt. Eng., Vol 3434, Bellingham, WA, Oct. 1998)

4.114 C.B. Johnson (ed.): *Image Intensifiers and Applications* (SPIE Int. Soc. for Opt. Eng., Vol 4128, Bellingham, WA, 2000)

4.115 Siehe Informationsbroschüren: a) Photon-counting Image Acquisition System (PIAS) von Hamamatsu, b) OMA III von EG & G Princeton Applied Research, c) OSMA von SI Spectroscopy Instruments GmbH

4.116 W. Göpel, J. Hesse, J.N. Zemel (eds.): *Sensors, A Comprehensive Survey*, Vol. 6: *Optical Sensors* (VHC, Weinheim 1992)

4.117 D.F. Barbe (ed.): *Charge-Coupled Devices*, Topics Appl. Phys., Vol. 38 (Springer, Berlin, Heidelberg 1980)

4.118 Shuhong Li et al.: A new optical oscilloscope. Rev. Sci. Instrum. **69**, 1253 (1998)

4.119 *Burle Channeltron Electron Multiplier Handbook for Mass spectrometry Applications* (Galileo Electro-Optics Corp., Sturbridge 1991)

4.120 *Burle Channeltron Handbook* `http://www.sisweb.com/ms/burle/5778.htm`

4.121 G. Pietri: Towards Picosecond resolution: Contribution of microchannel electron multipliers to vacuum tube design. IEEE Trans. NS **22**, 2084 (1975); Siehe auch: `http://de.wikipedia.org/wiki/Mikrokanalplatte`, `http://www.directindustry.de/prod/hamamatsu-photonics/mikrokanalplatten-mcp-18005-323607.html`

4.122 J.L. Wiza: Microchannel plate detectors, Galileo information sheet (Galileo Electro-Optics Corp., Sturbridge, MA 1978)
4.123 M. Wolf: Multichannel Plates. Physik in unserer Zeit **12**, 90–95 (1981)

Kapitel 5

5.1 W.T. Silfvast: *Laser Fundamentals*, 2nd edn. (Cambridge Univ. Press 2004)
5.2 A.E. Siegman: *Lasers* (University Science Books, Mill Valley, CA 1986)
5.3 P.W. Milonni, J.H. Eberly: *Lasers* (Wiley, New York 1988)
5.4 F.K. Kneubühl, M.W. Sigrist: *Laser*, 4. Aufl. (Teubner, Stuttgart 1995)
5.5 O. Svelto: *Principles of Lasers*, 4th edn., corrected printing (Springer, Heidelberg, Berlin 2007)
5.6 *Laser Handbook* Vols. I–V (North-Holland, Amsterdam 1972–1985)
M.J. Weber (ed.): *Handbook of Lasers* (CRC-Press, Boca Raton, 2000)
F. Träger (ed.): *Handbook of Lasers and Optics* (Springer, Berlin, Heidelberg 2007)
5.7 W. Brunner, W. Radloff, H. Junge: *Quantenelektronik* (VEB, Berlin 1977)
5.8 M.O. Scully, W.E. Lamb Jr., M. Sargent III: *Laser Physics* (Addison Wesley, Reading, MA 1974)
P. Meystre, M. Sargent III: *Elements of Quantum Optics*, 3rd edn. (Springer, Berlin, Heidelberg 1999)
W. Schleich: *Quantum Optics in Phase Space* (Wiley-VCH, Weinheim 2001)
5.9 H. Haken: *Licht und Materie* I+II (BI-Wissenschaftsverlag, Mannheim 1981)
5.10 A. Yariv: *Quantum Electronics*, 3rd edn. (Wiley, New York 1989)
5.11 G. Koppelmann: Multiple beam interference and natural modes in open resonators. Progress in Optics 7, 1–66 (North-Holland, Amsterdam 1969)
5.12 M. Born: *Optik* (Springer, Berlin, Heidelberg 1985)
5.13 N. Hodgson, H. Weber: *Optische Resonatoren* (Springer, Berlin, Heidelberg 1992) and *Laser Resonators and Beam Propagation* (Springer, Heidelberg 2005)
5.14 A.G. Fox, T. Li: Resonant modes in a maser interferometer. Bell Syst. Tech. J. **40**, 453 (1961)
5.15 G.D. Boyd, H. Kogelnik: Generalized confocal resonator theory. Bell Syst. Techn. J. **41**, 1347 (1962)
5.16 H.K.V. Lotsch: The Fabry–Pérot resonator. Optik **28**, 65, 328, 555 (1968), ibid. **29**, 130, 622 (1969)
5.17 G.D. Boy, P. Gordon: Confocal multimode resonator for millimeter through optical wavelength masers. Bell Syst. Techn. J. **40**, 489 (1961)
5.18 D.R. Hall, E. Jackson (eds.): *The Physics and Technology of Laser Resonators* (Inst. of Physics, Bristol 1992)
5.19 H.K.V. Lotsch: Multimode resonators with a small Fresnel number. Z. Naturf. **20a**, 38 (1965)
5.20 A.E. Siegmann: Unstable optical resonators. Appl. Opt. **13**, 353 (1974)
5.21 W.H. Steier: Unstable resonators. *Laser Handbook III*, ed. by M.L. Stitch (North-Holland, Amsterdam 1979)
5.22 W.R. Bennet Jr.: *The Physics of Gas Lasers* (Gordon and Breach, New York 1977)
5.23 I.V. Hertel, A. Stamatovic: Spatial hole burning and oligo-mode distance control in cw dye lasers. IEEE J. QE-**11**, 210 (1975)
5.24 P.W. Smith: Mode selection in lasers. Proc. IEEE **60**, 442 (1972)
5.25 V.P. Belayev, V.A. Burmakin, A.N. Evtyunin, F.A. Korolyov, V.V. Lebedeva, A.I. Odintzov: High power single frequency argon ion laser. IEEE J. QE-**5**, 589 (1969)
5.26 A.L. Bloom: Modes of a laser resonator containing tilted birefringent plates. J. Opt. Soc. Am. **64**, 447 (1974)
5.27 B. Peuse: New developments in cw dye lasers. *Physics of New Laser Sources*, ed. by N.B. Abraham, F.T. Arrecchi, A. Mooradian, A. Suna (Plenum, New York 1985)

5.28 M. Pinard, M. Leduc, G. Trenec, C.G. Aminoff, F. Laloe: Efficient single-mode operation of a standing wave dye laser. Appl. Phys. **19**, 399 (1978)

5.29 I.S. Chelvdew: *Elektrische Kristalle* (Akademie, Berlin 1975)

5.30 J.J. Gagnepain: *Piezoelectricity* (Gordon & Breach, New York 1982)
C. Zwick Rosen, B.V. Hiremath, R.F. Newnham: Piezoelectricity (Am. Inst. Phys. Press, New York 1992)

5.31 N.P. Robins et al.: Interferometric modulation-free laser stabilization. Opt. Lett. **27**, 1905 (2002)

5.32 K.M. Baird, G.R. Hanes: Stabilization of wavelengths from gas lasers. Rep. Prog. Phys. **37**, 927 (1974)

5.33 T. Kegami, Sh. Sudo, Y. Sakai: *Frequency Stabilisation of Semiconductor Laser Diodes* (Artech House, London 1995)

5.34 C. Salomon, D. Hills, J.L. Hall: Laser stabilization at the millihertz level. J. Opt. Soc. Am. **B5**, 1576 (1988)

5.35 D.W. Allan: In search of the best clock: An update. In: *Frequency Standards and Metrology* (Springer, Berlin, Heidelberg 1989)

5.36 Ph. Kubina et al.: Long term comparison of two fiber-based optical frequency comb systems. Opt. Express **13**, 904 (2005)

5.37 J.L. Hall: Saturated absorption spectroscopy. *Atomic Physics 3*, ed. by St. Smith, G.K. Walters (Plenum, New York 1973)
U. Schünemann, H. Engler, R. Grimm, M. Weidemüller, M. Zielonkowski: Simple scheme for frequency offset-locking of two lasers. Rev. Sci. Instrum. **70**, 242 (1999)

5.38 K.M. Evenson, D.A. Jennings. F.A. Peterson, J.W. Wells: Laser Frequency Measurements: A Review, Limitations Extension to 197 THz (1.5 μm). In *Laser Spectroscopy IV*, ed. by H. Walther, K.W. Rothe, Springer Ser. Opt. Sci., Vol. 21 (Springer, Berlin, Heidelberg 1979) p. 56

5.39 H.H. Klingenberg, H.R. Teile, J. Helmcke: Extension of the PTB frequency synthesis towards the visible. IEEE Trans. IM **34**, 268 (1985)

5.40 A. DeMarchi (ed.): *Frequency Standards andMetrology* (Springer, Berlin, Heidelberg 1989)

5.41 Siehe z. B. [Lit. 5.8a, S. 287] oder [Lit. 5.7, S. 226]

5.42 H.M. Nussenzweig: *Introduction to Quantum Optics* (Gordon and Breach, New York 1973)

5.43 A.L. Schawlow, C.H. Townes: Infrared and optical masers. Phys. Rev. **112**, 1940 (1958)

5.44 R.W.P. Drever, J.L. Hall, F.V. Kowalski, J. Hough, G.M. Ford, A.J. Munley, H. Ward: Laser phase and frequency stabilization using an optical resonator. Appl. Phys. B **31**, 97 (1983)
R. Kossowsky, M. Jelinek, J. Nowak: *Optical Resonators – Science and Engineering* (Springer, Heidelberg, Berlin 1998)

5.45 M. Zhu, J.L. Hall: Short and long term stability of optical oscillators. J. Opt. Soc. Am. B **10**, 802 (1993)

5.46 J.L. Hall, M. Long-Sheng, G. Kramer: Principles of optical phase locking. IEEE J. QE-**23**, 427 (1987)

5.47 J. Hough, D. Hils, M.D. Rayman, L.S. Ma, L. Holberg, J.L. Hall: Dye-laser frequency stabilization using optical resonators. Appl. Phys. B **33**, 179 (1984)

5.48 V.P. Chebotayev: Superhigh resolution spectrosopy. *Laser Handbook V*, ed. by M. Bass, M.L. Stitch (North-Holland, Amsterdam 1985)

5.49 S.N. Bagayev, V.P. Chebotayev: Frequency stabilization and reproductibility of the 3.39 μm He-Ne-Laser stabilized on the methane line. Appl. Phys. **7**, 71 (1975)

5.50 Ch. Salomon, D. Hils, J.L. Hall: Laser stabilization at the millihertz level. J. Opt. Soc. Am. B **5**, 1576 (1988)

5.51 K. Numata: Fundamental limits in frequency stabilization with rigid cavity. Phys. Rev. Lett. **93**, 250 602 (2004)

5.52 L.F. Mollenauer, J.C. White (eds.): *Tunable Lasers*. Topics Appl. Phys., Vol. 59 (Springer, Berlin, Heidelberg 1987)

5.53 F.J. Duarte (ed.): *Tunable Lasers Handbook* (Academic, San Diego 1995)

5.54 B. Mroziewicz, M. Bugajski, W. Nakwaski: *Physics of Semiconductor Lasers* (North Holland, Amsterdam 1991)
5.55 W.W. Chow, S.W. Koch, M. Sargent III: *Semiconductor Laser Physics* (Springer, Berlin, Heidelberg 1994)
W.W. Chow, S.W. Koch: *Semiconductor Laser Fundamentals* (Springer, Berlin, Heidelberg 1999)
5.56 G.P. Agarwal (ed.): *Semiconductor Lasers* (Am. Inst. Phys., Woodbury, NY 1995)
T. Numai: *Laser Diodes and Their Applications to Communications and Informations Processing* (Wiley-IEEE Press, Hoboken, N.J. 2010)
5.57 W. Fleming, A. Mooradian: Spectral characteristics of external cavity controlled semiconductor lasers. IEEE J. QE-**17**, 44 (1981)
5.58 H. Wenz, R. Großkloß, W. Demtröder: Kontinuierlich durchstimmbarer Halbleiterlaser. Laser und Optoelektronik **28**, 58 (Febr. 1996)
5.59 M. De Labachalerie, G. Passedat: Mode-hop suppression Littrow grating-tuned lasers. Appl. Opt. **32**, 269 (1993)
5.60 P. Zorobedian: Tunable external-cavity semiconductor lasers, in [Lit. 5.51, S. 349ff]
5.61 Sh. Nakamura, G. Fasol: *The Blue Laser Diode* (Springer, Berlin, Heidelberg 1997)
Sh. Nakamura, St. Pearton, G. Fasol: *The Blue Laser Diode: The Complete Story* (Springer, 2010)
H. Morkoç: *Nitride Semiconductors and Devices*, Springer Ser. Mater. Sci., Vol. 32 (Springer, Berlin, Heidelberg 1999)
5.62 R.S. McDowell: High resolution infrared spectroscopy with tunable lasers. *Advances in Infrared and Raman Spectra*, Vol. 5, ed. by R.J.H. Clark, R.E. Hester (Heyden, London 1978)
5.63 D.L. Andrews, A.A. Demidov: *An Introduction to Laser Spectroscopy* (Plenum, New York 1995)
5.64 P.F. Moulton: Tunable paramagnetic-ion lasers. In *Laser Handbook V*, ed. by M. Bass, M.L. Stitch (North-Holland, Amsterdam 1985)
5.65 U. Dürr: Vibronische Festkörperlaser: Der Übergangsmetallionen-Laser, Laser Optoelectr. **15**, 31 (February 1983)
5.66 N.P. Barnes: Transition metal solid State lasers, in [Lit. 5.51, S. 219ff]
5.67 R.C. Powell: *Physics of Solid-State Laser Materials* (Springer, New York 1998)
5.68 S.T. Lai: Highly efficient emeral laser. J. Opt. Soc. Am. B **4**, 1286 (1987)
5.69 P. Preusser, N.P. Schmitt: *Dioden-gepumpte Festkörperlaser* (Springer, Berlin, Heidelberg 1995)
5.70 W.P. Risk, W. Lenth: Room temperature continuous wave 946 nm Nd:YAG laser pumped by laser diode arrays and intracavity frequency doubling to 473 nm. Opt. Lett. **12**, 993 (1987)
5.71 P. Hammerling, A.B. Budgor, A. Pinto (eds.): *Tunable Solid State Lasers I*, Springer Ser. Opt. Sci., Vol. 47 (Springer, Berlin, Heidelberg 1984)
5.72 A.B. Budgor, L. Esterowitz, L.G. Deshazer (eds.): *Tunable Solid State Lasers II*, Springer Ser. Opt. Sci., Vol. 52 (Springer, Berlin, Heidelberg 1986)
5.73 L.F. Mollenauer, J.C. White, C:R. Pollock (eds.): *Tunable Lasers*, 2nd edn., Topics Appl. Phys., Vol. 59 (Springer, Berlin, Heidelberg 1992)
5.74 E. Sorokin et al.: Ultrabroad band infrared solid state lasers. IEEE J. Selected Topics Quant. Electron. **11**, 690 (2005)
5.75 W. Koechner: *Solid-State Laser Engineering*, 5th edn., Springer Ser. Opt. Sci., Vol. 1 (Springer, Berlin, Heidelberg 1999)
5.76 W.B. Fowler (ed.): *Physics of Color Centers* (Academic, New York 1968)
5.77 L.F. Mollenauer: Color center lasers. In *Laser Handbook IV*, ed by. M. Bass, M.L. Stitch (North-Holland, Amsterdam 1985) p. 143
Landolt-Börnstein, New Series: *Laser Physics and Applications*, Part 2 (Springer, Berlin, Heidelberg 2008)
5.78 T. Kurobi, K. Inabi, V. Takeuchi: Room temperature visible distributed-feedback colour centre laser. J. Phys. D: Appl. Phys. **16**, 2121 (1983)

5.79 G. Litfin, H. Welling: Farbzentrenlaser. Laser Optoelektr. **14**, 17 (1982)

5.80 H.W. Kogelnik. E.P. Ippen, A. Dienes, Ch.V. Shank: Astigmatically compensated cavities for cw dye lasers. IEEE J. QE-**8**, 373 (1972)

5.81 G. Phillips, P. Hinske, W. Demtröder, K. Möllmann, R. Beigang: NaCl-color center laser with birefringent tuning. Appl. Phys. B **47**, 127 (1988)

5.82 T.T. Basiev, S.V. Vassiliev, V.A. Konjushkin: Pulse and cw laser oscillations in LiF:F_2^- color center crystal and laser diode pumping. Opt. Lett. **31**, 2154 (2006)

5.83 R. Beigang, G. Litfin, H. Welling: Frequency behaviour and linewidth of a cw single mode color center laser. Opt. Commun. **22**, 269 (1977)

5.84 L.F. Mollenauer: Color center lasers, in *CRC Handbook of Laser Science and Technology* (CRC, Boca Raton, FL 1991) p. 127ff

5.85 T.T. Basiev, S.B. Mirov: *Room Temperature Tunable Color Center Lasers* (Harwood Academic, Chur 1994)

5.86 F.J. Duarte, L.W. Hillman: *Dye Laser Principles* (Academic, Boston 1990)

5.87 F.J. Duarte (ed.): *High-Power Dye Lasers*, Springer Ser. Opt. Sci., Vol. 65 (Springer, Berlin, Heidelberg 1991)

5.88 F.P. Schäfer (ed.): *Dye Lasers*, 3rd edn., Topics Appl. Phys., Vol.1 (Springer, Berlin, Heidelberg 1990)

5.89 M. Stuke (ed.): *Dye Lasers, 25 Years*, Topics Appl. Phys., Vol. 70 (Springer, Berlin, Heidelberg 1992)

5.90 J. Jethwa, F.P. Schäfer, J. Jasny: A reliable high average power dye laser. IEEE J. EQ-14, 119 (1978)

5.91 H. Walther, J.L. Hall: Tunable dye laser with narrow spectral output. Appl. Phys. Lett. **6**, 239 (1970)

5.92 F.J. Duarte, J.A. Piper: Narrow linewidth high prf copper laser-pumped dye-laser oscillator. Appl. Opt. **23**, 1391 (1984)

5.93 T.W. Hänsch: Repetitively pulsed tunable dye laser for high resolution spectroscopy. Appl. Opt. **11**, 895 (1972)

5.94 M.G. Littman: Single mode operation of gracing incidence pulsed dye laser. Opt. Lett. **3**, 138 (1978)

5.95 F.J. Duarte, J.A. Piper: Prism preexpanded grazing-incidence grating cavity for pulsed dye lasers. Appl. Opt. **20**, 2113 (1981)

5.96 F.J. Duarte: Multipass dispersion theory of prismatic pulsed dye lasers. Opt. Acta **31**, 331 (1984)

5.97 F.J. Duarte: Narrow-linewidth, multiple-prism, pulsed dye lasers. Lasers & Optronics **7**, 41 (Februar 1988); and Appl. Opt. **24**, 1244 (1985) and ibid. **26**, 2567 (1987)

5.98 Lambda-Physik, Göttingen, Dye Laser Modell FL 3001-2

5.99 K. Liu, M.G. Littmann: Novel geometry for single mode scanning of tunable lasers. Opt. Lett. **6**, 117 (1981)

5.100 H.W. Schröder, L. Stein, D. Fröhlich, F. Fugger, H. Welling: A high power single mode cw dye ring laser. Appl. Phys. **14**, 377 (1978)

5.101 G. Marowsky: A tunable flash lamp pumped dye ring laser of extremely narrow bandwidth. IEEE J. QE-**9**, 245 (1973)

5.102 T.F. Johnston: Design and performance of broadband optical diode to enforce one direction travelling wave operation of a ring laser. IEEE J. QE-**16**, 483 (1980)

5.103 M.L. Bhaumik. R.S. Bradford Jr., E.R. Ault: High efficiency KrF-excimer laser. Appl. Phys. Lett. **28**, 23 (1976)

5.104 D. Basting: Excimer-Laser – neue Perspektiven im UV. Laser Optoelektr. **11**, 24 (April 1979)

5.105 S.S. Merz, M.A. Gundersen: Switch developments could enhance pulsed-laser performance. Laser Focus **24**, 70 (May 1988)

5.106 P. Klopotek, V. Brinkmann, D. Basting, W. Mückenheim: A New Excimer Laser Producing Long Pulses at 308 nm. Lambda-Physik Highlights No. 4 (Göttingen 1987)

5.107 Ch.K. Rhodes (ed.): *Excimer Lasers*, 2nd edn., Topics Appl. Phys., Vol. 30 (Springer, Berlin, Heidelberg 1984)

5.108 H. Pummer, U. Sowada, P. Oesterlin, R. Rebban, D. Basting: Kommerzielle Excimerlaser. Laser & Optoelectr. **2**, 141 (1985)

5.109 J. Hawkes, I. Latimer: *Lasers* (Prentice Hall, Englewood Cliff, NJ 1995)

5.110 D.A.G. Deacon, L.R. Elias, J.M.J. Madey et al.: First Operation of a Free Electron Laser. Phys. Rev. Lett. **38**, 892 (1977)

5.111 V. Ayvazyan et al.: First operation of a free electron laser generating GW power radiation of 32 nm. Eur. Phys. J. D **37**, 297 (2006); Siehe auch: `http://flash.desy.de/reports_publications/publications/`

5.112 P. Freund, T.M. Antonsen: *Principles of Free Electron Lasers* (Chapman & Hall, London 1992)

5.113 E.L. Saldin, E. Schneidmiller: *The Physics of Free Electron Lasers* (Springer, Berlin, Heidelberg 2000)

5.114 P.V. Nickles, K.A. Janulewicz (eds): X-Ray Lasers 2006: Proc. 10th Int. Conf. Berlin August 2006 (Springer, Berlin, Heidelberg 2006)
C. Lewis, D. Riley (eds): X-Ray Lasers 2008: Proc. 11th Int. Conf. 2008 (Springer, Berlin, Heidelberg 2008)
K.A. Janulewicz, Chang Hee Nam (eds.): X-Ray Lasers: Proc. 12th Int. Conf. Gwangju, Korea 2010 (Springer, Berlin, Heidelberg 2010)

5.115 P.Schmüse, M. Dohlus. J. Roßbach: *Ultraviolett und Soft X-Ray Free Electron Lasers* (Springer, Berlin, Heidelberg 2008)

5.116 G.C. Baldwin: *An Introduction to Nonlinear Optics* (Plenum, New York 1969)

5.117 P.N. Butcher, D. Cotter: *The Elements of Nonlinear Optics* (Cambridge Univ. Press, Cambridge 1993)

5.118 N. Bloembergen: *Nonlinear Optics*, 4th edn. (World Scientific, Singapore 1996)
D.L. Mills: *Nonlinear Optics*, 2nd edn. (Springer, Berlin, Heidelberg 1998)

5.119 G.S. He, S.H. Liu: *Physics of Nonlinear Optics* (World Scientific, Singapore 1999)

5.120 H. Schmidt, R. Wallenstein: Beta-Bariumborat: Ein neues optisch-nichtlineares Material. Laser Optoelektr. **19**, Nr. 3, 302 (1987)

5.121 Ch. Chuangtian, W. Bochang, J. Aidong, Y. Giuming: A new-type ultraviolet SHG crystal: β-BaB_2O_4. Scientia Sinica B **28**, 235 (1985)

5.122 J.T. Lin, C. Chen: Choosing a nonlinear crystal. Laser & Optronics **6**, 59 (November 1987)

5.123 C.T. Chen: *Development of New Nonlinear Optical Crystals in the Borate Series* (Harwood Academic, Chur 1993)

5.124 V.G. Dmitriev, G.G. Gurzadyan, D.N. Nikogosyan: *Handbook of Nonlinear Optical Crystals*, 3rd edn., Springer Ser. Opt. Sci., Vol. 64 (Springer, Berlin, Heidelberg 1999)
D. Nikosyan: *Nonlinear Crystals*, (Springer, Berlin, Heidelberg 2005)

5.125 G. Nath, S. Haushühl: Large nonlinear optical coefficient and phase matched second harmonic generation in $LiIO_3$: Appl. Phys. Lett. **14**, 154 (1969)

5.126 R.F. Belt, G. Gashunov, Y.S. Liu: KTP as an harmonic generator for ND:YAG Lasers. Laser Focus **21**, 110 (1985)
Für eine Übersicht über die optischen Eigenschaften von KTP siehe: `http://www.u-oplaz.com/crystals/crystals04.htm`

5.127 Eine Übersicht über die optischen Eigenschaften einiger Kristalle findet man in: `http://www.u-oplaz.com/crystals/crystals000.htm`

5.128 J. Müschenborn, W. Theiß, W. Demtröder: A tunable UV-light source for laser spectroscopy using second harmonic generation in β-BaB_2O_4. Appl. Phys. B **50**, 365 (1990)

5.129 J.C. Baumert, J. Hoffnagle, P. Günter: High efficiency intraeavity frequency doubling of a styril-9 dye laser with $KNbO_3$ crystals. Appl. Opt. **24**, 1299 (1985)

5.130 A. Hemmerich, H. McIntyre, C. Zimmermann, T.W. Hänsel: Second harmonic generation and optical stabilization of a diode laser in an external ringresonator. Opt. Lett. **15**, 372 (1990)

5.131 A. Renn, A. Hese, H. Büsener: Externer Ringresonator zur Erzeugung kontinuierlicher UV-Strahlung. Laser Optoelektr. **3**, 11 (1982)
5.132 H. Theuer: Frequenzverdopplung im Überhöhungsresonator. Diplomarbeit, Fachbereich Physik, Universität Kaiserslautern (1995)
S.A. Babin, S.I. Kablukov, A.A. Vlassov: *Frequency doubling in an enhancement cavity with single focussing mirror*, Proc of SPIE, Vol. 5478 (Soc. Photo Opt. Eng., Orlando 2004)
5.133 M.M. Fejer, G.A. Magel, D.H. Jundt, R.L. Byer: Quasi-phase-matched second harmonic generation. IEEE J. QE-**28**, 2631 (1992)
5.134 J.P. Meyn, M.M. Fejer: Tunable ultraviolet radiation by second harmonic generation in periodically poled lithium tantalate. Opt. Lett. **22**, 1214 (1997)
5.135 F.B. Dunnings: Tunable ultraviolet generation by sum-frequency mixing. Laser Focus **14**, 72 (May 1978)
5.136 G.A. Massey, J.C. Johnson: Wavelength tunable optical mixing experiments between 208 and 259 nm. IEEE J. QE-**12**, 721 (1976)
5.137 P. Lokai, B. Burghardt, S.D. Basting. W. Muckenheim: Typ-I-Frequenzverdopplung und Frequenzmischung in β-BaB_2O_4. Laser & Optoelektr. **19**, Nr. 3, 296 (1987)
5.138 C.R. Vidal: Third harmonic generation of mode-locked Nd:glass laser pulses in phase-matched Rb-Xe-mixtures. Phys. Rev. A **14**, 2240 (1976)
5.139 R. Hilbig, R. Wallenstein: Narrow band tunable VUV-radiation generated by non-resonant sum- and difference-frequency mixing in xenon and krypton. Appl. Opt. 21, 913 (1982)
5.140 C.R. Vidal: Four-wave frequency mixing in gases. *Tunable Lasers*, ed. by F. Mollenauer, J.C. White, Topics Appl. Phys., Vol. 59 (Springer, Berlin, Heidelberg 1987)
5.141 G. Hilber, A. Lago, R. Wallenstein: Broadly tunable VUV/XUV-radiation generated by resonant third-order frequency conversion in Kr. J. Opt. Soc. Am. B **4**, 1753 (1987)
A. Lago, G. Hilber, R. Wallenstein: Optical frequency conversion in gaseous media. Phys. Rev. A **36**, 3827 (1987)
5.142 R. Seiler, Th. Paul, M. Andrist, F. Merkt: Generation of programmable near-Fourier-transform limited pulse of narrow band laser radiation. Rev. Sci. Instrum. **76**, 103103 (2005)
5.143 T.P. Softley, W.E. Ernst, L.M. Tashiro, R.N. Zare: A general purpose XUV laser spectrometer. Chem. Phys. **116**, 299 (1987)
5.144 J. Chavanne, P. Elleaume: Undulators and Wiggler Shimming. Synchrotron Radiation News **8**, 18 (1995)
5.145 J.R. Reintjes: Coherent ultraviolet and VUV-sources. In *Laser Handbook V*, ed. by M. Bass, M.L. Stitch (North-Holland, Amsterdam 1985); see also: Hasylab homepage
5.146 W. Jamroz, B.P. Stoicheff: Generation of tunable coherent vacuum-ultraviolet radiation. Progress in Optics **20**, 324 (North-Holland, Amsterdam 1983)
5.147 D.L. Matthews, R.R. Freeman (guest eds.): The generation of coherent XUV and soft X-ray radiation. J. Opt. Soc. Am. B **4**, 533ff (1987)
5.148 R.C. Elton: *X-Ray Lasers* (Academic, New York 1990)
5.149 C. Yamanaka (ed.): *Short-Wavelength Lasers*, Springer Proc. Phys., Vol. 30 (Springer, Berlin, Heidelberg 1988)
5.150 D.L. Matthews, M.D. Rosen: Laser mit weicher Röntgenstrahlung. Spektr. Wiss. (Februar 1989) S. 54
5.151 E.E. Fill (guest ed.): *X-Ray Lasers*. Appl. Phys. B **50**, Nos. 3 and 4 (1990)
5.152 E.E. Fill (ed.): *X-Ray Lasers 1992* (Inst. of Physics, Bristol 1992)
5.153 T.W. Barhee: In *X-Ray Microscopy*, Springer Ser. Opt. Sci., Vol. 43 (Springer, Berlin, Heidelberg 1984) p. 144
5.154 Ch.H. Skinner: Review of soft x-ray lasers and their applications. Phys. Fluids B 3, 2420 (1991)
5.155 P.V. Nickles, V.N. Shlaptsev, M. Kalachnikov, M. Schnürer, I. Will, W. Sandner: Short pulse x-ray laser at 32.6 nm basedon transient gain in Ne-like titanium. Phys. Rev. Lett. **78**, 2748 (1997)

B.N. Chichkov, A. Egbert, H. Eichmann, C. Momma, S. Nolte, Wellegehausen: Soft x-ray lasing to the ground states in low-charged oxygen ions. Phys. Rev. A **52**, 1629 (1995)
5.156 A.S. Pine: IR-spectroscopy via difference-frequency generation. *Laser Spectroscopy III*, ed. by J.L. Hall, J.L. Carlsten, Springer Ser. Opt. Sci., Vol. 21 (Springer. Berlin, Heidelberg 1977) p.376
5.157 U. Simon, S. Waltman, I. Loa, L. Holberg, T.K. Tittel: External cavity differences frequency source near 3.2 μm based on mixing a tunable diode laser with a diode-pumped Nd:YAG laser in $AgGaS_2$. J. Opt. Soc. Am. B **12**, 323 (1995)
5.158 A.S. Pine: High-resolution methane v_3-band spectra using a stabilized tunable difference-frequency laser system. J. Opt. Soc. Am. **66**, 97 (1976)
5.159 W. Chen, J. Buric, D. Boucher: A widely tunable cw-laser difference frequency source for high resolution infrared laser spectroscopy. Laser Physics **10**, 521 (2000)
5.160 D. Mazotti et al.: Difference-frequency generation with PPLN at 4.25 μm: an analysis of sensitivity limits for DFG spectrometers. Appl. Phys. B **70**, 747 (2000)
5.161 Y.R. Shen (ed.): *Nonlinear Infrared Generation*, Topics Appl. Phys., Vol. 16 (Springer, Berlin, Heidelberg 1977)
5.162 K.M. Evenson, D.A. Jennings, K.R. Leopold, L.R. Zink: In *Laser Spectroscopy VII*, ed. by T.W. Hänsch, Y.R. Shen, Springer Ser. Opt. Sci., Vol. 49 (Springer, Berlin, Heidelberg 1985) p. 366
5.163 M. Inguscio: Coherent atomic and molecular spectroscopy in the far-infrared. Physica Scripta **37**, 699 (1988)
5.164 M. Inguscio, P.R. Zink, K.M. Evanson, D.A. Jennings: Sub-Doppler tunable far-infrared spectroscopy. Opt. Lett. **12**, 867 (1987)
5.165 R.L. Byer: Parametric oscillators and nonlinear materials. *Nonlinear Optics*, ed. by P.G. Harper, B.S. Wherret (Academic, London 1977)
5.166 C.L. Tang, L.K. Cheng: *Fundamentals of Optical Parametric Processes and Oscillators* (Harwood Academic, Chur 1995)
B.J. Orr: Tunable Parametric Oscillators in: F.J. Duarte: *Tunable Laser Applications* (CRC-Press, Boca Raton 1995)
N. Bloembergen: *Nonlinear Optics*, 4th edn. (World Scientific Publ., Singapore 1996)
5.167 A. Fix, T. Schroder, R. Wallenstein: The optical parametric oscillators of betabarium borate and lithium borate. New sources of powerful tunable laser radiation in the ultraviolet, visible, and infrared. Laser Optoelektronik **23**, 106 (1991)
5.168 D.N. Nikogosyan: Beta barium borate BBO – a review of its properties and applications. Appl. Phys. A **52**, 359 (1991)
5.169 L.E. Myers, R.C. Eckardt, M.M. Fejer, R.L. Byer, W.R. Bosenberg, J.W. Pierce: Quasi-phase-matched optical parametric oscillators in bulk periodically poled $LiNbO_3$. J. Opt. Soc. Am. B **12**, 2102 (1995)
5.170 M.E. Klein, D.H. Lee, J.P. Meyn, B. Beier, K.J. Boller, R. Wallenstein: Diode-pumped cw widely tunable OPO based on periodically pulsed lithium tantalate. Opt. Lett. **23**, 831 (1998)
5.171 J. Pinard, J.F. Young: Interferometric stabilization of an optical parametric oscillator. Opt. Commun. **4**, 425 (1972)
5.172 J.G. Haub, M.J. Johnson, B.J. Orr, R. Wallenstein: Continuously tunable injection seeded β-barium borate optical parametric oscillator. Appl. Phys. Lett. **58**, 1718 (1991)
5.173 S. Schiller, J. Mlynek (guest eds.): Continous-wave optical parametric oscillators. Appl. Phys. B **52**, 661–760 (1998)
5.174 V. Wilke, W. Schmidt: Tunable coherent radiation source covering a spectral range from 185–880 nm. Appl. Phys. **18**, 177 (1979)
5.175 W. Hartig, W. Schmidt: A broadly tunable IR waveguide Raman laser, pumped by a dye laser. Appl. Phys. **18**, 235 (1979)
5.176 J.K. Brasseur, K.S. Repaski, J.L. Carlsten: Continuous-wave Raman laser in H_2. Opt. Lett. **23**, 367 (1998)

5.177 J.D. Kafka, T. Baer: Fiber Raman laser pumped by a Nd:YAG laser. Hyperfine-Interactions **37**, No. 1–4 (Dec. 1987)
5.178 A.Z. Grasiuk, I.G. Zuharev: High Power tunable IR Raman lasers. Appl. Phys. **17**, 211 (1978)
5.179 K. Ludewigt, K. Birkmann, B. Wellegehausen: Anti-Stokes Raman laser investigations on atomic Tl and Sn. Appl. Phys. B **33**, 133 (1984)
5.180 H.M. Pask: Continuous-wave all-solid-state intra cavity Raman laser. Opt. Lett. **30**, 2454 (2005)
5.181 Y. Zhao, St.D. Jackson: Highly efficient free running cascaded Raman-fibre laser that uses broadband pumping. Optics Express **13**, 4731 (2005)
5.182 `http://www.cvimellesgriot.com/products/Documents/TechnicalGuide/Gaussian-Be`
5.183 J. Alda: Laser and Gaussian Beam Propagation and Transformation. *Encyclopedia of Optica and Engineering* (Marcel Dekker 2003) S. 999
5.184 Wikipedia: `http://en.wikipedia.org/wiki/Gaussian_beam`

Sachverzeichnis